教育部高等学校电工电子基础课程教学指导分委员会推荐教材
新一代信息通信技术新兴领域"十四五"高等教育系列教材
"双一流"建设高校立项教材
国家一流学科教材
新工科电工电子基础课程一流精品教材

电路分析基础

◎ 谢晓霞　主编
◎ 李悦丽　田瑞琦　潘小义　庞　礴　编著
◎ 高吉祥　主审

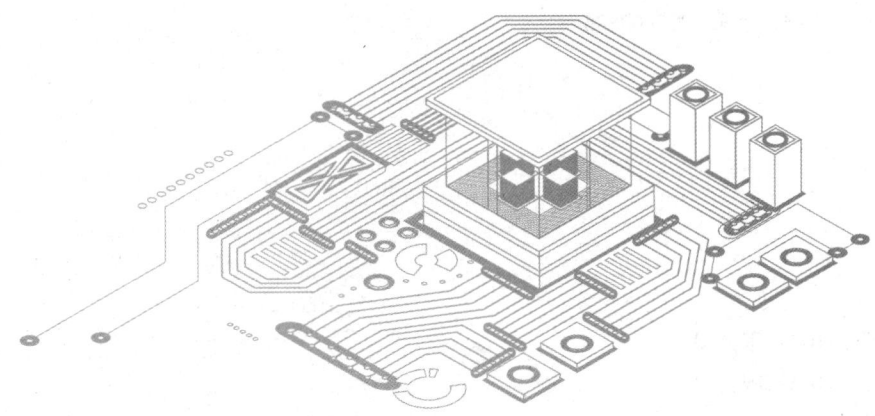

电子工业出版社
Publishing House of Electronics Industry
北京·BEIJING

内 容 简 介

本书依据教育部高等学校电工电子基础课程教学指导分委员会颁布的课程教学基本要求编写。本书共 14 章，主要内容包括：电路的基本概念、定律及其分析方法；单、双口网络及非线性电阻电路的分析；动态电路的时域和复频域分析；正弦稳态电路的相量及其功率的分析；非正弦周期稳态电路的分析；耦合电感和理想变压器及三相电路等。提供配套微课视频、思维导图、电子课件、仿真实例程序代码、经典例题等。

本书是国家级线上线下混合一流课程的配套教材，内容简明扼要，深入浅出，并配套对应的 MOOC 资源，便于自学，同时注意实际应用能力的培养。本书可作为高等学校电气、电子、自动化、计算机及其他相关专业的基础课程教材，也可供从事电子技术工作的工程技术人员学习参考。

未经许可，不得以任何方式复制或抄袭本书之部分或全部内容。
版权所有，侵权必究。

图书在版编目（CIP）数据

电路分析基础 / 谢晓霞主编. -- 北京：电子工业出版社，2025. 7. -- ISBN 978-7-121-50297-2

Ⅰ. TM133

中国国家版本馆 CIP 数据核字第 2025PD0386 号

责任编辑：王羽佳
 印 刷：中煤（北京）印务有限公司
 装 订：中煤（北京）印务有限公司
出版发行：电子工业出版社
     北京市海淀区万寿路 173 信箱 邮编 100036
开 本：787×1 092 1/16 印张：18 字数：521.3 千字
版 次：2025 年 7 月第 1 版
印 次：2025 年 7 月第 1 次印刷
定 价：69.90 元

凡所购买电子工业出版社图书有缺损问题，请向购买书店调换。若书店售缺，请与本社发行部联系，联系及邮购电话：(010) 88254888，88258888。
质量投诉请发邮件至 zlts@phei.com.cn，盗版侵权举报请发邮件至 dbqq@phei.com.cn。
本书咨询联系方式：(010) 88254535，wyj@phei.com.cn。

序

习近平总书记强调,"要乘势而上,把握新兴领域发展特点规律,推动新质生产力同新质战斗力高效融合、双向拉动。"以新一代信息技术为主要标志的高新技术的迅猛发展,尤其在军事斗争领域的广泛应用,深刻改变着战斗力要素的内涵和战斗力生成模式。

为适应信息化条件下联合作战的发展趋势,以新一代信息技术领域前沿发展为牵引,本系列教材汇聚军地知名高校、相关企业单位的专家和学者,团队成员包括两院院士、全国优秀教师、国家级一流课程负责人,以及来自北斗导航、天基预警等国之重器的一线建设者和工程师,精心打造了"基础前沿贯通、知识结构合理、表现形式灵活、配套资源丰富"的新一代信息通信技术新兴领域"十四五"高等教育系列教材。

总的来说,本系列教材有以下三个明显特色:

(1)注重基础内容与前沿技术的融会贯通。教材体系按照"基础—应用—前沿"来构建,基础部分即"场—路—信号—信息"课程教材,应用部分涵盖卫星通信、通信网络安全、光通信等,前沿部分包括 5G 通信、IPv6、区块链、物联网等。教材团队在信息与通信工程、电子科学与技术、软件工程等相关领域学科优势明显,确保了教学内容经典性、完备性和先进性的统一,为高水平教材建设奠定了坚实的基础。

(2)强调工程实践。课程知识是否管用,是否跟得上产业的发展,一定要靠工程实践来检验。姚富强院士主编的教材《通信抗干扰工程与实践》,系统总结了他几十年来在通信抗干扰方面的装备研发、工程经验和技术前瞻。国防科技大学北斗团队编著的《新一代全球卫星导航系统原理与技术》,着眼我国新一代北斗卫星导航系统建设,将卫星导航的经典理论与工程实践、前沿技术相结合,突出北斗系统的技术特色和发展方向。

(3)广泛使用数字化教学手段。本系列教材依托教育部电子科学课程群虚拟教研室,打通院校、企业和部队之间的协作交流渠道,构建了新一代信息通信领域核心课程的知识图谱,建设了一系列"云端支撑,扫码交互"的新形态教材和数字教材,提供了丰富的动图动画、MOOC、工程案例、虚拟仿真实验等数字化教学资源。

教材是立德树人的基本载体,也是教育教学的基本工具。我们衷心希望以本系列教材建设为契机,全面牵引和带动信息通信领域核心课程和高水平教学团队建设,为加快新质战斗力生成提供有力支撑。

国防科技大学校长
中国科学院院士
新一代信息通信技术新兴领域
"十四五"高等教育系列教材主编

2024 年 6 月

前　言

本书是根据教育部高等学校电工电子基础课程教学指导分委员会颁布的课程教学基本要求，为高等学校电气类、电子类、自动化类、计算机类及其他相近专业而编写的教材。本书编写工作遵循"确保基础、精选内容、加强概念、推陈出新、联系实际、突出重点、统一符号、形成系统"的原则。

全书共 14 章，第 1 章为电路的基本概念和基本定律，主要介绍电路的基本概念、基本物理量、基本电路元件及电路的基本定律；第 2 章为电路分析方法，主要介绍网孔分析法和节点分析法；第 3 章为网络函数与叠加定理，主要介绍线性电路和网络函数的定义、齐次定理和叠加定理；第 4 章为单口网络，主要介绍单口网络的定义及其伏安关系、置换定理、电路的等效及最大功率传输定理；第 5 章为双口网络，主要介绍双口网络的定义、双口网络的方程和参数、双口网络的等效电路，双口网络的连接及双口网络的输入/输出电阻和传输函数；第 6 章为非线性电阻电路，主要介绍非线性电阻元件、非线性电阻的串/并联、非线性电阻电路的图解法、非线性电阻电路的分段线性化及小信号分析法；第 7 章为动态元件，主要介绍电容元件和电感元件；第 8 章为动态电路的时域分析，主要介绍动态电路、动态电路初始条件的确定、一阶电路和二阶电路；第 9 章为动态电路的复频域分析，主要介绍拉普拉斯变换、用运算法求解动态电路的暂态过程；第 10 章为正弦稳态电路的相量分析法，主要介绍正弦量的基本概念、正弦量的相量表示、相量的运算、基本电路元件的相量模型、电路定律的相量形式、正弦稳态电路的单口网络、正弦稳态电路的分析与计算及正弦稳态电路的双口网络；第 11 章为正弦稳态电路的功率，主要介绍功率的基本概念、功率因数及功率因数的提高、复功率、最大功率传输定理；第 12 章为非正弦周期性稳态电路的分析，主要介绍非正弦周期性电压、电流，周期函数的傅里叶级数展开式及频谱，非正弦周期电压和电流的有效值与平均功率，非正弦周期性稳态电路的计算及谐振电路；第 13 章为耦合电感和理想变压器，主要介绍耦合电感元件、含有耦合电感电路的分析、空心变压器和理想变压器；第 14 章为三相电路，主要介绍三相电压、对称三相电路的分析、不对称三相电路的分析及三相电路功率的测量。

本书是国家级线上线下混合一流课程的配套教材，配套的课程对应的 MOOC 资源"电路分析基础"（主讲：谢晓霞、李悦丽、田瑞琦等，学校：国防科技大学）已在"中国大学 MOOC"平台上线，欢迎大家参与学习。

本书微课视频和思维导图请扫描右侧二维码学习参考。

本书由国防科技大学编写，谢晓霞主编，李悦丽、田瑞琦、潘小义、庞礴参编。由于编者水平有限，敬请广大读者对书中存在的不足之处给予批评指正，帮助我们不断完善此教材，我们表示万分感谢。

目 录

第1章 电路的基本概念和基本定律 1

- 1.1 电路的基本概念 1
  - 1.1.1 电路的组成和功能 1
  - 1.1.2 电路中常见的元器件及电路模型 1
- 1.2 电路的基本物理量 3
  - 1.2.1 电流 4
  - 1.2.2 电压 4
  - 1.2.3 功率 5
- 1.3 基本电路元件 6
  - 1.3.1 电阻元件 6
  - 1.3.2 独立源 7
  - 1.3.3 受控源 9
- 1.4 电路的基本定律 9
  - 1.4.1 基尔霍夫第一定律 10
  - 1.4.2 基尔霍夫第二定律 11
- 1.5 本章小结及典型题解 13
  - 1.5.1 本章小结 13
  - 1.5.2 典型题解 15
- 习题1 16

第2章 电路分析方法 20

- 2.1 $2b$ 法 20
- 2.2 b 法 21
- 2.3 网孔法 23
- 2.4 节点法 26
- 2.5 本章小结及典型题解 30
  - 2.5.1 本章小结 30
  - 2.5.2 典型题解 31
- 习题2 32

第3章 网络函数与叠加定理 34

- 3.1 线性电路及网络函数 34
  - 3.1.1 线性电路和网络函数的定义 34
  - 3.1.2 网络函数的分类 34
- 3.2 齐次定理 36
- 3.3 叠加定理 37
- 3.4 本章小结及典型题解 41
  - 3.4.1 本章小结 41
  - 3.4.2 典型题解 41
- 习题3 43

第4章 单口网络 45

- 4.1 单口网络概述 45
  - 4.1.1 单口网络的定义 45
  - 4.1.2 单口网络的电压、电流关系 45
- 4.2 置换定理 47
- 4.3 电路的等效 49
  - 4.3.1 电路等效的一般概念 49
  - 4.3.2 电阻的等效 50
  - 4.3.3 电源的等效 57
  - 4.3.4 戴维南定理与诺顿定理 62
- 4.4 最大功率传输定理 66
- 4.5 本章小结及典型题解 70
  - 4.5.1 本章小结 70
  - 4.5.2 典型题解 71
- 习题4 73

第5章 双口网络 78

- 5.1 双口网络概述 78
  - 5.1.1 双口网络的定义 78
  - 5.1.2 互易定理 78
- 5.2 双口网络的方程和参数 80
  - 5.2.1 R 参数 80
  - 5.2.2 G 参数 82

5.2.3　T 参数 ································ 84
　　5.2.4　H 参数 ································ 84
　　5.2.5　双口网络参数间的关系 ······ 86
5.3　双口网络的等效电路 ···················· 87
　　5.3.1　R 参数等效电路 ··················· 87
　　5.3.2　G 参数等效电路 ··················· 88
5.4　双口网络的连接 ···························· 89
　　5.4.1　双口网络的串联 ··················· 89
　　5.4.2　双口网络的并联 ··················· 90
　　5.4.3　双口网络的级联 ··················· 91
5.5　双口网络的输入电阻、
　　　输出电阻和传输函数 ···················· 92
　　5.5.1　双口网络的输入电阻、
　　　　　　输出电阻 ··························· 92
　　5.5.2　双口网络的传输函数 ··········· 93
5.6　本章小结及典型题解 ···················· 94
　　5.6.1　本章小结 ······························· 94
　　5.6.2　典型题解 ······························· 95
习题 5 ··· 95

第 6 章　非线性电阻电路 ···················· 100
6.1　非线性电阻元件 ··························· 100
6.2　非线性电阻的串联与并联 ············ 101
　　6.2.1　非线性电阻的串联 ··············· 101
　　6.2.2　非线性电阻的并联 ··············· 102
6.3　非线性电阻电路的图解法 ············ 103
6.4　非线性电阻电路的
　　　分段线性化法 ······························· 105
6.5　非线性电阻电路的
　　　小信号分析法 ······························· 106
6.6　本章小结及典型题解 ···················· 108
　　6.6.1　本章小结 ······························· 108
　　6.6.2　典型题解 ······························· 109
习题 6 ··· 110

第 7 章　动态元件 ································ 112
7.1　电容元件 ······································· 112
7.2　电感元件 ······································· 115
7.3　电容、电感的串联和并联 ············ 117
7.4　本章小结及典型题解 ···················· 119
　　7.4.1　本章小结 ······························· 119
　　7.4.2　典型题解 ······························· 119

习题 7 ··· 120

第 8 章　动态电路的时域分析 ············ 122
8.1　动态电路 ······································· 122
　　8.1.1　动态电路的暂态过程 ··········· 122
　　8.1.2　动态电路的方程及阶数 ······· 122
　　8.1.3　暂态过程的分析方法 ··········· 122
8.2　动态电路初始条件的确定 ············ 122
　　8.2.1　初始条件 ······························· 122
　　8.2.2　换路定则 ······························· 123
　　8.2.3　初始条件的计算方法 ··········· 123
8.3　一阶电路 ······································· 124
　　8.3.1　零输入响应 ··························· 125
　　8.3.2　零状态响应 ··························· 128
　　8.3.3　全响应 ··································· 131
　　8.3.4　阶跃响应 ······························· 135
　　8.3.5　冲激响应 ······························· 138
8.4　二阶电路 ······································· 141
　　8.4.1　零输入响应 ··························· 141
　　8.4.2　零状态响应和全响应 ··········· 144
　　8.4.3　二阶电路的阶跃响应和冲激响
　　　　　　应 ··· 146
8.5　本章小结及典型题解 ···················· 147
　　8.5.1　本章小结 ······························· 147
　　8.5.2　典型题解 ······························· 150
习题 8 ··· 153

第 9 章　动态电路的复频域分析 ········ 157
9.1　拉普拉斯变换 ······························· 157
　　9.1.1　拉普拉斯变换的定义 ··········· 157
　　9.1.2　拉普拉斯变换的计算 ··········· 157
　　9.1.3　拉普拉斯变换的基本性质 ···· 158
　　9.1.4　拉普拉斯反变换的计算 ······· 159
9.2　用运算法求解动态电路的
　　　暂态过程 ··· 162
　　9.2.1　基尔霍夫定律的
　　　　　　运算形式 ····························· 162
　　9.2.2　元件伏安关系式的
　　　　　　运算形式 ····························· 162
　　9.2.3　用运算法求解暂态过程 ······· 163
9.3　本章小结及典型题解 ···················· 165
　　9.3.1　本章小结 ······························· 165

9.3.2 典型题解 …………………… 166
习题 9 ………………………………… 167

第 10 章 正弦稳态电路的相量分析法 …… 169

10.1 正弦量的基本概念 ……………… 169
 10.1.1 正弦量的三要素 …………… 169
 10.1.2 正弦电流、电压的
    有效值 …………………… 170
 10.1.3 同频率正弦电流、
    电压的相位差 …………… 171
10.2 正弦量的相量表示 ……………… 172
 10.2.1 复数及其运算 …………… 172
 10.2.2 正弦量的相量表示法 …… 174
 10.2.3 相量图 …………………… 175
10.3 相量的运算 ……………………… 176
 10.3.1 同频率正弦量的代数和 … 176
 10.3.2 正弦量的微分 …………… 176
 10.3.3 正弦量的积分 …………… 177
10.4 基本电路元件的相量模型 ……… 177
 10.4.1 电阻元件 ………………… 177
 10.4.2 电感元件 ………………… 179
 10.4.3 电容元件 ………………… 180
10.5 电路定律的相量形式 …………… 182
10.6 正弦稳态电路的单口网络 …… 184
 10.6.1 单口网络阻抗和导纳的
    定义 ……………………… 184
 10.6.2 阻抗（导纳）的串联和
    并联 ……………………… 185
 10.6.3 不含源单口网络的性质 … 187
10.7 正弦稳态电路的分析与计算 …… 188
 10.7.1 正弦稳态电路的
    相量模型 ………………… 188
 10.7.2 电路相量模型的
    分析方法 ………………… 189
 10.7.3 正弦稳态电路的
    分析计算 ………………… 190
10.8 正弦稳态电路的双口网络 …… 192
 10.8.1 Z 参数 …………………… 193
 10.8.2 Y 参数 …………………… 194
 10.8.3 T 参数 …………………… 196
10.9 本章小结及典型题解 …………… 197
 10.9.1 本章小结 ………………… 197

10.9.2 典型题解 ………………… 199
习题 10 ……………………………… 203

第 11 章 正弦稳态电路的功率 ………… 208

11.1 功率的基本概念 ………………… 208
 11.1.1 瞬时功率 ………………… 208
 11.1.2 平均功率 ………………… 209
 11.1.3 无功功率 ………………… 209
 11.1.4 视在功率 ………………… 210
11.2 功率因数及功率因数的提高 …… 212
11.3 复功率 …………………………… 213
11.4 最大功率传输定理 ……………… 215
11.5 本章小结及典型题解 …………… 217
 11.5.1 本章小结 ………………… 217
 11.5.2 典型题解 ………………… 218
习题 11 ……………………………… 220

第 12 章 非正弦周期性稳态电路的分析 …… 221

12.1 非正弦周期性电压、电流 ……… 221
12.2 周期函数的傅里叶级数
  展开式及频谱 …………………… 222
 12.2.1 周期函数的傅里叶级数
    展开式 …………………… 222
 12.2.2 非正弦周期函数的频谱 … 226
12.3 非正弦周期性电压和电流的
  有效值与平均功率 ……………… 227
 12.3.1 有效值 …………………… 227
 12.3.2 平均功率 ………………… 228
12.4 非正弦周期性稳态电路的计算 … 229
12.5 谐振电路 ………………………… 231
 12.5.1 正弦交流电路的
    频率特性 ………………… 231
 12.5.2 串联谐振电路 …………… 232
 12.5.3 并联谐振电路 …………… 236
12.6 本章小结及典型题解 …………… 238
 12.6.1 本章小结 ………………… 238
 12.6.2 典型题解 ………………… 238
习题 12 ……………………………… 241

第 13 章 耦合电感和理想变压器 ……… 243

13.1 耦合电感元件 …………………… 243

13.1.1　耦合电感的电压、
　　　　　　电流关系 ································· 243
　　13.1.2　同名端 ··································· 244
13.2　含有耦合电感电路的分析 ········ 246
　　13.2.1　耦合电感的串联 ··············· 246
　　13.2.2　耦合电感的并联 ··············· 248
　　13.2.3　去耦等效电路 ·················· 249
13.3　空心变压器 ································· 252
　　13.3.1　原边等效电路 ·················· 252
　　13.3.2　副边等效电路 ·················· 253
13.4　理想变压器 ································· 254
　　13.4.1　理想变压器的特性方程 ···· 254
　　13.4.2　理想变压器变换阻抗的
　　　　　　性质 ································· 256
13.5　本章小结及典型题解 ················· 258
　　13.5.1　本章小结 ·························· 258

　　13.5.2　典型题解 ·························· 261
习题 13 ·· 262

第 14 章　三相电路 ·································· 264

14.1　三相电压 ····································· 264
14.2　对称三相电路的分析 ················· 266
14.3　不对称三相电路的分析 ············· 270
　　14.3.1　有中线时不对称
　　　　　　三相电路的分析 ·············· 270
　　14.3.2　无中线时不对称
　　　　　　三相电路的分析 ·············· 271
14.4　三相电路功率的测量 ················· 273
14.5　本章小结及典型题解 ················· 274
　　14.5.1　本章小结 ·························· 274
　　14.5.2　典型题解 ·························· 276
习题 14 ·· 278

第 1 章　电路的基本概念和基本定律

[内容提要]

本章从电路的基本概念入手,重点介绍电路的基本物理量、电路元件及基本定律。

1.1　电路的基本概念

1.1.1　电路的组成和功能

在人们的日常生活、工农业生产、科学研究及国防建设中,有着各种各样的电气电子设备,如手机、计算机、通信基站、供电网、卫星导航系统、雷达、电子对抗设备等。从广义上说,这些电气电子设备都是实际中的电路。

图 1.1.1 所示为手电筒电路。它是一种简单的照明电路,由干电池(提供电能的能源,简称电源)、灯泡(用电装置,一般称为负载)、金属导线和控制开关等组成。

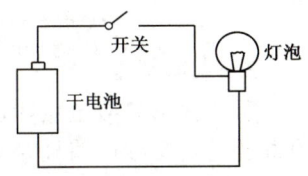

图 1.1.1　手电筒电路

实际电路种类繁多,但从功能上说可概括为两个方面。其一是进行能量的产生、传输、分配与转换。典型的例子是电力系统中的发电、输电电路。发电厂的发电机组将其他形式的能量(热能、水的势能、原子能、太阳能等)转换成电能,通过变压器、输电线输送给各用户负载,又把电能转换成机械能(如负载是电动机)、光能(如负载是灯泡)、热能(如负载是电炉、电烙铁等),为人们生产和生活所利用。其二是实现信号的产生、传递、变换、处理与控制。例如,电话、FM/AM 广播、电视系统等。

实际电路是由电阻器、电容器、线圈、变压器、晶体管、运算放大器、传输线、电池、发电机和信号发生器等电子器件和设备连接而成的电路。图 1.1.1 就是一个简单的实际电路。根据实际电路的几何尺寸(d)与其工作信号波长(λ)的关系,可以分为两大类:一类是满足 $d\ll\lambda$ 条件的电路,称为集总参数电路,其特点是电路中任意两点间电压和流入任一器件端子的电流是完全确定的,与器件的几何尺寸和空间位置无关;另一类是不满足 $d\ll\lambda$ 条件的电路,称为分布参数电路,其特点是电路中的电压和电流不仅是时间的函数,还与器件的几何尺寸和空间位置有关,由波导和高频传输线组成的电路是分布参数的典型例子。本书只讨论集总参数电路,为叙述方便,今后常简称电路。

1.1.2　电路中常见的元器件及电路模型

模型是现代各个自然学科、社会学科分析研究问题中普遍使用的重要概念。例如,没有宽窄厚薄的直线是数学学科研究中的一种模型;不占空间尺寸却有一定质量的质点是物理学科研究中的一种模型。人们在分析、设计某一个实际系统时,大多都采用模型化的方法,即先建立能反映该系统基本特性的模型,使问题得到合理简化,然后对该模型进行定量分析,以求得该系统的某些分析研究结果。研究电路问题也是如此,首先要建立电路模型,然后进行定量分析。

1. 电路中常见的元器件及原理图

在实际电路中,常见的元器件有导线、开关、熔断器、灯、电压表、传声器、扬声器、二极管、晶体管、场效应管、运算放大器、电池、电阻器、电容器、线圈、变压器、直流发电机和直流电动机等。表 1.1.1 列举了我国国家标准中部分电气图用的元器件的图形符号。采用这些图形符号，可以画出表明实际电路中各个器件互相连接关系的电气原理图。图 1.1.1 给出了日常生活中使用的手电筒电路，图 1.1.2 是手电筒原理图。

表 1.1.1　部分电气图用的元器件的图形符号（根据国家标准 GB/T4728）

名　称	符　号	名　称	符　号	名　称	符　号
导线		传声器		电阻器	
连接的导线		扬声器		可变电阻器	
接地		二极管		电容器	
接机壳		稳压二极管		线圈，绕组	
开关		隧道二极管		变压器	
熔断器		晶体管		铁芯变压器	
灯		运算放大器		直流发电机	
电压表		电池		直流电动机	

2. 电路模型

研究集总参数电路特性的一种方法是用电气仪表对实际电路直接进行测量；另一个更重要的方法是将实际电路抽象为电路模型，用电路理论的方法分析计算出电路的电气特性。运用现代电路理论，借助于计算机，可以模拟各种实际电路的特性和设计出电气性能良好的大规模集成电路。

如何将实际电路抽象为电路模型呢？实际电路中发生的物理过程是十分复杂的，电磁现象发生在各器件和导线中，相互交织在一起。对于集总参数电路，当不关心器件内部的情况，只关心器件端子上的电压和电流时，可以定义一些理想化的电路元件来近似模拟器件端子上的电气特性。例如，定义电阻元件是一种只吸收能量（吸收的能量可以转换成热能、光能或其他形式的能量）的元件；电容元件是一种只存储电场能量的元件；电感元件是一种只存储磁场能量的元件；新的干电池可看成是一种内阻 R_i 为 0、输出为恒定电压的元件等。用这些电阻、电容、电感、电源等理想元件近似模拟实际电路中每个电气器件和设备，再根据这些器件的连接方式，用理想导线将这些电路元件连接起来，即可得到该电路的电路模型。例如，图 1.1.3（a）就是图 1.1.1 所示手电筒电路的电路模型。在电路分析中，为了便于看出电路模型中各元件的连接关系，常采用仅表示元件连接关系的拓扑结构图，如图 1.1.3（b）所示。表 1.1.2 列举了本书采用的部分电路元件的电路模型图形符号，其中有一些符号与电气原理图所用的图形符号相同。这些电路元件的定义和特性将在以后陆续介绍。

电路模型近似地描述实际电路的电气特性。根据实际电路的不同工作条件及对模型精度的不同要求，应当用不同的电路模型。例如，一个电感线圈，在低频电子线路中，如果对电路模型精度要求不高，可采用图 1.1.4（a）来模拟；如果对电路精度要求较高，常采用图 1.1.4（b）（用一个电阻与一个电感串联）来模拟。在高频交流工作条件下，可能需要再并联一个电容来模拟，如图 1.1.4（c）所示。又如，对同一个晶体管在低频段、中频段和高频段所采用的电路模型（或等效电路）不相同。这些将在后续详细介绍。

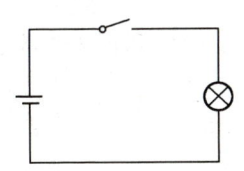 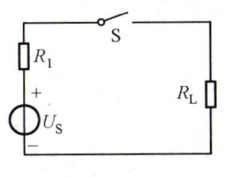 

（a）电路模型　　　　　　（b）拓扑结构图

图 1.1.2　手电筒原理图　　　图 1.1.3　手电筒电路的电路模型和拓扑结构图

表 1.1.2　部分电路元件的电路模型图形符号

名称	符号	名称	符号	名称	符号
独立电流源		理想导线		电容	
独立电压源		连接的导线		电感	
受控电流源		电位参考点		理想变压器耦合电感	
受控电压源		理想开关		回转器	
电阻		开路		理想运放	
可变电阻		短路		二端元件	
非线性电阻		理想二极管			

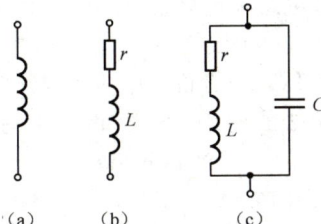 

（a）　　（b）　　（c）

图 1.1.4　线圈的几种电路模型

集总参数电路

将实际电路抽象成电路模型，需要对各种电气器件的特性有深入的了解，有时非常复杂和困难。本书只涉及一些简单的情况，其目的是牢固地树立"电路模型"概念。本教材主要研究电路模型（简称电路）的各种分析方法，其目的就是通过对电路（模型）的分析研究来预测实际电路的电气特性，以便指导改进实际电路的电气特性和设计制造新的实际电路。电路的研究问题可以分为两类：一类是电路分析，已知电路结构和元件特性，分析电路特性；另一类是网络（电路）综合，根据电路特性的要求来设计电路的结构和元件参数。本书是电路的入门课程教材，主要讨论电路分析问题。

1.2　电路的基本物理量

电路物理量

电路的特性是由电流、电压和电功率等物理量来描述的。电路分析的基本任务是计算电路中的电流、电压和电功率。

1.2.1 电流

电荷有规则的定向运动,形成传导电流。电子和负离子带负电荷,空穴和正离子带正电荷。电荷用符号 q 或 Q 表示,它的单位为库[仑](C)。

单位时间内通过导体横截面的电荷量定义为电流强度,用符号 i 或 I 表示。其数学表达式为

$$i(t)=dq/dt \tag{1.2.1}$$

电流强度（简称电流）的单位是安[培]（A）。

大小和方向均不随时间改变的电流,称为恒定电流,简称直流（dc 或 DC）,一般用符号 I 表示;大小和方向随时间改变的电流,称为时变电流,一般用符号 i 表示;大小和方向随时间做周期性变化的时变电流,称为交流（ac 或 AC）。

电流是个代数量,它是有方向性的,习惯上把正电荷移动的方向规定为电流的方向。在分析电路时,往往不能事先确定电流的实际方向,而且时变电流的实际方向又随时间不断变动,不能在电路图上标出符合任何时刻的电流实际方向。为了电路分析和计算的需要,任意规定一个电流的参考方向,用箭头标在电路图上。若电流的实际方向与参考方向相同,电流取正值;反之,取负值。根据电流的参考方向及电流量值的正负,就能确定电流的实际方向,如图 1.2.1 所示。

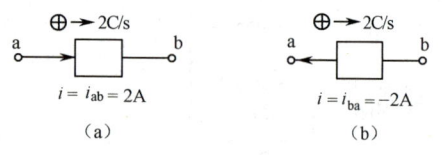

图 1.2.1 电流的参考方向

1.2.2 电压

由物理学可知,将单位正电荷自某一点 a 沿任意路径移动到参考点（物理学中习惯选无穷远处作为参考点）电场力做功的大小称为 a 点的电位,记为 V_a。在电路中,电位的概念与物理学静电场中所讲的电位概念是一样的,只不过电路中计算某点的电位是将单位正电荷沿任一电路所约束的路径移动至参考点（习惯上选电路中的某点而不选无穷远处）电场力所做功的大小。

两点间的电位差就是两点间的电压。或者说,电荷在电路中移动,会有能量的交换发生。单位正电荷由 a 点移动到 b 点所获得或失去的能量,称为 ab 两点的电压。其数学表达式为

$$u(t)=dw/dq \tag{1.2.2}$$

式中,电压的单位是伏特（V）;dq 为由 a 点移动至 b 点的电荷量（C）;dw 为电荷移动过程中所获得或失去的能量,单位是焦耳（J）。

大小和方向均不随时间变化的电压,称为恒定电压或直流电压,一般用符号 U 表示;大小和方向随时间变化的电压,称为时变电压,一般用符号 u 表示。

电压是个代数量,它有正、负之分。也就是说,它是有方向性的。习惯上认为电压的实际方向是从高电位指向低电位。将高电位称为正极,低电位称为负极。与电流类似,电路中各电压的实际方向或极性往往不能事先确定,在电路分析时,必须规定电压的参考方向或参考极性,用"+"号或"-"号分别标注在电路图的 a 点和 b 点附近。若计算出的电压 $u_{ab}(t)>0$,则表明该时刻 a 点电位比 b 点电位高;若 $u_{ab}(t)<0$,则表明该时刻 a 点电位比 b 点电位低。

综上所述,在电路分析时,必须对电流变量规定电流参考方向,对电压变量规定参考极性。对于二端元件而言,电流和电压参考方向的选择有 4 种方式,如图 1.2.2 所示。为了电路分析和计算方便,常采用电流与电压的关联参考方向。也就是说,当电压的极性已经规定时,电流参考方向从"+"指向"-";当电流参考方向已经规定时,电压参考极性的"+"号标在电流参考方向的进入端,如图 1.2.2（a）所示。在二端元件的电压、电

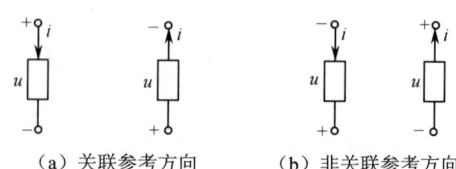

图 1.2.2 二端元件电流、电压的参考方向

流采用关联参考方向的条件下,在电路图上可以只标明电流参考方向或电压的参考极性。图 1.2.2 (b) 所示为非关联参考方向。

1.2.3 功率

单位时间做功大小称为功率,或者做功的速率称为功率。在电路中所述的功率是指电场力做功的速率,或者单位时间一段电路所消耗或产生的能量,以符号 $p(t)$ 表示。其数学表达式为

$$p(t) = \frac{dw(t)}{dt} = \frac{dw(t)}{dq} \cdot \frac{dq(t)}{dt} = u(t)i(t) \tag{1.2.3}$$

式中,dw 为 dt 时间内电场力所做的功;u 为电压(V);i 为电流(A);功率的单位是瓦特(W),$1W = 1V \cdot A$。

必须强调的是,在电压、电流参考方向关联的条件下,一段电路所吸收(或产生)的功率为该段电路两端的电压与电流的乘积。若 $p>0$,则该段电路实际就是吸收功率;若 $p<0$,则该段电路实际就是向外提供正功率,或者产生功率。

若已知元件吸收功率为 $p(t)$,并设 $w(-\infty)=0$,则从 $t=-\infty$ 开始至时刻 t 该元件吸收的电能为

$$w(t) = \int_{-\infty}^{t} p(\xi)d\xi \tag{1.2.4}$$

一个元件,若对于任何时刻均有

$$w(t) \geq 0 \tag{1.2.5}$$

则称该元件为无源元件;否则称为有源元件。在电路工程中,能量单位除用焦耳(J)之外,还常用千瓦时(kW·h)。吸收功率为 1000W 的家用电器,加电使用 1h,它吸收的电能(消耗的电能)为 1kW·h,俗称一度电。

【例 1.2.1】 如图 1.2.3 所示的电路,已知 $i=1A$,$u_1=3V$,$u_2=7V$,$u_3=10V$,求 ab、bc、ca 三部分电路上各吸收的功率 p_1、p_2、p_3。

解:ab、bc 段上电压、电流参考方向关联,计算吸收功率,有

$$p_1 = u_1 i = 3 \times 1 = 3W$$
$$p_2 = u_2 i = 7 \times 1 = 7W$$

对于 ca 段(含电压源 u_{S1})电路,电压、电流参考方向非关联,计算它的吸收功率,有

$$p_3 = -u_3 i = -10 \times 1 = -10W$$

实际上 ca 段电路产生功率 10W。由此例可知

$$p_1 + p_2 + p_3 = 0$$

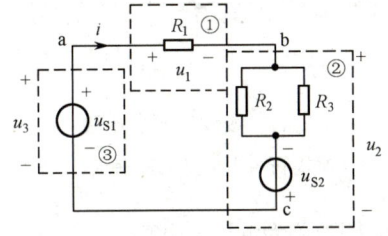

图 1.2.3 例 1.2.1 图

对一个完整的电路来说,它产生的功率与消耗的功率总是相等的,这称为功率平衡。这也是能量守恒定理的体现。

表 1.2.1 和表 1.2.2 列出了部分国际单位制的单位和国际单位制的词头。

表 1.2.1 部分国际单位制的单位(SI 单位)

量的名称	单位名词	单位符号	量的名称	单位名词	单位符号
长度	米	m	电荷[量]	库[仑]	C
时间	秒	s	电位、电压	伏[特]	V
电流	安[培]	A	电容	法[拉]	F
频率	赫[兹]	Hz	电阻	欧[姆]	Ω
能量、功	焦[耳]	J	电导	西[门子]	S
功率	瓦[特]	W	电感	亨[利]	H

表 1.2.2　部分国际单位制的词头

因数	10^9	10^6	10^3	10^{-3}	10^{-6}	10^{-9}	10^{-12}
名称	吉	兆	千	毫	微	纳	皮
符号	G	M	k	m	μ	n	p

1.3　基本电路元件

1.3.1　电阻元件

在实际电路中，电流流动并不是畅通无阻的。例如，在金属材料绕制的电阻器中，电流是由自由电子的定向移动形成的。事实上，电子在受电场力作用做定向运动的过程中，必然会碰撞到金属内部存在的原子、离子。也就是说，这种碰撞对电流要呈现一定的阻力，当然也就有能量损耗。电阻实际上是表征材料（或器件）对电流呈现阻力、损耗能量的一种参数。

这里所述的电阻元件就是前述的理想电阻，就电磁功能来讲，它只消耗电能。电阻元件的一般定义为：一个二端元件，如果在任意时刻，其端电压 u 与流经它的电流 i 之间的关系（Voltage Current Relation，VCR）能用 u-i 平面上的曲线描述，就称为电阻元件。若曲线是通过原点的直线，则称为线性电阻；否则称为非线性电阻。若曲线不随时间变化，则称为时不变电阻；否则称为时变电阻。线性电阻的显著特点是阻值不随其上电压或电流数值变化，时不变电阻的显著特点是阻值不随时间变化。本书主要涉及线性时不变电阻。后文无特殊说明，电阻一词即指线性时不变电阻。

1. 欧姆定律

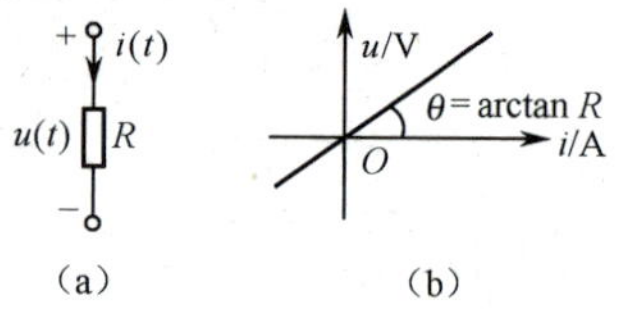

欧姆定律反映流过线性电阻的电流与该电阻两端电压之间的关系，反映了电阻的特性。假设电阻上电压、电流参考方向关联，如图 1.3.1（a）所示。图 1.3.1（b）所示为电阻 R 上的 VCR。显然，它是 u-i 平面第一、三象限过原点的直线。该直线的数学表达式为

$$u(t)=Ri(t) \tag{1.3.1}$$

图 1.3.1　线性时不变电阻模型符号及其 VCR 特性

式（1.3.1）即为欧姆定律公式。电阻的单位为欧姆（Ω）。电阻的倒数称为电导，用符号 G 表示，即

$$G=\frac{1}{R} \tag{1.3.2}$$

在国际单位中，电导的单位是西门子，简称西（S）。从物理概念来讲，电导是反映材料导电能力强弱的参数。电阻、电导是从相反的两个方面来表征同一材料特性的两个电路参数。因此，欧姆定律另一种形式为

$$i(t)=Gu(t) \tag{1.3.3}$$

应该强调的有以下 3 点。

（1）欧姆定律只适用于线性电阻（电导）。

（2）若电阻（电导）上的电压、电流参考方向非关联，则欧姆定律应冠以负号，即

$$u(t)=-Ri(t) \text{ 或 } i(t)=-Gu(t) \tag{1.3.4}$$

（3）电阻（电导）元件是无记忆性元件，又称为即时元件，即当前时刻的电压（电流）仅由当前时刻的电流（电压）确定。

2. 电阻元件上消耗的功率与能量

将式（1.3.1）、式（1.3.2）代入式（1.2.3），可得电阻 R（电导 G）上吸收的功率为

$$p(t) = u(t)i(t) = Ri^2(t) = \frac{u^2(t)}{R} = Gu^2(t) = \frac{i^2(t)}{G} \tag{1.3.5}$$

由式（1.3.5）可知，对于正电阻（或正电导）来说，其上所吸收的功率总是大于等于零。

电阻上吸收的能量与时间区间有关。假设 $t_0 \sim t$ 区间电阻 R 吸收的能量为 $w(t)$，则它应等于从 $t_0 \sim t$ 对它吸收的功率 $p(t)$ 做积分，即

$$w(t) = \int_{t_0}^{t} p(\xi)\mathrm{d}\xi \tag{1.3.6}$$

将式（1.3.5）代入式（1.3.6），可得

$$w(t) = \int_{t_0}^{t} Ri^2(\xi)\mathrm{d}\xi = \int_{t_0}^{t} \frac{u^2(\xi)}{R}\mathrm{d}\xi \tag{1.3.7}$$

由式（1.3.7）可知，对于正电阻（或正电导）来说，其吸收的能量总是大于等于零，所以正电阻元件属于无源元件。

电流流过电阻必然消耗电能而发热或发光，这使得人们能够利用电来加热、发光，制成电炉、电烙铁、电灯等电气设备。但在电子电路中使用的电阻器以及电动机、变压器（需要用导线来制作，具有一定的电阻）等本身不是为发热而设计的，但都因为有电阻的存在，而不可避免地要发热。如果在使用时，电流过大，温度过高，设备还会烧坏。为了保证安全、正常使用电器，制造厂商在电器的铭牌上都要标出它们的电压、电流及功率的限制数值，称为额定值，作为使用时的根据。电子电路中常用的电阻不仅要标明电阻值，还要标明额定功率。

【例 1.3.1】 有一个 100Ω、$1W$ 的碳膜电阻用于直流电路，在使用时电压、电流不得超过多大的数值？

解：
$$|I| = \sqrt{\frac{P}{R}} = \sqrt{\frac{1}{100}} = 100\mathrm{mA}$$
$$|U| = R|I| = 100 \times 100 \times 10^{-3} = 10\mathrm{V}$$

使用时电流不得超过 100mA，电压不超过 10V。

【例 1.3.2】 某学校有 10 个大教室，每个大教室配有 10 个额定功率为 40W、额定电压为 220V 的日光灯管，平均每天用 6h，每月（按 30 天计算）该校这 10 个大教室共用多少度电？若每度电按 0.5 元计算，每月应付多少电费？

解：（1） $W = Pt = 10 \times 10 \times 40 \times 6 \times 30 = 72 \times 10^4 \mathrm{W} \cdot \mathrm{h}$
 $= 720\mathrm{kW} \cdot \mathrm{h} = 720$（度）
（2） $J = 720 \times 0.5 = 360$（元）

1.3.2 独立源

电源可分为电压源和电流源两大类。一个实际的电压源可以用一个理想电压源与一个电阻 R_i 串联来等效；而一个实际电流源可用一个理想电流源与一个电阻 R_i 并联来等效。首先解释什么是理想电压源和理想电流源。

任何一个实际电路必须有电源提供能量。在实际应用中，有各种各样的电源，如干电池、蓄电池、光电池、发电机及电子线路中的信号源等。这里讲的理想电源是在一定条件下从实际电源抽象而定义的一种理想模型。

1. 理想电压源

不管外部电路如何，其两端电压总能保持定值或一定时间函数的电源定义为理想电压源，又称为独立电压源。其模型如图 1.3.2 所示。图 1.3.2（a）中圆圈外的"+""−"是其理想电压源的参考极性，$u_S(t)$ 为理想电压源的端电压。若 $u_S(t)$ 是不随时间变化的常数，则是直流理想电压源，通常用

图 1.3.2（b）和（c）所示的图形表示。为了深刻理解理想电压源的概念，这里再强调以下 3 点：

（1）对任意时刻 t_1，理想电压源的端电压与输出电流的关系曲线（VCR 特性曲线）是平行于 i 轴、值为 $u_S(t_1)$ 的直线，如图 1.3.3 所示。

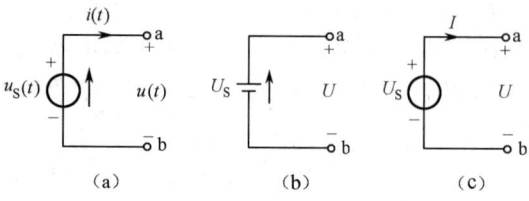 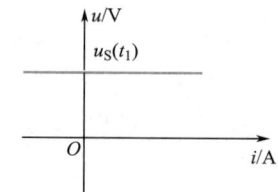

图 1.3.2　理想电压源模型　　　　　　图 1.3.3　理想电压源的 VCR 特性曲线

（2）从 VCR 特性曲线可以进一步看出，理想电压源的端电压与流经它的电流方向、大小无关，即使流经它的电流为无穷大，其两端电压仍为 $u_S(t_1)$（对于 t_1 时刻）。若 $u_S(t_1)=0$，则 VCR 特性曲线为 u-i 平面上的电流横坐标轴，它相当于短路。

（3）理想电压源的端电压数值由其自身独立决定，与外部电路无关；而流经它的电流由它及外部电路共同决定，或者说它的输出电流随外部电路变化，可以等于任意值。根据不同的外部电路，电流可以从不同的方向流过电源，因此电压源既可以对电路提供能量（起电源作用），又可以从外电路接收能量（当作其他电源的负载），这要视流经理想电压源的电流的实际方向而定。从理论上讲，在极端情况下，理想电压源既可以提供无穷大能量，又可以吸收无穷大能量。

真正理想电源在实际中是不存在的，因为按照定义，这种理想电源在其内部储存着无穷大的其他形式能量，这显然是不可能存在的。然而，对于新的干电池或发电机等许多实际电源，当外部电路负载在一定的范围内变化时确实能近似视为定值（直流电源）或一定的函数（交流电源）。

2. 理想电流源

理想电流源是另一种理想电源，它也是一些实际电源抽象、理想化的模型。

不管外部电路如何，其输出电流总是保持定值或一定的时间函数的电源定义为理想电流源，又称为独立电流源。其模型如图 1.3.4 所示。图中箭头表示理想电流源 $i_S(t)$ 的参考方向，$i(t)$ 表示理想电流源的输出电流。若 $i_S(t)$ 是不随时间变化的常数，则是理想恒流源，常用图 1.3.4（b）表示模型。为了深刻理解理想电流源的概念，这里再强调说明以下 3 点：

（1）对任意时刻 t_1，理想电流源的 VCR 特性曲线是平行于 u 轴、值为 $i_S(t_1)$（对于 t_1 时刻）的直线，如图 1.3.5 所示。

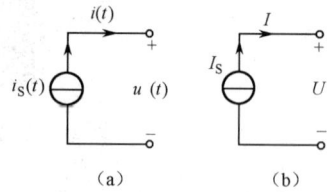 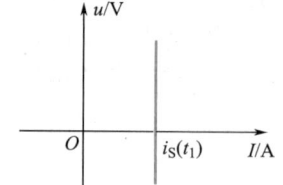

图 1.3.4　理想电流源模型　　　　　　图 1.3.5　理想电流源的 VCR 特性曲线

（2）从理想电流源的 VCR 特性曲线可以进一步看出，理想电流源发出的电流 $i(t)\equiv i_S(t_1)$（对于 t_1 时刻）与其两端的电压大小、方向无关，即使两端的电压为无穷大也是如此。若理想电流源 $i_S(t)=0$，则电压与电流关系特性曲线为 u-i 平面上的电压轴，它相当于开路。

（3）理想电流源的输出电流由它本身决定，而它两端电压由其本身的输出电流与外部电路共同决定。理想电流源的两端电压可以有不同的极性，就像理想电压源一样，它既可以向外部电路提供电能，又可以从外部电路吸收能量，这要视理想电流源两端电压的真实极性而定。在极端情况下，提供能量或接收能量理论上讲也可以无穷大。

1.3.3 受控源

为了描述一些电子器件（如晶体管、场效应管等）实际性能的需要，在电路模型中常包含有另一类电源——受控源。所谓受控源，是指大小和方向受电路中其他地方的电压或电流控制的电源。这种电源有两个控制端子（又称为输入端）、两个受控端子（又称为输出端）。就其输出端所呈现的性能来看，受控源可分为受控电压源与受控电流源两类。受控电压源又分为电压控制的电压源与电流控制的电压源两种；受控电流源又分为电压控制的电流源与电流控制的电流源两种。在后续课程"模拟电子技术基础"中要介绍的晶体管微变参数等效电路就是属于电流控制的电流源，MOS 场效管微变等效电路就是电压控制的电流源。

受控源

图 1.3.6 所示为上述 4 种受控源的模型。图 1.3.6（a）是理想的电压控制的电压源（Voltage Controlled Voltage Source，VCVS）模型。这种理想受控源，仅控制支路电压即能控制输出支路中受控电压源的电压，不需要控制支路中的电流，所以控制支路可看作是开路，而输出端的电压只取决于控制端的电压。也就是说，如果控制支路电压为 u_1，在输出端的受控电压源就等于 μu_1，这里 μ 是无量纲的控制系数。u_1 控制着受控电压源 μu_1 的大小、方向。受控电压源 μu_1 为非独立电源。为了表明受控特点，模型符号用外带"+""-"的菱形符号加以标志。

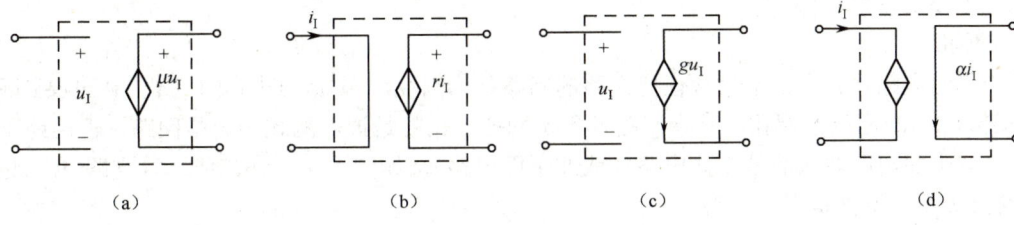

图 1.3.6　理想受控源模型

图 1.3.6（b）是理想的电流控制的电压源（Current Controlled Voltage Source，CCVS）模型。图中输入端电流 i_1 控制输出端受控电压源 $r i_1$ 的大小、方向，这里的 r 是欧姆量纲的控制系数。

图 1.3.6（c）是理想的电压控制的电流源（Voltage Controlled Current Source，VCCS）模型。图中输入端电压 u_1 控制输出端受控电流源 $g u_1$ 的大小、方向，这里的 g 是西门子量纲的控制系数。

图 1.3.6（d）是理想的电流控制的电流源（Current Controlled Current Source，CCCS）模型。图中输入端电流 i_1 控制输出端受控电流源 αi_1 的大小、方向，这里的 α 是无量纲的控制系数。

图 1.3.6 所示的 4 种理想受控源还要与外部电路有关元件相连接。这里还应明确的是独立源与受控源在电路中的作用有着本质的区别。独立源作为电路的输入，代表外界对电路的激励作用，是电路产生响应的"源泉"。受控源是用来表征在电子器件中所发生物理现象的一种模型，它反映了电路某处的电压或电流控制另一处的电压或电流的关系。在电路中，受控源不是激励源。受控源的控制参数（μ、r、g、α）若为常数，则称此类受控源为线性受控源。本书中所涉及的受控源均为线性受控源。

1.4　电路的基本定律

在电路分析中，欧姆定律（Ohm's Law，OL）、基尔霍夫定律（Kirchhoff's Law，KL）是最基本的定律，是分析一切集总参数电路的根本依据。

1.4.1 基尔霍夫第一定律

基尔霍夫第一定律又称为基尔霍夫电流定律（Kirchhoff's Current Law，KCL），它是描述电路中与节点相连的各支路电流间相互关系的定律。

为了叙述问题方便，在具体讲述基尔霍夫定律之前，先介绍电路模型中有关的几个名词术语。

1. 支路

具有两个端子的元件称为二端元件，将两个或两个以上的二端元件依次连接且中间无分岔，这样的连接称为串联。例如，图 1.4.1（a）中 R_1 与 R_2 的连接即串联。单个二端元件或若干个二端元件的串联，构成电路中的一个分支，一个分支上流经的是同一个电流。电路中每个分支称为支路。例如，图 1.4.1（a）中 ad、ab、bd、bc、cd 和 aec 都是支路，其中，aec 是由两个二端元件串联构成的支路，其余 5 个都是由单个二端元件构成的支路。

2. 节点

支路的公共连接点称为节点，如图 1.4.1（a）中 a、b、c、d 都是节点。

3. 回路

电路中由支路组成的任一闭合路径称为回路，如图 1.4.1（a）中 abda、bcdb、abcda、adbcea 和 adcea 等都是回路。

4. 网孔

对于平面电路，其内部不包含任何支路的回路称为网孔。例如，图 1.4.1（a）中 abcea 回路、abda 回路和 bcdb 回路是网孔，其余回路都不是网孔。也就是说，网孔一定是回路，但回路不一定是网孔。与平面电路对应的是立体电路（或非平面电路），如图 1.4.1（b）所示，支路 EC 与支路 DF 是跨接关系，不再是平面电路。

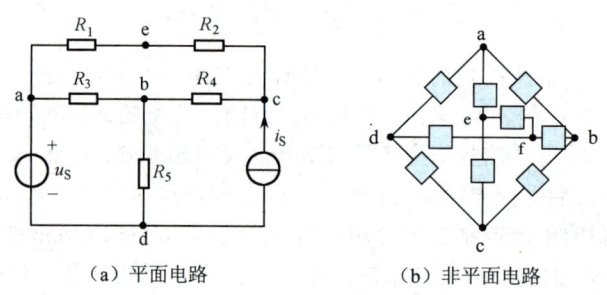

（a）平面电路　　　　（b）非平面电路

图 1.4.1　平面电路与非平面电路

电路元件的电压、电流关系（VCR）仅与元件的性质有关。然而，各种元件若组合连接构成一个具体的电路之后，所有连接在同一个节点的各支路电流之间，或者任意闭合回路中各元件上的电压之间则要受到另外两种结构约束（也称为拓扑约束），这种约束关系与构成电路的元件性质无关。基尔霍夫电流定律和基尔霍夫电压定律（Kirchhoff's Voltage Law，KVL）就是概括这两种约束关系的基本定律。

KCL 陈述如下：对于任何集总参数电路的任意节点，在任意时刻，流入或流出该节点电流的代数和等于零。其数学表达式为

$$\sum_{k=1}^{m} i_k(t) = 0, \quad \forall t \tag{1.4.1}$$

式中，$i_k(t)$ 表示连接于该节点的第 k 条支路；m 为连接于该节点的支路数。

对于电路某节点列写 KCL 方程时，若规定流入该节点的支路电流取正号，则流出该节点的支

路电流就取负号，所以式（1.4.1）又称为节点电流方程。

KCL 是电荷守恒定律和电流连续性在集总参数电路中任意节点处的具体反映。所谓电荷守恒定律，即电荷既不能被创造，也不能被消灭。基于这条定律，对集总参数电路中某个支路的横截面来说，它"收支"是平衡的。也就是说，流入横截面多少电荷即刻又从该横截面流出多少电荷，dq/dt 在一条支路上应处处相等，这就是电流的连续性。对于集总参数电路的节点，它"收支"也是完全平衡的，所以 KCL 是成立的，就像河道的水在某个时刻流入河道某个横截面的水量等于流出的水量一样。

KCL 不仅适用于电路的节点，对电路中任意假设的闭合曲面也是成立的。如图 1.4.2（a）所示，对于闭合曲面 S，有

$$i_1(t)+i_2(t)-i_3(t)=0 \tag{1.4.2}$$

这里闭合曲面 S 看作是广义节点。若两部分只有一条线相连，由 KCL 可知，该支路无电流。如图 1.4.2（b）所示，有 $i=0$。

在应用 KCL 时，需再明确以下两点。

（1）KCL 适用于任意时刻、任意激励源（直流、交流或其他任意时间函数的激励源）情况的任意（线性、非线性、时变、时不变）集总参数电路。

（2）应用 KCL 列写节点或闭合曲面方程时，首先要假设每个支路电流的参考方向，然后根据参考方向选取符号，即流入节点的电流取正号，流出节点的电流取负号；反之亦然，列写的同一个电路中选取符号规则通常取为一致。

【例 1.4.1】 如图 1.4.3 所示电路，已知 $i_1=4A$、$i_2=5A$、$i_5=-3A$、$i_6=7A$，求 i_3、i_4。

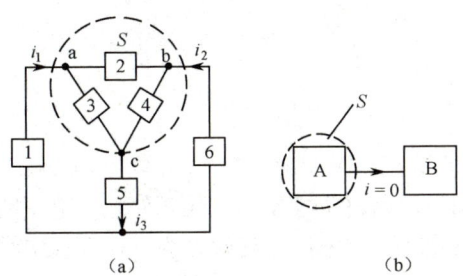
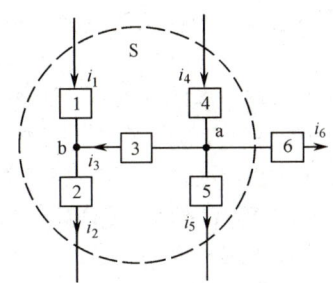

图 1.4.2 KCL 应用于闭合曲面 S 　　　　图 1.4.3 例 1.4.1 电路

解：流入节点的电流取正号。对于节点 b 列写 KCL 方程，有

$$i_1+i_3-i_2=0$$

则

$$i_3=i_2-i_1=5-4=1A$$

对于节点 a 列写 KCL 方程，有

$$i_4-i_3-i_5-i_6=0$$

则

$$i_4=i_3+i_5+i_6=1+(-3)+7=5A$$

此外，还可应用闭合曲面 S 列写 KCL 方程求 i_4，即

$$i_1-i_2+i_4-i_5-i_6=0$$

则

$$i_4=i_2+i_5+i_6-i_1=5-3+7-4=5A$$

1.4.2　基尔霍夫第二定律

基尔霍夫第二定律又称为基尔霍夫电压定律（KVL），它是描述电路中各电压约束关系的定律。

KVL 陈述如下：对任何集总参数电路，在任意时刻，沿任意回路全部支路电压的代数和等于零。其数学表达式为

$$\sum_{k=1}^{m} u_k(t) = 0, \quad \forall t \qquad (1.4.3)$$

式中，$u_k(t)$ 表示回路中第 k 条支路（或元件）上的电压；m 为回路中包含支路（或元件）的个数。

图 1.4.4 所示为某电路中的回路。对于回路 A 有

$$u_1(t)+u_2(t)+u_3(t)-u_4(t)-u_5(t)=0$$

通常称式(1.4.3)为回路电压方程，简写为 KVL 方程。上式又可以写为 $u_1(t)+u_2(t)+u_3(t)=u_4(t)+u_5(t)$ 即 ad 两节点间电压既可以选择元件 1、2、3 可绕行的路径来计算，又可以选择元件 5、6 可绕行的路径来计算。

KVL 的实质是反映了集总参数电路遵循能量守恒定律，或者它反映了保守场中做功与路径无关的物理本质。从电压变量与电位变量的定义容易理解 KVL 的正确性。参考图 1.4.4，如果从 a 点出发移动单位正电荷，沿着构成回路的各支路巡行一周又回到 a 点，相当于求电压 u_{aa}，显然应是 $V_a-V_a=0$。

KVL 不仅适用于电路中的具体回路，对于电路中任何一个假想的回路也是成立的。例如，图 1.4.4 所示的假想回路 B，可列如下方程。

$$u_5(t)+u_4(t)-u_3(t)-u_x(t)=0$$

式中，$u_x(t)$ 为假想支路 x 上的电压。由上述方程可得

$$u_x(t)=u_5(t)+u_4(t)-u_3(t)$$

若已知 $u_5(t)$、$u_4(t)$ 和 $u_3(t)$，则可由上式求得 $u_x(t)$。据此可归纳总结出求电路中任意两点间电压的一般方法为：求 a 点至 c 点电压时，自 a 点开始沿任何一条路径巡行至 c 点，求出沿途各段电路电压的代数和，即电压 u_{ac}。

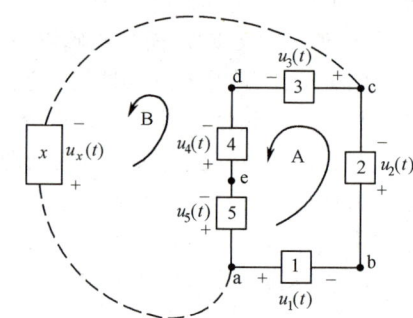

图 1.4.4 某电路中的回路

关于 KVL 应用也应注意以下两点：

（1）KVL 适用于任意时刻、任意激励源情况的任意集总参数电路。

（2）在应用 KVL 列写回路电压方程时，首先要假设出回路中各支路（或元件）上电压的参考方向，然后选一个巡行方向，自回路某点开始，按所选巡行方向沿回路巡行一周。在巡行中写支路电压时，若先遇参考方向的"+"端取正号；反之，取负号。

【例 1.4.2】 如图 1.4.5 所示电路，已知 $I=0.3A$，求电阻 R。

解：在求解电路时，为了叙述、书写方便，可以在电路上设出一些点，如图 1.4.5 中 a～d 点。用到的电流、电压一定要在电路图上标出参考方向（切记），如图 1.4.5 中电流 I_1、I_2、I_3、I_R 和电压 U_R。注意，在动手解答之前要把问题分析清楚。这里所述的分析问题包含两个内容：一是明确题意，即明确哪些是已知条件、哪些是待求量，若遇文字叙述的题目，则更应如此。就求解的一般电路问题来说，题意是容易清楚的。分析问题的第二个内容是确定解题的思路：根据什么概念、定律求什么量，先求哪一个量、后求哪一个量要做好安排。问题分析中确定好解题思路，动手解算起来就可以做到逻辑条理性好，解答过程简单明了。分析问题的过程是不需要写出来的，却是解题之前应该做到的，也是读者"能力"训练的一部分。这里以本例作为示范，看一下是如何确定解题思路的。

本题中采用倒推法进行求解，分析问题按流程从左至右，解题时恰好倒序，即从右至左、从上至下按步进行。其流程为

$$\text{求 } R \begin{cases} I_R \begin{cases} I_2 \to I_1 \to U_{ac} \to 12-20I & \text{（参见回路A）} \\ I_3 \to U_{ab} \to U_{cb} \to 20I_2 \end{cases} \\ U_R \to 12-U_{ab} & \text{（参见回路B）} \end{cases}$$

具体解题步骤为

$$U_{ac}=12-20I=12-20\times 0.3=6V$$

$$I_1 = \frac{U_{ac}}{15} = \frac{6}{15} = 0.4\text{A}$$

$$I_2 = I_1 - I = 0.4 - 0.3 = 0.1\text{A}$$

$$U_{cb} = 20I_2 = 20 \times 0.1 = 2\text{V}$$

$$U_{ab} = U_{ac} + U_{cb} = 6 + 2 = 8\text{V}$$

$$I_3 = \frac{U_{ab}}{20} = \frac{8}{20} = 0.4\text{A}$$

$$I_R = I_2 + I_3 = 0.1 + 0.4 = 0.5\text{A}$$

$$U_R = 12 - U_{ab} = 12 - 8 = 4\text{V}$$

$$R = \frac{U_R}{I_R} = \frac{4}{0.5} = 8\Omega$$

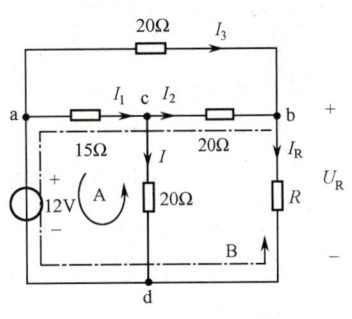

图 1.4.5　例 1.4.2 电路

【例 1.4.3】 如图 1.4.6 所示电路，求 ab 端开路电压 U_{oc}。

求解含受控源的电路，会处理受控源是很重要的。从概念上应清楚，受控源也是电源，所以在应用 KCL、KVL 列写电路方程，遇节点或封闭曲面连接有受控电流源或遇回路内含有受控电压源时，首先把受控源当作独立源一样看待参与列写基本方程（要注意受控源的类型）；然后写出控制量与待求量的关系式，常称为辅助方程。联立求解基本方程与辅助方程即可得到所求的电路响应。下面以本例进行说明。

解： 假设电流 I_1 的参考方向如图 1.4.6 中所标，由 KCL 可得

$$I_1 = 8I + I = 9I$$

对于回路 A，应用 KVL 列写方程得

$$2I + U_{oc} - 20 = 0$$

应用欧姆定律可得

$$U_{oc} = 2I_1 = 18I$$

联立求解得

$$I = 1\text{A}, \quad U_{oc} = 18\text{V}$$

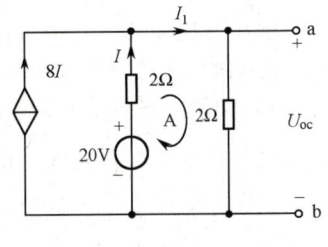

图 1.4.6　例 1.4.3 图

1.5　本章小结及典型题解

1.5.1　本章小结

1. 电路的基本概念

1）电路

将特定的电气设备或电子器件用一定方式连接起来，并能完成特定功能的集合称为电路。电路的功能大体可以分为两部分：① 实现信号的传输与处理；② 进行能量的传输、转换、分配和利用。

2）电路元件

电路元件是实际电气器件的理想化模型，是实际器件的科学抽象。常见的电路元件有电阻、电源、电感和电容等。

3）电路模型

由理想电路元件和理想导线按一定的方式连接起来而构成的总体，称为电路模型。它是实际电路的科学抽象。

4）集总电路

满足 $d \ll \lambda$ 条件的电路称为集总参数电路，其特点是电路中任意两点间电压和流入任一器件端子的电流是完全确定的，与器件的几何尺寸和空间位置无关；不满足 $d \ll \lambda$ 条件的电路称为分布参数电路，其特点是电路中的电压和电流不仅是时间的函数，还与器件的几何尺寸和空间位置有关。

本书只讨论集总参数电路。

2. 电路的基本物理量

1）电流

（1）定义：电荷的定向移动形成电流。

（2）大小：单位时间内通过导体横截面积的电量，即 $i=\dfrac{\mathrm{d}q}{\mathrm{d}t}$。

（3）方向：正电荷移动的方向。

（4）单位：A（安培），mA（毫安），μA（微安）。

2）电压

（1）电位的定义：将单位正电荷自点 a 沿任意路径移动到参考点电场力做功的大小称为 a 点的电位，记作 V_a。

（2）电压定义：两点之间的电位差即是两点间的电压。此外，也可以说电压是将正电荷自 a 点移到另一点 b 时，电场力所做的功。

（3）大小：$u_{ab}=V_a-V_b=\dfrac{\mathrm{d}w_{ab}}{\mathrm{d}q}$。

（4）方向：由高电位指向低电位，即电压降的方向。

3）关联参考方向

电压与电流的方向均可任意假定，二者可以彼此无关。但为了分析简便，总是假定电流从电压参考方向的正极性端流入，从负极性端流出，这种假设方向称为关联参考方向。

4）功率（瞬时功率）

（1）定义：单位时间内电场力所做的功，即 $p=\dfrac{\mathrm{d}w}{\mathrm{d}t}=ui$。

（2）大小：在关联参考方向下有 $p=ui$，式中，$p>0$ 为实际吸收功率；$p<0$ 为实际发出功率。

3. 电路的基本元件

1）电阻元件

（1）定义：一个二端元件，如果在任意时刻，其端电压与流经它的电流之间的关系能用 u-i 平面上的曲线描述，就称为电阻元件。

（2）本课程研究对象：线性时不变电阻。

（3）欧姆定律：在关联参考方向下，流经电阻 R 的电流 $i(t)$ 与加在电阻两端的电压 $u(t)$ 的关系满足

$$u(t)=Ri(t)$$

电阻 R 的单位为欧姆（Ω），电阻的倒数称为电导，用符号 G 表示，即 $G=\dfrac{1}{R}$，电导的单位是西门子（S），故欧姆定律另一种形式为

$$i(t)=Gu(t)$$

2）独立源

（1）理想电压源。

不管外部电路如何，其两端电压总能保持定值或一定的时间函数的电源定义为理想电压源，又称为独立电压源。

（2）理想电流源。

不管外部电路如何，流过元件的电流总能保持定值或一定的时间函数的电源定义为理想电流源，又称为独立电流源。

3）受控源

（1）定义：大小和方向受电路中其他地方的电压或电流控制的电源。

（2）分类：分为受控电压源与受控电流源两类。受控电压源又分为电压控制的电压源与电流控

制的电压源两种；受控电流源又分为电压控制的电流源与电流控制的电流源两种。

（3）特点：受控源与独立源在电路中的作用有着本质的区别。独立源作为电路的输入，代表着外界对电路的激励作用，是电路产生响应的"源泉"。受控源是用来表征在电子器件中所发生物理现象的一种模型，它反映了电路某处的电压或电流控制另一处的电压或电流的关系。

（4）本课程研究对象：线性受控源。

4. 基本定律

1）基尔霍夫电流定律（KCL）

（1）内容：任一集总参数电路，在任意时刻对于电路的任一节点，流出或流入该节点的所有支路电流的代数和为零，即

$$\sum_{k=1}^{b} i_k = 0 \quad （式中，b 为与该节点相连的支路总数）$$

（2）适应范围：任一节点或任意闭合面（广义节点）。
（3）物理实质：电流的连续性和电荷守恒性。

2）基尔霍夫电压定律（KVL）

（1）内容：任一集总参数电路，在任意时刻对于电路中的任一回路，沿该回路的支路元件电压的代数和为零，即

$$\sum_{k=1}^{m} u_k = 0$$

式中，m 为该回路的支路元件总数。
（2）适应范围：任意回路。
（3）物理实质：电压的单值性和能量守恒性。

1.5.2 典型题解

【例 1.5.1】 如图 1.5.1 所示某电路的部分电路，求 I、U_S、R。

解：（1）$I = 6 - 5 = 1\text{A}$

（2）$I_1 = 6 + 12 = 18\text{A}$

$I_2 = 15 + I = 15 + 1 = 16\text{A}$

$I_3 = I_1 - I_2 = 18 - 16 = 2\text{A}$

故 $U_S = U_{ab} + U_{bd} = 3I_1 + 12I_3$

$= 3 \times 18 + 12 \times 2 = 78\text{V}$

（3）因为 $15R - 12I_3 + 1 \times I_2 = 0$

即 $15R - 24 + 16 = 0$

所以 $R = \dfrac{24 - 16}{15} = \dfrac{8}{15} \Omega$

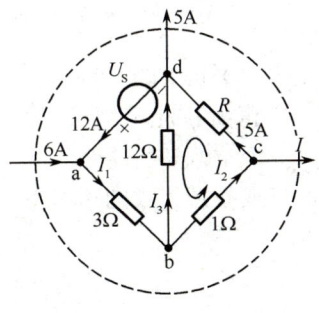

图 1.5.1 例 1.5.1 图

【例 1.5.2】 求图 1.5.2 所示各电路的开路电压 U_{oc}。

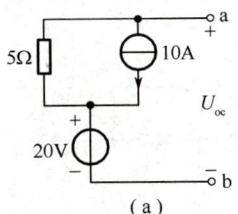 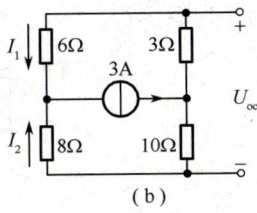 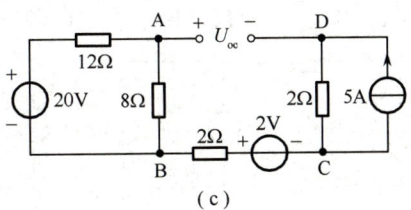

(a) (b) (c)

图 1.5.2 例 1.5.2 图

解：由图 1.5.2（a）可知　　　$U_{oc}=-5\times10+20=-50+20=-30$V

由图 1.5.2（b）可知
$$\begin{cases}I_1+I_2=3\\(3+6)I_1=(8+10)I_2\end{cases}$$
$$I_1=2\text{A}, \quad I_2=1\text{A}$$
$$U_{oc}=3(-I_1)+10I_2=4\text{V}$$

由图 1.5.2（c）可知
$$U_{AB}=20\times\frac{8}{12+8}=8\text{V}$$
$$U_{DB}=-2+2\times5=-2+10=8\text{V}$$

故
$$U_{AD}=U_{oc}=U_{AB}-U_{DB}=8-8=0\text{V}$$

【**例 1.5.3**】（1）求图 1.5.3（a）所示电路中的电流 I；（2）求图 1.5.3（b）所示电路中的开路电压 U_{oc}；（3）求图 1.5.3（c）所示电路中的受控源吸收的功率 P。

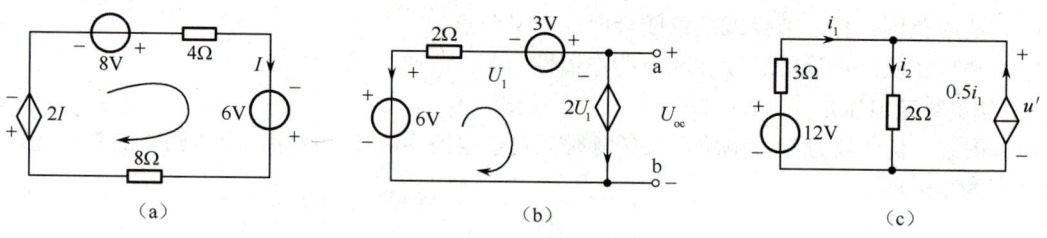

图 1.5.3　例 1.5.3 图

解：（1）根据 KVL，得
$$-8+4I-6+8I+2I=0$$
解方程得
$$I=1\text{A}$$
（2）根据 KVL，得
$$\begin{cases}6=U_1+U_{oc}\Rightarrow U_{oc}=5\text{V}\\U_1=4U_1-3\end{cases}$$
（3）由 KCL 可得
$$i_1+0.5i_1=i_2$$
再由 KVL 可得
$$12=3i_1+u', \quad u'=2i_2$$
联立求解可得
$$i_1=2\text{A}, \quad u'=6\text{V}$$
受控源吸收的功率为
$$P=-0.5i_1\times u'=-6\text{W}$$

习　题　1

1.1　如图 T1.1 所示，一个 3A 的理想电流源与不同的外接电路相接，求 3A 的理想电流源在 3 种情况下发出的功率。

1.2　电路如图 T1.2 所示，电压源发出的功率为多少？

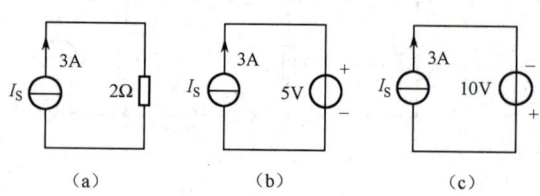

图 T1.1　习题 1.1 图

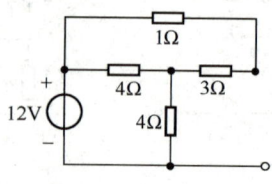

图 T1.2　习题 1.2 图

1.3 电路如图 T1.3 所示，求 I_o。

1.4 图 T1.4 所示为直流电路，已知电压表读数为 30V，忽略电压表、电流表内阻的影响。

（1）电流表的读数为多少？并标明电流表的极性。

（2）电压源 U_S 产生的功率 P_S 为多少？

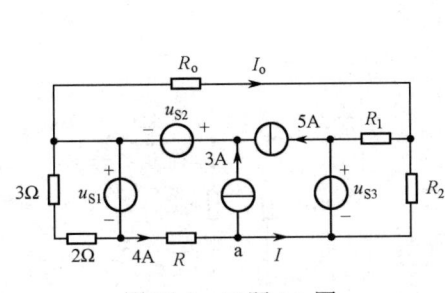

图 T1.3 习题 1.3 图

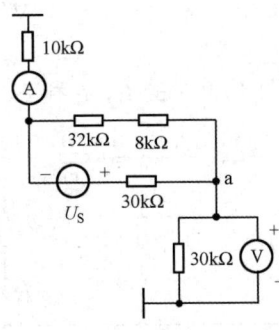

图 T1.4 习题 1.4 图

1.5 求图 T1.5 所示各电路中的电流 I。

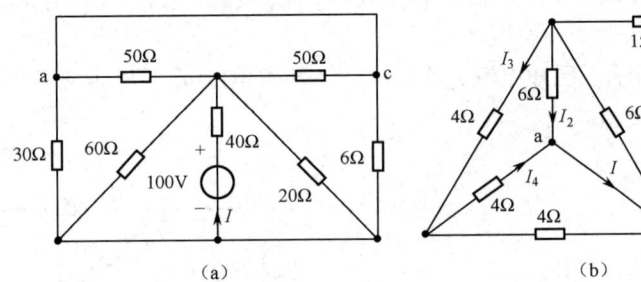

图 T1.5 习题 1.5 图

1.6 各元件的情况如图 T1.6 所示。

（1）若元件 A 吸收功率 10W，则 u_A=____V。

（2）若元件 B 吸收功率 10W，则 i_B=____A。

（3）若元件 A 吸收功率-10W，则 i_C=____A。

（4）元件 D 吸收的功率 p=____W。

（5）若元件 E 提供的功率为 10W，则 i_E=____A。

（6）若元件 F 提供的功率为-10W，则 u_F=____V。

（7）若元件 G 提供的功率为 10mW，则 i_G=____A。

（8）元件 H 提供的功率 p=____W。

1.7 某元件电压 u 和电流 i 的波形如图 T1.7 所示，u 和 i 为关联参考方向，试绘出该元件吸收功率 $p(t)$ 的波形，并计算该元件从 $t=0$ 至 $t=2$s 期间所吸收的能量。

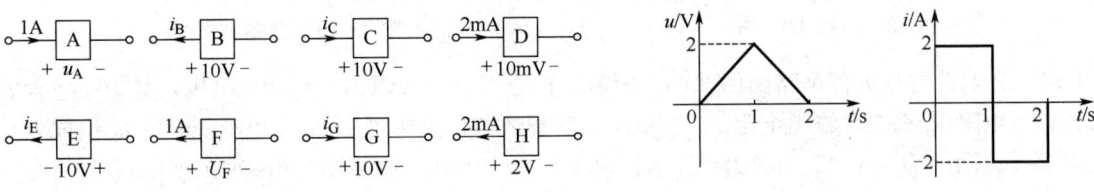

图 T1.6 习题 1.6 图　　　　　　　　图 T1.7 习题 1.7 图

1.8 电路如图 T1.8 所示。

(1) 已知 i_1=4A，则 u_1=____V。

(2) 已知 i_2=−2A，则 u_2=____V。

(3) 已知 i_3=2A，则 u_3=____V。

(4) 已知 i_4=−2A，则 u_4=____V。

(5) u_S=____V。

1.9 求图 T1.9 中的 I_1、I_2 和 U。

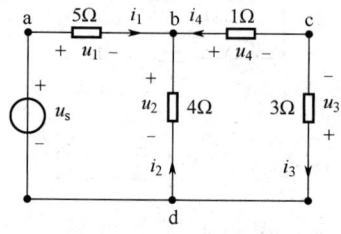

图 T1.8　习题 1.8 图

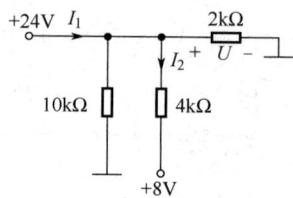

图 T1.9　习题 1.9 图

1.10 晶体管电路如图 T1.10 所示，已知 U_{BE}=0.7V、U_E=2V，求 I_E、I_C、I_B 和 U_B、U_C、U_{CE}、U_{BC}。

1.11 电路如图 T1.11 所示，已知电流 i_1=2A、i_2=1A，求电压 u_{bc}、电阻 R 及电压源 u_S。

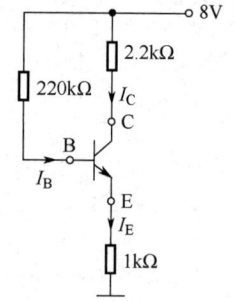

图 T1.10　习题 1.10 图

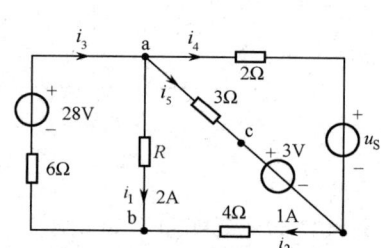

图 T1.11　习题 1.11 图

1.12 电路如图 T1.12 所示，当 ab 开路时，求开路电压 u；当 ab 短路时，求电流 i。

1.13 电路如图 T1.13 所示，若 u_S=−19.5V，u_1=1V，试求 R。

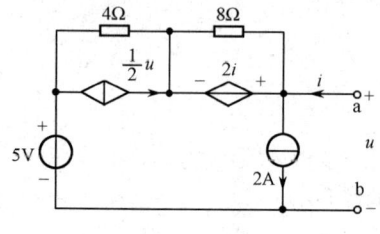

图 T1.12　习题 1.12 图

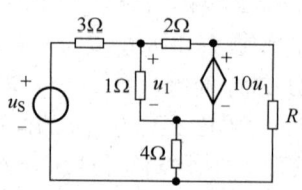

图 T1.13　习题 1.13 图

1.14 音响前置放大器电路如图 T1.14 所示，核心部分为 VCCS，g_m=0.03A/V，其中还包含放大器的输入电阻 R_i=2kΩ，输出电阻 R_o=75kΩ。CD 播放器部分由恒压源 u_S 和串联电阻 R_S 组成。负载电阻 R_L 代表下一级。已知，u_S=250V、R_S=500Ω、R_L=10kΩ。求放大器电路输出电压 u_O 与信号电压 u_S 的比值。

1.15 电路如图 T1.15 所示，求：(1) U_1、I 的值；(2) 1A 电流源的功率；(3) 电源 U_S 的功率。

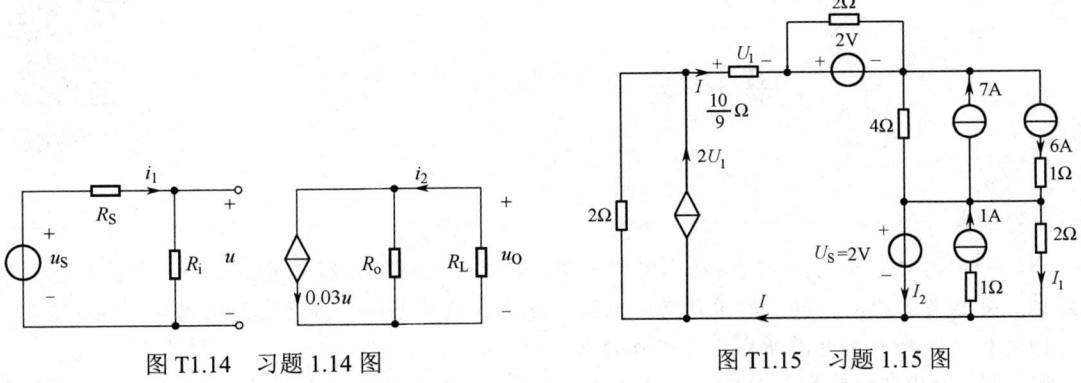

图 T1.14　习题 1.14 图　　　　图 T1.15　习题 1.15 图

1.16　电路如图 T1.16 所示，求 I_1 和 I_2。

1.17　电路如图 T1.17 所示，其中 $g=2\text{mS}$，求 u 和 R。

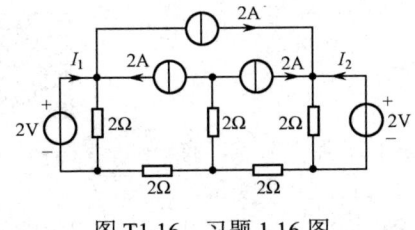

图 T1.16　习题 1.16 图

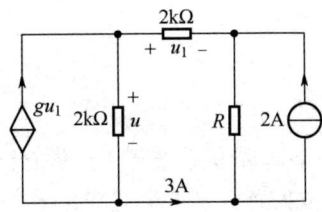

图 T1.17　习题 1.17 图

第 2 章　电路分析方法

[内容提要]

本章研究的对象是电阻电路，所谓电阻电路，是指该电路只由线性电阻元件和电源（电压源、电流源、受控源）组成。要求的量是支路电流，或者支路端电压，或者支路的功率（包含支路内的电阻元件吸收功率和电源所发送或吸收的功率）。

假设任一个电阻电路有 n 个节点、b 条支路，要求出各个支路的电流、电压和功率的方法有多种。有 $2b$ 法、b 法（支路电流法和支路电压法）、节点法（节点电位法）、网孔法（网孔电流法）等。

2.1　$2b$ 法

对于一个具有 n 个节点、b 条支路的电阻电路，有 $n-1$ 个独立节点，有 $b-n+1$ 个独立回路。若要同时求出 b 条支路的电流和电压，则有 $2b$ 个变量。若要同时确定 $2b$ 个变量，则必须列出 $2b$ 个方程。也就是说，$2b$ 个方程组成的方程组才能解出 $2b$ 个未知量。

对于 $n-1$ 个独立节点，根据 KCL 可列出 $n-1$ 个方程；对于 $b-n+1$ 个独立回路，根据 KVL 可列出 $b-n+1$ 个回路电压方程。两者加起来才能组成 b 个方程组，然后每条支路根据 VCR 又可列出 b 个方程来。这样一来，根据 KCL、KVL 和 VCR 就可以列出 $2b$ 个方程组成的方程组。解此方程组就能同时确定 $2b$ 个变量，即可同时解出 b 条支路的电流和电压，这就是 $2b$ 法的由来。

【例 2.1.1】　电路如图 2.1.1（a）所示，求各支路的电流和电压。

解： 假设各支路电流参考方向如图 2.1.1（a）所示，支路电压参考方向与支路电流方向关联，省略不标。图 2.1.1（b）所示为图 2.1.1（a）的拓扑图，3 个网孔 Ⅰ、Ⅱ、Ⅲ 的巡行方向分别标在图 2.1.1（b）中。选择 a、b 和 c 3 点为独立节点，流出节点的电流取 "+"；反之，取 "-"，由 KCL 列写方程为

$$
\left.\begin{array}{ll}
\text{a 节点：} & i_1+i_2+i_4=0 \\
\text{b 节点：} & -i_2+i_3+i_5=0 \\
\text{c 节点：} & -i_1-i_3+i_6=0
\end{array}\right\} \quad (2.1.1)
$$

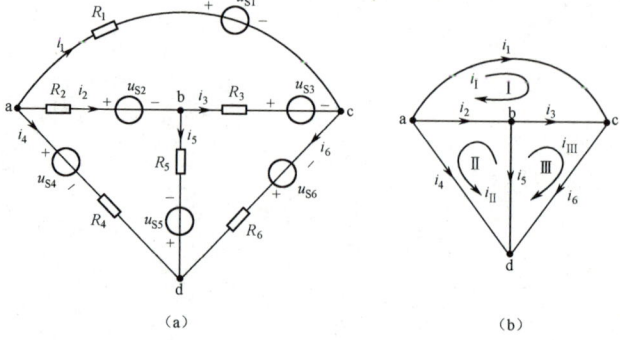

图 2.1.1　例 2.1.1 图

本例电路为平面电路，平面电路的网孔即是独立回路。根据 KVL 分别对网孔 Ⅰ、Ⅱ 和 Ⅲ 列写方程为

$$\left.\begin{aligned} u_1 - u_3 - u_2 &= 0 \\ -u_2 + u_4 - u_5 &= 0 \\ u_3 + u_6 - u_5 &= 0 \end{aligned}\right\} \quad (2.1.2)$$

根据本电路各串联支路具体的结构与元件值，可列写各支路的电压、电流关系方程为

$$\left.\begin{aligned} u_1 &= R_1 i_1 + u_{S1} \\ u_2 &= R_2 i_2 + u_{S2} \\ u_3 &= R_3 i_3 + u_{S3} \\ u_4 &= R_4 i_4 + u_{S4} \\ u_5 &= R_5 i_5 - u_{S5} \\ u_6 &= R_6 i_6 - u_{S6} \end{aligned}\right\} \quad (2.1.3)$$

由式（2.1.1）～式（2.1.3）组成的方程组联立可解得 $i_1 \sim i_6$ 和 $u_1 \sim u_6$。

显然，$2b$ 法求解的优点是解的结果直观明了，但它的缺点也很突出，若支路数较多时，手工求解 $2b$ 个联立方程过程麻烦，且容易出错。但用现代的 MATLAB 工具软件在计算机上求解也就不是难事了。

2.2 b 法

b 法又称为支路法，支路法又有支路电流法与支路电压法之分。如图 2.1.1 所示，将式（2.1.3）代入式（2.1.2），并经过移项整理，得

$$\left.\begin{aligned} R_1 i_1 - R_2 i_2 - R_3 i_3 &= -u_{S1} + u_{S2} + u_{S3} \\ -R_2 i_2 + R_4 i_4 - R_5 i_5 &= u_{S2} - u_{S4} - u_{S5} \\ R_3 i_3 + R_6 i_6 - R_5 i_5 &= -u_{S3} + u_{S6} - u_{S5} \end{aligned}\right\} \quad (2.2.1)$$

式（2.1.1）和式（2.2.1）组成 b 个（本问题 $b=6$）以支路电流为未知量的相互独立的方程组。解此方程组便得各支路电流。若需要，再以支路电流为已知量代入式（2.1.3），则可求得各支路电压，最后再根据各支路电流、电压求各支路功率等。这种求解电路的方法称为支路电流法。

若将式（2.1.3）改写成支路电流用支路电压表示，即

$$\left.\begin{aligned} i_1 &= \frac{u_1}{R_1} - \frac{u_{S1}}{R_1} \\ i_2 &= \frac{u_2}{R_2} - \frac{u_{S2}}{R_2} \\ i_3 &= \frac{u_3}{R_3} - \frac{u_{S3}}{R_3} \\ i_4 &= \frac{u_4}{R_4} - \frac{u_{S4}}{R_4} \\ i_5 &= \frac{u_5}{R_5} + \frac{u_{S5}}{R_5} \\ i_6 &= \frac{u_6}{R_6} + \frac{u_{S6}}{R_6} \end{aligned}\right\} \quad (2.2.2)$$

参见图 2.1.1（a），将式（2.2.2）代入式（2.1.1），并经移项整理，得

$$\frac{1}{R_1}u_1 + \frac{1}{R_2}u_2 + \frac{1}{R_4}u_4 = \frac{1}{R_1}u_{S1} + \frac{1}{R_2}u_{S2} + \frac{1}{R_4}u_{S4}$$

$$-\frac{1}{R_2}u_2 + \frac{1}{R_3}u_3 + \frac{1}{R_5}u_5 = -\frac{1}{R_2}u_{S2} + \frac{1}{R_3}u_{S3} - \frac{1}{R_5}u_{S5} \qquad (2.2.3)$$

$$-\frac{1}{R_1}u_1 - \frac{1}{R_3}u_3 + \frac{1}{R_6}u_6 = -\frac{1}{R_1}u_{S1} + \frac{1}{R_3}u_{S3} - \frac{1}{R_6}u_{S6}$$

式（2.1.2）和式（2.2.3）联立构成 b 个（这里 $b=6$）以支路电压为未知量的相互独立的方程组，解此方程组便可求得各支路电压。若需要，再以各支路电压为已知量代入式（2.2.2）则可得到各支路电流。最后可求得支路功率等。这种求解电路的方法，称为支路电压法。

【例 2.2.1】 电路如图 2.2.1 所示，求各支路电流、电压 U_{ab} 及各电源产生的功率。

解：结合本例的求解，说明支路电流法求解电路问题的基本步骤。

（1）假设各支路电流的参考方向，根据 KCL 列写出 $n-1$ 个独立节点的 KCL 方程（n 为节点数）。本例只有 a、b 两个节点，列写节点 a 的 KCL 方程为

$$I_1 + I_2 + I_3 = 0 \qquad (2.2.4)$$

（2）选取独立回路（平面电路一般选网孔），并选定巡行方向，如图 2.2.1 所示。列写网孔的 KVL 方程。

$$4I_1 - 5I_3 = 4 \qquad (2.2.5)$$

$$10I_2 - 5I_3 = 1 \qquad (2.2.6)$$

（3）解方程组，得各支路电流。本例为求解式（2.2.4）～式（2.2.6）联立的方程组。应用克莱姆法则，有

$$\Delta = \begin{vmatrix} 1 & 1 & 1 \\ 4 & 0 & -5 \\ 0 & 10 & -5 \end{vmatrix} = 110, \quad \Delta_1 = \begin{vmatrix} 0 & 1 & 1 \\ 4 & 0 & -5 \\ 1 & 10 & -5 \end{vmatrix} = 55$$

$$\Delta_2 = \begin{vmatrix} 1 & 0 & 1 \\ 4 & 4 & -5 \\ 0 & 1 & -5 \end{vmatrix} = -11, \quad \Delta_3 = \begin{vmatrix} 1 & 1 & 0 \\ 4 & 0 & 4 \\ 0 & 10 & 1 \end{vmatrix} = -44$$

于是支路电流 I_1、I_2、I_3 分别为

$$I_1 = \frac{\Delta_1}{\Delta} = \frac{55}{110} = 0.5 \text{ A}$$

$$I_2 = \frac{\Delta_2}{\Delta} = \frac{-11}{110} = -0.1 \text{ A}$$

$$I_3 = \frac{\Delta_3}{\Delta} = \frac{-44}{110} = -0.4 \text{ A}$$

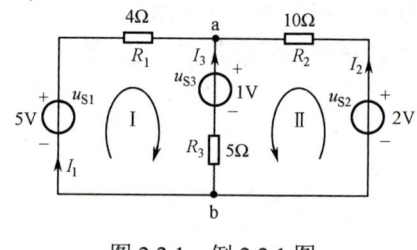

图 2.2.1 例 2.2.1 图

（4）将求得的各支路电流代入各支路电压、电流关系式中，求得各支路电压。本例中的 3 个支路电压相同，均为 u_{ab}，所以求 u_{ab} 用其中一个支路的电压、电流关系式均可。

$$u_{ab} = -4I_1 + u_{S1} = -4 \times 0.5 + 5 = 3 \text{ V}$$

（5）由求得的支路电流进一步求出所要求的功率。本例中还要求各电源产生的功率，假设电源 u_{S1}、u_{S2} 和 u_{S3} 产生的功率分别为 P_{S1}、P_{S2} 和 P_{S3}，则

$$P_{S1} = u_{S1}I_1 = 5 \times 0.5 = 2.5 \text{ W（产生）}$$

$$P_{S2} = u_{S2}I_2 = 2 \times (-0.1) = -0.2 \text{ W（吸收）}$$

$$P_{S3} = u_{S3}I_3 = 1 \times (-0.4) = -0.4 \text{ W（吸收）}$$

2.3 网孔法

如前所述，用 $2b$ 法需要求解 $2b$ 个联立方程，而用 b 法需要求解 b 个联立方程。但若电路比较复杂，且支路个数多，上述两种方法手工解算过程则会相当麻烦。能否使解方程的数目减少，简便手工解算的过程呢？网孔法和节点法就是基于这种想法而提出的一类改进方法。

对于一个实际平面电路，一般而言，网孔数总是小于支路数 b 的。如图 2.1.1 所示的电路，支路数 $b=6$，网孔数 $l=3$，显然 $l<b$。

所列 KVL 方程相互独立的回路称为独立回路。一个具有 b 条支路、n 个节点的连通图（电路）有 $b-n+1$ 个基本回路，即有 $b-n+1$ 个独立回路，对于平面电路有 $b-n+1$ 个网孔。也就是说，平面电路的网孔是一组独立的回路。假想在每个网孔里均有一电流沿着构成该网孔的各支路做闭合流动，这些假想的电流，称为各网孔的网孔电流。例如，图 2.1.1（b）所示的平面电路 3 个网孔的网孔电流 $i_Ⅰ$、$i_Ⅱ$ 和 $i_Ⅲ$，网孔电流方向即作为列写 KVL 方程时的巡行方向。

网孔电流是相互独立的变量。例如，图 2.1.1（b）所示的 3 个网孔电流 $i_Ⅰ$、$i_Ⅱ$ 和 $i_Ⅲ$，知道其中任意两个求不出第三个。这是因为每个网孔电流在它流进某一节点的同时，又流出该节点，它自身就满足了 KCL，所以不能通过节点 KCL 方程建立各网孔电流之间的关系，这就说明了网孔电流是相互独立的变量。

网孔电流是完备的变量。因为如果知道了各网孔电流，就可以求得电路中任一条支路的电流，进而可以求得电路中任意两点间的电压、任意元件上的功率。这一点由图 2.1.1 所示的电路可以很清楚地看出来。因为一条支路一定属于一个或两个网孔，如果某支路只属于某个网孔，那么该支路电流就等于该网孔电流。例如，图 2.1.1（b）所示的电路中，

$$i_1=i_Ⅰ, \quad i_4=i_Ⅱ, \quad i_6=i_Ⅲ$$

如果某支路属于两个网孔所共有，那么该支路上的电流就等于流经该支路两个网孔电流的代数和。例如，在图 2.1.1（b）所示的电路中

$$i_2=-i_Ⅰ-i_Ⅱ, \quad i_3=i_Ⅲ-i_Ⅰ, \quad i_5=-i_Ⅱ-i_Ⅲ$$

当然，电路中任意两点之间的电压、任意元件吸收或产生的功率可通过支路电流再进一步求出。所以网孔电流是完备的变量。

对于平面电路，以网孔电流作为未知量，根据 KVL 列写网孔电压方程，求解出网孔电流，进而求出各支路电流、电压和功率等，这种求解电路的方法称为网孔电流法，简称网孔法。应用网孔法求解关键是如何简便、正确地列写网孔电压方程。下面以图 2.1.1 为例推出简便列写网孔方程的方法。

【例 2.3.1】 如图 2.1.1 所示，列写网孔电压方程。

解：网孔的巡行方向如图 2.1.1（b）所示，参见图 2.1.1（a）列写网孔电压方程。

网孔Ⅰ： $R_1 i_Ⅰ + u_{S1} - u_{S3} + R_3(i_Ⅰ - i_Ⅲ) - u_{S2} + R_2(i_Ⅰ + i_Ⅱ) = 0$

网孔Ⅱ： $u_{S4} + R_4 i_Ⅱ + u_{S5} + R_5(i_Ⅱ + i_Ⅲ) - u_{S2} + R_2(i_Ⅱ + i_Ⅰ) = 0$

网孔Ⅲ： $-u_{S6} + R_6 i_Ⅲ + u_{S5} + R_5(i_Ⅲ + i_Ⅱ) + R_3(i_Ⅲ - i_Ⅰ) + u_{S3} = 0$

为了便于应用克莱姆法则求解（或计算机应用 MATLAB 工具软件求解）上述 3 个方程，需要按未知量顺序排列并加以整理，同时将已知激励源移到等号右边。这样整理上述方程式得

$$\left.\begin{aligned}(R_1+R_2+R_3)i_Ⅰ + R_2 i_Ⅱ - R_3 i_Ⅲ &= -u_{S1}+u_{S2}+u_{S3} \\ R_2 i_Ⅰ + (R_2+R_4+R_5)i_Ⅱ + R_5 i_Ⅲ &= u_{S2}-u_{S4}-u_{S5} \\ -R_3 i_Ⅰ + R_5 i_Ⅱ + (R_3+R_5+R_6)i_Ⅲ &= -u_{S3}+u_{S6}-u_{S5}\end{aligned}\right\} \qquad (2.3.1)$$

令　　$R_{11}=R_1+R_2+R_3$,　　$R_{12}=R_2$,　　$R_{13}=-R_3$,　　$u_{S11}=-u_{S1}+u_{S2}+u_{S3}$
　　　　$R_{21}=R_2$,　　$R_{22}=R_2+R_4+R_5$,　　$R_{23}=R_5$,　　$u_{S22}=u_{S2}-u_{S4}-u_{S5}$
　　　　$R_{31}=-R_3$,　　$R_{32}=R_5$,　　$R_{33}=R_3+R_5+R_6$,　　$u_{S33}=-u_{S3}+u_{S6}-u_{S5}$

式中，R_{ii} 为第 i 个网孔的自电阻，它等于第 i 个网孔内所有电阻之和；$R_{ij}=R_{ji}$ 为第 i 个网孔与第 j 个网孔的互电阻，它等于第 i 个网孔和第 j 个网孔共有支路上所有电阻之和，其符号取决于两个网孔电流流经公共电阻的方向，流向相同者取正，流向相反者取负；u_{Sii} 为第 i 个网孔电压源的代数和，在计算 u_{Sii} 时，遇到各电压源的取号法则是，在巡行中先遇到电压源的正极性端取 "–"；反之取 "+"。这是因为电压源已从方程组的左边全部移到右边。

最后将式（2.3.1）列写成具有 3 个网孔电路的方程通式（一般式），即

$$\left.\begin{array}{l} R_{11}i_\mathrm{I} + R_{12}i_\mathrm{II} + R_{13}i_\mathrm{III} = u_{S11} \\ R_{21}i_\mathrm{I} + R_{22}i_\mathrm{II} + R_{23}i_\mathrm{III} = u_{S22} \\ R_{31}i_\mathrm{I} + R_{32}i_\mathrm{II} + R_{33}i_\mathrm{III} = u_{S33} \end{array}\right\} \quad (2.3.2)$$

如果电路有 m 个网孔，并设各网孔电流分别为 i_1、i_2、$\cdots$、i_m，不难推导出网孔方程通式为

$$\left.\begin{array}{l} R_{11}i_1 + R_{12}i_2 + \cdots + R_{1m}i_m = u_{S11} \\ R_{21}i_1 + R_{22}i_2 + \cdots + R_{2m}i_m = u_{S22} \\ \qquad\qquad\qquad \vdots \\ R_{m1}i_1 + R_{m2}i_2 + \cdots + R_{mm}i_m = u_{Smm} \end{array}\right\} \quad (2.3.3)$$

利用网孔法求解平面电路的步骤如下。
（1）在图上标出网孔电流的符号及巡行方向。
（2）根据式（2.3.3）列写网孔电流方程组。
（3）利用克莱姆法则（或计算机利用 MATLAB 工具软件）求解网孔电流。
（4）在图上标出支路电流方向，利用 KCL 求出各支路电流。
（5）根据要求，再求出支路电压、功率等。

下面通过几个具体例子进一步熟练掌握网孔法分析电路步骤。

【例 2.3.2】　电路如图 2.3.1 所示，求各支路电流。

解：本例有 6 条支路，只有 3 个网孔，如果用 $2b$ 法，需列出 12 个方程；如果用 b 法，需列出 6 个方程；而采用网孔法，只需列出 3 个方程。显然，采用网孔法比采用 $2b$ 法、b 法要简单得多。

（1）假设网孔电流 i_A、i_B、i_C 如图 2.3.1 所示。一般网孔方向即认为是列写 KVL 方程时的巡行方向。

（2）观察电路对照式（2.3.3）直接列写方程。注意，这里 $m=3$。因为本例电路中各电阻的数值、电源的数值均已知，所以观察电路就可求自电阻、互电阻、等效电压源数值，代入式（2.3.3）写出所需要的方程组。这里，把本例的各自电阻、互电阻、等效电压源写出如下：

　　$R_{11}=10Ω$,　　$R_{12}=-1Ω$,　　$R_{13}=-6Ω$,　　$u_{S11}=19V$
　　$R_{21}=-1Ω$,　　$R_{22}=5Ω$,　　$R_{23}=-2Ω$,　　$u_{S22}=-12V$
　　$R_{31}=-6Ω$,　　$R_{32}=-2Ω$,　　$R_{33}=11Ω$,　　$u_{S33}=6V$

将上述数据代入式（2.3.3），得

$$\left.\begin{array}{l} 10i_A - i_B - 6i_C = 19 \\ -i_A + 5i_B - 2i_C = -12 \\ -6i_A - 2i_B + 11i_C = 6 \end{array}\right\}$$

（3）解方程得各网孔电流。用克莱姆法则解式（2.3.4），各相应行列式为

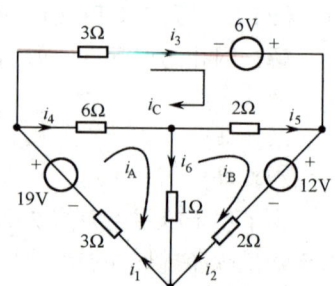

图 2.3.1　例 2.3.2 图

$$\Delta = \begin{vmatrix} 10 & -1 & -6 \\ -1 & 5 & -2 \\ -6 & -2 & 11 \end{vmatrix} = 295, \quad \Delta_A = \begin{vmatrix} 19 & -1 & -96 \\ -12 & 5 & -2 \\ 6 & -2 & 11 \end{vmatrix} = 885$$

$$\Delta_B = \begin{vmatrix} 10 & 19 & -6 \\ -1 & -12 & -2 \\ -6 & 6 & 11 \end{vmatrix} = -295, \quad \Delta_C = \begin{vmatrix} 10 & -1 & 19 \\ -1 & 5 & -12 \\ -6 & -2 & 6 \end{vmatrix} = 590$$

于是各网孔电流分别为

$$i_A = \frac{\Delta_A}{\Delta} = \frac{885}{295} = 3\,\mathrm{A}$$

$$i_B = \frac{\Delta_B}{\Delta} = \frac{-295}{295} = -1\,\mathrm{A}$$

$$i_C = \frac{\Delta_C}{\Delta} = \frac{590}{295} = 2\,\mathrm{A}$$

（4）由网孔电流求各支路电流。假设各支路电流参考方向如图 2.3.1 所示，根据支路电流与网孔电流之间的关系，得

$$i_1 = i_A = 3\mathrm{A}, \qquad i_2 = i_B = -1\mathrm{A}$$
$$i_3 = i_C = 2\mathrm{A}, \qquad i_4 = i_A - i_C = 3 - 2 = 1\mathrm{A}$$
$$i_5 = i_B - i_C = -1 - 2 = -3\mathrm{A}, \qquad i_6 = i_A - i_B = 3 - (-1) = 4\mathrm{A}$$

【例 2.3.3】 电路如图 2.3.2 所示。求电压 u_{ab}。

解： 本例含有受控电压源。在列写方程时，应先将受控电压源当作独立源一样看待，参加列写基本方程，然后把控制量用网孔电流变量表示，即增加一个辅助方程。

假设网孔电流 i_I、i_{II} 方向如图 2.3.2 所示。应用式（2.3.3）列写基本方程为

$$\left.\begin{array}{r} 6i_I - i_{II} = 3 - 2u_x \\ -i_I + 3i_{II} = -2 + 2u_x \end{array}\right\} \qquad (2.3.5)$$

根据欧姆定律，得

$$u_x = 2i_{II} \qquad (2.3.6)$$

将式（2.3.6）代入式（2.3.5）并经化简整理得

$$2i_I + i_{II} = 1$$
$$i_I + i_{II} = 2$$

解上面方程式得

$$i_I = -1\mathrm{A}, \qquad i_{II} = 3\mathrm{A}$$
$$u_x = 2i_{II} = 2 \times 3 = 6\mathrm{V}$$

所以 $\quad u_{ab} = 5i_I + 2u_x = 5 \times (-1) + 2 \times 6 = 7\mathrm{V}$

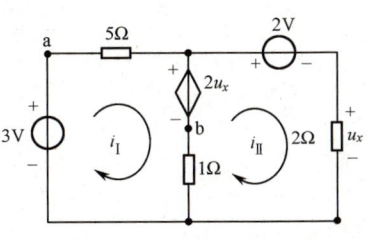

图 2.3.2 例 2.3.3 图

【例 2.3.4】 如图 2.3.3（a）所示，求各支路电流。

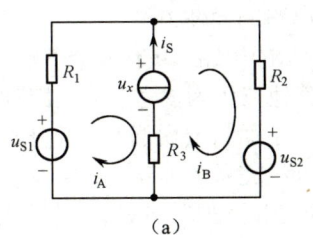
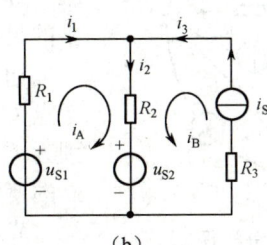

（a） （b）

图 2.3.3 例 2.3.4 图

解：本例是两个网孔的公共支路上有一个理想电流源。如果按图 2.3.3（a）假设网孔电流，如何列写网孔方程呢？网孔方程实际上是根据 KVL 列写的回路电压方程，即回路各元件上的电压代数和等于 0。那么在回路巡行中遇到理想电流源（或受控电流源），它两端电压取多少呢？根据电流源的特性，它的端电压与外部电路有关，在电路未求解之前是不知道的。这时可假设该电流源两端电压为 u_x，把 u_x 当作理想电压源一样看待列写基本方程。因为引入了 u_x 这个未知量，所以根据网孔法列出的方程数少于未知量，必须再找一个辅助方程。在本例中可根据 KCL 列写辅助方程，即

$$i_B - i_A = i_S$$

用网孔法求解图 2.3.3（a）所示的电路所需要的方程为

$$\left.\begin{array}{l}(R_1+R_3)i_A - R_3 i_B = -u_x + u_{S1} \\ -R_3 i_A + (R_2+R_3)i_B = u_x - u_{S2} \\ -i_A + i_B = i_S\end{array}\right\} \quad (2.3.7)$$

对于本例可采用另一种更简便的求解方法。将图 2.3.3（a）所示的电路经伸缩扭动变形，使理想电流源所在支路单独属于某个网孔，如图 2.3.3（b）所示，理想电流源单独属于网孔 B，假设 i_B 与 i_S 方向一致，则

$$i_B = i_S$$

所以只需要列出网孔 A 的一个方程即可。网孔 A 的方程为

$$(R_1+R_2)i_A + R_2 i_S = u_{S1} - u_{S2}$$

解以上方程式得

$$i_A = \frac{u_{S1} - u_{S2} - R_2 i_S}{R_1 + R_2}$$

进一步可求得支路电流为

$$i_1 = i_A = \frac{u_{S1} - u_{S2} - R_2 i_S}{R_1 + R_2}$$

$$i_2 = i_1 + i_3 = \frac{u_{S1} - u_{S2} + R_1 i_S}{R_1 + R_2}$$

$$i_3 = i_S$$

节点法

2.4 节点法

对于一个实际电阻电路，如果能知道每条支路两端的电压，显然不难求出各支路电流、功率等。根据电压的定义，如果能知道每个节点的电位，那么支路电压容易得到。在一个实际电路中，可以任意选一个节点作为参考点。其余各节点相对于参考点的电压降称为各节点的电压。假设一个电路有 n 个节点，选定一个节点为参考点，其余 $n-1$ 个节点的电位如能求得，则电路问题不难求解。节点电压法（简称节点法）就是基于上述想法而提出来的另一类求解电路的简便方法。

如图 2.4.1 所示的电路，共有 4 个节点，选取节点 4 作为参考点（也可以选其他点作为参考点），设节点 1、2、3 的电压分别为 V_1、V_2、V_3。下面将要说明节点电压变量既是一组相互独立的变量，又是一组完备的变量。

节点电压变量是相互独立的变量。若已知其 V_1、V_2、V_3 3 个电压变量中的任意两个，求不出第 3 个。这是因为所定义的

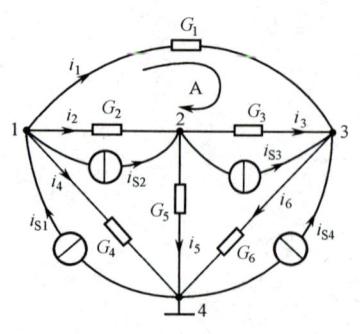

图 2.4.1 节点法分析图

节点电压变量自动地满足 KVL。如对图 2.4.1 所示电路中的任一个回路，有 KVL 方程

$$u_{13}+u_{32}+u_{21}=0$$

若将上式中各电压换算为节点电压差表示，则得

$$V_1-V_3+V_3-V_2+V_2-V_1=0 \tag{2.4.1}$$

式（2.4.1）中，对每个电压变量来说均出现一次正号，一次负号，自身抵消，式（2.4.1）是恒等式。这就是节点电压变量自动满足 KVL 的含义。

节点电压是完备的变量。从图 2.4.1 中可以看出，任何支路的电压均可表述为节点电压差。也就是说，如果求得了节点电压变量，立刻就可以通过电位差关系求得电路中各支路的电压，再由支路电压、电流的关系即可求得各支路电流，如果需要，进而可求得各元件上的功率等。以上分析说明了节点电压变量的完备性。

由 $n-1$ 个独立节点所列写的 KCL 方程相互独立。

以节点电压作为求解变量，列写独立节点的 KCL 方程，解方程组先求得节点电压，进而求得所需要求的电流、电压、功率等，这种求解电路的方法称为节点电压法，简称节点法。应用节点法的关键是如何简便、正确地利用 KCL 列写节点电流方程。这里通过一个具体例子归纳总结出简便正确列写节点电流方程的方法。

【例 2.4.1】 如图 2.4.1 所示。试推导出节点电流方程通式。

解： 假设节点 4 作为参考点，节点 1、2、3 对应的电压分别为 V_1、V_2、V_3，并设电导支路上的电流参考方向如图 2.4.1 所示。对节点 1、2、3 分别列写 KCL 方程，流出节点的电流取正号，流入节点的电流取负号，有

$$\left.\begin{array}{l} i_1+i_2+i_{S2}+i_4-i_{S1}=0 \\ -i_2-i_{S2}+i_5+i_{S3}+i_3=0 \\ -i_1-i_3-i_{S3}+i_6-i_{S4}=0 \end{array}\right\} \tag{2.4.2}$$

将式（2.4.2）中各未知电流写成节点电压的表示形式，即有

$$\left.\begin{array}{l} i_1=G_1(V_1-V_3) \\ i_2=G_2(V_1-V_2) \\ i_3=G_3(V_2-V_3) \\ i_4=G_4V_1 \\ i_5=G_5V_2 \\ i_6=G_6V_3 \end{array}\right\} \tag{2.4.3}$$

将式（2.4.3）代入式（2.4.2），并移项整理得

$$\left.\begin{array}{l} (G_1+G_2+G_4)V_1-G_2V_2-G_1V_3=i_{S1}-i_{S2} \\ -G_2V_1+(G_2+G_3+G_5)V_2-G_3V_3=i_{S2}-i_{S3} \\ -G_1V_1-G_3V_2+(G_1+G_3+G_6)V_3=i_{S3}+i_{S4} \end{array}\right\} \tag{2.4.4}$$

令　　　　　$G_1+G_2+G_4=G_{11}$, $-G_2=G_{12}$, $-G_1=G_{13}$, $i_{S1}-i_{S2}=i_{S11}$
　　　　　　$-G_2=G_{21}$, $G_2+G_3+G_5=G_{22}$, $-G_3=G_{23}$, $i_{S2}-i_{S3}=i_{S22}$
　　　　　　$-G_1=G_{31}$, $-G_3=G_{32}$, $G_1+G_3+G_6=G_{33}$, $i_{S3}+i_{S4}=i_{S33}$

式中，G_{ii} 为第 i 个节点的自电导，它表示与第 i 个节点相连的各支路电导之和；G_{ij} 为第 i 个节点与第 j 个节点之间的互电导，它表示第 i、j 两个节点之间公共支路电导之和，取负号；i_{Sii} 为与第 i 个节点相连的电流源的代数和，并且流出该节点的电流源取负号，流进该节点的电流源取正号。

于是，将式（2.4.4）改写成 3 个独立节点的电路方程通式，即

$$\left.\begin{array}{l} G_{11}V_1+G_{12}V_2+G_{13}V_3=i_{S11} \\ G_{21}V_1+G_{22}V_2+G_{23}V_3=i_{S22} \\ G_{31}V_1+G_{32}V_2+G_{33}V_3=i_{S33} \end{array}\right\} \tag{2.4.5}$$

如果电路有 n 个独立节点，并设各独立节点的电压分别为 V_1、V_2、…、V_n，可以推导出节点方程通式为

$$\left.\begin{aligned} G_{11}V_1 + G_{12}V_2 + \cdots + G_{1n}V_n &= i_{S11} \\ G_{21}V_1 + G_{22}V_2 + \cdots + G_{2n}V_n &= i_{S22} \\ &\vdots \\ G_{n1}V_1 + G_{n2}V_2 + \cdots + G_{nn}V_n &= i_{Snn} \end{aligned}\right\} \quad (2.4.6)$$

有了式（2.4.6）后，再用节点法求解电路时可直接利用通式列写方程，其步骤如下。
（1）选择参考点，设节点电压变量。
（2）利用式（2.4.6）直接列写节点电压方程。
（3）解方程组，求得各节点电压。
（4）求题目中需要求的各量。

【例 2.4.2】 如图 2.4.2 所示，求 G_1、G_2、G_3、G_4、G_5 中的电流。

解：（1）选择参考点，设节点电压变量。本例已选好节点 4 作为参考点，设节点 1、2、3 的电压分别为 V_1、V_2、V_3。

（2）应用式（2.4.6）直接列写节点电压方程。一般先算出各节点的自电导、互电导和等效电流源数值，代入式（2.4.6）写出方程。在初学阶段，列出自电导、互电导、等效电流源的过程也可以。对于本例，有

$G_{11}=G_1+G_2=2+1=3$S
$G_{12}=-2$S
$G_{13}=-1$S
$i_{S11}=i_{S2}-i_{S1}=1-2=-1$A
$G_{21}=-2$S
$G_{22}=G_1+G_3+G_4=2+3+4=9$S
$G_{23}=-4$S
$i_{S22}=i_{S1}+i_{S4}-i_{S3}=2+4-3=3$A
$G_{31}=-1$S
$G_{32}=-4$S
$G_{33}=G_2+G_4+G_5=1+4+5=10$S
$i_{S33}=-i_{S4}=-4$A

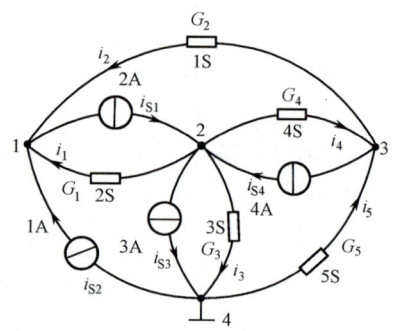

图 2.4.2 例 2.4.2 图

将求得的自电导、互电导、等效电流源数值代入式（2.4.6），得

$$\begin{cases} 3V_1 - V_3 - 2V_2 = -1 \\ -2V_1 + 9V_2 - 4V_3 = 3 \\ -V_1 - 4V_2 + 10V_3 = -4 \end{cases} \quad (2.4.7)$$

（3）解方程求出各节点电压。用克莱姆法则解式（2.4.7）方程组，得

$$\Delta = \begin{vmatrix} 3 & -2 & -1 \\ -2 & 9 & -4 \\ -1 & -4 & 10 \end{vmatrix} = 157, \quad \Delta_1 = \begin{vmatrix} -1 & -2 & -1 \\ 3 & 9 & -4 \\ -4 & -4 & 10 \end{vmatrix} = -70$$

$$\Delta_2 = \begin{vmatrix} 3 & -1 & -1 \\ -2 & 3 & -4 \\ -1 & -4 & 10 \end{vmatrix} = 7, \quad \Delta_3 = \begin{vmatrix} 3 & -2 & -1 \\ -2 & 9 & 3 \\ -1 & -4 & -4 \end{vmatrix} = -67$$

所以，节点电压为

$$V_1 = \frac{\Delta_1}{\Delta} = \frac{-70}{157} \text{ V}$$

$$V_2 = \frac{\Delta_2}{\Delta} = \frac{7}{157} \text{ V}$$

$$V_3 = \frac{\Delta_3}{\Delta} = \frac{-67}{157} \text{ V}$$

（4）由求得的各节点电压，求 G_1、G_2、G_3、G_4、G_5 中的电流。假设通过电导 G_1、G_2、G_3、G_4、G_5 的电流分别为 i_1、i_2、i_3、i_4、i_5，参考方向如图 2.4.2 所示，应用欧姆定律可算得 5 个电流分别为

$$i_1 = G_1(V_2 - V_1) = 2 \times \left(\frac{7}{157} + \frac{70}{157}\right) = \frac{154}{157} \text{ A}$$

$$i_2 = G_2(V_3 - V_1) = 1 \times \left(\frac{-67}{157} + \frac{70}{157}\right) = \frac{3}{157} \text{ A}$$

$$i_3 = G_3 V_2 = 3 \times \frac{7}{157} = \frac{21}{157} \text{ A}$$

$$i_4 = G_4(V_2 - V_3) = 4\left(\frac{7}{157} + \frac{67}{157}\right) = \frac{296}{157} = 1\frac{139}{157} \text{ A}$$

$$i_5 = G_5(0 - V_3) = 5 \times \frac{67}{157} = 2\frac{21}{157} \text{ A}$$

【例 2.4.3】 如图 2.4.3 所示的电路，求电流 i。

解： 在本例所给电路中，节点 2、3 之间有一个理想电压源，利用节点法如何处理电压源是本例求解的关键，假设取节点 4 作为参考节点，用节点法分析时可用下列方法处理。

节点方程实际上是根据 KCL 列写的节点电流方程，即节点上各元件上的电流代数和等于 0。那么节点上连接了理想电压源（或受控电压源），流经它的电流取多少呢？根据电压源的特性，它的端电流与外部电路有关，在电路未求解之前是不知道的。这时可假设流经该电压源的电流为 i_x，把 i_x 当作理想电流源一样看待列写基本方程。因为引出了 i_x 这个未知量，所以根据节点法列出的方程数少于未知量，必须再找一个辅助方程。现设节点 1、2、3 的电压分别为 V_1、V_2、V_3，在本例中可根据 KVL 列写辅助方程，即

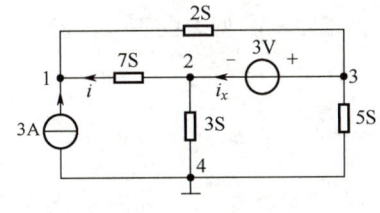

图 2.4.3　例 2.4.3 图

$$V_3 - V_2 = 3 \tag{2.4.8}$$

由图 2.4.3 列写节点方程为

$$(7+2)V_1 - 7V_2 - 2V_3 = 3 \tag{2.4.9}$$

$$-7V_1 + (7+3)V_2 = i_x \tag{2.4.10}$$

$$-2V_1 + (2+5)V_3 = -i_x \tag{2.4.11}$$

解上面方程式得

$$V_1 = -0.5 \text{V},\quad V_2 = -1.5 \text{V},\quad V_3 = 1.5 \text{V}$$

如果将式（2.4.10）和式（2.4.11）相加可得到

$$-(7+2)V_1 + (7+3)V_2 + (2+5)V_3 = 0 \tag{2.4.12}$$

式（2.4.12）经整理后可得

$$7(V_2 - V_1) + 3V_2 + 5V_3 + 2(V_3 - V_1) = 0 \tag{2.4.13}$$

式（2.4.13）即为对由节点 2、3 和电压源所构成的封闭曲面（一般又称为超节点）列写的 KCL 方程，与式（2.4.8）、式（2.4.9）联立同样可以解出未知量 V_1、V_2、V_3。

由欧姆定律求得

$$i = 7(V_2 - V_1) = -7 \text{ A}$$

对于本例，还可采用另一种更简便的求解方法。若原电路没有指定参考点，可选择理想电压源支路所连两个节点之一作为参考点，如设节点 3 作为参考点，这时节点 2 的电位 V_2=-3V，不是未知量而是已知量了，这样就少列写一个方程。由图 2.4.3 列写节点 1、4 方程为

$$\begin{cases} (2+7)V_1 - 7 \times (-3) = 3 \\ -3 \times (-3) + (3+5)V_4 = -3 \end{cases} \tag{2.4.14}$$

解方程组得

$$V_1\text{=-2V}, \quad V_4\text{=-1.5V}$$

注意，由于参考节点选定不同，此时所得到的节点电压不同于选择节点 4 作为参考节点时所得到的节点电压。由欧姆定律可求得

$$i = 7(V_2 - V_1) = -7 \text{ A}$$

最终得到的支路电流值是一样的。

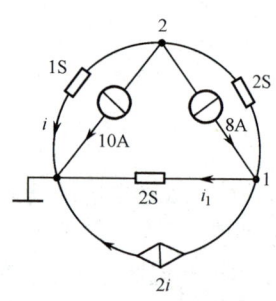

图 2.4.4 例 2.4.4 图

【例 2.4.4】 如图 2.4.4 所示的电路，求节点 1 的电压 V_1 和电流 i。

解： 原图已指定参考点，此例含有受控电流源。利用节点法如何对受控源进行处理是本例求解的关键。在列写方程时，应先将受控源当作独立源一样看待，参加列写基本方程，然后把控制量用节点电压变量表示，即增加一个辅助方程。设节点 1、2 电压分别为 V_1、V_2，列写节点方程为

$$\left.\begin{matrix} (2+2)V_1 - 2V_2 = 8 - 2i \\ -2V_1 + (1+2)V_2 = -10 - 8 \\ i = V_2 \text{（辅助方程）} \end{matrix}\right\} \tag{2.4.15}$$

解方程组得

$$V_1\text{=2V}, \quad V_2\text{=-4.67V}, \quad i\text{=-4.67A}$$

2.5 本章小结及典型题解

2.5.1 本章小结

1. 2*b* 法

假设电路网络有 n 个节点、b 条支路，则直接应用支路电压和支路电流为变量，根据 KCL 和 KVL 及 VCR 列写网络方程的方法称为 2*b* 法。列写的步骤如下。

（1）对 $(n-1)$ 个独立节点列写 KCL 方程。

（2）对 $b-(n-1)$ 个独立回路列写 KVL 方程。

（3）对每条支路列出其 VCR 方程。

2*b* 法适用于线性、非线性网络，以网络分析为基础，主要缺点是方程数目太多，求解烦琐。

2. *b* 法

b 法又称为支路法，支路法又分为支路电流法和支路电压法。

1）支路电流法

以支路电流为变量，列写电路方程求解电路参数的方法。方程列写步骤如下。

（1）对 $(n-1)$ 个独立节点列写 KCL 方程。

（2）对 $b-(n-1)$ 个回路列写 KVL 方程，只是列写 KVL 方程时将每条支路的电压用支路电流表示，即相当于将 2*b* 法的（3）代入（2）中，消去支路电压，即得到支路电流的方程。

2）支路电压法

以支路电压为变量，列写电路方程求解电路参数的方法。列写方程步骤如下。

（1）对$(n-1)$个独立节点列写 KCL 方程，且 KCL 方程中不出现支路电流，而以支路电压来表示。

（2）对 $b-(n-1)$ 个独立回路列写 KVL 方程。

3. 网孔电流法

网孔电流法是以网孔电流为变量列写网孔方程求解电路参数的方法。利用网孔法求解电路的步骤如下。

（1）在图上标出网孔电流的符号及巡行方向。

（2）根据式（2.3.3）直接列写网孔电流方程组。

（3）利用克莱姆法则（或计算机利用 MATLAB 工具软件）求解网孔电流。

（4）在图上标出支路电流方向，利用 KCL 求出各支路电流。

（5）根据需要，再求出支路电压、功率等。

4. 节点电压法

节点电压法是以独立节点电压为变量，列写电路方程求解电路参数的方法。利用节点法求解电路的步骤如下。

（1）选择参考点，设节点电压变量。

（2）根据式（2.4.6）直接列写节点电压方程组。

（3）解方程组，求得各节点电压。

（4）求题目中需要求的各量。

2.5.2 典型题解

【例 2.5.1】 如图 2.5.1 所示的电路，用网孔电流法求电压 u 和电流 i。

解： 假设网孔电流如图 2.5.1 所示，则用网孔电流法求解图示电路所需要的方程为

$$\begin{cases} (1+1+2)i_A - 2i_B - i_C = u \\ -2i_A + (2+2)i_B - 2i_C = 2 \\ -i_A - 2i_B + (1+1+2)i_C = -u \\ i_A - i_C = 4 \end{cases}$$

解方程组得

$$i_A = i = 3\text{A}, \quad u = 10\text{V}$$

【例 2.5.2】 如图 2.5.1 所示的电路，用节点电压法求电压 u 和电流 i。

解： 在本例中所给的电路中，节点 1、4 之间有一个理想电压源，而在节点 2、3 之间有一个电流源与电阻相串联，用节点电压法分析时可用下列方法处理。

若原电路没有指定参考点，则可选择理想电压源支路所连两个节点之一作为参考点，如设节点 4 作为参考点，这时节点 1 的电位 $V_1 = 2\text{V}$，不是未知量而是已知量了，这样就少列写一个方程。现设节点 2、3 的电压分别为 V_2、V_3。一个理想电流源与一个电阻串联的支路可以看作是一个超节点，对此超节点列写 KCL 方程，则列写节点方程为

$$\begin{cases} (\dfrac{1}{2}+\dfrac{1}{2})V_2 - \dfrac{1}{2} \times V_1 = 4 \\ \dfrac{1}{2}(V_2 - V_1) + \dfrac{V_2}{2} + V_3 + (V_3 - V_1) = 0 \end{cases}$$

解方程组得

$$V_2 = 5\text{V}, \quad V_3 = -1\text{V}$$

由欧姆定律求得

$$i = \dfrac{u_{13}}{1} = \dfrac{2+1}{1} = 3\text{ A}$$

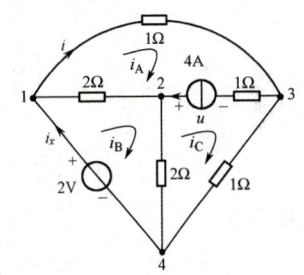

图 2.5.1　例 2.5.1 图

$$u=u_{23}+1\times 4=V_2-V_3+1\times 4=5-(-1)+4=10\text{V}$$

在后续的学习中还会看到实际上一个电流源与一个电阻串联支路可以等效为一个电流源，从而进一步简化电路的分析。

习 题 2

2.1 电路如图 T2.1 所示，试列出：（1）$2b$ 法的联立方程组；（2）支路电流法的联立方程组；（3）支路电压法的联立方程组。

2.2 电路如图 T2.2 所示，试列出：（1）$2b$ 法的联立方程组；（2）支路电流法的联立方程组；（3）支路电压法的联立方程组。

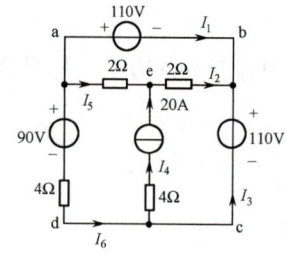

图 T2.1 习题 2.1 图

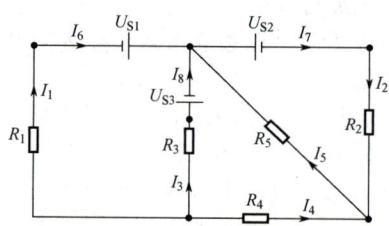

图 T2.2 习题 2.2 图

2.3 用支路电流法求解图 T2.3 所示电路的 i_1、i_2、i_3。

2.4 电路如图 T2.4 所示，所求未知量已选定为 u_1、u_2、i_1、i_2，试列出所需 4 个联立方程，并解出 i_1。

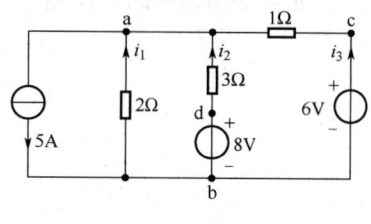

图 T2.3 习题 2.3 图

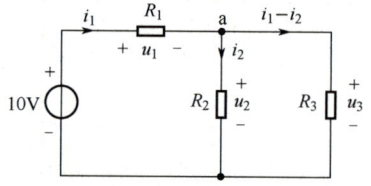

图 T2.4 习题 2.4 图

2.5 平面电路如图 T2.5 所示，各网孔电流如图中所示，试列写出可用来求解电路的网孔方程。

2.6 用网孔法计算 T2.1 所示电路的各支路电流。

2.7 电路如图 T2.6 所示，设节点 1、2 的电位分别为 V_1、V_2，试列写出可用来求解该电路的节点方程。

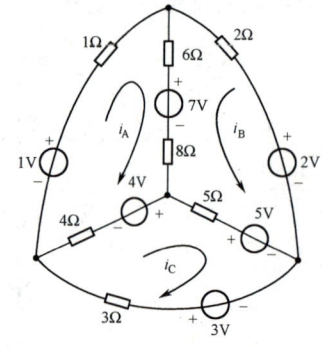

图 T2.5 习题 2.5 图

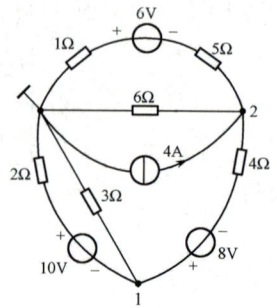

图 T2.6 习题 2.7 图

2.8 电路如图 T2.7 所示,求图中受控源产生的功率 $P_{受}$。

2.9 求图 T2.8 所示电路中负载电阻 R_L 上吸收的功率 P_L。(1)用网孔法;(2)用节点法。

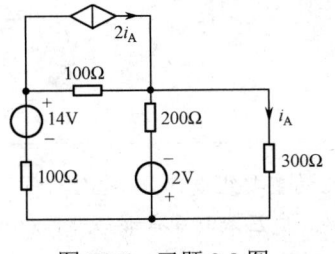

图 T2.7 习题 2.8 图

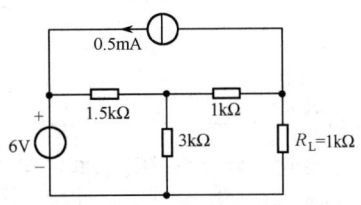

图 T2.8 习题 2.9 图

2.10 电路如图 T2.9 所示,试求受控源功率。

2.11 电路如图 T2.10 所示,其中 $g=0.1S$,用网孔法求流过 $8Ω$ 电阻的电流。

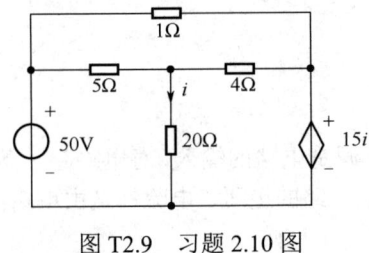

图 T2.9 习题 2.10 图

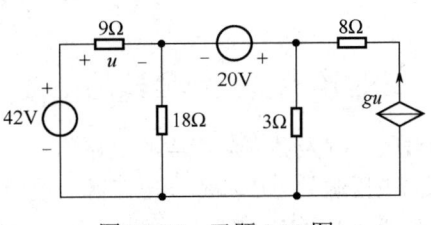

图 T2.10 习题 2.11 图

2.12 电路如图 T2.11 所示,分别求出电流源和受控源的功率。

2.13 用节点法列写图 T2.12 所示电路的方程组。

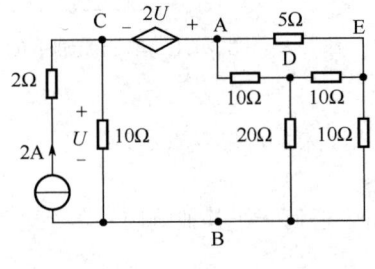

图 T2.11 习题 2.12 图

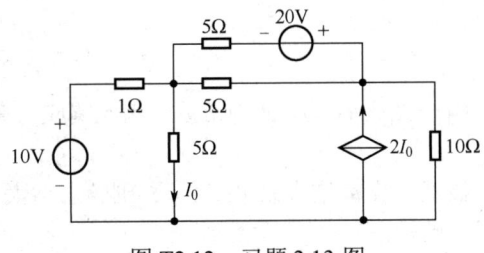

图 T2.12 习题 2.13 图

2.14 用网孔法求解图 T2.13 所示电路的 i_1、i_2。

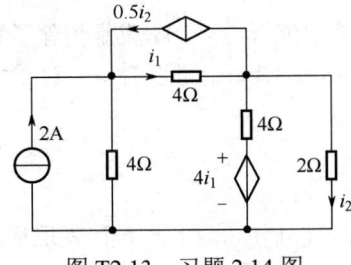

图 T2.13 习题 2.14 图

第 3 章　网络函数与叠加定理

> **[内容提要]**
> 本章主要讨论线性电路的基本定理。这些定理是电路理论的重要组成部分，也体现了线性电路系统的基本特性，利用这些定理可以便捷地分析线性电路的电流、电压和功率等物理量，对于进一步学习后续课程及今后工作都起着重要作用。同时，这些定理为求解电路问题提供了新的思路。

3.1　线性电路及网络函数

3.1.1　线性电路和网络函数的定义

由线性元件及独立源组成的电路称为线性电路。独立源是电路的输入，对电路起着激励的作用。除了独立电压源的电压和独立电流源的电流，电路中其他支路的电压、电流都是由电路激励引起的响应。在线性电路中，响应与激励之间存在线性关系。图 3.1.1 所示为单一激励的线性电路。假设支路上的电流 i_1、i_2 为响应，则根据网孔法可得

$$i_1 = \frac{R_2 + R_3}{R_1 R_2 + R_2 R_3 + R_1 R_3} u_S$$

$$i_2 = \frac{-R_2}{R_1 R_2 + R_2 R_3 + R_1 R_3} u_S$$

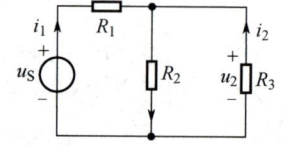

图 3.1.1　单一激励下的线性电路

由于 R_1、R_2、R_3 都为常数，因此响应与激励的关系为线性关系，可以表示为

$$i_1 = H_1 u_S,\quad i_2 = H_2 u_S \tag{3.1.1}$$

显然，若 u_S 增大 m 倍，i_1、i_2 则随之增大 m 倍，该电路中任何一个其他响应与激励之间都存在着类似的关系。

对于单一激励的线性时不变电路，响应与激励之比称为网络函数，记为 H，即

$$H = \frac{响应}{激励}$$

激励是指独立电压源电压或独立电流源电流；响应是指除了独立电压源的电压和独立电流源的电流，任一支路的电压或电流。从式（3.1.1）中可以看出，对于电阻电路，H 为实数，且实数 H 与电源无关，由电路的结构和参数决定。

3.1.2　网络函数的分类

按照激励和响应的类型，网络函数可分为两类共 6 种表现形式。

1. 策动点函数

当电路中只有一个激励源作用时，激励源所连接的端口称为策动点（或驱动点）。若响应也在策动点上，即网络的响应与激励处于同一端口，则相应的网络函数称为策动点函数（或驱动点函数），此时包含如下两种表现形式。

1）策动点电阻

策动点电阻为策动点的电压响应与电流激励之比，如图 3.1.2（a）所示。策动点电阻表示的网络函数为

$$H = \frac{u_1}{i_S} \tag{3.1.2}$$

由式（3.1.2）可知，此时 H 具有电阻的量纲，也可是输入端口看进去的等效电阻，即输入电阻。

2）策动点电导

策动点电导为策动点的电流响应与电压激励之比，如图 3.1.2（b）所示。策动点电导表示的网络函数为

$$H = \frac{i_1}{u_S} \tag{3.1.3}$$

由式（3.1.3）可知，此时 H 具有电导的量纲，也可是输入端口看进去的等效电导，即输入电导。

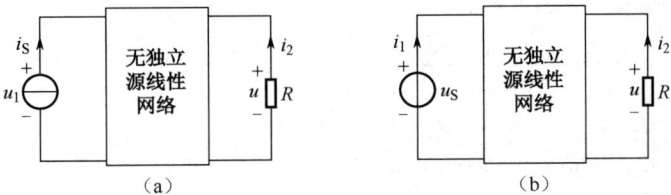

图 3.1.2　网络函数

2. 转移函数

若响应不在策动点上，即响应和激励分别在不同的端口，则网络函数被称为转移函数。此时有以下 4 种表现形式。

1）转移电阻

非策动点的电压响应与策动点的电流激励之比称为转移电阻，如图 3.1.2（a）所示。转移电阻表示的网络函数为

$$H = \frac{u}{i_S} \tag{3.1.4}$$

由式（3.1.4）可知，此时 H 具有电阻的量纲。

2）转移电导

非策动点的电流响应与策动点的电压激励之比称为转移电导，如图 3.1.2（b）所示。转移电导表示的网络函数为

$$H = \frac{i_2}{u_S} \tag{3.1.5}$$

由式（3.1.5）可知，此时 H 具有电导的量纲。

3）转移电流比

非策动点的电流响应与策动点的电流激励之比称为转移电流比，如图 3.1.2（a）所示，转移电流比表示的网络函数为

$$H = \frac{i_2}{i_S} \tag{3.1.6}$$

此时 H 的量纲为 1，有时又称为电流增益。

4）转移电压比

非策动点的电压响应与策动点的电压激励之比称为转移电压比，如图 3.1.2（b）所示。转移电压比表示的网络函数为

$$H = \frac{u}{u_s} \tag{3.1.7}$$

同样，此时 H 的量纲也为1，有时又称为电压增益。

【例 3.1.1】 如图 3.1.3 所示，求响应 I_1、I_2，并计算电路的网络函数。

解：对于本例可以采用网孔法，假设网孔电流如图 3.1.3 所示，则可列写网孔方程如下

$$(R_1 + R_3)I_1 + R_3 I_2 = U_s$$
$$R_3 I_1 + (R_2 + R_3)I_2 = -rI_1$$

解以上方程可得

$$I_1 = \frac{R_2 + R_3}{R_1 R_2 + R_3(R_1 + R_3 - r)} U_s$$

$$I_2 = -\frac{r + R_3}{R_1 R_2 + R_3(R_1 + R_3 - r)} U_s$$

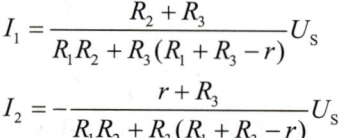

图 3.1.3 单一激励下的线性电路

计算可得电路的网络参数如下。

策动点电导：$H_1 = \dfrac{I_1}{U_s} = \dfrac{R_2 + R_3}{R_1 R_2 + R_3(R_1 + R_3 - r)}$

转移电导：$H_2 = \dfrac{I_2}{U_s} = -\dfrac{r + R_3}{R_1 R_2 + R_3(R_1 + R_3 - r)}$

从本例可以看出，虽然电路中有受控源的存在，但是由于只有一个独立源，仍满足单一激励下的线性电路的基本约束，因此网络函数仍为实数，且由组成电路的元件（电阻、受控源）的参数和连接方式决定。

网络函数可认为是表征给定电路由激励端至某一指定响应端之间电路"群体"性质的一个参数，用以代替原来所需众多的元件参数，随着电路的集成化，我们关心的往往不是单个元件的参数如何，而是它的"群体"表现如何，即电路网络。基本元件是组成电路模型的最小单元，它们的参数，如 R、C、L 等是电路的主参数，而策动点电阻、策动点电导、转移电阻、转移电导、转移电压比、转移电流比等这些网络参数可认为是电路的副参数。作为电路基本元件的"群体"表现，副参数在简化电路计算、表征电路特性等方面起重要作用。

3.2 齐次定理

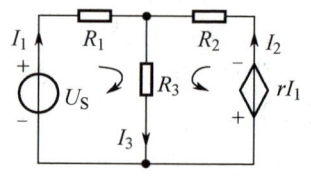

齐次定理

线性电路的一个重要特性就是齐次性（又称为比例性），把该性质总结为线性电路中一个重要定理——齐次定理。

齐次定理可表述为：当一个激励源（独立电压源或独立电流源）作用于线性电路时，其任意支路的响应（电压或电流）与该激励源成正比。

从式（3.1.1）中不难看出齐次定理的正确性，即响应 I_1、I_2 与激励 U_s 成正比关系。

【例 3.2.1】 图 3.2.1 所示为 T 形电阻网络，求电流 i_1。

解：对于本例，如果按照之前学习的网孔法或节点法，求解过程会比较复杂，但按齐次定理，采用"逆推法"会使得本例求解过程变得简单。首先设定响应大小，逆推出产生此响应的激励源大小，然后予以修正。

假设 $i_1 = 1A$，则

$$i_2 = 1A$$
$$i_3 = i_1 + i_2 = 2A$$
$$i_4 = i_3 = 2A$$

$i_5=i_3+i_4=2+2=4$A

$i_6=i_5=4$A

$i_7=i_5+i_6=4+4=8$A

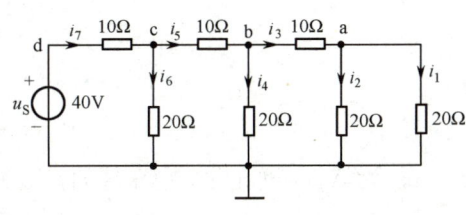

图 3.2.1　例 3.2.1 图

于是得到产生此响应的对应的电压源激励为

$u_S=i_7×10+i_6×20=8×10+4×20=160$V

根据齐次定理 $i_1=Hu_S$，即转移电导为

$$H=\frac{1}{160}\text{S}$$

故

$$i_1=H×40=0.25\text{A}$$

3.3　叠加定理

下面考虑多个独立源作用下的线性电路的分析问题。

叠加定理：在任何由线性元件、线性受控源及独立源组成的线性电路中，每个支路的响应（电压或电流）都可以看成是各个独立电源单独作用时，在该支路中产生响应的代数和。

叠加定理是线性电路的重要定理，当电路中有多种（或多个）信号激励时，它为研究响应与激励的关系提供了理论依据和方法，并经常作为建立其他电路定理的基础。

下面证明叠加定理的正确性。可通过一任意的具有 m 个网孔的线性电路加以证明。假设各网孔的电流分别为 i_1、i_2、$\cdots$、i_m，则该电路的网孔方程为

$$\left.\begin{array}{l}R_{11}i_1+R_{12}i_2+\cdots+R_{1m}i_m=u_{S11}\\R_{21}i_1+R_{22}i_2+\cdots+R_{2m}i_m=u_{S22}\\\vdots\\R_{m1}i_1+R_{m2}i_2+\cdots+R_{mm}i_m=u_{Smm}\end{array}\right\} \quad (3.3.1)$$

根据克莱姆法则，解式（3.3.1），求 i_1。

$$\Delta=\begin{bmatrix}R_{11}&R_{12}&\cdots&R_{1m}\\R_{21}&R_{22}&\cdots&R_{2m}\\\vdots&\vdots&&\vdots\\R_{m1}&R_{m2}&\cdots&R_{mm}\end{bmatrix}$$

$$\Delta_1=\begin{bmatrix}u_{S11}&R_{12}&\cdots&R_{1m}\\u_{S22}&R_{22}&\cdots&R_{2m}\\\vdots&\vdots&&\vdots\\u_{Smm}&R_{m2}&\cdots&R_{mm}\end{bmatrix}$$

$$=\Delta_{11}u_{S11}+\Delta_{21}u_{S22}+\cdots+\Delta_{j1}u_{Sjj}+\cdots+\Delta_{m1}u_{Smm} \quad (3.3.2)$$

式中，Δ_{j1} 为 Δ 中第一列第 j 行元素对应的代数余子式，$j=1,2,\cdots,m$。例如

$$\Delta_{11}=(-1)^{1+1}\begin{bmatrix}R_{22}&R_{23}&\cdots&R_{2m}\\R_{32}&R_{33}&\cdots&R_{3m}\\\vdots&\vdots&&\vdots\\R_{m2}&R_{m3}&\cdots&R_{mm}\end{bmatrix}$$

$$\varDelta_{21} = (-1)^{2+1} \begin{bmatrix} R_{12} & R_{13} & \cdots & R_{1m} \\ R_{32} & R_{33} & \cdots & R_{3m} \\ \vdots & \vdots & & \vdots \\ R_{m2} & R_{m3} & \cdots & R_{mm} \end{bmatrix}$$

u_{Sjj} 为第 j 个网孔独立电压源的代数和。所以

$$i_1 = \frac{\varDelta_1}{\varDelta} = \frac{\varDelta_{11}}{\varDelta}u_{S11} + \frac{\varDelta_{21}}{\varDelta}u_{S22} + \cdots + \frac{\varDelta_{m1}}{\varDelta}u_{Smm} \tag{3.3.3}$$

若令 $\qquad k_{11}=\varDelta_{11}/\varDelta, k_{21}=\varDelta_{21}/\varDelta, \cdots, k_{m1}=\varDelta_{m1}/\varDelta$

代入式（3.3.3）得 $\qquad i_1 = k_{11}u_{S11} + k_{21}u_{S22} + \cdots + k_{m1}u_{Smm} \tag{3.3.4}$

式中，k_{11}，k_{21}，$\cdots$，k_{m1} 为与电路结构、元件参数及线性受控源有关的常数。

式（3.3.4）说明了第一个网孔中的电流 i_1 可以看作是各网孔等效独立电压源分别单独作用时在第一个网孔所产生电流的代数和。

同理可求得其他网孔电流，即

$$\left. \begin{aligned} i_1 &= k_{11}u_{S11} + k_{21}u_{S22} + \cdots + k_{m1}u_{Smm} \\ i_2 &= k_{12}u_{S11} + k_{22}u_{S22} + \cdots + k_{m2}u_{Smm} \\ &\vdots \\ i_m &= k_{1m}u_{S11} + k_{2m}u_{S22} + \cdots + k_{mm}u_{Smm} \end{aligned} \right\} \tag{3.3.5}$$

由于电路中任意支路的电流是流经该支路的各网孔电流的代数和，又因为各网孔等效独立电压源等于各网孔内独立电压源的代数和，所以电路中任意支路的电流都可以看作是电路中各独立源单独作用时在该支路中产生电流的代数和；电路中各支路的电压与支路电流呈一次函数关系，因此电路中任一支路的电压也可以看作是电路中各独立源单独作用时在该支路两端产生电压的代数和。由此可见，对任意线性电路，叠加定理都是成立的。

在使用叠加定理时应注意以下几点。

（1）叠加定理只适用于线性电路求解电压和电流响应，而不能用来计算功率。这是因为线性电路中的电压和电流与激励（独立源）呈线性关系，而功率与激励不是线性关系。

（2）应用叠加定理求电压、电流是代数量的叠加，应特别注意各代数量的符号。当某个独立源作用时，若某一支路产生响应的参考方向与所求这一支路响应的参考方向一致，则取正号；反之，取负号。

（3）当一独立源作用时，其他独立源都应等于零（独立电压源短路，独立电流源开路）。

（4）若电路中含有受控源，在应用叠加定理时，受控源不能单独作用，在独立源每次单独作用时，受控源都要保留在电路中，其数值随每一独立源单独作用时控制量数值的变化而变化。

（5）叠加的方式是任意的，可以一次使一个独立源单独作用，也可以一次使几个独立源同时作用。基于这一点可以对电路中的多个独立源分组作用，其分组的基本原则是：在各分解电路中求解的响应要方便易行。

【例 3.3.1】 如图 3.3.1（a）所示，求电流 i_1。

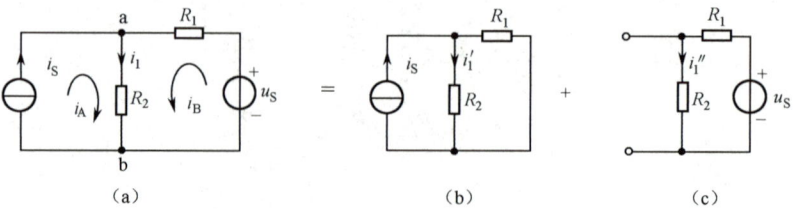

图 3.3.1　例 3.3.1 图

解：此例含有两个不同类型的独立源（独立电压源与独立电流源）、两个网孔、一个独立节点。对于此例有多种解法。

方法 1：利用网孔法求解。

设网孔电流为 i_A、i_B。由图 3.3.1 可知，$i_A=i_S$，对于网孔 B，列写网孔方程为

$$(R_1+R_2)i_B+R_2i_S=u_S$$

所以

$$i_B = \frac{u_S}{R_1+R_2} - \frac{R_2}{R_1+R_2}i_S$$

于是有

$$i_1 = i_A + i_B = \frac{1}{R_1+R_2}u_S + \frac{R_1}{R_1+R_2}i_S \tag{3.3.6}$$

方法 2：利用节点法求解。

选择节点 b 作为参考点，列写节点 a 的方程为

$$(\frac{1}{R_1}+\frac{1}{R_2})V_a = i_S + \frac{u_S}{R_1}$$

解上述方程得

$$V_a = \frac{R_1R_2}{R_1+R_2}i_S + \frac{R_2}{R_1+R_2}u_S$$

于是有

$$i_1 = \frac{V_a}{R_2} = \frac{R_1}{R_1+R_2}i_S + \frac{1}{R_1+R_2}u_S \tag{3.3.7}$$

方法 3：利用叠加定理求解。

将图 3.3.1（a）画成图 3.3.1（b）+图 3.3.1（c）的形式。

根据图 3.3.1（b）得

$$i_1' = \frac{R_1}{R_1+R_2}i_S$$

根据图 3.3.1（c）得

$$i_1'' = \frac{1}{R_1+R_2}u_S$$

于是有

$$i_1 = i_1' + i_1'' = \frac{1}{R_1+R_2}u_S + \frac{R_1}{R_1+R_2}i_S \tag{3.3.8}$$

比较式（3.3.6）～式（3.3.8）可见，结果完全一样。通过具体实例再一次验证了叠加定理的正确性。

【例 3.3.2】 用叠加定理求图 3.3.2（a）所示电路中的电压 u。

解：画出独立电压源 u_S 和独立电流源 i_S 单独作用的电路，如图 3.3.2（b）、图 3.3.2（c）所示。由此分别求得 u' 和 u''，然后根据叠加定理将 u' 和 u'' 相加得到电压 u。

$$u' = \frac{R_4}{R_2+R_4}u_S, \quad u'' = \frac{R_2R_4}{R_2+R_4}i_S$$

$$u = u' + u'' = \frac{R_4}{R_2+R_4}(u_S + R_2i_S)$$

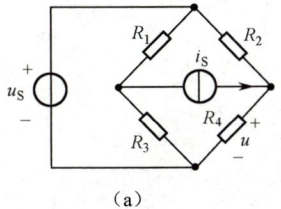
(a)

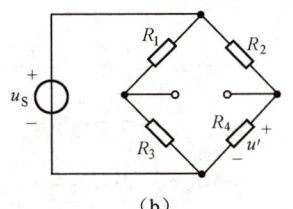
(b)

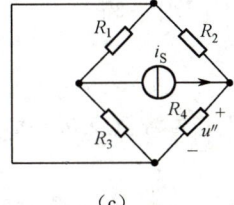
(c)

图 3.3.2 例 3.3.2 图

显然，本例用叠加定理分析，计算过程比网孔法或节点法要简单很多。

【例 3.3.3】 电路如图 3.3.3（a）所示。已知 $r=2\Omega$，试用叠加定理求电流 I 和电压 U。

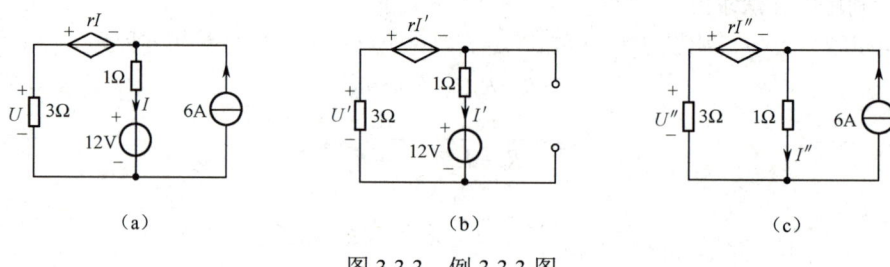

图 3.3.3 例 3.3.3 图

解：画出 12V 独立电压源和 6A 独立电流源单独作用的电路，如图 3.3.3（b）、图 3.3.3（c）所示（注意，在每个电路内均保留受控源，但控制量分别改为分电路中的相应量）。根据图 3.3.3（b）所示的电路，列出 KVL 方程为

$$2I'+I'+12+3I'=0$$

求得

$$I'=-2\text{A}$$
$$U'=-3I'=6\text{V}$$

根据图 3.3.3（c）所示的电路，列出 KVL 方程

$$2I''+I''+3(I''-6)=0$$

求得

$$I''=3\text{A}$$
$$U''=3(6-I'')=9\text{V}$$

最后得到

$$I=I'+I''=-2\text{A}+3\text{A}=1\text{A}$$
$$U=U'+U''=6\text{V}+9\text{V}=15\text{V}$$

【例 3.3.4】 电路如图 3.3.4 所示，N 为不含独立源的线性电阻网络。
已知，当 $u_S=12\text{V}$、$i_S=4\text{A}$ 时，$u=0$；当 $u_S=-12\text{V}$、$i_S=-2\text{A}$ 时，$u=-1\text{V}$。求 $u_S=9\text{V}$、$i_S=-1\text{A}$ 时的电压 u。

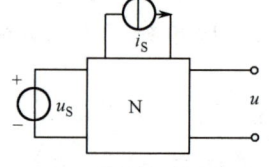

图 3.3.4 例 3.3.4 图

解：应用网孔法、节点法是无法求解本例问题的，这是因为网络内部结构不详，无法列写方程。但若采用叠加定理、齐次定理相结合求解本例电路，则很容易。

根据叠加定理可得

$$u=k_1 u_S + k_2 i_S \tag{3.3.9}$$

式中，k_1、k_2 均为未知的比例常数，其中 k_1 为无量纲量，k_2 的单位为 Ω。

将已知的测试数据代入式（3.3.9），得

$$\begin{cases} k_1 \times 12 + k_2 \times 4 = 0 \\ k_1 \times (-12) + k_2 \times (-2) = -1 \end{cases} \tag{3.3.10}$$

解式（3.3.10）得

$$k_1=\frac{1}{6},\quad k_2=-\frac{1}{2}$$

再将 k_1、k_2 数值及 $u_S=9\text{V}$、$i_S=-1$ 代入式（3.3.10），得

$$u=k_1 u_S + k_2 i_S = \frac{1}{6}\times 9 + (-\frac{1}{2})\times(-1)=2\text{V}$$

3.4 本章小结及典型题解

3.4.1 本章小结

1. 线性电路和网络函数

由线性元件及独立源组成的电路称为线性电路。独立源是电路的输入，对电路起着激励的作用。除了独立电压源的电压和独立电流源的电流，电路中其他支路的电压、电流都是由电路激励引起的响应。

对于单一激励的线性时不变电路，响应与激励之比定义为网络函数，记为 H，即

$$H = \frac{响应}{激励}$$

2. 齐次定理

当一个激励源（独立电压源或独立电流源）作用于线性电路时，其任意支路的响应（电压或电流）与该激励源成正比。

3. 叠加定理

在任何由线性元件及独立源组成的线性电路中，每个支路的响应（电压或电流）都可以看成是各个独立源单独作用时，在该支路上产生响应的代数和。

3.4.2 典型题解

【例 3.4.1】 电路如图 3.4.1 所示。用叠加原理求

（1）图 3.4.1（a）中的电流 i；
（2）图 3.4.1（b）中的电压 u；
（3）图 3.4.1（c）中的电流 I 及 a 点电位 V_a；
（4）图 3.4.1（d）中的电流 I。

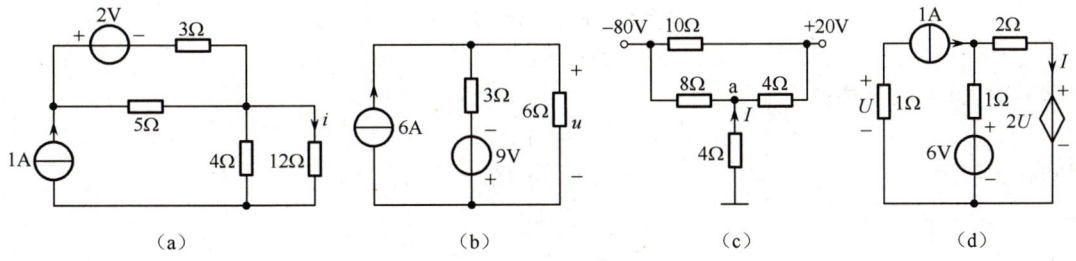

图 3.4.1 例 3.4.1 图

解：（1）图 3.4.1（a）中的电流 i 为

$$i = i' + i'' = \frac{1}{12+4} \times 4 + 0 = \frac{1}{4} \text{ A}$$

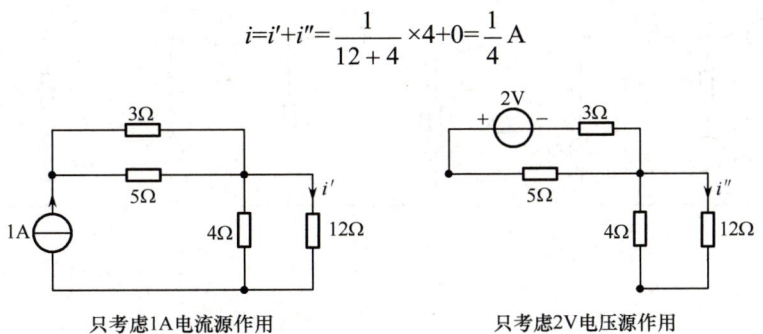

只考虑1A电流源作用　　　　只考虑2V电压源作用

(2) 图 3.4.1（b）中的电压 u 为

$$u'=6\times(3//6)=6\times\frac{3\times6}{3+6}=6\times\frac{18}{9}=12\text{V}$$

$$u''=-9\times\frac{6}{3+6}=-9\times\frac{6}{9}=-6\text{V}$$

于是
$$u=u'+u''=12-6=6\text{V}$$

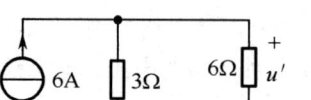
只考虑6A电流源作用

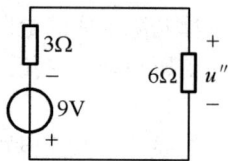
只考虑9V电压源作用

(3) 图 3.4.1（c）中的电流 I 及 a 点的电位为

$$V_a'=-80\times\frac{4//4}{8+4//4}=-80\times\frac{2}{10}=-16\text{V}$$

$$I'=\frac{0-V_a'}{4}=\frac{16}{4}=4\text{A}$$

$$V_a''=20\times\frac{4//8}{4+4//8}=8\text{V}$$

$$I''=\frac{0-V_a''}{4}=\frac{-8}{4}=-2\text{A}$$

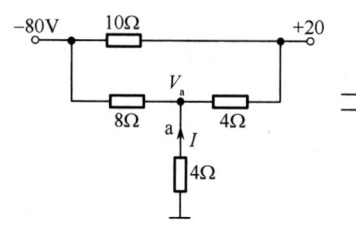 ⇒ 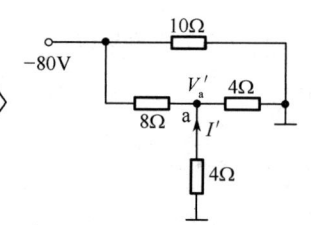 +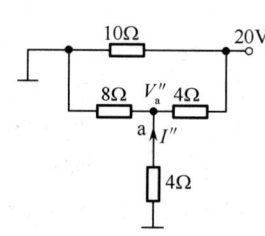

于是
$$V_a=V_a'+V_a''=-16+8=-8\text{V}$$
$$I=I'+I''=4-2=2\text{A}$$

(4) 图 3.4.1（d）中的电流 I 为

因为 $U=-1\text{V}$

列写网孔方程为 $3I'-1=-2U$

所以 $I'=1\text{A}$

又因为 $I''=\dfrac{6}{1+2}=2\text{A}$

所以 $I=I'+I''=1+2=3\text{A}$

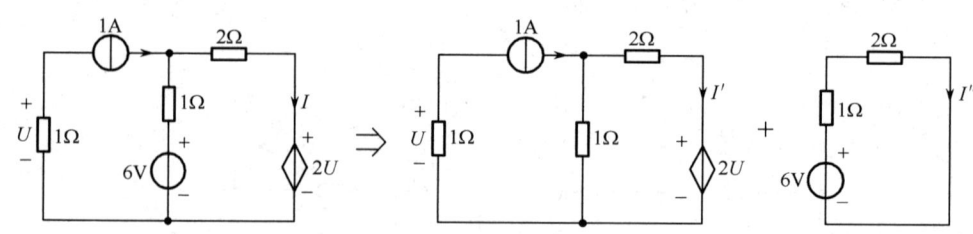

习 题 3

3.1 电路如图 T3.1 所示，用叠加定理求：
（1）图 T3.1（a）中的电流 i；
（2）图 T3.1（b）中的电压 u；
（3）图 T3.1（c）中的电流 I 及 a 点电位 V_a；
（4）图 T3.1（d）中的电流 I。

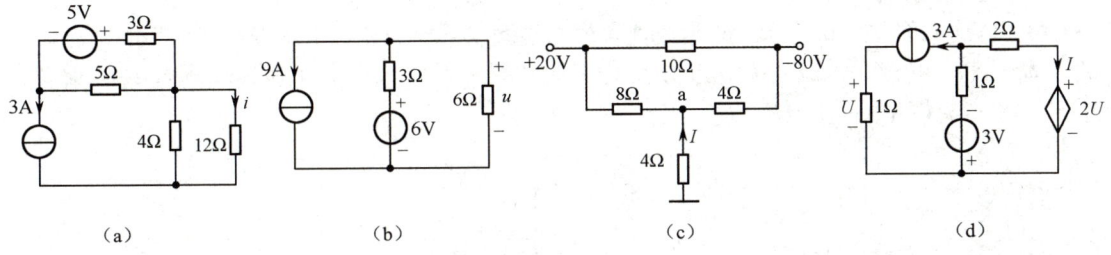

图 T3.1　习题 3.1 图

3.2 电路如图 T3.2 所示，求电流 i。试利用线性电路的比例性求当电流源电流改为 6A、方向相反时的电流 i。

3.3 电路如图 T3.3 所示。（1）若 $u_2=10V$，求 i_1 及 u_s；（2）若 $u_s=10V$，求 u_2。

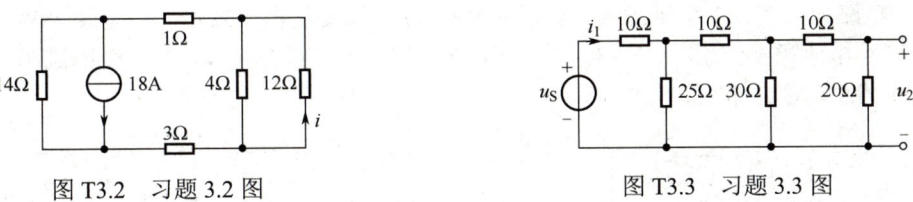

图 T3.2　习题 3.2 图　　　　　　　图 T3.3　习题 3.3 图

3.4 电路网络如图 T3.4（a）所示。
（1）求图 T3.4（a）所示电路网络的转移电压比 u_2/u_1，设所有电阻为 1Ω。
（2）某同学认为图 T3.4（a）所示电路网络可以看成是 4 节图 T3.4（b）所示网络"级联"而成，若 u_{Ik}、u_{Ok} 分别表示第 k 节网络的输入和输出，则

$$\frac{u_2}{u_1} = \frac{u_{O4}}{u_{I1}} = \frac{u_{O4}}{u_{I4}} \frac{u_{O3}}{u_{I3}} \frac{u_{O2}}{u_{I2}} \frac{u_{O1}}{u_{I1}}$$

因此，只需要求出任一级的转移电压比，联乘 4 次即为 u_2/u_1。试按照这一观点求解，并将结果与（1）中结果比较，如果有差别，原因是什么？

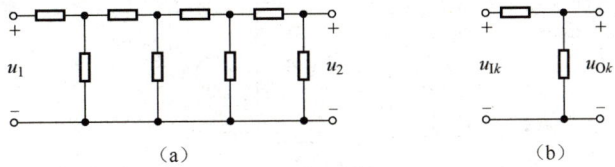

图 T3.4　习题 3.4 图

3.5 电路如图 T3.5 所示，试求转移电阻 u_O/i_S。已知 $g=2S$。

3.6 电路如图 T3.6 所示，利用叠加定理求解 i_X。

3.7 电路如图 T3.7 所示，用叠加定理求解 i，已知 $\mu=5$。

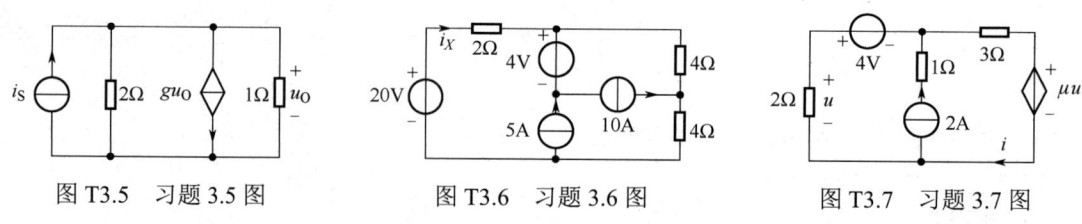

图 T3.5　习题 3.5 图　　　图 T3.6　习题 3.6 图　　　图 T3.7　习题 3.7 图

3.8　如图 T3.8 所示的信号相加电路，求输出-输入关系。

3.9　电路如图 T3.9 所示，N 内只含线性电阻，当开关在位置"1"时，I_1=4A；当开关在位置"2"时，I_1=2A。求开关在位置"3"时的 I_1。

3.10　电路如图 T3.10 所示，N 为线性含源二端网络，电流表、电压表均是理想的，已知，当开关 S 置于"1"位时，电流表读数为 2A，当开关 S 置于"2"位时，电压表读数为 4V。求当开关 S 置于"3"位时图中的电压 U。

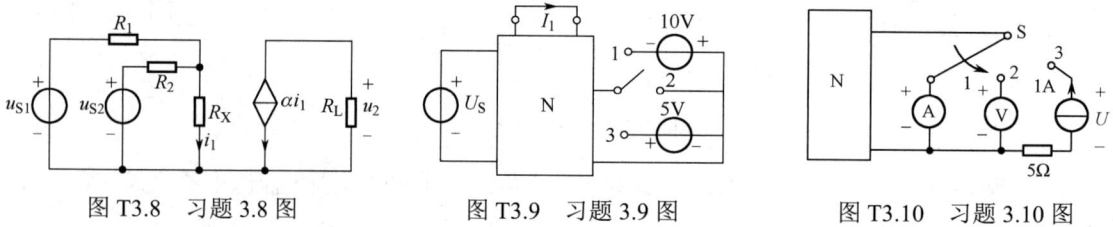

图 T3.8　习题 3.8 图　　　图 T3.9　习题 3.9 图　　　图 T3.10　习题 3.10 图

3.11　电路如图 T3.11 所示，试说明两个电压源对电路提供的总功率不能用叠加方法求得。

3.12　电路如图 T3.12 所示，当 3A 电流源不作用时，2A 电流源向电路提供 28W 功率，且 u_2 为 8V；当 2A 电流源不作用时，3A 电流源向电路提供 54W，u_1 为 12V，问两个电流源同时作用时，向电路提供的总功率是多少？

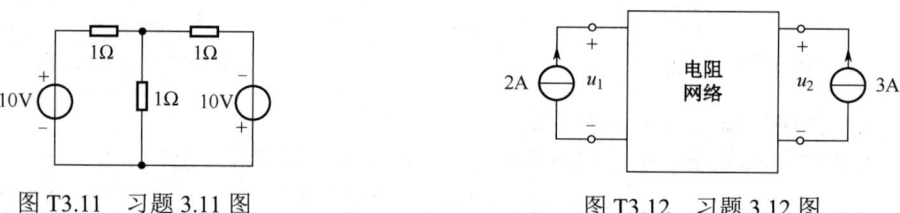

图 T3.11　习题 3.11 图　　　图 T3.12　习题 3.12 图

3.13　电路如图 T3.13 所示，当只有电源 i_S 和 u_{S2} 作用时，i=20A；当只有电源 i_S 和 u_{S1} 作用时，i=−5A；当 3 个电源都作用时，i=12A。已知，i_S=1A，u_{S1}=1V，u_{S2}=1V。（1）分别求出只有 i_S 或 u_{S1} 或 u_{S2} 作用时的电流 i；（2）求当 i_S 和 u_{S1} 均增加一倍而 u_{S2} 极性相反时的电流 i。

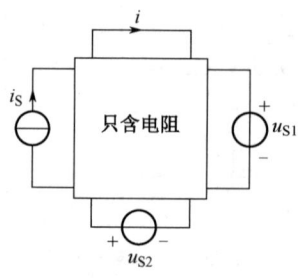

图 T3.13　习题 3.13 图

第 4 章 单口网络

[内容提要]

本章主要讨论单口网络的分析问题，包括单口网络的伏安关系及置换定理，特别是引入了单口网络等效的概念，使得对部分电路的分析可以得到简化，可以将复杂电路网络简化为简单电路，为电路进行网络化分析提供解决办法。

4.1 单口网络概述

4.1.1 单口网络的定义

在电路问题的分析中，有时只研究某个支路的电压、电流或功率，对所研究支路的两端来说，电路的其余部分就成为一个单口网络。那么对所研究的这个支路来说，我们往往只对这个单口网络体现出来的"群体"特性感兴趣，下面具体研究单口网络的特性。

定义：由元件相连接组成，对外只有两个端子的电路称为单口网络。单口网络如图 4.1.1 中虚线框内电路所示，图中电压 u 和电流 i 分别称为端口电压和端口电流（方向可以任意设定）。如果在单口网络中不含有任何能通过电或非电的方式与网络外部的某些变量相耦合的元件，如不含控制变量在该网络之外的受控源（端口电压、端口电流除外）、与网络之外的绕组有磁耦合关系的变压器绕组、与外界光源有耦合关系的光敏电阻等，那么这些单口网络为"明确的"单口网络。本书只讨论"明确的"单口网络，以后将省略"明确的"这一限定词。

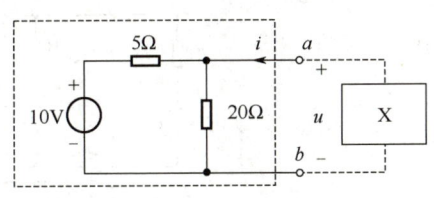

图 4.1.1 单口网络

4.1.2 单口网络的电压、电流关系

单口网络的电压、电流关系即单口网络的端口电压和电流的约束关系，下面以例 4.1.1 为例来分析单口网络的电压、电流关系，又称为单口网络的伏安关系（VCR）。

【例 4.1.1】 求图 4.1.2（a）ab 端子左端所示单口网络的 VCR 及伏安特性曲线。

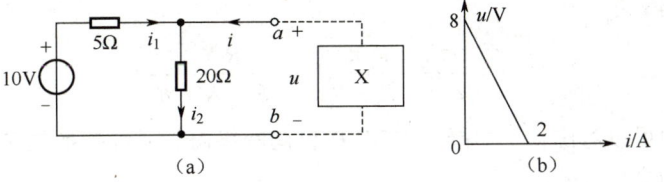

图 4.1.2 例 4.1.1 图

解：根据 KVL 和 KCL 可得

$$10 = 5i_1 + u$$
$$u = 20(i + i_1)$$

消去 i_1 可得

$$u=8+4i \tag{4.1.1}$$

式（4.1.1）即为在所设 u、i 参考方向下该单口网络的 VCR，又称其为单口网络的流控型伏安关系，或者写为

$$i=u/4-2 \tag{4.1.2}$$

式（4.1.2）称为单口网络的压控型伏安关系。伏安特性曲线如图 4.1.2（b）所示。

图 4.1.2（a）中单口网络的 VCR 是在任意外接电路 X（图中虚线所示）的情况下求得的，也即单口网络的 VCR 是由它本身性质决定的，与外接电路无关，因此可以在任意外接电路情况下求单口网络的伏安关系。当然，对于无独立源单口网络，如果外接非激励源，将导致电路中无电压、电流，所以一般在分析单口网络的伏安关系时可以外接独立电压源或独立电流源，一般称这种方法为外施电源法。

对于图 4.1.2（a）所示电路，如果设想 X 是一个电压源，设其两端电压为 u（设正极在上），流经它的电流为 i（电流方向为从右往左），即端口电流，那么，利用 KVL 和 KCL 可得

$$i=u/20+(u-10)/5=u/4-2$$

与式（4.1.2）相同；或者也可以设想 X 是一个电流源，设其电流大小为 i（电流方向为从右往左），它两端电压 u 的极性为上正下负，那么同样利用 KVL 和 KCL 可得

$$(10-u)/5+i=u/20$$

整理后可得

$$i=u/4-2$$

这再次证明了单口网络的伏安关系与外接电路无关，所以求解单口网络的 VCR 可以采用外施电源法，外施电压源求端口电流或外施电流源求端口电压。

【例 4.1.2】 求图 4.1.3（a）虚线框中所示含独立源、受控源和电阻的单口网络的 VCR。

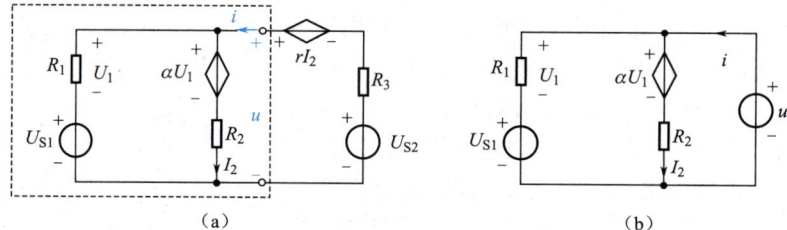

图 4.1.3 例 4.1.2 图

解：从图 4.1.3 中可以看出，虽然单口网络内部含有受控源，但其控制量 U_1 也在单口网络内部，所以仍为一个"明确的"单口网络。运用外施电源法，假设端口处连接一个电压源，如图 4.1.3（b）所示，则根据 KVL 和 KCL 可列方程如下：

$$u = \alpha U_1 + (i - \frac{U_1}{R_1})R_2 = U_1 + U_{S1} \tag{4.1.3}$$

可得端口伏安关系为

$$u = \frac{(\alpha R_1 - R_2)U_{S1}}{\alpha R_1 - R_1 - R_2} - \frac{R_1 R_2}{\alpha R_1 - R_1 - R_2}i \tag{4.1.4}$$

从式（4.1.4）中可以看出，单口网络的 VCR 仅由网络内部元件的参数 R_1、R_2、U_{S1}、α 决定，与网络外部的元件和变量无关。

虚线框之外的单口网络，由于控制量 I_2 在网络外部，因此不是"明确的"单口网络，此单口网络的 VCR 为

$$u = rI_2 - iR_3 + U_{S2}$$

与外部变量 I_2 相关，其 VCR 随着 I_2 的改变而改变。

4.2 置换定理

置换定理

置换定理又称为替代定理，它是集总参数电路理论中一个重要的定理。从理论上讲，无论线性、非线性、时变、时不变电路，置换定理均是成立的。

置换定理可表述为：具有唯一解的电路中，若已知某支路 K 的电压 u_K、电流 i_K，且该支路与电路中其他支路无耦合，则该支路无论是由什么元件组成的，都可以用下列任何一个元件去替代：

（1）电压等于 u_K 的理想电压源；

（2）电流等于 i_K 的理想电流源；

（3）阻值为 u_K/i_K 的电阻（u_K 与 i_K 参考方向关联）（前提是替代后电路仍有激励源存在）。

置换之后该电路中其余部分的电压、电流均保持不变。

置换定理的正确性可以做如下解释：在数学中，已知对给定的有唯一解的一组方程，其中任何一个未知量，如果用它的解答去代替（或置换），不仅不会引起方程中其他任何未知量的解答在数值上有所改变，而且使求解变得简单易行。例如，利用节点法求解电路问题时，在合理选择参考点的情况下，若已知 K 支路两端的电压 u_K，则所列的节点方程组会少一个方程，使求解变得简单易行。

在分析电路时，经常使用置换定理化简电路，辅助其他方法求解。特别是对于电路网络，置换定理为我们提供了一种非常简便的分析思路。对于任意电路网络，如果只关心网络中部分电路中的电压或电流，就可以按照单口网络的分析思路，将电路分解为两个"明确的"单口网络 N_1、N_2，其中某个单口网络中包含我们关心的电路变量。如图 4.2.1（a）所示，分别求出 N_1、N_2 的 VCR 后，联立方程解得端口电压 u 和端口电流 i，再利用置换定理，可以将网络 N_2（或 N_1）用电压为 u 的电压源或电流为 i 的电流源置换，如图 4.2.1（b）、（c）所示。置换后不影响 N_1（或 N_2）内各支路电压、电流的原有数值，但简化了 N_1（或 N_2）内部电路变量的分析。特别是对于只含有一个非线性元件的电路，置换定理为我们提供了一个求解这种电路的方法，如例 4.2.4 所示。

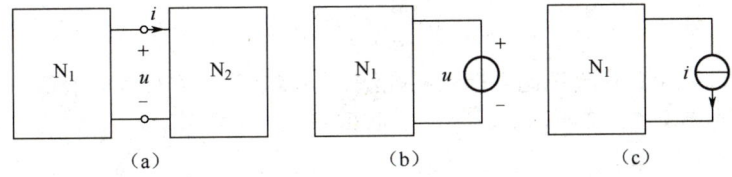

图 4.2.1 置换定理的应用

【例 4.2.1】 电路如图 4.2.2（a）所示，已知电压 u=4.5V，求电阻 R。

解： 此例如果采用电阻串、并联等效，分压关系求得 u 与 R 的表达式，再令 u=4.5V 解得 R，概念上完全正确，但这种思路的求解过程较烦琐，不如应用置换定理结合节点法求解简便。

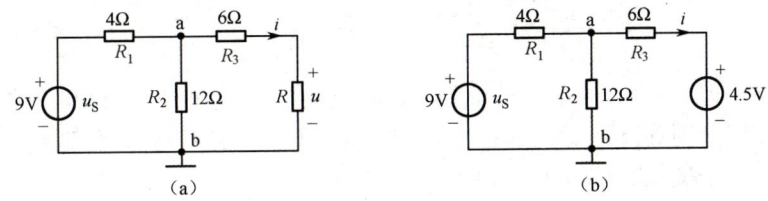

图 4.2.2 例 4.2.1 图

应用置换定理将图 4.2.2（a）等效为图 4.2.2（b）。设参考节点为 b，节点 a 如图 4.2.2（b）所示。列写节点方程为

$$(\frac{1}{4}+\frac{1}{12}+\frac{1}{6})V_a - \frac{9}{4} - \frac{4.5}{6} = 0$$

解上述方程得 V_a 为6V。

因此
$$i = \frac{V_a - 4.5}{R_3} = \frac{6-4.5}{6} = 0.25\,\text{A}$$

故得
$$R = \frac{u}{i} = \frac{4.5}{0.25} = 18\,\Omega$$

【例 4.2.2】 电路如图 4.2.3（a）所示，求电流 i_1。

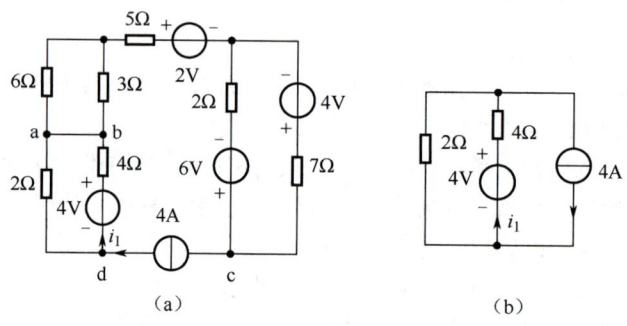

图 4.2.3　例 4.2.2 图

解：这个电路看起来比较复杂，但仔细观察可以发现，若将短路线 ab 压缩成一点，图 4.2.3（a）中 6Ω 与 3Ω 并联等效为 2Ω。从 ab 点顺时针经过 c 点到 d 点为一条支路，且已知此条支路电流为 4A 理想电流源所限定，应用置换定理把该支路用 4A 理想电流源置换，如图 4.2.3（b）所示。再根据 KVL，列写方程得

$$4 = 4i_1 + 2(i_1 - 4)$$

即可解得
$$i_1 = \frac{8+4}{4+2} = 2\,\text{A}$$

类似这样的问题应用置换定理比直接用网孔法、节点法列写方程求解要简便得多。

【例 4.2.3】 电路如图 4.2.4（a）所示，求电压 U。

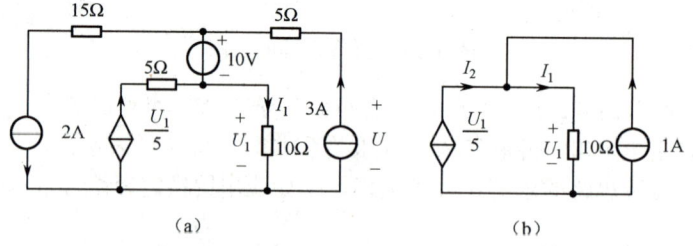

图 4.2.4　例 4.2.3 图

解：应用置换定理，先将 2A 电流源与 15Ω 串联支路、3A 电流源与 5Ω 串联支路、$U_1/5$ 受控电流源与 5Ω 串联支路分别置换为 2A、3A、$U_1/5$ 的电流源。应用电流源并联等效后再次应用置换定理，将图 4.2.4（a）等效为图 4.2.4（b），则

$$I_1 = \frac{U_1}{10},\quad I_2 = \frac{U_1}{5}$$

又因为
$$I_1 - I_2 = 1$$

即
$$\frac{U_1}{10} - \frac{U_1}{5} = 1$$
所以
$$U_1 = -10\text{V}$$
回到图 4.2.4（a），得
$$U = 3 \times 5 + 10 - 10 = 15\text{V}$$

【例 4.2.4】 如图 4.2.5（a）所示电路为含非线性电阻的电路，已知非线性电阻的伏安关系如图 4.2.5（b）所示，求电压源发出的功率。

解： 先求 ab 端子左端的单口网络的 VCR。外施一个独立电压源 u，电压极性上正下负，则根据 KVL、KCL 可得

$$i = -\frac{u}{R} - \frac{u - U_S}{R}$$

单口网络的 VCR 为 $i = -\frac{2u}{R} + \frac{U_S}{R}$

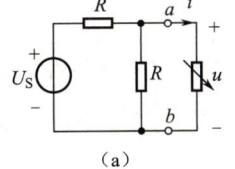
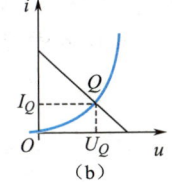

图 4.2.5　例 4.2.4 图

非线性单口网络的 VCR 已知，为伏安平面内一条曲线[图 4.2.5（b）中曲线]，将线性单口网络的 VCR 画在同一伏安平面内，它是一条直线，u 轴截距为 $U_S/2$，i 轴截距为 U_S/R[图 4.2.5（b）]，得到交点 Q（又称为工作点），即对应的端口电压 U_Q 和端口电流 I_Q，然后应用置换定理将非线性元件置换为电压值为 U_Q 的电压源或电流值为 I_Q 的电流源，则电路变为线性电路，再在线性电路中分析电压源发出的功率即可。

4.3　电路的等效

"等效"在电路理论中是个重要的概念，电路等效变换方法是电路问题分析中经常使用的方法。本节首先阐述电路等效的一般概念，然后具体讨论几种常用的电路等效变换方法。

4.3.1　电路等效的一般概念

对于结构、元件参数完全不相同的两个单口网络 A 或 B，如图 4.3.1 所示。若 A 与 B 具有相同的端口电压、电流关系，即相同的 VCR，则 A 和 B 是互为等效的。这就是电路等效的一般概念。

等效及电阻等效

相等效的两个单口网络 A 和 B 在电路中可以相互代换，代换前与代换后的电路对任意外电路 C 中的电压、电流、功率是等效的，如图 4.3.2 所示。用图 4.3.2（b）求电路 C 中的电压、电流和功率与用图 4.3.2（a）求电路 C 中的电压、电流和功率具有相同的效果。图 4.3.2（a）和图 4.3.2（b）互为等效变换电路。这里需要强调以下 3 点。

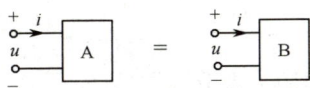

图 4.3.1　具有相同 VCR 的两部分电路　　　图 4.3.2　电路等效示意图

（1）电路等效的条件是相互代换的两个单口网络 A 和 B 具有相同的 VCR，即

$$(\text{VCR})_A = (\text{VCR})_B \tag{4.3.1}$$

（2）电路等效的对象是电路 C 中的电压、电流和功率。
（3）电路等效变换的目的是简化电路，可以方便地求出需要求的结果。

下面将等效的思路用于一些常见电路的分析,得到电阻的等效、电源的等效以及戴维南和诺顿等效等常用的等效电路。这些内容将在本章后续一一展开。

4.3.2 电阻的等效

将等效的概念应用于电阻的连接,可以得到电阻的等效电路。

1. 电阻的串联等效

图 4.3.3(a)是 n 个电阻相串联的电路。设各电阻上电压、电流参考方向关联(一致),由欧姆定律及 KVL 得

$$u = u_1 + u_2 + \cdots + u_n = R_1 i + R_2 i + \cdots + R_n i$$
$$= (R_1 + R_2 + \cdots + R_n)i = (\sum_{k=1}^{n} R_k)i \tag{4.3.2}$$

若把图 4.3.3(a)看作等效电路定义中所述的 A 电路,式(4.3.2)就是它的 VCR。另有单个电阻 R_{eq} 的电路,我们视它为等效电路定义中所述的 B 电路,如图 4.3.3(b)所示。由欧姆定律写它的 VCR 为

$$u = R_{eq} i \tag{4.3.3}$$

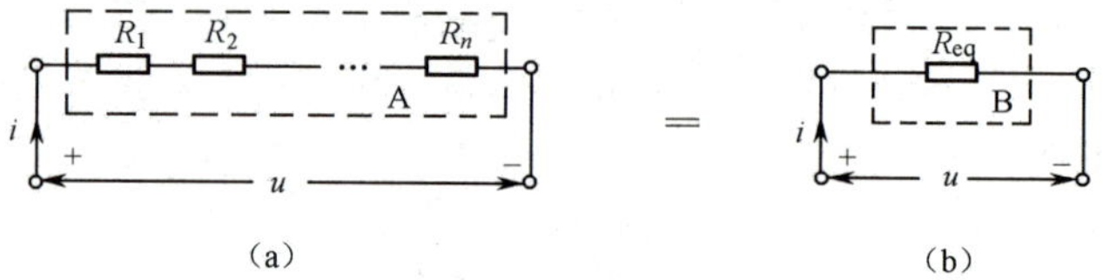

图 4.3.3 电阻串联及等效电路

根据电路等效条件,令式(4.3.2)与式(4.3.3)相等,即

$$R_{eq} i = (\sum_{k=1}^{n} R_k)i$$

所以等效电阻为

$$R_{eq} = (R_1 + R_2 + \cdots + R_n) = \sum_{k=1}^{n} R_k \tag{4.3.4}$$

从式(4.3.4)中可以看出,电阻串联,其等效电阻等于相串联电阻之和。

电阻串联有分压关系。由图 4.3.3 可知,根据欧姆定律可得第 k 个串联电阻上的电压,即

$$u_k = R_k \cdot i = \frac{R_k}{R_{eq}} \cdot u \quad (k = 1, 2, \cdots, n) \tag{4.3.5}$$

式(4.3.5)称为分压公式,其中 R_k/R_{eq} 为分压系数。由分压公式容易得到相串联的两个电阻 R_1、R_2 上的电压之比为

$$\frac{u_1}{u_2} = \frac{R_1}{R_2} \tag{4.3.6}$$

由式(4.3.6)可知,电阻串联分压与电阻值成正比,即电阻大者分得的电压大。

电阻串联电路吸收的功率为

$$p = ui = (u_1 + u_2 + \cdots + u_n)i$$
$$= u_1 i + u_2 i + \cdots + u_n i = p_1 + p_2 + \cdots + p_n = \sum_{k=1}^{n} p_k \tag{4.3.7}$$

式中,p_k 为第 k 个串联电阻上吸收的功率。相串联的两个电阻 R_1、R_2 上吸收的功率之比为

$$\frac{p_1}{p_2} = \frac{u_1 i}{u_2 i} = \frac{u_1}{u_2} = \frac{R_1}{R_2} \tag{4.3.8}$$

由式（4.3.7）和式（4.3.8）可知，电阻串联电路总的吸收功率等于相串联各电阻吸收功率之和，且电阻值大者吸收的功率值大。

【例 4.3.1】 图 4.3.4 所示电路为微安计与电阻串联组成的多量程电压表，已知微安计内阻 R_1=2kΩ，量程为 50μA。各挡分压电阻分别为 R_2=18kΩ、R_3=180kΩ、R_4=1.8MΩ，试计算各挡量程的电压值。

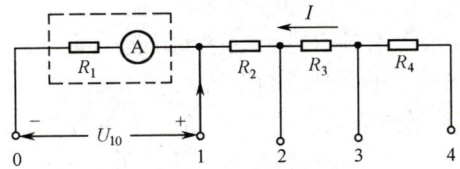

图 4.3.4 多量程电压表

解：用 "0" "1" 端测量时，有
$$U_{10} = R_1 I = 2 \times 10^3 \times 50 \times 10^{-6}$$
$$= 100\text{mV} = 0.1\text{V}$$

用 "0" "2" 端测量时，有
$$U_{20} = (R_1+R_2)I = (2+18) \times 10^3 \times 50 \times 10^{-6} = 1\text{V}$$

同理可得
$$U_{30} = (R_1+R_2+R_3)I = (2+18+180) \times 10^3 \times 50 \times 10^{-6} = 10\text{V}$$
$$U_{40} = (R_1+R_2+R_3+R_4)I = (2+18+180+1800) \times 10^3 \times 50 \times 10^{-6} = 100\text{V}$$

由此例可见，直接利用该表头测量电压，它只能测量 0.1V 以下电压，而串联分压电阻 R_2、R_3、R_4 以后，作为电压表，它有 4 个量程 0.1V、1V、10V 和 100V，实现了电压表的量程扩展。

2. 电阻的并联等效

图 4.3.5（a）是 n 个电阻相并联的电路。设各电阻上电压、电流参考方向关联（一致），由 KCL 及欧姆定律得

$$i = i_1 + i_2 + \cdots + i_n = \frac{u}{R_1} + \frac{u}{R_2} + \cdots + \frac{u}{R_n}$$
$$= \left(\frac{1}{R_1} + \frac{1}{R_2} + \cdots + \frac{1}{R_n}\right)u = \frac{u}{R_{eq}} \tag{4.3.9}$$

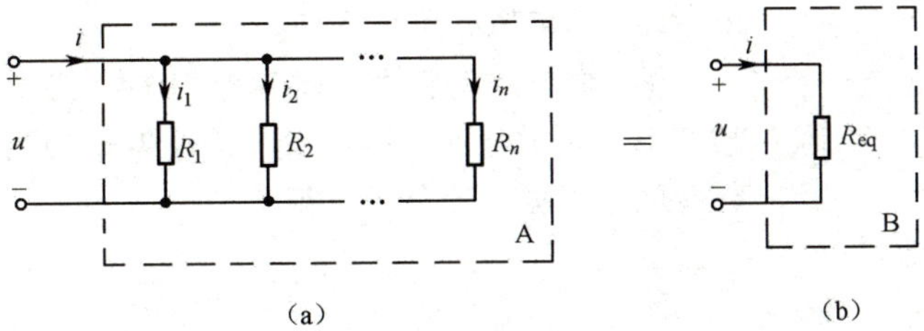

图 4.3.5 电阻并联及等效电路

显然可得

$$\frac{1}{R_{eq}} = \frac{1}{R_1} + \frac{1}{R_2} + \cdots + \frac{1}{R_n} = \sum_{k=1}^{n} \frac{1}{R_k} \tag{4.3.10}$$

如果用电导表示式（4.3.10）各电阻，那么式（4.3.10）可改写为

$$G_{eq} = \sum_{k=1}^{n} G_k \qquad (4.3.11)$$

由式（4.3.10）和式（4.3.11）可知，n 个电阻（电导）相并联，其等效电阻的倒数（等效电导）等于各并联电阻的倒数（各并联电导）之和。

电阻（电导）并联有分流关系。第 k 条支路上的电流为

$$i_k = \frac{u}{R_k} = \frac{R_{eq}}{R_k}i = \frac{G_k}{G_{eq}}i \qquad (4.3.12)$$

式（4.3.12）称为电阻（电导）分流公式。它表明电阻（电导）并联分流与电阻（电导）成反（正）比，即电阻（电导）值越大（小）分得的电流越小（大）。

对于常遇到的两个电阻相并联的情况，由式（4.3.10）可得

$$\frac{1}{R_{eq}} = \sum_{k=1}^{2} \frac{1}{R_k} = \frac{1}{R_1} + \frac{1}{R_2} = \frac{R_1 + R_2}{R_1 R_2}$$

即

$$R_{eq} = \frac{R_1 R_2}{R_1 + R_2} \qquad (4.3.13)$$

将式（4.3.13）代入式（4.3.12）可得两个电阻并联的分流公式为

$$\left. \begin{array}{l} i_1 = \dfrac{R_2}{R_1 + R_2}i = \dfrac{G_1}{G_1 + G_2}i \\ i_2 = \dfrac{R_1}{R_1 + R_2}i = \dfrac{G_2}{G_1 + G_2}i \end{array} \right\} \qquad (4.3.14)$$

由图 4.3.4（a）所示电路容易得到，电阻并联电路吸收功率为

$$p = u(i_1 + i_2 + \cdots + i_n) = ui_1 + ui_2 + \cdots + ui_n$$

$$= p_1 + p_2 + \cdots + p_n = \sum_{k=1}^{n} p_k \qquad (4.3.15)$$

式中，p_k 为第 k 个并联电阻上吸收的功率。当只有两个电阻并联时，在 R_1、R_2 上吸收的功率比为

$$\frac{p_1}{p_2} = \frac{R_2}{R_1} = \frac{G_1}{G_2} \qquad (4.3.16)$$

式（4.3.15）、式（4.3.16）表明：电阻并联电路总的吸收功率等于相并联各电阻吸收功率之和，且电阻大者吸收的功率小，或者电导大者吸收的功率大。

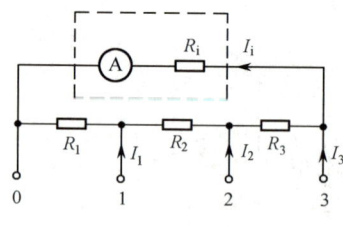

图 4.3.6 多量程电流表

【例 4.3.2】 多量程电流表如图 4.3.6 所示。已知表头内阻 R_i=2kΩ，量程为 50μA，各分流电阻分别为 R_1=0.1Ω、R_2=0.9Ω、R_3=9Ω。求扩展后各量程。

解：微安表偏转满刻度为 I_i=50μA。当用"0""1"端子测量时，"2""3"端子开路，这时 R_i、R_2、R_3 是相互串联的，而 R_1 与它们相并联，根据分流公式，得

$$I_i = \frac{R_1}{R_1 + R_2 + R_3 + R_i} I_1$$

所以

$$I_1 = \frac{R_1 + R_2 + R_3 + R_i}{R_1} I_i = \frac{0.1 + 0.9 + 9 + 2000}{0.1} \times 0.05 = 1005 \text{ mA}$$

同理，用"0""2"端测量时，得

$$I_2 = \frac{R_1 + R_2 + R_3 + R_i}{R_1 + R_2} I_i = \frac{0.1 + 0.9 + 9 + 2000}{0.1 + 0.9} \times 0.05 = 100.5 \text{ mA}$$

用"0""3"端测量时，得

$$I_3 = \frac{R_1+R_2+R_3+R_i}{R_1+R_2+R_3}I_i = \frac{0.1+0.9+9+2000}{0.1+0.9+9} \times 0.05 = 10.05 \text{ mA}$$

从此例可以看出，直接利用该表头测量电流，它只能测量 0.05mA 以下电流，而并联电阻 R_1、R_2、R_3 以后，作为电流表，它有 3 个量程 1005mA、100.5mA 和 10.05mA。

3. 电阻的混联等效

既有电阻串联又有电阻并联的电路称为电阻混联电路。分析混联电路的关键问题是如何判别串并联，这一点对初学者来说是较难掌握的地方。下面着重讲述混联电路的串、并联关系判别方法。

（1）看电路的结构特点。若两个电阻是首尾相连且中间又无分岔，就是串联；若两个电阻是首与首、尾与尾相连，就是并联。

（2）看电压、电流关系。若流经两个电阻的电流为同一个电流，就是串联；若两个电阻上承受的是同一个电压，就是并联。

（3）对电路做变形等效。对于电路连接结构是纵横交错的复杂形式，仅利用上述两点难以判断。可采用变形等效。变形等效就是对电路做扭动变形处理。例如，左边的支路可以扭动到右边，上面的支路可以翻到下边；弯曲的支路可以拉直；对电路的短路线可以任意压缩和延长；对于多点连接的接地点可以用短路线相连。一般地，如果是电阻串、并联电路问题，都可以利用上述的方法判别出来。

【**例 4.3.3**】 试求图 4.3.7 所示电路的等效电阻 R_{ab}。

解：由图 4.3.7 可知，80Ω 两端被短接，即电阻值为零。120Ω 的 3 个电阻互相并联，然后与 60Ω 的电阻串联，故 ab 两端的等效电阻为

$$R_{ab} = 60 + \frac{1}{3} \times 120 = 100\Omega$$

4. 电阻△形、Y形电路互换等效

电阻串、并联等效是属于常用的重要二端电路等效变换方法，还有些重要的二端电路等效变换方法将在以后介绍。这里介绍一种属于多端电路等效的电阻△形、Y形电路互换等效方法。

如图 4.3.8 所示，电路中各电阻之间既不是串联，也不是并联，常称为△形（或π形）、Y形（或T形）连接结构。显然不能用电阻串并联的方法求图 4.3.8（a）所示电路中 ab 端的等效电阻。如果能将图 4.3.8（a）中虚线围起来的 B 电路等效代换为图 4.3.8 图（b）中虚线围起来的 C 电路，从图 4.3.8（b）就可以用串、并联方法求得 ab 端的等效电阻，给电路问题的分析带来方便。图4.3.8（a）等效为图 4.3.8（b）就应用到△形电路与Y形电路的等效互换。

图 4.3.7 电阻混联电路

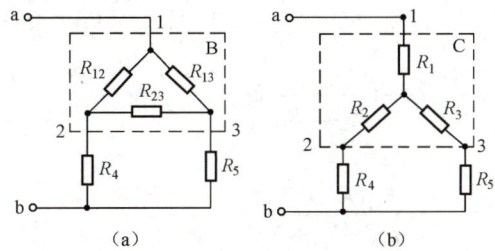

图 4.3.8 △形、Y形连接的电路

1）△形电路等效变换为Y形电路

3 个电阻一端共同连接于一个节点上，而它们的另一端分别接到 3 个不同的端子上，这就构成了如图 4.3.9（b）所示的Y形（又称为T形或星形）连接的电路。3 个电阻分别接在每两个端子之间，就构成了如图 4.3.9（a）所示的△形（又称为π形）连接的电路。

所谓△形电路等效变换为 Y 形电路，就是已知△形电路中 3 个电阻 R_{12}、R_{13} 和 R_{23}，通过变换公式求出 Y 形电路中的 3 个电阻 R_1、R_2 和 R_3，将之接成 Y 形去代换△形电路中的 3 个电阻，这就完成了△形电路等效互换为 Y 形电路的任务。

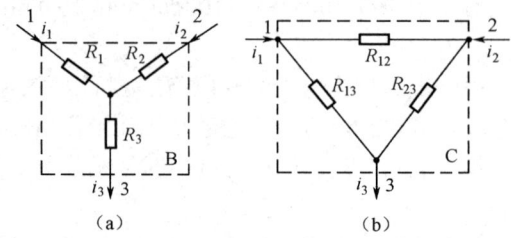

图 4.3.9 Y 形、△形连接的电路

下面从电路等效变换条件着手推导出△形、Y 形电路互换等效的变换公式。为使图 4.3.9 中两个电路等效，根据前述的等效条件，就要求两者的外特性（VCR）完全相同。对于图 4.3.9 中的电路，由 KCL、KVL 可知

$$i_3 = i_1 + i_2 \tag{4.3.17}$$

$$u_{12} = u_{13} - u_{23} \tag{4.3.18}$$

显然，图 4.3.9 中的 3 个电流变量和 3 个电压变量中各有两个是相互独立的。

由图 4.3.9（a），并根据 KVL，有

$$u_{13} = R_1 i_1 + R_3 i_3$$
$$u_{23} = R_2 i_2 + R_3 i_3$$

将式（4.3.17）代入以上两式，得

$$u_{13} = (R_1 + R_3) i_1 + R_3 i_2 \tag{4.3.19}$$
$$u_{23} = R_3 i_1 + (R_2 + R_3) i_2 \tag{4.3.20}$$

式（4.3.19）、式（4.3.20）就是图 4.3.9（a）所示电路端子间的 VCR。

由图 4.3.9（b），并依据 KCL，有

$$i_1 = \frac{1}{R_{13}} u_{13} + \frac{1}{R_{12}} u_{12}$$

$$i_2 = \frac{1}{R_{23}} u_{23} - \frac{1}{R_{12}} u_{12}$$

将式（4.3.18）代入以上两式，得

$$i_1 = (\frac{1}{R_{13}} + \frac{1}{R_{12}}) u_{13} - \frac{1}{R_{12}} u_{23} = \frac{R_{12} + R_{13}}{R_{13} R_{12}} u_{13} - \frac{1}{R_{12}} u_{23}$$

$$i_2 = -\frac{1}{R_{12}} u_{13} + (\frac{1}{R_{23}} + \frac{1}{R_{12}}) u_{23} = -\frac{1}{R_{12}} u_{13} + \frac{R_{12} + R_{23}}{R_{23} R_{12}} u_{23}$$

联立求解以上两式，得

$$u_{13} = \frac{R_{13}(R_{12} + R_{23})}{R_{12} + R_{13} + R_{23}} i_1 + \frac{R_{13} R_{23}}{R_{12} + R_{13} + R_{23}} i_2 \tag{4.3.21}$$

$$u_{23} = \frac{R_{13} R_{23}}{R_{12} + R_{13} + R_{23}} i_1 + \frac{R_{23}(R_{12} + R_{13})}{R_{12} + R_{13} + R_{23}} i_2 \tag{4.3.22}$$

式（4.3.21）、式（4.3.22）就是图 4.3.9（b）所示电路端子间的 VCR。

令式（4.3.19）、式（4.3.20）与式（4.3.21）、式（4.3.22）分别相等，并比较等式两端，再令 i_1、i_2 前系数对应相等，即

$$\left.\begin{array}{l} R_1 + R_3 = \dfrac{R_{13}(R_{12}+R_{23})}{R_{12}+R_{13}+R_{23}} \\[2mm] R_3 = \dfrac{R_{13}R_{23}}{R_{12}+R_{13}+R_{23}} \\[2mm] R_2 + R_3 = \dfrac{R_{23}(R_{12}+R_{13})}{R_{12}+R_{13}+R_{23}} \end{array}\right\} \quad (4.3.23)$$

由式（4.3.23）容易解得由△形连接电路等效为 Y 形连接电路的变换公式为

$$\left.\begin{array}{l} R_1 = \dfrac{R_{12}R_{13}}{R_{12}+R_{13}+R_{23}} \\[2mm] R_2 = \dfrac{R_{12}R_{23}}{R_{12}+R_{13}+R_{23}} \\[2mm] R_3 = \dfrac{R_{13}R_{23}}{R_{12}+R_{13}+R_{23}} \end{array}\right\} \quad (4.3.24)$$

观察式（4.3.24）可以看出这样的规律：Y 形电路中与端 $i(i=1，2，3)$ 相连的电阻 R_i 等于△形电路中与端 i 相连的两个电阻乘积除以△形电路中 3 个电阻之和。特殊情况下，若△形电路中 3 个电阻相等，即 $R_{12}=R_{13}=R_{23}=R_\triangle$，则等效互换的 Y 形电路中 3 个电阻也相等，由式（4.3.24）不难得到 $R_1=R_2=R_3=R_Y=\dfrac{1}{3}R_\triangle$。

2）Y 形电路等效变换为△形电路

所谓 Y 形电路等效变换为△形电路，就是已知 Y 形电路中 3 个电阻 R_1、R_2 和 R_3，通过变换公式求出△形电路中的 3 个电阻 R_{12}、R_{13} 和 R_{23}，将之接成△形去代换 Y 形电路中的 3 个电阻，这就完成了 Y 形电路互换等效为△形电路的任务。

只需将式（4.3.24）中 R_1、R_2 和 R_3 看作已知，R_{12}、R_{13} 和 R_{23} 看作未知，便可解得 Y 形电路等效变换为△形电路的变换公式，即

$$\left.\begin{array}{l} R_{12} = \dfrac{R_1R_2+R_2R_3+R_1R_3}{R_3} \\[2mm] R_{23} = \dfrac{R_1R_2+R_2R_3+R_1R_3}{R_1} \\[2mm] R_{13} = \dfrac{R_1R_2+R_2R_3+R_1R_3}{R_2} \end{array}\right\} \quad (4.3.25)$$

观察式（4.3.25）也可以看出规律：△形电路中连接某两个端子的电阻等于 Y 形电路中 3 个电阻两两乘积之和除以与第 3 个端子相连的电阻。特殊情况：若 Y 形电路中的 3 个电阻相等，即 $R_1=R_2=R_3=R_Y$，则等效互换的△形电路中的 3 个电阻也相等，由式（4.3.25）不难得到 $R_{12}=R_{13}=R_{23}=R_\triangle=3R_Y$。

接在复杂网络中的 Y 形或△形电路部分，可以运用式（4.3.24）和式（4.3.25）进行等效互换，而并不影响网络其余未经变换部分的电压、电流、功率。这种等效变换也可以简化电路的计算。

【例 4.3.4】 电路如图 4.3.10 所示，求电压 U_1。

解：应用△形、Y 形电路互换等效，将图 4.3.10（a）等效为图 4.3.10（b），再应用电阻串、并联等效求得等效电阻。

$$R_{ab}=3+(3+9)//(3+3)=7\,\Omega$$

所以，电流

$$I=\dfrac{U_\text{S}}{R_{ab}}=\dfrac{21}{7}=3\text{ A}$$

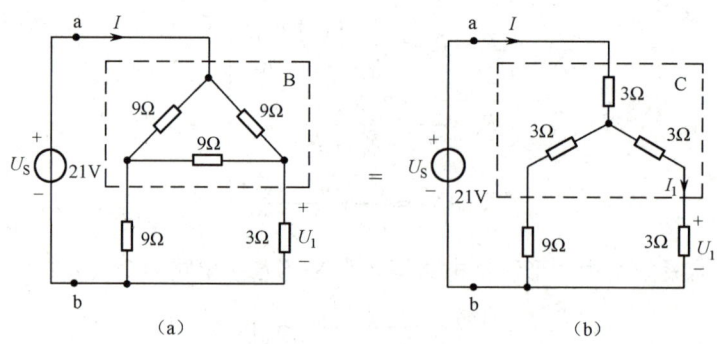

图 4.3.10 例 4.3.4 图

应用分流公式，算得

$$I_1 = \frac{3+9}{(3+9)+(3+3)} \times I = \frac{2}{3} \times 3 = 2\,\text{A}$$

故得电压为

$$U_1 = 3I_1 = 3 \times 2 = 6\,\text{V}$$

【例 4.3.5】 电路如图 4.3.11（a）所示，求负载电阻 R_L 上消耗的功率 P_L。

解：本例电路中各电阻之间既不是串联，也不是并联，而是△形、Y 形结构连接。应用△形、Y 形互换等效将图 4.3.11（a）等效为图 4.3.11（b），再应用电阻串联等效及△形、Y 形互换等效将图 4.3.11（b）等效为图 4.3.11（c）。再在图 4.3.11（c）中，应用分流公式，得

$$I_L = \frac{10+40}{(10+40)+(10+40)} \times 2 = 1\,\text{A}$$

所以负载 R_L 上的消耗功率为

$$P_L = R_L I_L^2 = 40 \times 1^2 = 40\,\text{W}$$

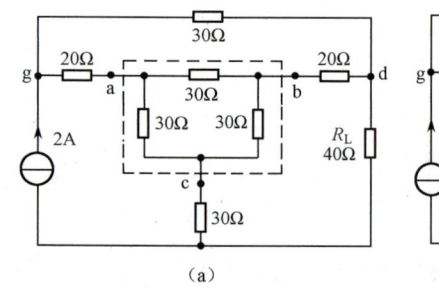
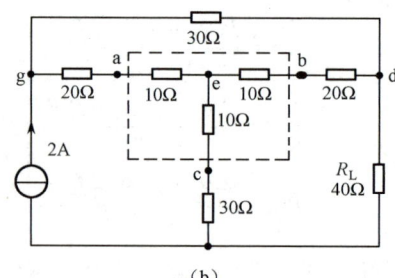
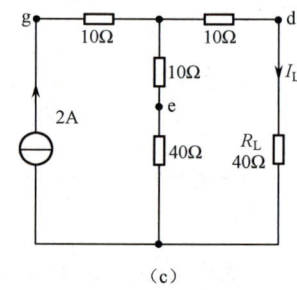

图 4.3.11 例 4.3.5 图

对于上述所举的两个例子，因为结构特殊，元件数值做了精心配置，所以在应用△形、Y 形等效变换以后，再结合应用电阻串并联等效及分压分流关系，简便地求出了结果。不过，这里需要明确，一般的△形、Y 形结构电路中的各电阻并不是精心配置的数值，所以互换等效算出的电阻数据并不整齐，这就使问题的计算过程变得复杂。另外，△形、Y 形等效互换属于多端子电路等效，在使用这种等效变换时，除正确使用变换公式计算出各电阻值之外，务必正确连接各对应端子。更应特别注意不要把本是电阻串、并联等效就可求解的问题当作△形、Y 形结构变换等效，那样会使问题的计算更复杂化。

4.3.3 电源的等效

1. 理想电源的串联与并联等效

由理想电压源、电流源的电压、电流关系特性（VCR）联系电路的等效条件，不难得到下列两种常用情况的等效。

1）理想电压源串联等效

理想电压源串联等效电压源的端电压等于相串联理想电压源端电压的代数和，即

$$u_S = u_{S1} \pm u_{S2} \tag{4.3.26}$$

理想电压源串联等效电路如图 4.3.12 所示。

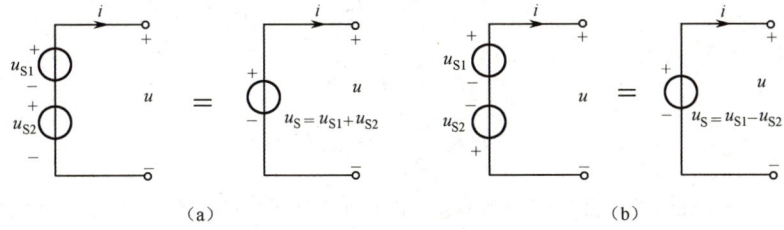

图 4.3.12　理想电压源串联等效电路

2）理想电流源并联等效

理想电流源并联等效电流源的输出电流等于相并联的理想电流源输出电流的代数和，即

$$i_S = i_{S1} \pm i_{S2} \tag{4.3.27}$$

理想电流源并联等效电路如图 4.3.13 所示。

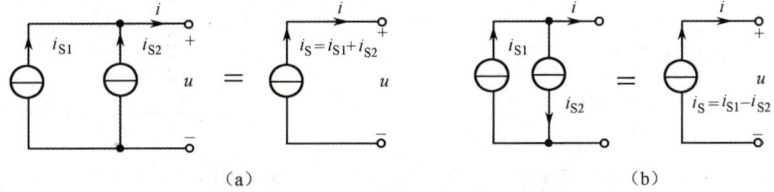

图 4.3.13　理想电流源并联等效电路

除上述两种理想电源等效之外，还应指出的是，只有电压值相等、极性一致的理想电压源才允许并联；只有电流值相等、方向一致的理想电流源才允许串联；否则与理想电压源、电流源的定义相矛盾。

2. 实际电源的模型及其相互等效

1）实际电源的模型

前面已经提到，理想电源实际上是不存在的。那么一个实际电源的模型又是什么样呢？对于一个实际电源要建立它的模型，该模型所呈现的外特性应与实际电源工作时所表现出的外特性相吻合。基于这种想法，对一个实际直流电源做实验测试。图 4.3.14（a）是实际直流电源外特性测试电路。当每改变一个负载电阻 R 的数值时，从电流、电压表读取一个数据，这样可得到数据表，如表 4.3.1 所示。

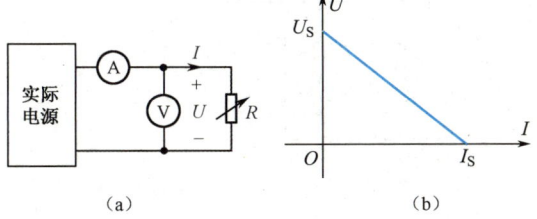

图 4.3.14　实际电源外特性测试电路

表 4.3.1　数据表

R	∞（开路）	R_1	R_2	R_3	⋯	0（短路）
U	U_S	U_1	U_2	U_3	⋯	0
I	0	I_1	I_2	I_3	⋯	I_S

由表 4.3.1 中数据画出实际直流电源的测试外特性，即 U-I 关系曲线，如图 4.3.14（b）所示。从此特性可以看出，实际直流电源的端电压在一定范围随着输出电流的增大而逐渐下降（斜率为负的直线）。其数学表达式为

$$U=U_S-R_S I \tag{4.3.28}$$

式中，U_S 为实际直流电源端子开路（$R=\infty$）时的开路电压，把它看作数值为 U_S 的一个理想电源；R_S 为实际电源的内阻。根据式（4.3.28）画出相应的电路模型，如图 4.3.15 所示。由图 4.3.15 可知，实际直流电压源可以用一个理想电压源 U_S 与一个电阻 R_S 串联来表示。

对式（4.3.28）两边同除以 R_S，并经移项整理，得

$$I=\frac{U_S}{R_S}-\frac{U}{R_S}$$

令

$$I_S=\frac{U_S}{R_S}$$

则

$$I=I_S-\frac{U}{R_S}=I_S-G_S U \tag{4.3.29}$$

由式（4.3.29）可以画出相应的电路模型，如图 4.3.16 所示。实际直流电源也可以用一个理想电流源 I_S 与电阻 R_S 并联来表示。

当外接负载电阻 $R_L \gg R_S$ 时，电压源可视为理想电压源；而当 $R_L \ll R_S$ 时，电流源可视为理想电流源。

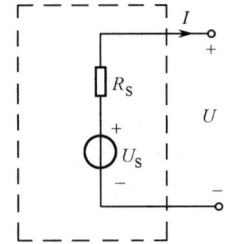

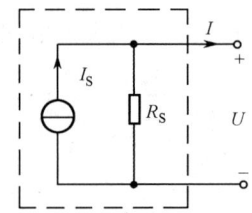

图 4.3.15　实际电源的电压源模型　　　　　图 4.3.16　实际电源的电流源模型

2）电压源、电流源模型互换等效

一个实际电源外特性是客观存在的，可通过实验测试出来。用以表示实际电源的两种模型都反映电源的外特性，也就是它们反映同一个实际电源的外特性，只是表现形式不同而已，因而实际电源两种模型之间必然存在内在联系。式（4.3.28）是图 4.3.15 所示电压源模型的 VCR，式（4.3.29）是图 4.3.16 所示电流源模型的 VCR，它们都与图 4.3.14（b）所示电路的 VCR 等同。根据"两部分电路具有相同的 VCR 则相互等效"的条件可知，实际电源的这两种电路是相互等效的。图 4.3.17 表述它们之间的相互等效变换关系。由图 4.3.17 可知

$$U_S=R_S I_S,\ I_S=U_S/R_S$$

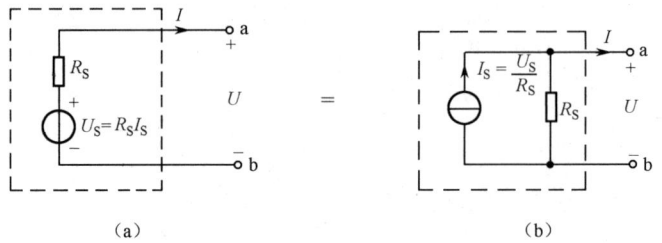

(a)　　　　　　　　　　　　(b)

图 4.3.17　电压源、电流源模型互换等效电路

当应用电源互换等效电路问题时需要知道以下 3 点。

（1）电源互换是电路等效变换的一种方法。这种等效是对电源输出电流 I、端电压 U 的等效；或者对虚线框的外部电路等效。

（2）有内阻 R_S 的实际电源，它的电压源模型与电流源模型之间可以互换等效；理想的电压源与理想的电流源之间不能等效，因为这两种理想电源的定义本身是相互矛盾的，二者不会具有相同的 VCR。

（3）电源互换等效的方法可以推广应用，如果理想电压源与外接电阻串联，可以把外接电阻看作内阻，即可互换成电流源形式；如果理想电流源与外接电阻并联，也可把外接电阻看作内阻，互换为电压源形式。电源互换等效在推广应用中要特别注意端子。

【例 4.3.6】 电路如图 4.3.18 所示。已知 $U_{S1}=10$V，$I_{S1}=1$A，$I_{S2}=3$A，$R_1=2\Omega$，$R_2=1\Omega$。求电压源和电流源发出的功率。

解：先求出电压源的电流和电流源的电压。根据 KCL，得
$$I_1=I_{S2}-I_{S1}=3-1=2\text{A}$$

根据 KVL 和 VCR，得
$$U_{bd}=-R_1I_1+U_{S1}=-2\times2+10=6\text{V}$$
$$U_{cd}=-R_2I_{S2}+U_{bd}=-1\times3+6=3\text{V}$$

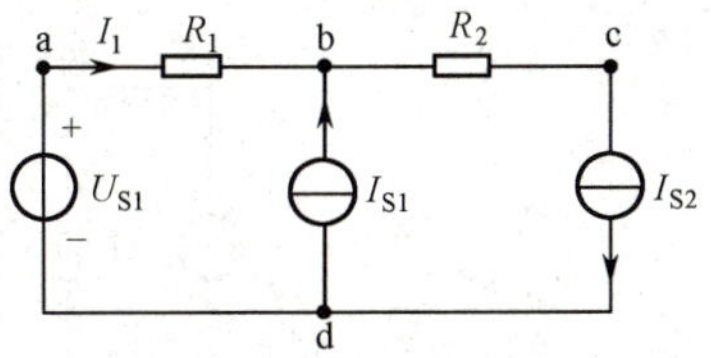

电压源发出的功率为
$$P=U_{S1}I_1=10\times2=20\text{W}（发出 20\text{W}）$$

电流源 I_{S1} 和 I_{S2} 发出的功率为
$$P_1=U_{bd}I_{S1}=6\times1=6\text{W}（发出 6\text{W}）$$
$$P_2=-U_{cd}I_{S2}=-3\times3=-9\text{W}（发出 -9\text{W}，吸收 9\text{W}）$$

图 4.3.18 例 4.3.6 图

由此例可知，电源可以发出功率，也可以吸收功率。在计算时，要注意电压、电流的参考方向。

【例 4.3.7】 电路如图 4.3.19（a），求 b 点的电位 U_b。

解：一个电路若有几处接地，则可以将这几个点用短路线连在一起，连接以后的电路与原电路是等效的。应用电阻并联等效、电压源互换为电流源等效，将图 4.3.19（a）等效为图 4.3.19（b）。再应用电阻并联等效与电流源并联等效，将图 4.3.19（b）等效为图 4.3.19（c）。由图 4.3.19（c）应用分流公式求得
$$I_1=\frac{5}{5+4+1}\times15=7.5\text{mA}$$

然后用欧姆定律求 b 点电位，即
$$U_b=4kI_1=4\times7.5=30\text{V}$$

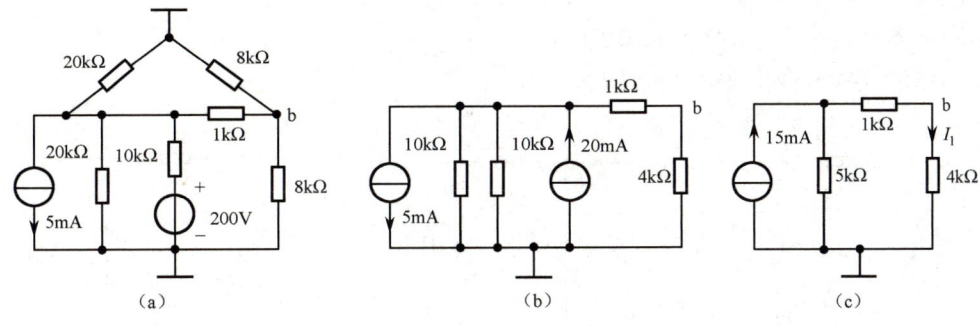

图 4.3.19 例 4.3.7 图

【例 4.3.8】 电路如图 4.3.20（a）所示，求电流 I 和电压 U_{ab}。

解：应用电源互换将图 4.3.20（a）等效为图 4.3.20（b）；应用电阻并联等效与理想电流源并联等效，将图 4.3.20（b）等效为图 4.3.20（c）；再将图 4.3.20（c）中的电流源互换等效为电压源，如

图 4.3.20（d）所示。由 KVL 及欧姆定律可得电流、电压为

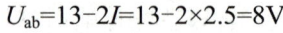

$$I=\frac{15}{2+2+2}=2.5\text{A}$$

$$U_{ab}=13-2I=13-2\times2.5=8\text{V}$$

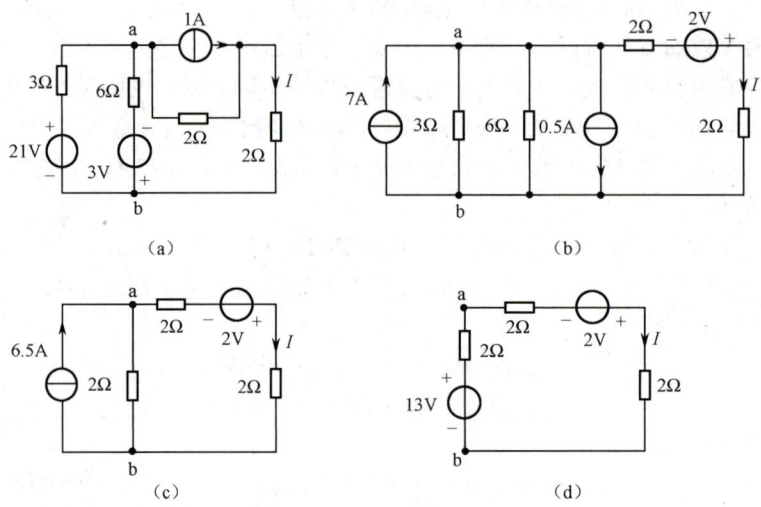

图 4.3.20　例 4.3.8 图

3. 含受控源电路的等效

这里讲的受控源电路是指只含受控源、电阻的电路。若遇到受控电压源与电阻串联，或者受控电流源与电阻并联时同样可进行电源互换等效；受控电压源串联、受控电流源并联均可仿效独立电压源串联、独立电流源并联等效的办法进行。但要注意，控制量所在的支路不要变换；否则，只会对求解带来更大的麻烦和困难。

在求解仅含有受控源和电阻的电路的等效电阻时，不能不"理睬"受控源就简单地用电阻串并联等效方法，而常采用外施电源法来求解。加电压源 u，求电流 i；加电流源 i，求电压 u（注意，所设 u、i 的参考方向对二端电路来说是关联的）。因此，等效电阻为

$$R_{eq}=\frac{u}{i}$$

由于受控源，含有受控源和电阻的单口网络的等效电阻的值可以为正，也可以为负或为零。

【例 4.3.9】　电路如图 4.3.21（a）所示，求

（1）a、b 看作输入端时的输入电阻 R_i；

（2）c、d 看作输出端时的输出电阻 R_o。

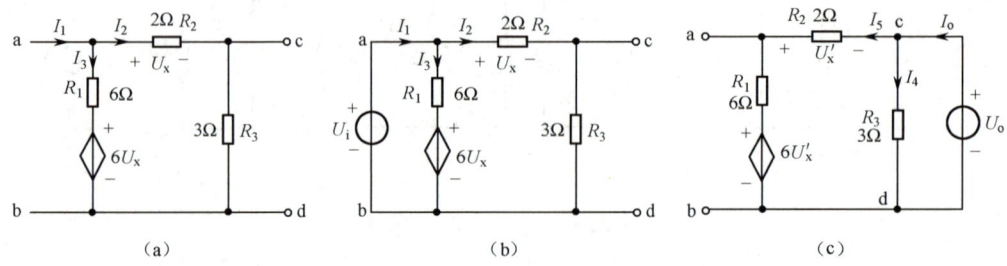

图 4.3.21　例 4.3.9 图

解：（1）采用外施电源法求 ab 端看进去的输入电阻 R_i。在 ab 端加电压源 U_i，设各有关电流、

电压的参考方向如图 4.3.21（b）所示。因为 cd 端是开路的，有

$$I_2 = \frac{U_i}{R_2+R_3} = \frac{U_i}{2+3} = \frac{1}{5}U_i$$

而

$$U_x = R_2 I_2 = 2I_2 = \frac{2}{5}U_i$$

所以

$$I_3 = (U_i - 6U_x)/R_1 = \frac{U_i - \frac{2}{5} \times 6U_i}{6} = -\frac{7}{30}U_i$$

$$I_1 = I_2 + I_3 = \frac{1}{5}U_i + (-\frac{7}{30})U_i = -\frac{1}{30}U_i$$

故得

$$R_i = \frac{U_i}{I_1} = -30\ \Omega$$

（2）采用外施电源法求从 cd 端看进去的输出电阻 R_o。在 cd 端加电压源 U_o，设有关电压、电流的参考方向如图 4.3.21（c）所示。显然

$$I_4 = \frac{U_o}{R_3} = \frac{1}{3}U_o$$

由 KVL 得

$$I_5 = \frac{U_o - 6U_x'}{R_1 + R_2} = \frac{U_o - 6U_x'}{8}$$

而 $U_x' = -R_2 I_5$，并代入上式得

$$I_5 = \frac{U_o - 6 \times (-2I_5)}{8}$$

解得

$$I_5 = -\frac{1}{4}U$$

故

$$I_o = I_4 + I_5 = \frac{U_o}{3} + (-\frac{1}{4}U_o) = \frac{1}{12}U_o$$

所以得

$$R_o = \frac{U_o}{I_o} = 12\ \Omega$$

【例 4.3.10】 电路如图 4.3.22（a）所示，求 ab 端的等效电阻 R_o。

解：在 ab 端外加电流源 i_o，设电压 u_o，以及电流 i_1、i_2 的参考方向如图 4.3.22（b）所示。

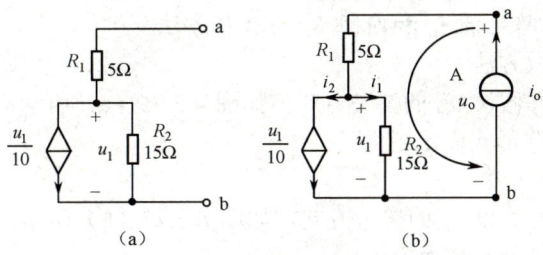

图 4.3.22　例 4.3.10 图

因为 $u_1 = R_2 i_1 = 15 i_1$，$i_2 = \dfrac{u_1}{10} = \dfrac{15}{10} i_1 = 1.5 i_1$

又有

$$i_1 + i_2 = i_o$$

所以

$$i_1 = \frac{1}{2.5} i_o$$

列出回路 A 的 KVL 方程，即

$$u_o = R_1 i_o + R_2 i_1 = 5i_o + 15 \times \frac{1}{2.5} i_o = 11 i_o$$

故等效电阻为

$$R_o = \frac{u_o}{i_o} = 11\Omega$$

戴维南定理

4.3.4 戴维南定理与诺顿定理

在电路问题的分析中，有时只研究某个支路的电压、电流或功率，对所研究支路的两端来说，电路的其余部分就成为一个有源单口网络。戴维南定理和诺顿定理说明的就是如何将一个有源线性单口网络等效成一个电源的重要定理。这里的有源线性单口网络是指的"明确的"单口网络，即网络内部的元件与网络外部的变量（u,i）之间无耦合关系（端口电压、电流除外），则此单口网络的 VCR 只由自己决定，与外部电路无关。若将有源单口网络等效成电压源形式，应用的则是戴维南定理；若将有源单口网络等效成电流源形式，应用的则是诺顿定理。

1. 戴维南定理

戴维南定理（Thevenin's Theorem）可表述为：一个含独立源、线性受控源、线性电阻的单口网络 N，对其两个端子来说都可等效为一个理想电压源串联内阻的模型。其理想电压源的数值为有源单口网络 N 的两个端子间的开路电压 u_{oc}，串联的内阻为 N 内部所有独立源等于零（理想电压源短路、理想电流源开路），受控源保留时两个端子间的等效电阻 R_{eq}，常记作 R_o。

戴维南定理如图 4.3.23 所示。图 4.3.23 中 u_{oc} 电压源串联 R_o 电阻的模型称为戴维南等效电源，负载可以是任意的线性或非线性支路。

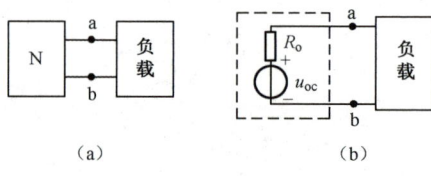

图 4.3.23 戴维南定理

诺顿定理

2. 诺顿定理

诺顿定理（Norton's Theorem）可表述为：一个含独立源、线性受控源、线性电阻的单口网络 N，对其两个端子来说都可等效为一个理想电流源并联内阻的模型。其理想电流源的数值为有源单口网络 N 的两个端子间的短路电流 i_{sc}，并联的内阻等于 N 内部所有独立源为零时电路两个端子间的等效电阻，记作 R_o。图 4.3.24 所示为诺顿定理。i_{sc} 电流源并联 R_o 电阻模型称为单口网络 N 的诺顿等效电路。

3. 开路电压 u_{oc}、短路电流 i_{sc} 和内阻 R_o 的求取方法

1）开路电压 u_{oc} 的求取方法

先将负载支路断开，并假设 u_{oc} 的参考方向，如图 4.3.25（a）所示；然后计算该电路的端电压 u_{oc}，其计算方法视具体电路形式而定。

2）短路电流 i_{sc} 的求取方法

先将负载支路短路，并假设 i_{sc} 的参考方向，如图 4.3.25（b）所示；然后计算该电路的短路电流 i_{sc}，其计算方法视具体电路形式而定。

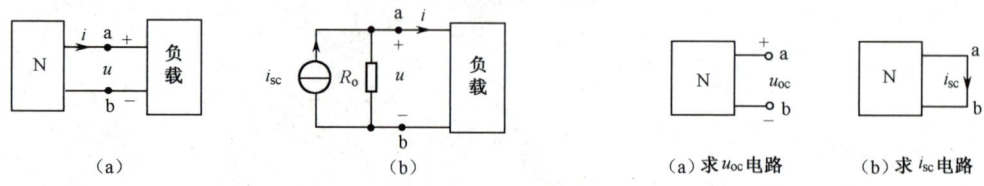

图 4.3.24 诺顿定理　　　　　图 4.3.25 求开路电压 u_{oc} 和短路电流 i_{sc} 的电路

3）内阻 R_o 的求取方法

内阻 R_o 的求取方法诸多，根据有源单口网络中内部电路的形式不同可采用不同的方法。

（1）伏安法。

所谓伏安法，就是对单口网络 N 假设端子上电压、电流的参考方向后，根据网络 N 内部结构情况（注意，用到的电压、电流均应假设参考方向），应用 KCL、KVL 及欧姆定律，推导出网络 N 两个端子上的电压、电流关系式（VCR），也即二端子间的伏安关系。因为网络 N 是线性的，所以写出的 VCR 是一次式，即

$$u=u_{oc}-R_o i$$

它的常数项就是开路电压 u_{oc}，电流 i 前面的系数就是等效内阻 R_o。这种求解法不仅求得了内阻 R_o，还求得了开路电压 u_{oc}。

（2）开路、短路法。

先将负载开路，求得开路电压 u_{oc}；再将负载短路，求得短路电流 i_{sc}（注意，u_{oc} 与 i_{sc} 的参考方向应关联），如图 4.3.25 所示。因此，等效内阻为

$$R_o = \frac{u_{oc}}{i_{sc}} \tag{4.3.30}$$

还应注意，求 u_{oc}、i_{sc} 时网络 N 内所有独立源、受控源均保留。

（3）外施电源法。

令有源单口网络 N 所有的独立源为 0（理想电压源短路、理想电流源开路），若含有受控源，受控源要保留，这时的单口网络用 N_0 表示。在 N_0 两个端子间外加电源。若加电压源 u，则求端子上的电流 i（i 与 u 对单口网络 N_0 来说参考方向关联），如图 4.3.26（a）所示；若加电流源 i，则求端子间的电压 u，如图 4.3.26（b）所示。N_0 两个端子间的等效电阻为

$$R_{eq}=R_o=\frac{u}{i} \tag{4.3.31}$$

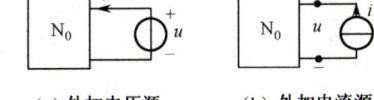

(a) 外加电压源　　(b) 外加电流源

图 4.3.26　外施电源法求内阻 R_o

（4）电阻等效法。

若单口网络 N 内不含受控源，则由 N 变为 N_0 的电路是不含受控源的纯电阻网络，常记为 N_R，这种情况绝大多数都是可以用电阻串、并联等效，或者经 △ 形、Y 形等效互换后再经电阻串、并联等效求 R_o。

4. 戴维南定理与诺顿定理的应用举例

应用戴维南定理与诺顿定理分析电路的关键是求单口网络 N 的开路电压 u_{oc}、短路电流 i_{sc} 及内阻 R_o。下面举几个典型的例子进一步说明这两个定理的应用，并从中归纳出利用两个定理分析电路的简明步骤。

【例 4.3.11】　电路如图 4.3.27（a）所示，负载电阻 R_L 可以改变。求 $R_L=2\Omega$ 时其上的电流 i；若 R_L 改变为 4Ω，再求电流 i。

解：（1）求开路电压 u_{oc}。

设 u_{oc} 的参考方向如图 4.3.27（b）所示。由分压关系得

$$u_{oc}=\frac{6}{3+6}\times 12 - \frac{3}{3+6}\times 12 = 4\text{V}$$

（2）求等效内阻 R_o。

将图 4.3.27（b）中电压源短路，电路变为图 4.3.27（c）。应用电阻串联等效，求解得

$$R_o=3//6+6//3=4\Omega$$

（3）由求得的 u_{oc} 和 R_o，画出戴维南电源，接上待求支路，如图 4.3.27（d）所示。

因此

$$i = \frac{u_{oc}+1}{R_o+R_L} = \frac{4+1}{4+R_L} = \frac{5}{4+R_L}$$

当 $R_L=2\Omega$ 时

$$i = \frac{5}{4+2} = \frac{5}{6}\text{A}$$

当 $R_L=4\Omega$ 时

$$i = \frac{5}{4+4} = \frac{5}{8}\text{A}$$

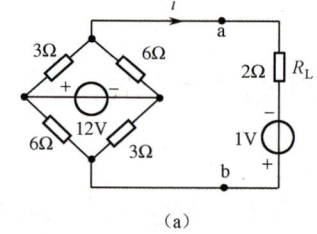
(a)
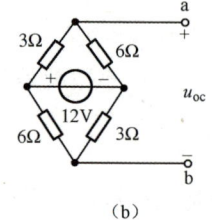
(b)
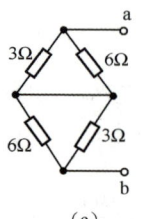
(c)
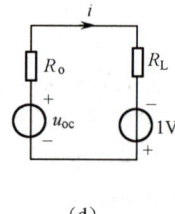
(d)

图 4.3.27　例 4.3.11 图

【**例 4.3.12**】　电路如图 4.3.28（a）所示，求电压 u。

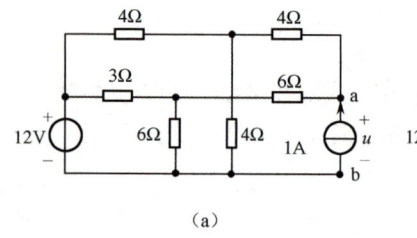
(a)
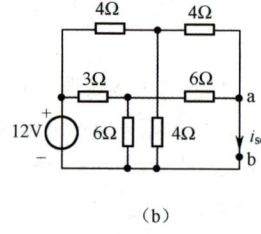
(b)
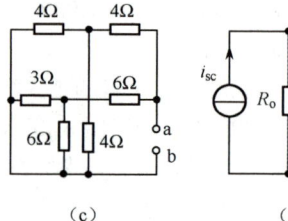
(c)
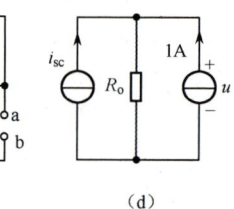
(d)

图 4.3.28　例 4.3.12 图

解：这个问题用诺顿定理比较方便，因为将 a、b 处断开后，开路电压没有短路电流容易求解。

（1）求短路电流 i_{sc}。自 a、b 处断开电流源，再将 a、b 短路，设 i_{sc} 的参考方向如图 4.3.28（b）所示。由电阻串、并联等效、分流关系及 KCL 可求得

$$i_{sc} = \frac{12}{6//6+3} \times \frac{6}{6+6} + \frac{12}{4//4+4} \times \frac{4}{4+4} = 1+1 = 2\text{A}$$

（2）求等效内阻 R_o。将图 4.3.28（b）中的 12V 电压源短路，并将 a、b 间短路断开，如图 4.3.28（c）所示。应用电阻串、并联等效可求得

$$R_o = (3//6+6)//(4//4+4) = 3\frac{3}{7}\Omega$$

（3）画出诺顿等效电源，接上待求支路，如图 4.3.28（d）所示。应用 KCL 及欧姆定律得

$$u = (2+1) \times \frac{24}{7} = \frac{72}{7} = 10\frac{2}{7}\text{V}$$

从例 4.3.11 和例 4.3.12 可以看出，如果只求某个支路的电压、电流或功率，应用戴维南定理（或诺顿定理）求解是比较方便的，一般可以避免解多元方程组的麻烦。至于是采用戴维南定理还是采用诺顿定理，视具体情况而定，选择的原则是求解简便。例如，例 4.3.11 宜采用戴维南定理，例 4.3.12 宜采用诺顿定理。

【**例 4.3.13**】　电路如图 4.3.29（a）所示，求负载电阻 R_L 上消耗的功率 P_L。

解：（1）求 u_{oc}。将图 4.3.29（a）中受控电流源与相并联的 50Ω 电阻互换为受控电压源（为方便问题的求解，对电路先做局部等效），并自 a、b 断开待求支路，设 u_{oc} 的参考方向如图 4.3.29（b）所示。由 KVL 得

$$100i_1' + 200i_1' + 100i_1' = 40$$

所以
$$i_1' = 0.1\text{A}, \quad u_{\text{oc}} = 100i_1' = 10\text{V}$$

（2）求 R_o。先用开路、短路法求 R_o。将图 4.3.29（b）中 a、b 两端子短路，并设短路电流 i_{sc} 的参考方向如图 4.3.29（c）所示。由图 4.3.29（c）可知，$i_1'' = 0$，从而受控电压源为

$$200i_1'' = 0 \quad \text{（相当于短路）}$$

这样图 4.3.29（c）等效为图 4.3.29（d），显然

$$i_{\text{sc}} = \frac{40}{100} = 0.4\text{A}$$

所以，由式（4.3.30）得
$$R_o = \frac{u_{\text{oc}}}{i_{\text{sc}}} = \frac{10}{0.4} = 25\Omega$$

此外，还可以用外施电源法求 R_o。将图 4.3.29（b）中 40V 独立电压源短路，受控源保留，并在 a、b 两端子间加电压源 u，设各支路电流如图 4.3.29（e）所示。由图 4.3.29（e）可算得

$$i_1''' = \frac{u}{100}$$

由 KVL，得
$$i_2 = \frac{u + 200i_1'''}{100} = \frac{3}{100}u$$

根据 KCL，得
$$i = i_1''' + i_2 = \frac{u}{100} + \frac{3}{100}u = \frac{1}{25}u$$

由式（4.3.31）可得
$$R_o = \frac{u}{i} = 25\Omega$$

与用开路、短路法求得的 R_o 相同。

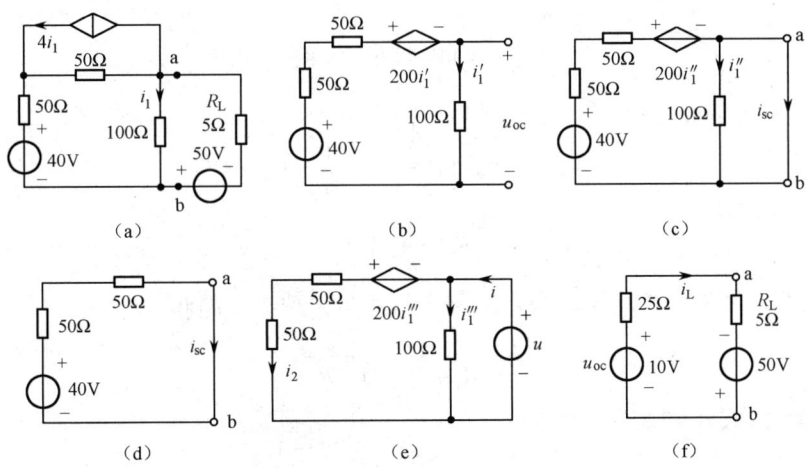

图 4.3.29 例 4.3.13 图

（3）画出戴维南等效电源，接上待求支路，如图 4.3.29（f）所示。由图 4.3.29（f）可得

$$i_L = \frac{u_{\text{oc}} + 50}{R_o + R_L} = \frac{10 + 50}{25 + 5} = 2\text{A}$$

所以负载 R_L 上消耗的功率为
$$P_L = R_L i_L^2 = 5 \times 2^2 = 20\text{W}$$

在分析含受控源的电路时要注意受控源受控制的特点，当电路改变状态时（如端子开路、短路等），控制量将发生变化，它必定引起受控源的变化，在图 4.3.29（b）、（c）和（e）中分别用 i_1'、i_1'' 和 i_1''' 表示 100Ω 电阻上的电流就是出于这种考虑。用开路、短路法，外施电源法当中的一种方法求

含受控源电路的等效内阻 R_o 即可，本例是为了示范与比较，所以用两种方法分别求了 R_o。就本例的具体结构特点[图 4.3.29（b）]，当两端子之一短路时，使控制量 $i_1''=0$，从而受控源 $200i_1''$ 也为零，所以使 R_o 的求解变简单了。由此不能说，今后遇到含受控源的电路问题都是用开路、短路法求 R_o 简单。不能一概而论，要具体问题具体分析。一般而言，因为外施电源法所用的网络 N_0 是经理想电压源短路、理想电流源开路处理后由网络 N 变来的，结构上趋向简化（节点数、支路数可能减少），所以用外施电源法求含受控源电路的等效内阻 R_o 或许会简单一些。

【例 4.3.14】 电路如图 4.3.30（a）所示，已知当 $R_L=9\Omega$ 时，$I_L=0.4A$，若 R_L 改变为 7Ω 时，其上的电流为多少？

解：本例不要按常规的戴维南定理求解问题的步骤进行，而要先求等效内阻 R_o。注意，要想通过给定条件去求得 U_S、I_S 是不可能的，这是因为给定的是一个条件，而待求量 U_S、I_S 是两个变量。

（1）求 R_o。用外施电源法求 R_o 的电路如图 4.3.30（b）所示。由 KCL 得

$$I=3I'-I'=2I'$$

则

$$I'=\frac{1}{2}I$$

图 4.3.30 例 4.3.14 图

根据 KVL，写 A 回路方程为

$$U=2I-2I_1'=2I-2\times\frac{1}{2}I=I$$

可得

$$R_o=\frac{U}{I}=1\Omega$$

（2）画出戴维南等效电源并接上 R_L，如图 4.3.30（c）所示。因此

$$I_L=\frac{U_{oc}}{R_o+R_L}=\frac{U_{oc}}{1+R_L} \tag{4.3.32}$$

将已知条件代入式（4.3.32），有

$$I_L=\frac{U_{oc}}{1+9}=0.4A$$

解得

$$U_{oc}=4V$$

（3）将 $R_L=7\Omega$，$U_{oc}=4V$ 代入式（4.3.32），得此时的电流为

$$I_L=\frac{4}{1+7}=0.5A$$

4.4 最大功率传输定理

最大功率传输定理

本节介绍戴维南定理和诺顿定理的一个重要应用。在测量、电子和信息工程的电子设备设计中，

常常遇到电阻负载如何从电路中获得最大功率的问题。这类问题可以抽象为图 4.4.1（a）所示的电路模型来分析。

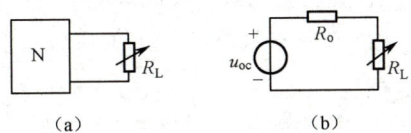

图 4.4.1　最大功率传输定理

网络 N 表示供给电阻负载能量的线性有源单口网络，它可以用戴维南或诺顿等效电路来代替，如图 4.4.1（b）所示。图中 R_L 表示获得能量的负载。此处要讨论的问题是电阻 R_L 为何值时，可以从单口网络 N 中获得最大功率。现写出负载 R_L 吸收功率的表达式，即

$$P = R_L i^2 = \frac{R_L u_{oc}^2}{(R_o + R_L)^2}$$

欲求 P 最大值，应满足 $dP/dR_L=0$，即

$$\frac{dP}{dR_L} = \frac{(R_o - R_L)u_{oc}^2}{(R_o + R_L)^3} = 0$$

由此式求得 P 为极大值或极小值的条件为

$$R_L = R_o \tag{4.4.1}$$

由于

$$\frac{d^2 P}{dR_L^2} = -\frac{u_{oc}^2}{8R_o^3}\bigg|_{R_o > 0} < 0$$

因此，当 $R_o > 0$，且 $R_L = R_o$ 时，负载电阻 R_L 可以从线性有源单口网络中获取最大功率。

最大功率传输定理：线性有源单口网络传输给负载 R_L 最大功率的条件是负载电阻 R_L 等于单口网络 N 的等效电源的内阻 R_o，即满足 $R_L = R_o$ 条件时，称为最大功率匹配，此时负载电阻 R_L 获得最大功率为

$$P_{L\max} = \frac{u_{oc}^2}{4R_o} \tag{4.4.2}$$

若用诺顿等效电路，则可表示为

$$P_{L\max} = \frac{i_{sc}^2}{4G_o} \tag{4.4.3}$$

注意，最大功率传输定理是在 R_L 可变的情况下得出的。若 R_o 可变而 R_L 固定，则应使 R_o 尽量减少，才能使 R_L 获得的功率增大。当 $R_o=0$ 时，R_L 获得最大功率。

另一常易产生的错误概念是：当由线性含源单口网络传输给负载最大功率时，其功率传输的效率应为 50%，因为 R_o 与 R_L 消耗的功率相等。如果负载功率来自一个具有内阻为 R_o 的电压源，那么负载得到最大功率时，效率确实为 50%。但是有源单口网络及其等效电路，就其内部功率而言是不等效的，由等效电阻 R_o 算得的功率一般并不等于网络内部消耗的功率，因此实际上当负载得到最大功率时，其功率传递效率未必是 50%。

【例 4.4.1】　电路如图 4.4.2（a）所示，若负载 R_L 可以任意改变，负载为何值时其上获得最大功率？并求出此时的最大功率 $P_{L\max}$，计算此时功率的传输效率。

解：对此类题型，即通常所述的"最大功率"问题，选用戴维南定理（或诺顿定理）结合最大功率传输定理求解最为简便。

（1）求 u_{oc}。从 a、b 断开 R_L，设 u_{oc} 的参考方向如图 4.4.2（b）所示。在图 4.4.2（b）中，应用电阻并联、分流公式、欧姆定律及 KVL，求得

$$u_{oc} = -\frac{4}{4+4+8} \times 4 \times 8 + 14 + \frac{3}{3+3+3} \times 18 = 12\text{V}$$

(2) 求 R_o。令图 4.4.2（b）中各独立源为零，如图 4.4.2（c）所示，可求得
$$R_o = (4+4)//8 + 3//(3+3) = 6\Omega$$

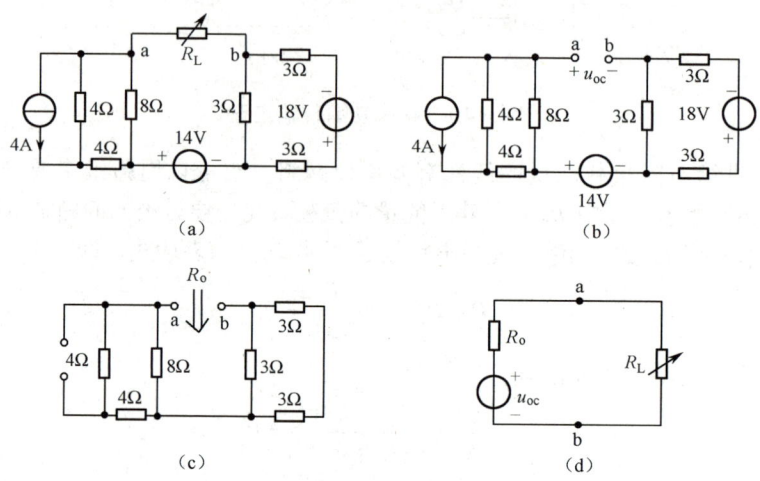

图 4.4.2　例 4.4.1 图

(3) 画出戴维南等效电源，接上待求支路 R_L，如图 4.4.2（d）所示。由最大功率传输定理可知，当 $R_L = R_o = 6\Omega$ 时，其上获得最大功率。此时负载 R_L 上所获得的最大功率为
$$P_{L\max} = \frac{u_{oc}^2}{4R_o} = \frac{12^2}{4 \times 6} = 6\text{W}$$

(4) 经过计算可得电流源 4A 发出的功率为 56W，电压源 14V 发出的功率为 14W，电压源 18V 发出的功率为 42W，则功率的传输效率为 6/112≈5.4%。

【**例 4.4.2**】　电路如图 4.4.3（a）所示，含有一个电压控制的电流源，负载电阻 R_L 可任意改变，R_L 为何值时其上获得最大功率？并求出该最大功率 $P_{L\max}$。

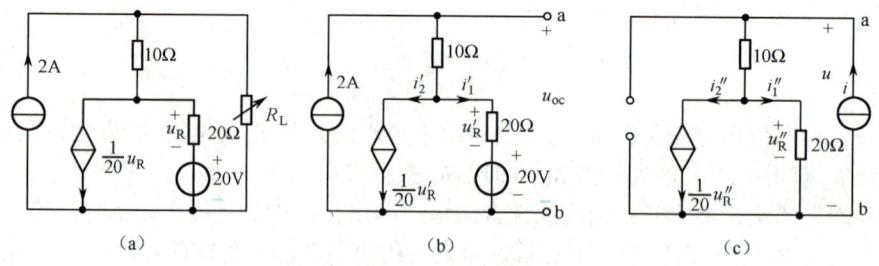

图 4.4.3　例 4.4.2 图

解：(1) 求 u_{oc}。自 a、b 断开 R_L，并设 u_{oc} 的参考方向如图 4.4.0（b）所示。在图 4.4.3（b）中设电流 i_1'、i_2'。由欧姆定律得
$$i_1' = \frac{1}{20}u_R', \quad i_2' = \frac{1}{20}u_R'$$
又根据 KCL，得
$$i_1' + i_2' = 2\text{A}$$
所以
$$i_1' = i_2' = 1\text{A}$$
$$u_{oc} = 10 \times 2 + 20 i_1' + 20 = 20 + 20 \times 1 + 20 = 60\text{V}$$

(2) 求 R_o。令图 4.4.3（b）中独立源为零，受控源保留，并在 a、b 端加电流源 i，如图 4.4.3（c）

所示。有关的电流、电压的参考方向标示在图上。类同图4.4.3（b）中求 i_1''、i_2''，由图4.4.3（c）可知

$$i_1''=i_2''=\frac{1}{2}i,\qquad u=10i+20\times\frac{1}{2}i=20i$$

所以
$$R_o=\frac{u}{i}=20\Omega$$

（3）由最大功率传输定理可知，当
$$R_L=R_o=20\Omega$$

时，其上可获得最大功率。此时负载 R_L 上获得的最大功率为

$$P_{Lmax}=\frac{u_{oc}^2}{4R_o}=\frac{60^2}{4\times 20}=45W$$

【例4.4.3】 电路如图4.4.4（a）所示，负载电阻 R_L 为多少时其上获得最大功率 P_{Lmax}，并求出该最大功率。

解： 本例问题短路电流较开路电压 u_{oc} 容易求，所以选用诺顿定理结合最大功率传输定理求解。

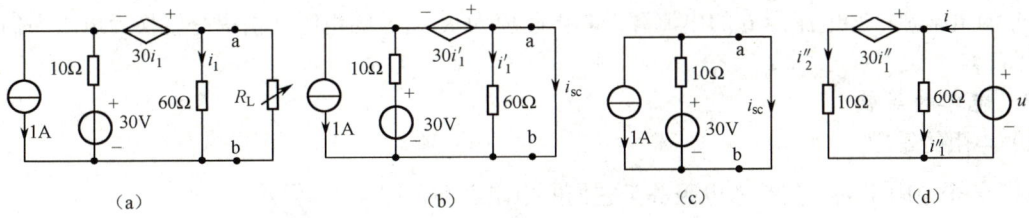

图4.4.4 例4.4.3图

（1）求 i_{sc}。自a、b断开 R_L，将其短路并设 i_{sc} 的参考方向如图4.4.4（b）所示。由图4.4.4（b）可知，$i_1'=0$，则 $30i_1'=0$，即受控电压源等于零，视为短路，如图4.4.4（c）所示。应用叠加定理，得

$$i_{sc}=\frac{30}{10}-1=2A$$

（2）求 R_o。令图4.4.4（b）中独立源为零，受控源保留，a、b端子加电压源 u，设 i_1''、i_2'' 及 i 的参考方向如图4.4.4（d）所示。根据图4.4.4（d），并应用欧姆定律、KVL、KCL求得

$$i_1''=\frac{1}{60}u,\quad i_2''=\frac{u-30i_1''}{10}=\frac{u-30\times\frac{1}{60}u}{10}=\frac{1}{20}u$$

$$i=i_1''+i_2''=\frac{1}{60}u+\frac{1}{20}u=\frac{4}{60}u$$

所以
$$R_o=\frac{u}{i}=15\Omega$$

（3）由最大功率传输定理可知，当
$$R_L=R_o=15\Omega$$

时，其上可获得最大功率。此时最大功率为

$$P_{Lmax}=\frac{1}{4}R_o i_{sc}^2=\frac{1}{4}\times 15\times 2^2=15W$$

4.5 本章小结及典型题解

4.5.1 本章小结

1. 单口网络

由元件连接组成，对外只有两个端子的电路称为二端网络或单口网络。如果在单口网络中不含有任何能通过电或非电的方式与网络外部的某些变量相耦合的元件，如不含控制变量在该网络之外的受控源（端口电压、端口电流除外）、与网络之外的绕组有磁耦合关系的变压器绕组、与外界光源有耦合关系的光敏电阻等，那么这些单口网络称为"明确的"。本书只讨论"明确的"单口网络。

2. 单口网络的置换：置换定理

在具有唯一解的网络中，若某支路的电压 u_k 和电流 i_k 已知，且该支路与电路中其他支路无耦合，则该支路可以用以下3种支路置换，且置换后电路的全部支路电压和支路电流保持不变：①电压为 u_k 的电压源；②电流为 i_k 的电流源；③电阻值为 $R=u_k/i_k$ 的电阻（前提是置换后电路中仍有独立源存在）。

3. 电路的等效

1）电阻的等效

（1）n 个电阻串联，其等效电阻等于它们的电阻之和，即 $R_{eq} = \sum\limits_{i=1}^{n} R_i$。

（2）n 个电导并联，其等效电导等于它们的电导之和，即 $G_{eq} = \sum\limits_{i=1}^{n} G_i$。

（3）电阻的 Y 形、△形变换。

$$R_1 = \frac{R_{12}R_{13}}{R_{12}+R_{13}+R_{23}} \qquad R_{12} = \frac{R_1R_2+R_2R_3+R_1R_3}{R_3}$$

$$R_2 = \frac{R_{12}R_{23}}{R_{12}+R_{13}+R_{23}} \qquad R_{23} = \frac{R_1R_2+R_2R_3+R_1R_3}{R_1}$$

$$R_3 = \frac{R_{13}R_{23}}{R_{12}+R_{13}+R_{23}} \qquad R_{13} = \frac{R_1R_2+R_2R_3+R_1R_3}{R_2}$$

当 $R_\triangle = R_{12} = R_{23} = R_{13}$ 时，有 $R_1 = R_2 = R_3 = R_\triangle/3$；当 $R_Y = R_1 = R_2 = R_3$ 时，有 $R_{12} = R_{23} = R_{31} = 3R_Y$。

2）电源的等效

（1）n 个理想电压源串联，其等效电压等于它们的电压代数和，即 $u_S = \sum\limits_{k=1}^{n}(\pm u_{Sk})$。

（2）n 个理想电流源并联，其等效电流等于它们的电流代数和，即 $i_S = \sum\limits_{k=1}^{n}(\pm i_{Sk})$。

（3）一个实际电源可以用一个理想电压源和一个内阻相串联的模型表示，也可以用一个理想电流源与一个内阻相并联的模型来表示，即

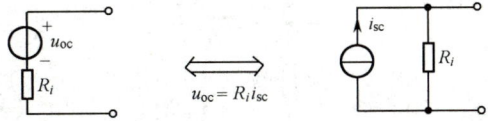

3）戴维南定理（等效电压源定理）

任何一个含源的具有唯一解的"明确的"单口网络，对外电路而言，可以用一个理想电压源与一个电阻串联来等效替代。其中理想电压源的电压为网络的端口开路电压 u_{oc}，与其串联的电阻 R_o 即为网络中所有独立源置零时的端口等效电阻。

4）诺顿定理（等效电流源定理）

任何一个含源的具有唯一解的"明确的"单口网络，对于外电路而言，可以用一个理想电流源和一个电阻并联来等效替代。其中理想电流源的电流即为网络的端口短路电流 i_{sc}，与其并联的电阻 R_o 为网络中所有独立源置零时的端口等效电阻。

求 R_o 有如下 4 种方法：①伏安法；②外施电源法；③短路开路法；④电阻等效法。

4. 最大功率传输定理

线性有源单口网络传输给负载 R_L 最大功率的条件为：负载电阻 R_L 等于单口网络 N 的等效电源的内阻 R_o，即满足 $R_L=R_o$ 条件时，称为最大功率匹配，此时负载电阻 R_L 获得最大功率为

$$P_{max} = \frac{u_{oc}^2}{4R_o}$$

若用诺顿等效电路，则可表示为

$$P_{max} = \frac{i_{sc}^2}{4G_o}$$

4.5.2 典型题解

【例 4.5.1】 电路如图 4.5.1（a）所示，应用置换定理等效，求 3A 理想电流源产生的功率 P_S。

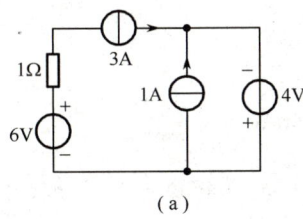
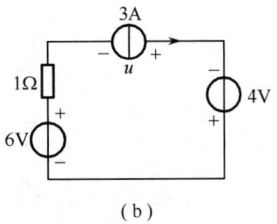

图 4.5.1 例 4.5.1 图

解：利用置换定理将图 4.5.1（a）等效成图 4.5.1（b）的形式。

$$u-1\times3+6+4=0$$

解此方程得

$$u=-7V$$

故产生的功率为

$$P_S=3\times(-7)=-21W$$

【例 4.5.2】 电路如图 4.5.2 所示，负载电阻 R_L 可任意改变，问 R_L 等于多少时其上获得最大功率，并求出该最大功率 P_{Lmax}。

解：（1）由图 4.5.2（b）求开路电压 u_{oc}。

$$u_{oc}=5\times2+u'_R+20$$

$$u'_R = 10i'_R = 10\times(2-\frac{u'_R}{10}) = 20-u'_R$$

所以

$$u'_R=10V$$

于是

$$u_{oc}=10+20+10=40V$$

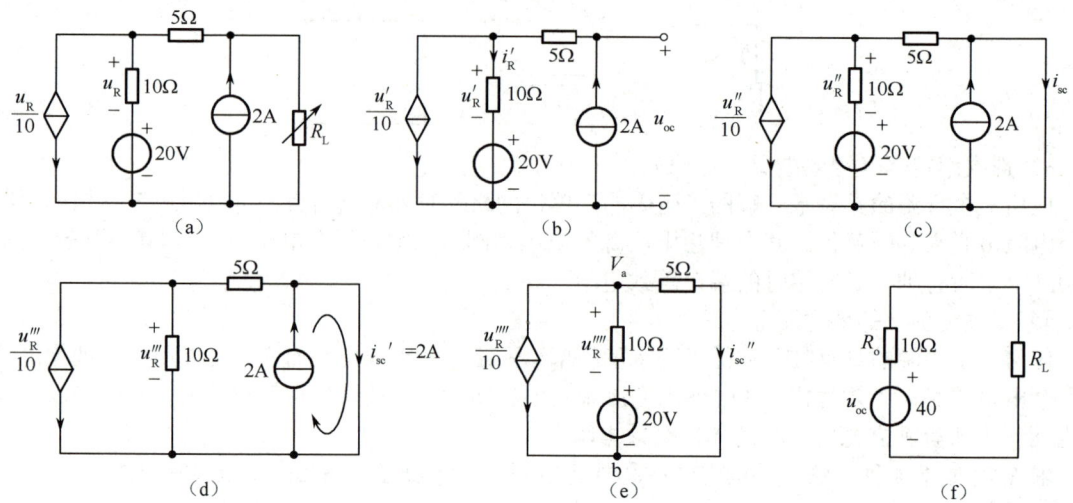

图 4.5.2 例 4.5.2 图

（2）由图 4.5.2（c）求短路电流 i_{sc}。求 i_{sc} 可采用叠加原理，如图 4.5.2（d）、图 4.5.2（e）所示。
由图 4.5.2（d）可知
$$i'_{sc}=2A$$
根据图 4.5.2（e），设 b 点作为参考点，a 点电位为 V_a，列写节点电压方程为
$$\begin{cases}(\frac{1}{5}+\frac{1}{10})V_a=\frac{20}{10}-\frac{u'''_R}{10}\\ V_a=u'''_R+20\end{cases}$$
解此方程组得
$$V_a=10V$$
$$i''_{sc}=V_a/5=2A$$
于是
$$i_{sc}=i'_{sc}+i''_{sc}=2+2=4A$$
故
$$R_o=\frac{u_{oc}}{i_{sc}}=\frac{40}{4}=10\Omega$$
当 $R_L=R_o=10\Omega$ 时，可获得最大功率为
$$P_{Lmax}=\frac{u_{oc}^2}{4R_o}=\frac{40^2}{4\times 10}=40\text{ W}$$

【例 4.5.3】 电路如图 4.5.3 所示，电阻 R_L 可调。试求 R_L 为何值时能获得最大功率 P_{Lmax}，并求此最大功率的值。

解：求 R_o，采用开路、短路法。
若 a、b 两点间断开时，其等效电路如图 4.5.3（b）所示，则
$$5I-10+6(I-U_{oc})=0$$
又因为
$$I=U_{oc}$$
解此方程得
$$U_{oc}=2V$$

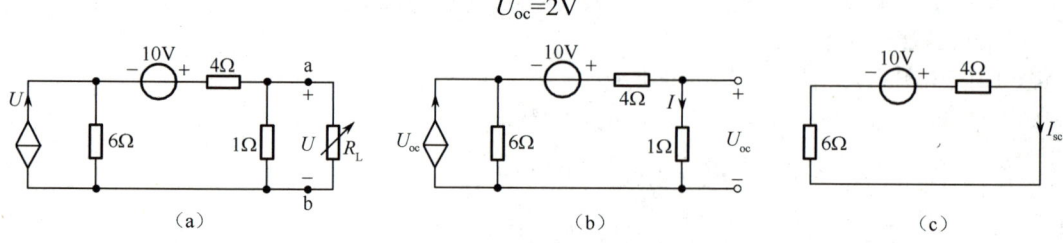

图 4.5.3 例 4.5.3 图

若 a、b 短路时，其等效电路如图 4.5.3（c）所示，则
$$I_{sc}=\frac{10}{4+6}=1\text{A}$$
于是
$$R_o=\frac{U_o}{I_{sc}}=\frac{2}{1}=2\Omega$$

当 $R_L=R_o=2\Omega$ 时，可获得最大功率 P_{Lmax}，故
$$P_{Lmax}=\frac{U_{oc}^2}{4R_o}=\frac{2^2}{4\times 2}=0.5\text{W}$$

习 题 4

4.1 电路如图 T4.1 所示，求单口网络的 VCR，并绘制伏安关系曲线。

4.2 如果改变题 4.1 中端口电压的参考方向，单口网路的 VCR 是否会改变？若同时改变端口电压、电流的参考方向，又会怎样？

4.3 电路如图 T4.2 所示，试求单口网络的 VCR。

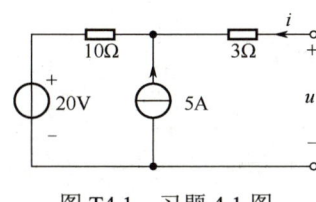

图 T4.1　习题 4.1 图

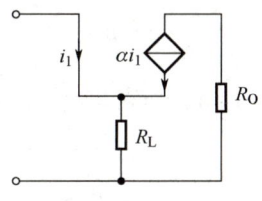

图 T4.2　习题 4.3 图

4.4 电路如图 T4.3 所示。
（1）求 ab 单口网络的 VCR；
（2）若该单口网络外接电路为 10Ω 电阻，求此时端口电压、电流；
（3）若端口网络外接电路为 10V 电压源，求此时端口电压、电流。

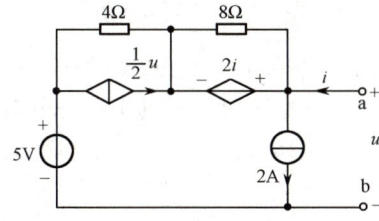

图 T4.3　习题 4.4 图

4.5 电路如图 T4.4 所示，应用置换定理等效，求 4V 理想电压源产生的功率 P_S。

4.6 电路如图 T4.5 所示，应用置换定理及电源互换等效，求电压 U。

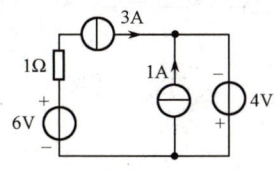

图 T4.4　习题 4.5 图

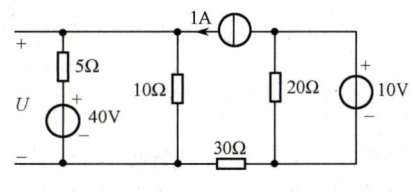

图 T4.5　习题 4.6 图

4.7 电路如图 T4.6 所示，试设法利用置换定理求电路中的电压 u_O。何处划分为好？置换时用电压源还是电流源为好？

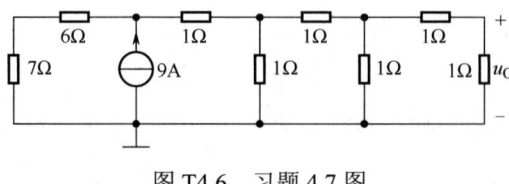

图 T4.6　习题 4.7 图

4.8 电路如图 T4.7（a）所示，u_S=12V、R=2kΩ，网络 A 的 VCR 如图 T4.7（b）所示，求 u 和 i，并求流过两个线性电阻的电流。

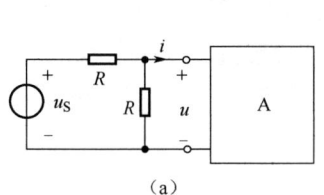
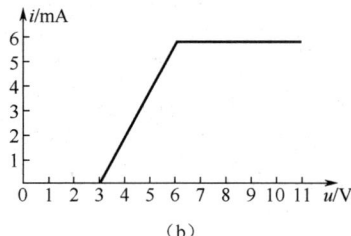

图 T4.7　习题 4.8 图

4.9 求图 T4.8 所示各电路 ab 端的等效电阻 R_{ab}。

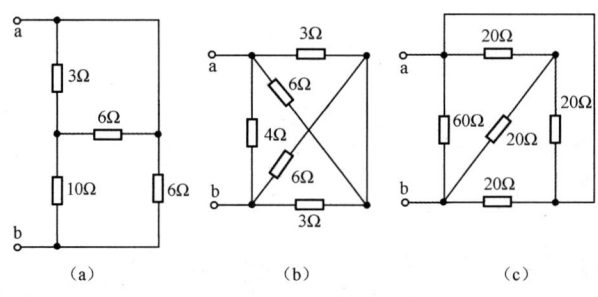

图 T4.8　习题 4.9 图

4.10 如图 T4.9 所示电路，图中每个电阻为 1Ω，求等效电阻 R_{ab}。

4.11 如图 T4.10 所示电路，表示无限长网络，其中每个电阻的阻值为 R，求其端口的等效电阻 R_{ab}。

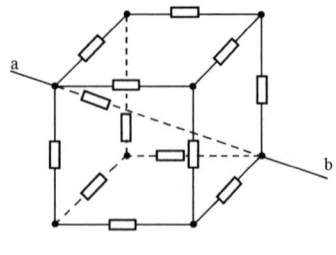
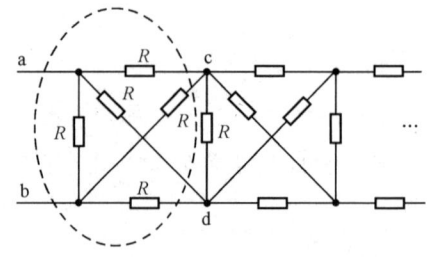

图 T4.9　习题 4.10 图　　　　图 T4.10　习题 4.11 图

4.12 将图 T4.11 所示各电路对 a、b 端化为最简等效形式。

4.13 将图 T4.12 所示各电路对 a、b 端化为最简等效电压源形式和等效电流源形式。

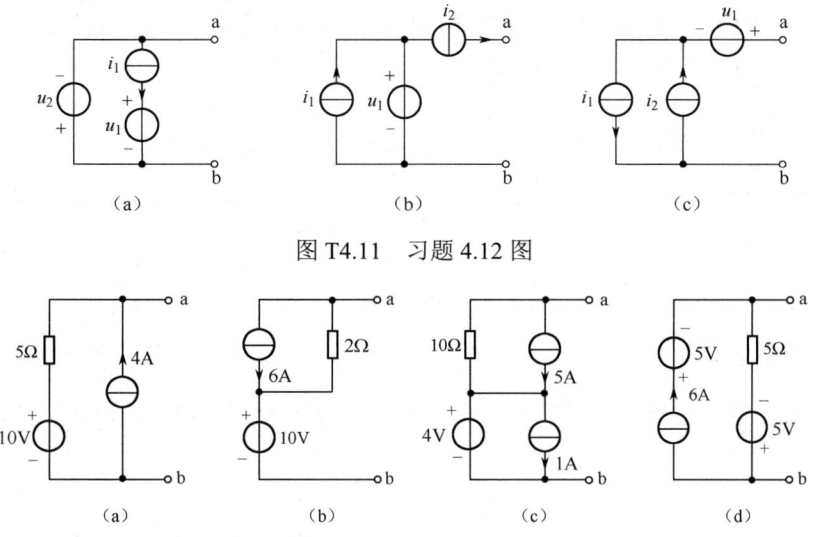

图 T4.11 习题 4.12 图

图 T4.12 习题 4.13 图

4.14 电路如图 T4.13 所示，若 T4.13（a）、（b）所示电路都接上 5Ω 电阻，5Ω 电阻的功率是否相同？单口网络内部 5Ω 电阻上的功率是否相同？

图 T4.13 习题 4.14 图

4.15 电路如图 T4.14 所示。求
（1）a、b 看作输入端时的输入电阻 R_i；
（2）c、d 看作输出端时的输出电阻 R_o。

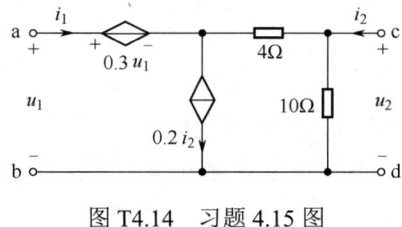

图 T4.14 习题 4.15 图

4.16 求图 T4.15 所示各电路的戴维南等效电路和诺顿等效电路。

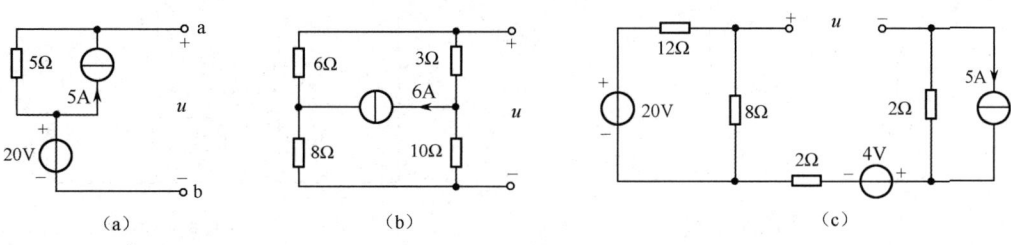

图 T4.15 习题 4.16 图

4.17 电路如图 T4.16 所示，当 a、b 端开路时，求开路电压 u；当 a、b 端短路时，求电流 i。

4.18 电路如图 T4.17 所示，求负载电阻 R_L 上吸收的功率 P_L。

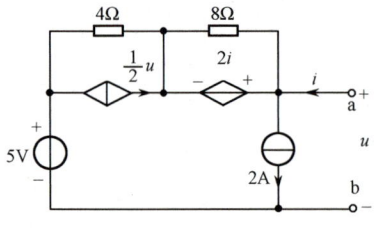
图 T4.16 习题 4.17 图

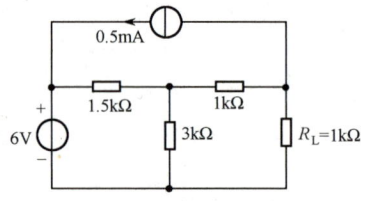
图 T4.17 习题 4.18 图

4.19 线性有源单口网络 N 如图 T4.18（a）所示，它的 VCR 如图 T4.18（b）所示。试画出 N 的戴维南等效电路与诺顿等效电路。

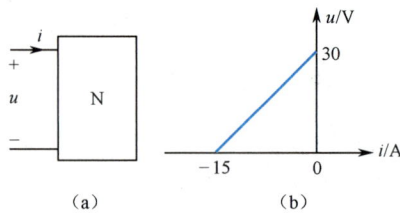
图 T4.18 习题 4.19 图

4.20 电路如图 T4.19 所示，若 $R_L=5\Omega$，求其上电流 I_L；若 R_L 减小，则 I_L 增大，求当 I_L 增大到原来的 3 倍时负载电阻 R_L 的值。

4.21 电路如图 T4.20 所示，求负载电阻 R_L 上消耗的功率 P_L。

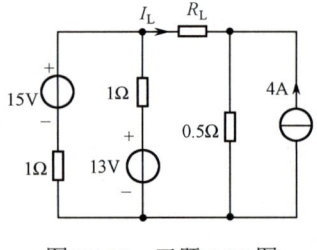
图 T4.19 习题 4.20 图

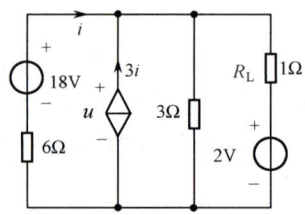
图 T4.20 习题 4.21 图

4.22 电路如图 T4.21 所示，应用戴维南定理求 i。

4.23 电路如图 T4.22 所示，若要求输出电压 u_o 不受电压源 u_{S2} 的影响，受控源中 μ 应为何值？

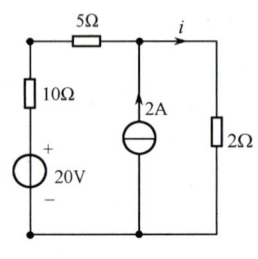
图 T4.21 习题 4.22 图

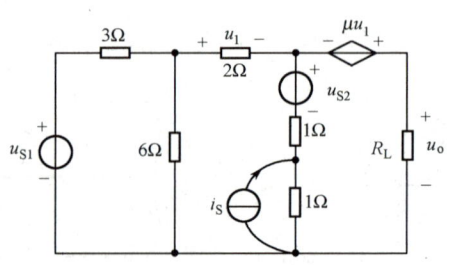
图 T4.22 习题 4.23 图

4.24 电路如图 T4.23 所示，求电路 a、b 端的戴维南等效电路，分别用短路电流法和外施电源法求等效电阻。

4.25 电路如图 T4.24 所示，电阻 R_L 可调节。试求 R_L 为何值时能获得最大功率 P_{max}，并求此最大功率的值。

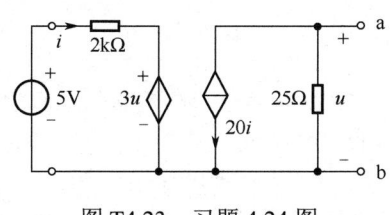

图 T4.23 习题 4.24 图

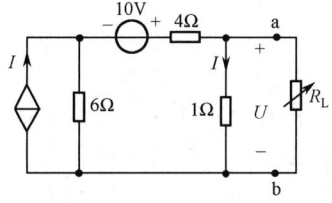

图 T4.24 习题 4.25 图

4.26 电路如图 T4.25 所示，若负载 R_L 可任意改变，问负载为何值时获得最大功率？最大功率为多少？

4.27 电路如图 T4.26 所示。求
（1）R 获得最大功率时的数值；
（2）求在此情况下，R 获得的功率；
（3）求 100V 电源对电路提供的功率；
（4）求受控源的功率；
（5）R 所得功率占电路内电源产生功率的百分比。

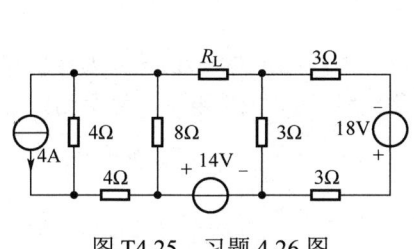

图 T4.25 习题 4.26 图

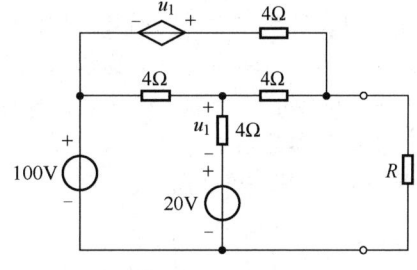

图 T4.26 习题 4.27 图

第 5 章 双口网络

[内容提要]

本章首先讨论双口网络及其方程，双口网络的 R、G、T、H 等参数矩阵及它们之间的相互关系，然后讨论双口网络的连接和等效，最后介绍双口网络的网络函数。

5.1 双口网络概述

5.1.1 双口网络的定义

具有多个端子的网络称为多端网络。若网络 N 具有 n 个端子，称为 n 端网络，如图 5.1.1（a）所示。在网络的外部端子中，两两成对构成多个端口，如果构成端口的多对端子满足端口条件，即对于所有时间 t，从其中一个端子流入网络 N 的电流等于网络 N 经另一端子流出的电流，这种电路称为多端口网络。图 5.1.1（b）所示的网络具有 n 个端口，且 $i_1 = i_1', \cdots, i_n = i_n'$，则该网络称为 n 端口网络，简称 n 口网络。

当 $n=2$ 时，称为二端口网络或双口网络，双口网络是四端网络的特例。

本章讨论的双口网络有以下约定。

（1）双口网络的一个端口接输入信号称为输入端口，另一端口用于输出信号称为输出端口，且输入端口变量及参数用下标"1"表示，输出端口变量及参数用下标"2"表示。两个端口之间的网络用方框表示，如图 5.1.2 所示。

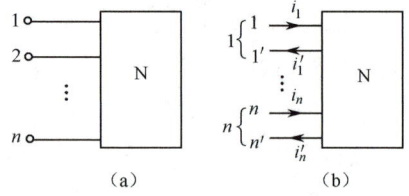

图 5.1.1 n 端网络与 n 口网络

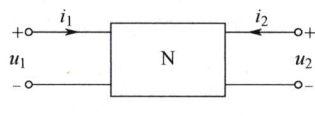

图 5.1.2 双口网络

（2）网络 N 中仅含线性时不变电路元件（线性电阻、线性受控源或线性电容、电感），不含独立电源。

（3）端口电压、电流取关联参考方向。

（4）本章分析"明确的"双口网络，即网络内部的元件与网络外部的变量（u,i）之间无耦合关系（端口电压、电流除外），因此双口网络的 VCR 只由自己决定，与外部电路无关。

5.1.2 互易定理

互易定理描述一类特殊的线性电路的互易性质，它广泛应用于研究网络的灵敏度分析、测量技术等方面。

互易定理可表述为：对于仅含线性电阻（或线性电容、电感）的二端口电路 N_R，其中一个端口加激励源，另一个端口作为响应端口（所求响应在该端口上）。在只有一个激励源的情况下，当激励与响应互换位置时，同一个激励所产生的响应相同，这就是互易定理。

根据激励源的类型（电压源、电流源）与响应的参数（电压、电流）可以组合成 4 种互易定理形式。

图 5.1.3 是互易定理形式 Ⅰ。电压源激励 u_{S1} 加在网络 N_R 的 1—1′端，以网络 N_R 的 2—2′端的短路电流 i_2 作为响应。在图 5.1.3（b）（互易后电路）中，电压源激励 u_{S2} 加在网络 N_R 的 2—2′端，以 1—1′端短路电流 i_1 作为响应，则有

$$\frac{i_2}{u_{S1}} = \frac{i_1}{u_{S2}} \tag{5.1.1}$$

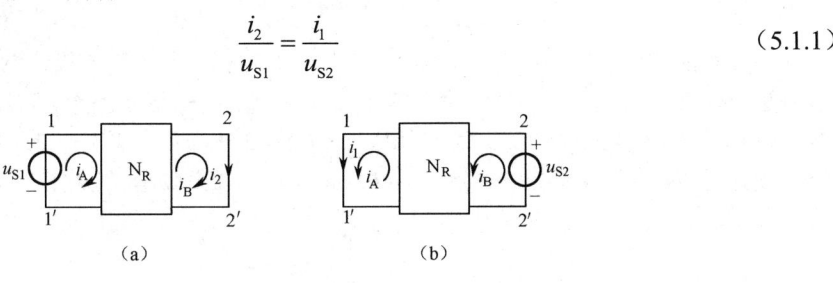

图 5.1.3　互易定理形式 Ⅰ

式（5.1.1）表明，对于互易网络，互易前网络响应 i_2 与激励 u_{S1} 之比等于互易后网络响应 i_1 与激励 u_{S2} 之比。

在特殊情况下，即 $u_{S1}=u_{S2}$，有

$$i_1 = i_2 \tag{5.1.2}$$

这说明对于互易网络，若将激励端口与响应端口互换位置，同一激励所产生的响应相同。

下面证明互易定理的正确性。

证明：如图 5.1.3 所示，图 5.1.3（a）中所有网孔电流都按顺时针方向作为参考方向，图 5.1.3（b）中所有网孔电流都按逆时针方向作为参考方向。

在图 5.1.3（a）中列写网孔方程为

$$\left. \begin{array}{l} R_{11}i_A + R_{12}i_B + \cdots + R_{1m}i_m = u_{S1} \\ R_{21}i_A + R_{22}i_B + \cdots + R_{2m}i_m = 0 \\ \vdots \\ R_{m1}i_A + R_{m2}i_B + \cdots + R_{mm}i_m = 0 \end{array} \right\} \tag{5.1.3}$$

式中，m 为图 5.1.3（a）中网孔的个数。解式（5.1.3），得网孔电流 i_B，从而算出支路电流为

$$i_2 = i_B = \frac{\Delta_{12}}{\Delta} u_{S1} \tag{5.1.4}$$

其中

$$\Delta = \begin{bmatrix} R_{11} & R_{12} & \cdots & R_{1m} \\ R_{21} & R_{22} & \cdots & R_{2m} \\ \vdots & \vdots & & \vdots \\ R_{m1} & R_{m2} & \cdots & R_{mm} \end{bmatrix}, \quad \Delta_{12} = -\begin{bmatrix} R_{21} & R_{23} & \cdots & R_{2m} \\ R_{31} & R_{33} & \cdots & R_{3m} \\ \vdots & \vdots & & \vdots \\ R_{m1} & R_{m3} & \cdots & R_{mm} \end{bmatrix}$$

在图 5.1.3（b）中，因为互易后网络结构没有变化，所以选择各网孔的序号与互易前的图 5.1.3（a）相同，而网孔电流的方向均与图 5.1.3（a）中网孔电流的方向相反。由网孔方程通式列写图 5.1.3（b）网孔方程为

$$\left. \begin{array}{l} R_{11}i_A + R_{12}i_B + \cdots + R_{1m}i_m = 0 \\ R_{21}i_A + R_{22}i_B + \cdots + R_{2m}i_m = u_{S2} \\ \vdots \\ R_{m1}i_A + R_{m2}i_B + \cdots + R_{nm}i_m = 0 \end{array} \right\} \tag{5.1.5}$$

解式（5.1.5），可得网孔电流 i_A，从而算得支路电流为

$$i_1 = i_A = \frac{\Delta_{21}}{\Delta} u_{S2} \tag{5.1.6}$$

其中
$$\Delta = \begin{bmatrix} R_{11} & R_{12} & \cdots & R_{1m} \\ R_{21} & R_{22} & \cdots & R_{2m} \\ \vdots & \vdots & & \vdots \\ R_{m1} & R_{m2} & \cdots & R_{mm} \end{bmatrix}, \quad \Delta_{21} = -\begin{bmatrix} R_{12} & R_{13} & \cdots & R_{1m} \\ R_{32} & R_{33} & \cdots & R_{3m} \\ \vdots & \vdots & & \vdots \\ R_{m2} & R_{m3} & \cdots & R_{mm} \end{bmatrix}$$

因为互易前图 5.1.3（a）与互易后图 5.1.3（b）电路拓扑结构一样，网孔个数及序号互易前后两个网络也一样，仅网孔电流相反，所以图 5.1.3（a）中的 R_{jj} 等于图 5.1.3（b）中的 R_{jj}（$j=1,2,\cdots,m$）；图 5.1.3（a）中的 R_{jk} 等于图 1.5.3（b）中的 R_{jk}（$j,k=1,2,\cdots,m$）。所以图 5.1.3（a）的 Δ 等于图 5.1.3（b）的 Δ。又因为 N_R 内不含受控源，所以有 $R_{jk}=R_{kj}$（$j,k=1,2,\cdots,m$），因此行列式 Δ 中各元素对主对角线对称，从而使代数余子式

$$\Delta_{jk} = \Delta_{kj}$$

当然有
$$\Delta_{12} = \Delta_{21}$$

由式（5.1.4）与式（5.1.6）可得

$$\frac{i_2}{u_{S1}} = \frac{i_1}{u_{S2}}$$

即证明互易定理形式 I。类似地，可以证明互易定理其他 3 种形式也是成立的。

在应用互易定理分析电路时，应注意以下 3 点。

（1）互易前后应保持网络的拓扑结构及参数不变，仅理想电压源（或理想电流源）搬移，理想电压源所在支路中电阻仍保留在原支路中。

（2）互易前后电压源极性与 1—1′、2—2′支路电流的参考方向应保持一致。

（3）互易定理只适用于一个独立源作用的线性电阻网络。

5.2 双口网络的方程和参数

在分析双口网络时，人们通常关心的是双口网络的端口特性，即两个端口上电压、电流的关系，这种关系可以通过一些参数来表示。双口网络共有 4 个端口相量，即 i_1、u_1、i_2 和 u_2，以及 6 种形式的双口网络方程，对应 6 种网络参数。下面讨论最常用的 4 种参数，即 R 参数、G 参数、H 参数和 T 参数。

5.2.1 R 参数

1. r 方程与 R 参数

假设图 5.1.2 所示双口网络的 i_1、i_2 是已知的，利用替代定理，可将 i_1、i_2 看作是外施电流源的电流，u_1、u_2 作为响应，根据叠加定理，可得

$$\left. \begin{array}{l} u_1 = r_{11}i_1 + r_{12}i_2 \\ u_2 = r_{21}i_1 + r_{22}i_2 \end{array} \right\} \tag{5.2.1}$$

式（5.2.1）称为双口网络的 r 方程，其中 r_{11}、r_{12}、r_{21}、r_{22} 为 R 参数，式（5.2.1）还可以写成矩阵形式，即

$$\begin{bmatrix} u_1 \\ u_2 \end{bmatrix} = \begin{bmatrix} r_{11} & r_{12} \\ r_{21} & r_{22} \end{bmatrix} \begin{bmatrix} i_1 \\ i_2 \end{bmatrix} \tag{5.2.2}$$

或
$$\boldsymbol{U} = \boldsymbol{R}\boldsymbol{I} \tag{5.2.3}$$

式中，$U = [u_1 \quad u_2]^T$、$I = [i_1 \quad i_2]^T$ 分别为端口电压、电流的列向量；$R = \begin{bmatrix} r_{11} & r_{12} \\ r_{21} & r_{22} \end{bmatrix}$ 为 R 参数矩阵。

2. R 参数的确定

R 参数可由 r 方程求得。式（5.2.1）中分别令 $i_2 = 0$、$i_1 = 0$，可得 R 参数的定义式及相应的物理意义，即

$$\left. \begin{aligned} r_{11} &= \left. \frac{u_1}{i_1} \right|_{i_2=0}, \text{输出口开路时的输入电阻} \\ r_{12} &= \left. \frac{u_1}{i_2} \right|_{i_1=0}, \text{输入口开路时的反向转移电阻} \\ r_{22} &= \left. \frac{u_2}{i_2} \right|_{i_1=0}, \text{输入口开路时的输出电阻} \\ r_{21} &= \left. \frac{u_2}{i_1} \right|_{i_2=0}, \text{输出口开路时的正向转移电阻} \end{aligned} \right\} \quad (5.2.4)$$

显然，R 参数具有电阻的量纲。由于 R 参数都是在某端口开路条件下定义的，因此 R 参数又称为开路电阻参数，R 参数矩阵又称为开路电阻矩阵。

式（5.2.4）也表明了获取 R 参数的实验方法。例如，将输出端口开路（$i_2 = 0$），输入端口加电流源 i_1，测得两个端口电压 u_1 及 u_2，由式（5.2.4）可得

$$r_{11} = \frac{u_1}{i_1}, \quad r_{21} = \frac{u_2}{i_1}$$

类似地，将输入端口开路（$i_1 = 0$），在输出端口施加一电流源 i_2，测量两个端口电压 u_1、u_2，根据式（5.2.4）有

$$r_{12} = \frac{u_1}{i_2}, \quad r_{22} = \frac{u_2}{i_2}$$

对于不含独立源、受控源的线性双口网络（互易双口网络），根据互易定理，满足

$$\left. \frac{u_1}{i_2} \right|_{i_1=0} = \left. \frac{u_2}{i_1} \right|_{i_2=0}$$

上式与式（5.2.4）比较，可知

$$r_{12} = r_{21} \quad (5.2.5)$$

式（5.2.5）表明互易双口网络的 R 参数中只有 3 个参数是相互独立的。对于非互易双口网络而言，一般 $r_{12} \neq r_{21}$。

如果互易双口网络的参数满足 $r_{11}=r_{22}$，就称为对称互易双口网络。对于对称互易双口网络，两个端口可不加区别，从任一端口看进去，其电气特性是一样的，因而也称为电气上对称的双口网络，简称对称双口网络。连接方式、元件性质及参数大小均具对称性的双口网络称为结构上对称的双口网络。结构上对称的双口网络显然一定是对称双口网络，但是电气上对称的网络不一定结构上都是对称的。

对于对称的双口网络，有

$$r_{12} = r_{21}, \quad r_{11} = r_{22} \quad (5.2.6)$$

可见，此时 R 参数中只有两个是独立参数。

R 参数的计算有两种方法：一种是根据定义式（5.2.4）求得；另一种是根据 r 方程由式（5.2.1）求得。

【例 5.2.1】 求图 5.2.1 所示双口网络的 R 参数。

解： 根据 R 参数定义式（5.2.4）得

$$r_{11} = \left.\frac{u_1}{i_1}\right|_{i_2=0} = \frac{(R_1+R_2)i_1}{i_1} = R_1 + R_2$$

$$r_{21} = \left.\frac{u_2}{i_1}\right|_{i_2=0} = \frac{i_1 \cdot R_2}{i_1} = R_2$$

$$r_{12} = \left.\frac{u_1}{i_2}\right|_{i_1=0} = \frac{i_2 \cdot R_2}{i_2} = R_2$$

$$r_{22} = \left.\frac{u_2}{i_2}\right|_{i_1=0} = \frac{(R_2+R_3)\cdot i_2}{i_2} = R_2 + R_3$$

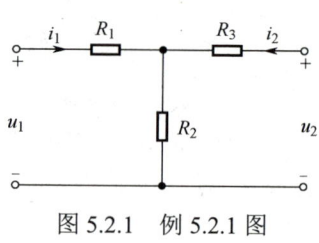

图 5.2.1　例 5.2.1 图

实际上，根据互易双口网络的特性有

$$r_{12} = r_{21} = R_2$$

若 $R_1=R_3$，则有

$$r_{11}=r_{22}=R_1+R_2$$

此时为对称的双口网络。

【例 5.2.2】 求图 5.2.2 所示双口网络的 R 参数。

解： 本例采用根据 r 方程来求解 R 参数的方法较为方便。
假设回路电流为 i_1、i_2（见图 5.2.2），则回路电流方程为

$$5i_1 + i_2 = u_1, \quad i_1 + 4i_2 = u_2 - \alpha i_1$$

整理成 r 方程的标准形式，有

$$u_1 = 5i_1 + i_2, \quad u_2 = (1+\alpha)i_1 + 4i_2$$

对比式（5.2.1）可得 R 参数为

$$r_{11}=5\Omega, \quad r_{12}=1\Omega, \quad r_{21}=(1+\alpha)\Omega, \quad r_{22}=4\Omega$$

可见，非互易双口网络一般 $r_{12} \neq r_{21}$。

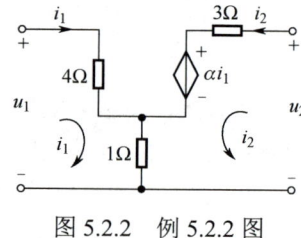

图 5.2.2　例 5.2.2 图

5.2.2 G 参数

1. g 方程与 G 参数

在图 5.1.2 所示双口网络中，假设两个端口电压 u_1 和 u_2 已知，利用替代定理，可将 u_1、u_2 看作是外施的独立电压源，i_1、i_2 作为响应，根据叠加定理，可得

$$\left.\begin{array}{l} i_1 = g_{11}u_1 + g_{12}u_2 \\ i_2 = g_{21}u_1 + g_{22}u_2 \end{array}\right\} \quad (5.2.7)$$

式（5.2.7）称为双口网络的 g 方程，其中 g_{11}、g_{12}、g_{21}、g_{22} 为 G 参数。g 方程也可写成矩阵形式，即

$$\begin{bmatrix} i_1 \\ i_2 \end{bmatrix} = \begin{bmatrix} g_{11} & g_{12} \\ g_{21} & g_{22} \end{bmatrix} \begin{bmatrix} u_1 \\ u_2 \end{bmatrix} \quad (5.2.8)$$

或

$$\boldsymbol{I} = \boldsymbol{G}\boldsymbol{U} \quad (5.2.9)$$

式中，$\boldsymbol{G} = \begin{bmatrix} g_{11} & g_{12} \\ g_{21} & g_{22} \end{bmatrix}$ 为 G 参数矩阵。

2. G 参数的确定

在 g 方程式（5.2.7）中，若分别令 $u_1=0$、$u_2=0$，就可得到 G 参数的定义式及相应的物理意义，即

$$\left.\begin{aligned} g_{11} &= \left.\frac{i_1}{u_1}\right|_{u_2=0}, \text{输出口短路时的输入电导} \\ g_{21} &= \left.\frac{i_2}{u_1}\right|_{u_2=0}, \text{输出口短路时的正向转移电导} \\ g_{12} &= \left.\frac{i_1}{u_2}\right|_{u_1=0}, \text{输入口短路时的反向转移电导} \\ g_{22} &= \left.\frac{i_2}{u_2}\right|_{u_1=0}, \text{输入口短路时的输出电导} \end{aligned}\right\} \quad (5.2.10)$$

可见，G 参数具有电导的量纲。

由于 G 参数都是在某一端口短路条件下定义的，因此 G 参数又称为短路电导参数，G 参数矩阵又称为短路电导矩阵。与 R 参数类似，式（5.2.10）也表明了 G 参数可由实验方法测得。

对于互易双口网络，同样有

$$g_{12}=g_{21} \quad (5.2.11)$$

式（5.2.11）表明在互易双口网络中 G 参数也只有 3 个参数是相互独立的。

对于对称的双口网络，有

$$\left.\begin{aligned} g_{12} &= g_{21} \\ g_{11} &= g_{22} \end{aligned}\right\} \quad (5.2.12)$$

所以对称的双口网络的 G 参数中也只有两个是独立参数。

G 参数也可根据定义式（5.2.10）或 g 方程（5.2.7）求得。

【例 5.2.3】 求图 5.2.3（a）所示双口网络的 G 参数。

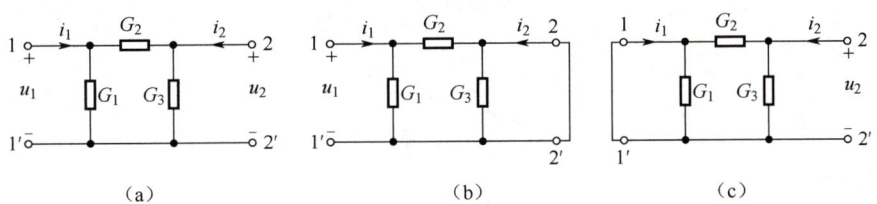

图 5.2.3 例 5.2.3 图

解：本例可根据 G 参数定义式（5.2.10），求得 G 参数。

画出输出口短路等效电路如图 5.2.3（b）所示，根据定义式（5.2.10）可求得

$$g_{11} = \left.\frac{i_1}{u_1}\right|_{u_2=0} = G_1 + G_2$$

$$g_{21} = \left.\frac{i_2}{u_1}\right|_{u_2=0} = -G_2 \quad \text{（注意，电压和电流的参考方向。）}$$

同理，由 $u_1=0$ 画出等效电路如图 5.2.3（c）所示，有

$$g_{12} = \left.\frac{i_1}{u_2}\right|_{u_1=0} = -G_2$$

$$g_{22} = \left.\frac{i_2}{u_2}\right|_{u_1=0} = G_2 + G_3$$

由此可知，$g_{12}=g_{21}$，此网络为互易双口网络。当 $G_1=G_3$ 时，有

$$g_{12}=g_{21}, \quad g_{11}=g_{22}$$

此时的网络为对称双口网络。

5.2.3 T参数

在实际工程中，常常需要考虑输出电压、电流（u_2、i_2）对输入电压、电流（u_1、i_1）的影响情况，此时若以 u_2、$-i_2$ 为自变量，u_1、i_1 为因变量，可列出方程为

$$\left.\begin{aligned} u_1 &= Au_2 + B(-i_2) \\ i_1 &= Cu_2 + D(-i_2) \end{aligned}\right\} \quad (5.2.13)$$

式（5.2.13）称为 T 方程，式中 A、B、C、D 为双口网络的 T 参数，即传输参数。

分别令 $i_2 = 0$、$u_2 = 0$，便可得 T 参数的定义式和相应的物理意义，即

$$\left.\begin{aligned} A &= \left.\frac{u_1}{u_2}\right|_{i_2=0}, \text{输出口开路时的电压比} \\ B &= \left.\frac{u_1}{-i_2}\right|_{u_2=0}, \text{输出口短路时的转移阻抗} \\ C &= \left.\frac{i_1}{u_2}\right|_{i_2=0}, \text{输出口开路时的转移导纳} \\ D &= \left.\frac{i_1}{-i_2}\right|_{u_2=0}, \text{输出口短路时的电流比} \end{aligned}\right\} \quad (5.2.14)$$

由式（5.2.14）可知，参数 A、D 为无量纲的比例常数；B、C 的单位分别为欧姆（Ω）和西门子（S）。

式（5.2.14）还可写成矩阵形式，即得 T 参数矩阵方程为

$$\begin{bmatrix} u_1 \\ i_1 \end{bmatrix} = \begin{bmatrix} A & B \\ C & D \end{bmatrix} \begin{bmatrix} u_2 \\ -i_2 \end{bmatrix} = \boldsymbol{T} \begin{bmatrix} u_2 \\ -i_2 \end{bmatrix} \quad (5.2.15)$$

其中

$$\boldsymbol{T} = \begin{bmatrix} A & B \\ C & D \end{bmatrix}$$

称 $\boldsymbol{T}$ 为 T 参数矩阵。

对于互易双口网络，可以证明 $|\boldsymbol{T}|=1$，即

$$AD - BC = 1 \quad (5.2.16)$$

可见，互易双口网络的 T 参数中只有 3 个独立参数。若网络是对称的，则有

$$\left.\begin{aligned} A &= D \\ AD - BC &= 1 \end{aligned}\right\} \quad (5.2.17)$$

此时 T 参数只有两个独立参数。

5.2.4 H参数

若以 i_1、u_2 为自变量，u_1、i_2 为因变量，由图（5.1.2）可得方程为

$$\left.\begin{aligned} u_1 &= h_{11}i_1 + h_{12}u_2 \\ i_2 &= h_{21}i_1 + h_{22}u_2 \end{aligned}\right\} \quad (5.2.18)$$

式（5.2.18）称为 h 方程。式中，h_{11}、h_{12}、h_{21}、h_{22} 为双口网络的 H 参数或混合参数。

分别令 $u_2 = 0$、$i_1 = 0$，由式（5.2.18）可得 H 参数的定义式和物理意义，即

$$h_{11} = \left.\frac{u_1}{i_1}\right|_{u_2=0}, \text{ 输出口短路时的输入电阻}$$

$$h_{21} = \left.\frac{i_2}{i_1}\right|_{u_2=0}, \text{ 输出口短路时的正向电流增益}$$

$$h_{12} = \left.\frac{u_1}{u_2}\right|_{i_1=0}, \text{ 输入口开路时的反向电压增益}$$

$$h_{22} = \left.\frac{i_2}{u_2}\right|_{i_1=0}, \text{ 输入口开路时的输出电导}$$

(5.2.19)

式中，h_{11}、h_{22} 的量纲分别为欧姆（Ω）和西门子（S）；而 h_{12}、h_{21} 是无量纲的比例常数。

由式（5.2.18）可得 H 参数的矩阵方程为

$$\begin{bmatrix} u_1 \\ i_2 \end{bmatrix} = \begin{bmatrix} h_{11} & h_{12} \\ h_{21} & h_{22} \end{bmatrix} \begin{bmatrix} i_1 \\ u_2 \end{bmatrix} \tag{5.2.20}$$

其中

$$\boldsymbol{H} = \begin{bmatrix} h_{11} & h_{12} \\ h_{21} & h_{22} \end{bmatrix} \tag{5.2.21}$$

称 $\boldsymbol{H}$ 为 H 参数矩阵。

可以证明，对于互易双口网络有

$$h_{12} = -h_{21} \tag{5.2.22}$$

这说明 H 参数中只有 3 个独立参数。当网络对称时，则有

$$\left. \begin{array}{l} h_{12} = -h_{21} \\ |\boldsymbol{H}| = h_{11}h_{22} - h_{12}h_{21} = 1 \end{array} \right\} \tag{5.2.23}$$

这说明对称网络 H 参数中只有两个是独立参数。

H 参数广泛应用于低频晶体管等效电路中。

【例 5.2.4】 图 5.2.4（a）为晶体管共射放大器的微变等效电路，试求其 H 参数。

解：将输出口短路（$u_2=0$），如图 5.2.4（b）所示，根据定义式（5.2.19）有

$$h_{11} = \left.\frac{u_1}{i_1}\right|_{u_2=0} = R_1$$

$$h_{21} = \left.\frac{i_2}{i_1}\right|_{u_2=0} = \beta$$

类似地，有

$$h_{12} = \left.\frac{u_1}{u_2}\right|_{i_1=0} = 0, \quad h_{22} = \left.\frac{i_2}{u_2}\right|_{i_1=0} = \frac{1}{R_2}$$

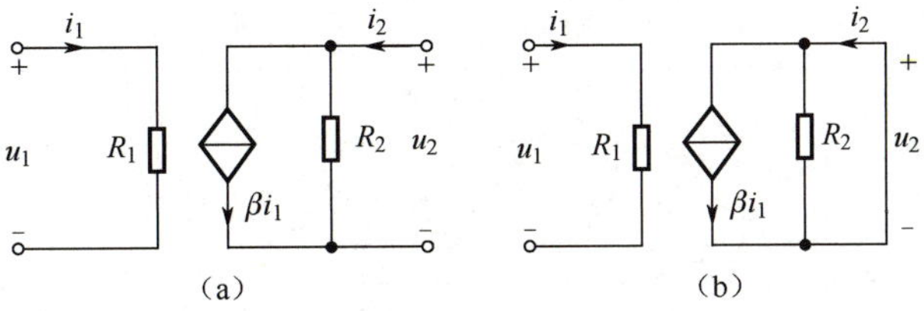

图 5.2.4 例 5.2.4 图

5.2.5 双口网络参数间的关系

双口网络的参数除了上述 4 种,还有两种,即 H' 参数和 T' 参数。H' 参数和 T' 参数分别与 H 参数和 T 参数相似,只是把电路方程等号两边的端口变量互换而已。由此可知,H' 参数矩阵和 H 参数矩阵互为逆阵,T 参数矩阵和 T' 参数矩阵互为逆阵,即有 $\boldsymbol{H'}=\boldsymbol{H}^{-1}$、$\boldsymbol{T'}=\boldsymbol{T}^{-1}$,此处不再做详细分析。

并不是所有的双口网络都存在 6 种参数,如理想变压器的伏安关系为

$$u_2 = nu_1$$
$$i_2 = \frac{1}{n}i_1$$

就无法写出其 R 参数或 G 参数。

在一般情况下,可求出双口网络的 6 种参数,这 6 种参数都可以用来描述双口网络的特性,因此对同一个双口网络来说,只要它的各组参数有定义,则各组参数之间一定可以互相转换,即可由某种参数得到另一种参数。

转换的方法是写出某种参数的网络方程,然后将其进行方程变换,使之成为所求参数对应的网络方程形式,再进行系数比较,即得到不同参数间的转换关系。

如果已知双口网络的 G 参数,欲求 T 参数,可写出 G 参数方程为

$$i_1 = g_{11}u_1 + g_{12}u_2$$
$$i_2 = g_{21}u_1 + g_{22}u_2$$

将此方程转换为 T 方程,即

$$u_1 = -\frac{g_{22}}{g_{21}}u_2 + \frac{1}{g_{21}}i_2$$
$$i_1 = \left(g_{12} - \frac{g_{11}g_{22}}{g_{21}}\right)u_2 + \frac{g_{11}}{g_{21}}i_2$$

对比 T 方程式(5.2.13),可得 T 参数为

$$\left. \begin{array}{l} A = -\dfrac{g_{22}}{g_{21}},\ B = -\dfrac{1}{g_{21}} \\ C = g_{12} - \dfrac{g_{11}g_{22}}{g_{21}},\ D = -\dfrac{g_{11}}{g_{21}} \end{array} \right\} \quad (5.2.24)$$

类似地,可导出其他各组参数间的转换关系,如表 5.2.1 所示。由表 5.2.1 可得出任意两种参数间的关系。

表 5.2.1 常用双口网络的参数间的关系

	R 参数		G 参数		H 参数		T 参数	
R 参数	r_{11}	r_{12}	$\dfrac{g_{22}}{\det \boldsymbol{G}}$	$-\dfrac{g_{12}}{\det \boldsymbol{G}}$	$\dfrac{\det \boldsymbol{H}}{h_{12}}$	$\dfrac{h_{12}}{h_{21}}$	$\dfrac{A}{C}$	$\dfrac{\det \boldsymbol{T}}{C}$
	r_{21}	r_{22}	$-\dfrac{g_{21}}{\det \boldsymbol{G}}$	$\dfrac{g_{11}}{\det \boldsymbol{G}}$	$-\dfrac{h_{21}}{h_{22}}$	$\dfrac{1}{h_{22}}$	$\dfrac{1}{C}$	$\dfrac{D}{C}$
G 参数	$\dfrac{r_{22}}{\det \boldsymbol{R}}$	$-\dfrac{r_{12}}{\det \boldsymbol{R}}$	g_{11}	g_{12}	$\dfrac{1}{h_{11}}$	$-\dfrac{h_{12}}{h_{11}}$	$\dfrac{1}{h_{11}}$	$-\dfrac{h_{12}}{h_{11}}$
	$-\dfrac{r_{21}}{\det \boldsymbol{R}}$	$\dfrac{r_{11}}{\det \boldsymbol{R}}$	g_{21}	g_{22}	$\dfrac{h_{21}}{h_{11}}$	$\dfrac{\det \boldsymbol{H}}{h_{11}}$	$\dfrac{h_{21}}{h_{11}}$	$\dfrac{\det \boldsymbol{H}}{h_{11}}$
H 参数	$\dfrac{\det \boldsymbol{R}}{r_{22}}$	$\dfrac{r_{12}}{r_{22}}$	$\dfrac{1}{g_{11}}$	$-\dfrac{g_{12}}{g_{11}}$	h_{11}	h_{12}	$\dfrac{B}{D}$	$\dfrac{\det \boldsymbol{T}}{D}$
	$-\dfrac{r_{21}}{r_{22}}$	$\dfrac{1}{r_{22}}$	$\dfrac{g_{21}}{g_{11}}$	$\dfrac{\det \boldsymbol{G}}{g_{11}}$	h_{21}	h_{22}	$-\dfrac{1}{D}$	$\dfrac{C}{D}$

续表

	R 参数		G 参数		H 参数		T 参数	
T 参数	$\dfrac{r_{11}}{r_{21}}$	$\dfrac{\det \boldsymbol{R}}{r_{21}}$	$-\dfrac{g_{22}}{g_{21}}$	$-\dfrac{1}{g_{21}}$	$-\dfrac{\det \boldsymbol{H}}{h_{21}}$	$-\dfrac{h_{11}}{h_{21}}$	A	B
	$\dfrac{1}{r_{21}}$	$\dfrac{r_{22}}{r_{21}}$	$-\dfrac{\det \boldsymbol{G}}{g_{21}}$	$-\dfrac{g_{11}}{g_{21}}$	$-\dfrac{h_{22}}{h_{21}}$	$-\dfrac{1}{h_{21}}$	C	D

注：表中黑体字母代表矩阵的行列式，如 $|\boldsymbol{R}| = \begin{bmatrix} r_{11} & r_{12} \\ r_{21} & r_{22} \end{bmatrix} = r_{11}r_{22} - r_{12}r_{21}$，简写为 $\det \boldsymbol{R}$。

5.3 双口网络的等效电路

就像单口网络一样，任何一个复杂的双口网络均可用一个简单的双口网络等效。本节主要介绍双口网络的 R 参数等效电路和 G 参数等效电路。

5.3.1 R 参数等效电路

图 5.3.1 所示为任意线性双口网络，其 r 方程如式（5.2.1）所示，即

$$\left. \begin{array}{l} u_1 = r_{11}i_1 + r_{12}i_2 \\ u_2 = r_{21}i_1 + r_{22}i_2 \end{array} \right\}$$

根据式（5.2.1）可画出含双受控源的 R 参数等效电路，如图 5.3.2（a）所示。

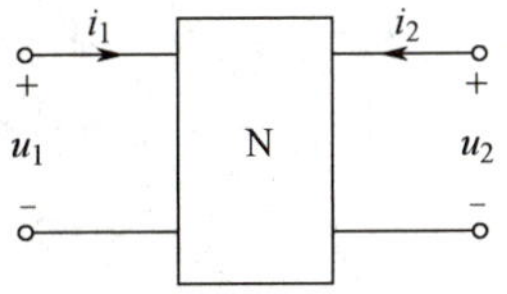

图 5.3.1　任意线性双口网络

若将 r 方程式（5.2.1）进行适当的数学变形，可得

$$\left. \begin{array}{l} u_1 = (r_{11} - r_{12})i_1 + r_{12}(i_1 + i_2) \\ u_2 = (r_{22} - r_{12})i_2 + (r_{21} - r_{12})i_1 + r_{12}(i_1 + i_2) \end{array} \right\} \quad (5.3.1)$$

由式（5.3.1）可画出只含一个受控源的 R 参数等效电路。

双口网络的 T 形等效电路，如图 5.3.2（b）所示。

对于互易双口网络，$r_{12} = r_{21}$，受控源的输出为零，等效电路成为图 5.3.2（c）所示的简单形式，即 T 形等效电阻电路。欲求双口网络的 R 参数等效电路，应先对电路求出 R 参数，再由 R 参数表达式求出等效电路参数。

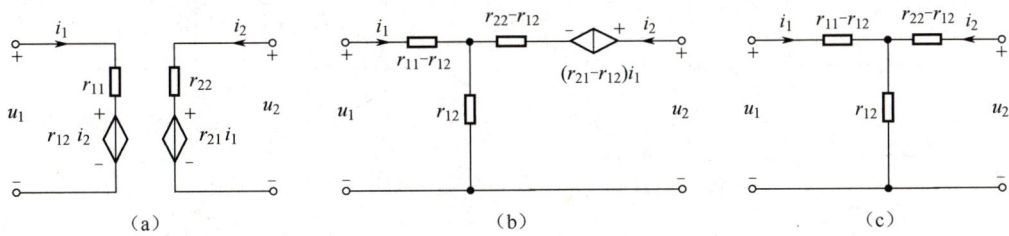

图 5.3.2　R 参数等效电路

【例 5.3.1】　如图 5.3.3（a）所示，已知互易双口网络的 R 参数，求其 T 形等效电路。

解： 画出互易双口网络的 T 形等效电路如图 5.3.3（b）所示，由例 5.2.1 可知，T 形等效电路的 R 参数为

$$r_{11} = r_1 + r_2$$
$$r_{12} = r_{21} = r_2$$
$$r_{22} = r_2 + r_3$$

由上述式子即可解出

$$\left.\begin{array}{l}r_1 = r_{11} - r_{12}\\ r_2 = r_{12}\\ r_3 = r_{22} - r_{12}\end{array}\right\} \qquad (5.3.2)$$

式（5.3.2）与图 5.3.2（c）中参数值一致。

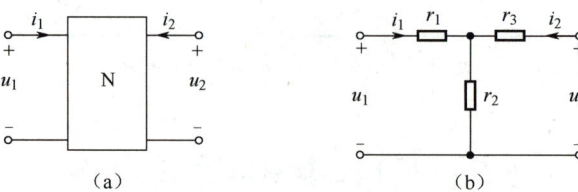

图 5.3.3 例 5.3.1 图

5.3.2 *G* 参数等效电路

图 5.3.1 所示网络的 g 方程如式（5.2.7）所示，即

$$\left.\begin{array}{l}i_1 = g_{11}u_1 + g_{12}u_2\\ i_2 = g_{21}u_1 + g_{22}u_2\end{array}\right\}$$

由式（5.2.7）画出含双受控源的 *G* 参数等效电路，如图 5.3.4（a）所示。

同样，对 g 方程进行适当的数学变形，得

$$\left.\begin{array}{l}i_1 = (g_{11} + g_{12})u_1 - g_{12}(u_1 - u_2)\\ i_2 = (g_{21} - g_{12})u_1 + (g_{22} + g_{12})u_2 - g_{12}(u_2 - u_1)\end{array}\right\} \qquad (5.3.3)$$

由式（5.3.3）可画出只含一个受控源的 *G* 参数等效电路，如图 5.3.4（b）所示，经电源等效变换可得图 5.3.4（c）所示的 π 形等效电路。

对于互易双口网络，由于 $g_{12}=g_{21}$，因此受控源输出为零，即受控电压源短路，等效电路变为图 5.3.4（d）所示 π 形等效电路。

已知 *G* 参数求 π 形等效电路的方法与已知 *R* 参数求 T 形等效电路的方法类似，下面举例说明。

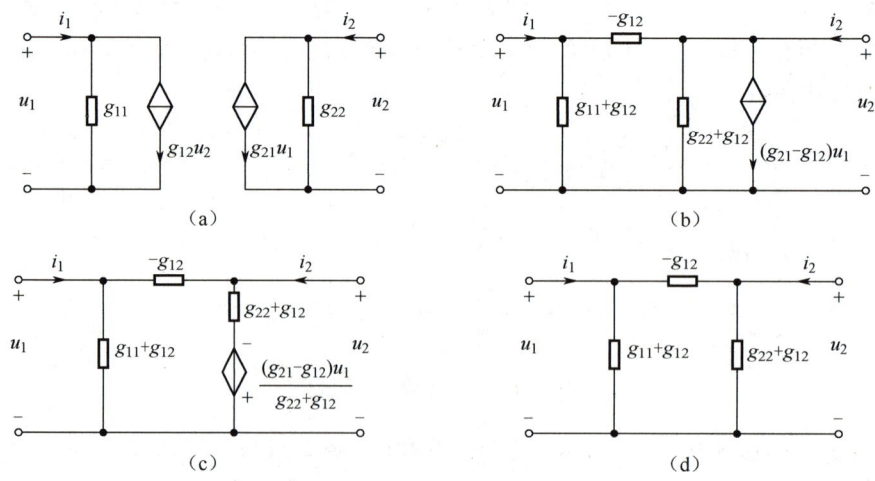

图 5.3.4 *G* 参数等效电路

【例 5.3.2】 已知图 5.3.5（a）所示的互易双口网络 *G* 参数，求其 π 形等效电路。

解：画出互易双口网络的 π 形等效电路，如图 5.3.5（b）所示，由例 5.2.3 可知等效电路 *G* 参数为

$$g_{11} = g_1 + g_2$$
$$g_{12} = g_{21} = -g_2$$
$$g_{22} = g_2 + g_3$$

由上述 3 式可得

$$\left. \begin{array}{l} g_1 = g_{11} + g_{12} \\ g_2 = -g_{12} \\ g_3 = g_{22} + g_{12} \end{array} \right\} \tag{5.3.4}$$

式（5.3.4）即反映了图 5.3.4（d）中的参数值。

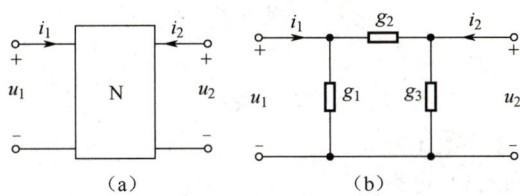

图 5.3.5　例 5.3.2 图

以上内容分析了已知 R 参数求 T 形等效电路和已知 G 参数求 π 形等效电路的方法，如果给定二端口网络的其他参数，那么可通过查表 5.2.1，把其他参数变换成 R 参数或 G 参数，然后根据图 5.3.2（b）及图 5.3.4（c）确定电路参数值；或者按前面例子所述方法，先求出等效电路的 R 参数或 G 参数，再反过来求得 T 形等效电路或 π 形等效电路的参数值。

5.4　双口网络的连接

为了简化分析，常常把一个复杂的双口网络看成是由若干个简单的双口网络按某种方式连接而成的。将由多个双口网络采用一定方式连接起来的复杂双口网络称为复合双口网络。

双口网络的连接方式有级联、串联、并联与串并联等多种，这里主要介绍级联、串联和并联。双口网络的连接必须在有效性连接条件下进行。所谓有效性连接，是指连接后各子双口网络及复合双口网络仍能满足端口条件（端口上流入一个端子的电流等于流出另一个端子的电流），称这样的连接是有效的。

5.4.1　双口网络的串联

1. 串联方式及 R 参数

双口网络的串联连接如图 5.4.1 所示。

对于串联方式，采用 R 参数分析较为方便。设网络 N_a、N_b 的 R 参数矩阵分别为 $\boldsymbol{R}_a$、$\boldsymbol{R}_b$，若连接是有效的，则图 5.4.1 中端口电流关系满足

$$\begin{bmatrix} i_1 \\ i_2 \end{bmatrix} = \begin{bmatrix} i_{1a} \\ i_{2a} \end{bmatrix} = \begin{bmatrix} i_{1b} \\ i_{2b} \end{bmatrix}$$

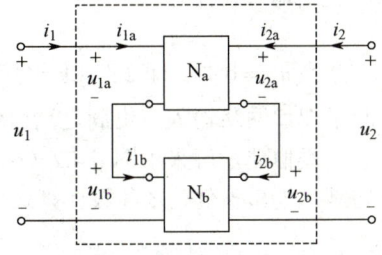

图 5.4.1　双口网络的串联连接

即

$$\boldsymbol{I} = \boldsymbol{I}_a = \boldsymbol{I}_b \tag{5.4.1}$$

而端口电压关系满足

$$\begin{bmatrix} u_1 \\ u_2 \end{bmatrix} = \begin{bmatrix} u_{1a} \\ u_{2a} \end{bmatrix} + \begin{bmatrix} u_{1b} \\ u_{2b} \end{bmatrix}$$

即

$$U = U_a + U_b \tag{5.4.2}$$

由式（5.2.3）可知

$$\left. \begin{array}{l} U_a = R_a I_a \\ U_b = R_b I_b \end{array} \right\} \tag{5.4.3}$$

由式（5.4.1）～式（5.4.3）可得

$$U = (R_a + R_b) I \tag{5.4.4}$$

此复合双口网络的 r 方程为

$$U = RI \tag{5.4.5}$$

式中，R 为复合双口网络的 R 参数矩阵。

比较式（5.4.4）与式（5.4.5）可得

$$R = R_a + R_b \tag{5.4.6}$$

式（5.4.6）表明，由两个子双口网络串联而成的复合双口网络的 R 参数等于相串联的两子双口网络的 R 参数之和。

2. 串联方式的有效性检验

为了保证子双口网络连接后满足端口条件，应该进行连接的有效性检验。串联有效性检验的原理图如图 5.4.2 所示。

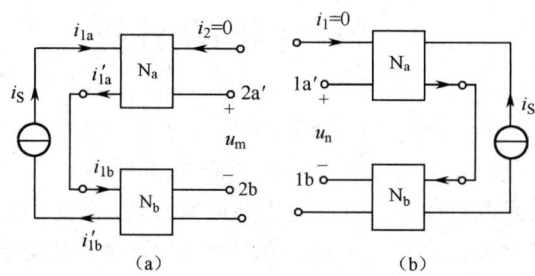

图 5.4.2 串联有效性检验的原理图

先对输入口做有效性检验，电路如图 5.4.2（a）所示，令网络 N_a、N_b 的输出口开路，此时输入口满足端口条件有

$$i_{1a} = i'_{1a} \;,\quad i_{1b} = i'_{1b}$$

当 $u_m = 0$ 时，即 2a′、2b 短接后，2a′、2b 短路线上电流为零，这说明串联后网络的各电流不变，两子双口网络输入口仍满足端口条件，因而两个输入口串联连接是有效的。

类似地，可采用图 5.4.2（b）对两个输出口串联做有效性检验。经检验，如果输入口、输出口均满足端口条件，R 参数计算式（5.4.6）才成立。

5.4.2 双口网络的并联

1. 并联方式及 G 参数

双口网络的并联方式如图 5.4.3 所示。

对于并联方式，采用 G 参数分析比较方便。设 G_a、G_b 分别为相并联的两子双口网络 N_a、N_b 的 G 参数矩阵，G 为复合双口网络的 G 参数矩阵，若连接是有效的，则从图 5.4.3 中可以看出端口电压、电流关系满足

$$U = U_a = U_b \quad (5.4.7)$$
$$I = I_a + I_b \quad (5.4.8)$$

由式（5.2.9）可知

$$\left.\begin{array}{l} I_a = G_a U_a \\ I_b = G_b U_b \\ I = GU \end{array}\right\} \quad (5.4.9)$$

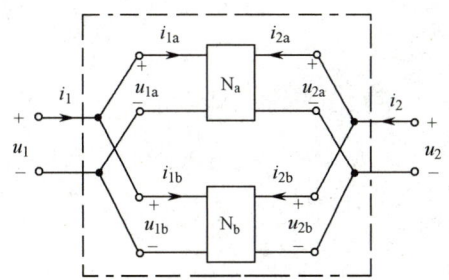

图 5.4.3　双口网络的并联方式

合并式（5.4.9），有

$$I = (G_a + G_b)U \quad (5.4.10)$$
$$G = G_a + G_b \quad (5.4.11)$$

式（5.4.11）表明，由两个子双口网络并联而成的复合双口网络的 G 参数等于相关联的两个子双口网络的 G 参数之和。

2. 并联方式的有效性检验

并联有效性检验原理图如图 5.4.4 所示。

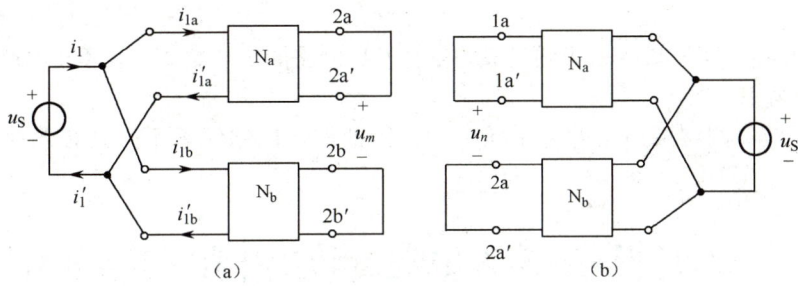

图 5.4.4　并联有效性检验原理图

图 5.4.4（a）所示为输入口的有效性检验原理图，图 5.4.4（b）所示为输出口的有效性检验原理图。

可以证明：当图中 $u_m = u_n = 0$ 时，电路有效性条件是满足的。

在图 5.4.4（a）中，令 N_a、N_b 的输出口短路，此时有

$$i_{1a} = i'_{1a}, \quad i_{1b} = i'_{1b}$$

从而有 $i_1 = i'_1$。如果 2a'、2b 间电压 $u_m = 0$，那么将 2a'、2b 短接后其上电流也为零，这表明并联后网络各端口电流不变，保证输入口并联连接有效。

关于输出口的有效性检验与输入口的有效性检验类似。

只有当 $u_m = u_n = 0$ 时，输入口、输出口并联连接均有效，此时式（5.4.11）才成立。

5.4.3　双口网络的级联

双口网络的级联方式如图 5.4.5 所示。级联时采用 T 参数分析，设 N_a、N_b 的 T 参数分别为

$$T_a = \begin{bmatrix} A_a & B_a \\ C_a & D_a \end{bmatrix}, T_b = \begin{bmatrix} A_b & B_b \\ C_b & D_b \end{bmatrix}$$

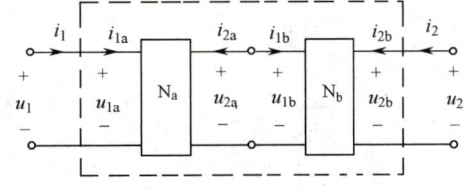

图 5.4.5　双口网络的级联方式

网络 N_a、N_b 的 T 方程为

$$\begin{bmatrix} u_{1a} \\ i_{1a} \end{bmatrix} = \begin{bmatrix} A_a & B_a \\ C_a & D_a \end{bmatrix} \begin{bmatrix} u_{2a} \\ -i_{2a} \end{bmatrix} \quad (5.4.12)$$

$$\begin{bmatrix} u_{1b} \\ i_{1b} \end{bmatrix} = \begin{bmatrix} A_b & B_b \\ C_b & D_b \end{bmatrix} \begin{bmatrix} u_{2b} \\ -i_{2b} \end{bmatrix} \tag{5.4.13}$$

观察图 5.4.5，显然有

$$\begin{bmatrix} u_1 \\ i_1 \end{bmatrix} = \begin{bmatrix} u_{1a} \\ i_{1a} \end{bmatrix} \tag{5.4.14}$$

$$\begin{bmatrix} u_{2a} \\ -i_{2a} \end{bmatrix} = \begin{bmatrix} u_{1b} \\ i_{1b} \end{bmatrix} \tag{5.4.15}$$

$$\begin{bmatrix} u_{2b} \\ -i_{2b} \end{bmatrix} = \begin{bmatrix} u_2 \\ -i_2 \end{bmatrix} \tag{5.4.16}$$

联合以上各式可得

$$\begin{bmatrix} u_1 \\ i_1 \end{bmatrix} = \begin{bmatrix} A_a & B_a \\ C_a & D_a \end{bmatrix} \begin{bmatrix} A_b & B_b \\ C_b & D_b \end{bmatrix} \begin{bmatrix} u_2 \\ -i_2 \end{bmatrix} = \boldsymbol{T} \begin{bmatrix} u_2 \\ -i_2 \end{bmatrix} \tag{5.4.17}$$

其中

$$\boldsymbol{T} = \boldsymbol{T}_a \boldsymbol{T}_b$$

上式表明，由两个子双口网络级联构成的复合双口网络的 T 参数矩阵等于相级联的两个子双口网络 T 参数矩阵之积。

级联形式下双口网络端口条件总是满足的，因此双口网络级联不必做有效性检验，计算式 $\boldsymbol{T} = \boldsymbol{T}_a \boldsymbol{T}_b$ 恒成立。

5.5 双口网络的输入电阻、输出电阻和传输函数

双口网络的各种参数，表明了双口网络自身的特性，它们与负载及激励源无关。在实际使用双口网络时，往往是有载双口网络（带有负载的双口网络），本节将讨论有载双口网络的输入电阻、输出电阻及传输函数。

5.5.1 双口网络的输入电阻、输出电阻

这里讨论有载双口网络的策动点电阻，即输入电阻与输出电阻。

1. 输入电阻

从有载双口网络输入端口看进去的电阻称为其输入电阻 R_{in}。R_{in} 可用双口网络的各种参数及负载 R_L 表示，在此讨论用 T 参数表示的双口网络输入电阻。

图 5.5.1 所示为有载双口网络。根据输入电阻定义有

$$R_{in} = \frac{u_1}{i_1} \tag{5.5.1}$$

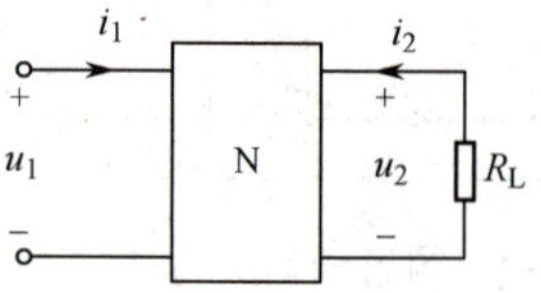

双口网络的 T 方程为

$$\left. \begin{array}{l} u_1 = Au_2 + B(-i_2) \\ i_1 = Cu_2 + D(-i_2) \end{array} \right\} \tag{5.5.2}$$

从而有

$$R_{in} = \frac{Au_2 + B(-i_2)}{Cu_2 + D(-i_2)}$$

图 5.5.1 有载双口网络

因为 $u_2 = -i_2 R_L$，所以代入上式得

$$R_{in} = \frac{AR_L + B}{CR_L + D} \tag{5.5.3}$$

式（5.5.3）表明双口网络的输入电阻与网络参数及负载有关，而与电源大小及内电阻无关。若是对称的双口网络，且 $A=D$，则

$$R_{in} = \frac{AR_L + B}{CR_L + A} \tag{5.5.4}$$

由式（5.5.3）可得输出端口短路（$R_L=0$）输入电阻 R_{in0} 及开路（$R_L=\infty$）输入电阻 $R_{in\infty}$，其分别为

$$R_{in0} = \frac{B}{D}, \quad R_{in\infty} = \frac{A}{C} \tag{5.5.5}$$

2. 输出电阻

双口网络的输出电阻是指在输入口接具有内电阻 R_S 的激励源时，从输出口向网络看的戴维南等效电阻。

将原输入口理想激励源置零，内电阻保留，外施电流源 i_2，得双口网络输出电阻计算电路，如图 5.5.2 所示。根据输出电阻定义有

$$R_{out} = \frac{u_2}{i_2} \tag{5.5.6}$$

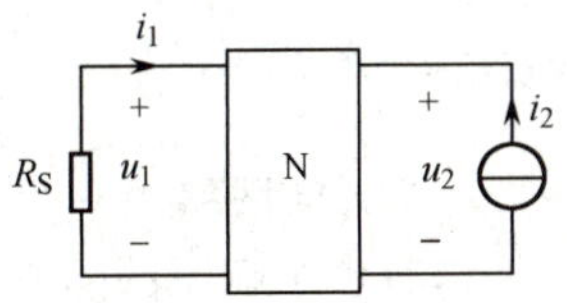

考虑双口网络的 T 方程，可得

$$R_{out} = \frac{DR_S + B}{CR_S + A} \tag{5.5.7}$$

图 5.5.2 双口网络输出电阻

式（5.5.7）表明，双口网络的输出电阻只与网络参数及电源内电阻有关，而与负载无关。

由 $R_S=0$，$R_S=\infty$ 可得，输入口短路输出电阻 R_{out0} 和输入口开路输出电阻 $R_{out\infty}$，即

$$R_{out0} = \frac{B}{A}, \quad R_{out\infty} = \frac{D}{C} \tag{5.5.8}$$

在特殊情况下，当网络对称时，由 $A=D$ 有

$$\left. \begin{array}{l} R_{in0} = R_{out0} = \dfrac{B}{A} = R_0 \\ R_{in\infty} = R_{out\infty} = \dfrac{A}{C} = R_\infty \end{array} \right\} \tag{5.5.9}$$

式中，R_0 为对称的双口网络短路电阻；R_∞ 为对称的双口网络开路电阻。

5.5.2 双口网络的传输函数

传输函数有电压传输函数、电流传输函数及传输电阻和传输电导。

1. 电压传输函数 K_u

双口网络传输函数的原理图如图 5.5.3 所示。电压传输函数 K_u 定义为

$$K_u = \frac{u_2}{u_1} \tag{5.5.10}$$

将双口网络 T 方程 u_1 表达式代入式（5.5.10），考虑 $u_2 = -R_L i_2$，则用 T 参数表示的电压传输函数为

$$K_u = \frac{u_2}{Au_2 + B(-i_2)} = \frac{R_L}{AR_L + B} \tag{5.5.11}$$

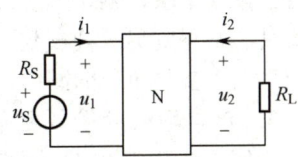

图 5.5.3 双口网络传输函数原理图

2. 电流传输函数 K_i

电流传输函数也称为电流比，与前类似推导，可得用 T 参数表示的电流传输函数为

$$K_i = \frac{i_2}{i_1} = \frac{-1}{CR_L + D} \tag{5.5.12}$$

3. 传输电阻和传输电导

根据传输电阻和传输电导的定义，同样可以导出由 T 参数表示的传输电阻 R_t 和传输电导 G_t，即

$$R_t = \frac{u_2}{i_1} = \frac{R_L}{CR_L + D} \tag{5.5.13}$$

$$G_t = \frac{i_2}{u_1} = \frac{-1}{AR_L + B} \tag{5.5.14}$$

关于双口网络的网络函数也可用其他参数表示，读者可自行推导。

5.6 本章小结及典型题解

5.6.1 本章小结

1. 双口网络

具有多个端子的网络称为多端网络。若网络 N 具有 n 个端子，称为 n 端网络。在网络的外部端子中，两两成对构成多个端口，如果构成端口的多对端子满足端口条件，即对于所有时间 t，从其中一个端子流入网络 N 的电流等于网络 N 经另一端子流出的电流，这种电路称为多端口网络。具有两个端口的网络称为二端口网络或双口网络，双口网络是四端网络的特例。

2. 双口网络的方程和参数

在分析双口网络时，人们通常关心的是双口网络的端口特性，即两个端口上电压、电流的关系。线性不含独立源双口网络的电压、电流关系由两个线性代数方程来描述，共有 6 种形式的双口网络方程，对应 6 种网络参数，但并非任何双口网络都同时存在 6 种网络参数。

对于图 5.1.2 所示电路这 6 种方程分别为

r 方程：$\left.\begin{array}{l} u_1 = r_{11}i_1 + r_{12}i_2 \\ u_2 = r_{21}i_1 + r_{22}i_2 \end{array}\right\}$ g 方程：$\left.\begin{array}{l} i_1 = g_{11}u_1 + g_{12}u_2 \\ i_2 = g_{21}u_1 + g_{22}u_2 \end{array}\right\}$

T 方程：$\left.\begin{array}{l} u_1 = Au_2 + B(-i_2) \\ i_1 = Cu_2 + D(-i_2) \end{array}\right\}$ T' 方程：$\left.\begin{array}{l} u_2 = A'u_1 + B'(-i_1) \\ i_2 = C'u_1 + D'(-i_1) \end{array}\right\}$

h 方程：$\left.\begin{array}{l} u_1 = h_{11}i_1 + h_{12}u_2 \\ i_2 = h_{21}i_1 + h_{22}u_2 \end{array}\right\}$ h' 方程：$\left.\begin{array}{l} u_2 = h'_{11}i_2 + h'_{12}u_1 \\ i_1 = h'_{21}i_2 + h'_{22}u_1 \end{array}\right\}$

互易双口网络的参数中只有 3 个独立参数。对称的双口网络的参数只有两个独立参数。

在一般情况下，可求出双口网络的 6 种参数，这 6 种参数都可以用来描述双口网络的特性，因此对于同一个双口网络来说，只要它的各组参数有定义，则各组参数之间一定可以互相转换，即可由某种参数得到另一种参数。转换的方法是写出某种参数的网络方程，然后将其进行方程变换，使之成为所求参数对应的网络方程形式，再进行系数比较，即得到不同参数间的转换关系。

3. 双口网络的等效电路

任何一个复杂的双口网络均可用一个简单的双口网络等效。线性不含独立源的双口网络可用含受控源的电路来等效，当为互易双口网络时，可以等效成由 3 个电阻构成的 T 形等效电路和 π 形等效电路。

4. 双口网络的连接

一个复杂的双口网络可以看成是由若干个简单的双口网络按某种方式连接而成的，双口网络的连接有串联、并联、级联和串并联等方式。双口网络的连接必须进行有效性检验，即使连接后各子双口网络及复合双口网络仍能满足端口条件。

两个子双口网络串联而成的复合双口网络的 R 参数等于相串联的两子双口网络的 R 参数之和。

两个子双口网络并联而成的复合双口网络的 G 参数等于相并联的两子双口网络的 G 参数之和。

两个子双口网络级联而成的复合双口网络的 T 参数等于相级联的两子双口网络的 T 参数之积。

5. 双口网络的输入电阻、输出电阻和传输函数

双口网络的输入电阻是指从有载双口网络输入端口看进去的电阻。它与网络参数及负载有关，而与电源大小及内电阻无关。

双口网络的输出电阻是指在输入口接具有内电阻 R_S 的激励源时，从输出口向网络看的戴维南等效电阻。

双口网络的传输函数有电压传输函数、电流传输函数、传输电阻和传输电导。

5.6.2 典型题解

【例 5.6.1】 求图 5.6.1 所示双口网络的 R 参数矩阵并等效换算出 G 参数、T 参数和 H 参数。

解： 由图 5.6.1 可知，$u_1 = 8i_2 + 10i_1, u_2 = 10i_2 + 5i_1$，则

$$\boldsymbol{R} = \begin{bmatrix} 10 & 8 \\ 5 & 10 \end{bmatrix} \Omega$$

又由

$$\boldsymbol{G} = \begin{bmatrix} \dfrac{r_{22}}{\det \boldsymbol{R}} & -\dfrac{r_{12}}{\det \boldsymbol{R}} \\ -\dfrac{r_{21}}{\det \boldsymbol{R}} & \dfrac{r_{11}}{\det \boldsymbol{R}} \end{bmatrix} = \begin{bmatrix} 1/6 & -2/15 \\ -1/12 & 1/6 \end{bmatrix} \mathrm{S}$$

有

$$\boldsymbol{H} = \begin{bmatrix} \dfrac{\det \boldsymbol{R}}{r_{22}} & \dfrac{r_{12}}{r_{22}} \\ -\dfrac{r_{21}}{r_{22}} & \dfrac{1}{r_{22}} \end{bmatrix} = \begin{bmatrix} 6\Omega & 4/5 \\ -1/2 & 1/10\mathrm{S} \end{bmatrix}, \quad \boldsymbol{T} = \begin{bmatrix} \dfrac{r_{11}}{r_{21}} & \dfrac{\det \boldsymbol{R}}{r_{21}} \\ \dfrac{1}{r_{21}} & \dfrac{r_{22}}{r_{21}} \end{bmatrix} = \begin{bmatrix} 2 & 12\Omega \\ -1/5\mathrm{S} & 2 \end{bmatrix}$$

【例 5.6.2】 试判断图 5.6.2 所示双口网络是否为互易双口网络和对称双口网络。

解： 由图 5.6.2 可知，$u_1 = 3i_1 + 2i_2, u_2 = 4i_1 + 5i_2$

由 $r_{11} \neq r_{22}$、$r_{12} \neq r_{21}$ 可知，此网络既不是互易双口网络，也不是对称双口网络。

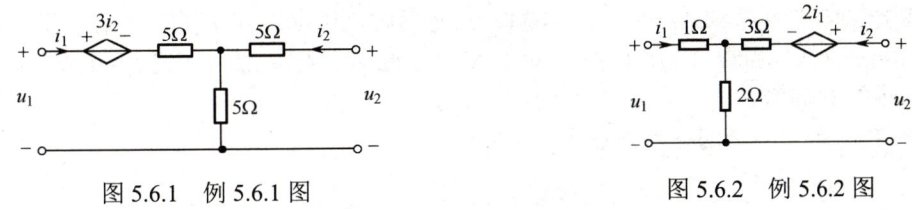

图 5.6.1 例 5.6.1 图 　　　　　　图 5.6.2 例 5.6.2 图

习 题 5

5.1 求图 T5.1 所示双口网络的 R 参数。

5.2 求图 T5.2 所示双口网络的 G 参数。

图 T5.1　习题 5.1 图

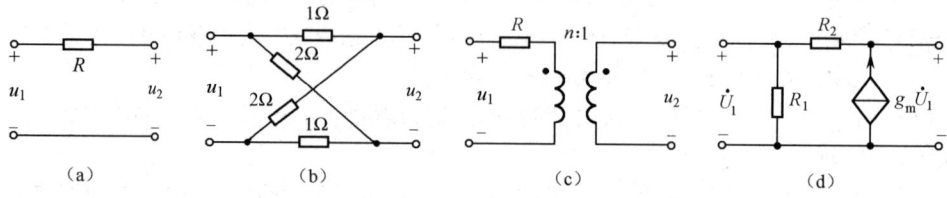

图 T5.2　习题 5.2 图

5.3　在图 T5.3 所示双口网络中，当 3A 电流源不作用时，2A 电流源向电路提供 28W 功率，且 u_2 为 8V；当 2A 电流源不作用时，3A 电流源向电路提供 54W 功率，且 u_1 为 12V，求双口网络的 r 方程。若 3A 电流源改为 5A 电流源，求 2A 电流源和 5A 电流源对双口网络提供的总功率。

5.4　求图 T5.4 所示双口网络的 R 参数、G 参数。

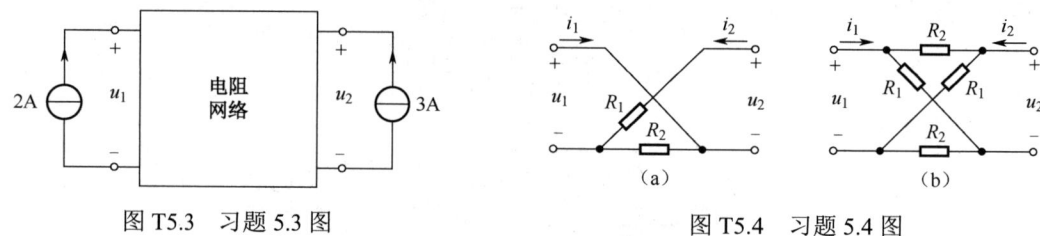

图 T5.3　习题 5.3 图　　　　　　　　图 T5.4　习题 5.4 图

5.5　求图 T5.5 所示双口网络的 G 参数。

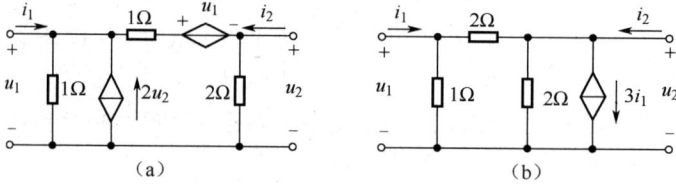

图 T5.5　习题 5.5 图

5.6　对某电阻双口网络测试结果为：当端口 22′ 短路时，以 20V 直流电压源施加于端口 11′，测得 $i_1=2$ A、$i_2=-0.8$ A；当端口 11′ 短路时，以 25V 电压施加于端口 22′，测得 $i_1=-1$ A、$i_2=1.4$ A。试求该双口网络的 G 参数。

5.7　求图 T5.6 所示双口网络的 R 参数、G 参数。

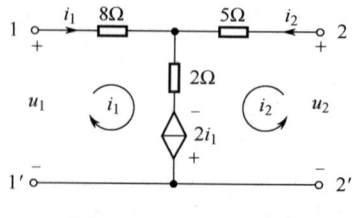

图 T5.6　习题 5.7 图

5.8 求图 T5.7 所示双口网络的 T 参数。

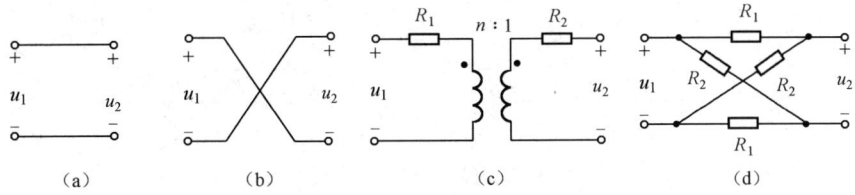

图 T5.7　习题 5.8 图

5.9 求图 T5.8 所示对称的双口网络的 T 参数矩阵。

5.10 求图 T5.9 所示双口网络的 R 参数矩阵、G 参数矩阵及 T 形等效电路和 π 形等效电路。

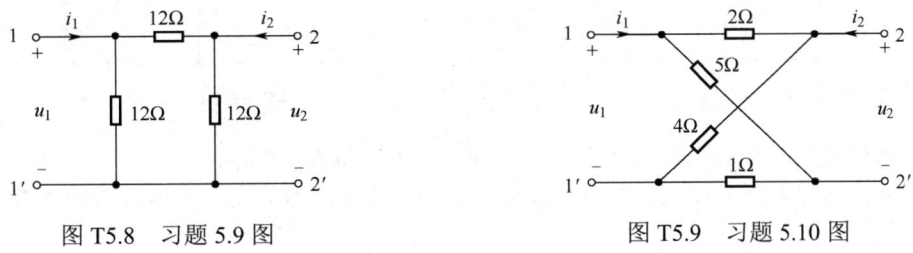

图 T5.8　习题 5.9 图　　　　　图 T5.9　习题 5.10 图

5.11 双口网络如图 T5.10（a）所示，已知 $R_1=10\Omega$，$R_2=40\Omega$。求：

（1）双口网络的 T 参数；

（2）在此双口网络的两端接上电源和负载，如图 T5.10（b）所示。已知 $R_3=20\Omega$，此时电流 $I_2=2\mathrm{A}$，根据 T 参数计算 U_{S1} 及 I_1。

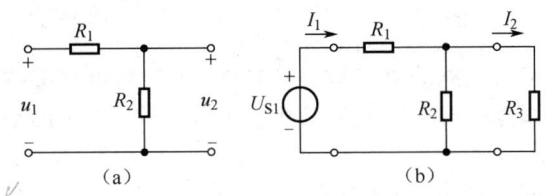

图 T5.10　习题 5.11 图

5.12 双口网络如图 T5.11（a）所示。求：

（1）双口网络的 T 参数；

（2）在此双口网络的两端接上电源和负载，如图 T5.11（b）所示，负载阻值为 1Ω，吸收的功率为 1W，求 U_2、I_2 的值，根据 T 参数计算 U_{S1} 及 I_1。

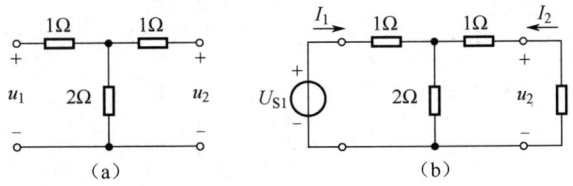

图 T5.11　习题 5.12 图

5.13 试求图 T5.12（a）、（b）两图的 H 参数。

5.14 求图 T5.13 所示双口网络的 H 参数。

5.15 求图 T5.14 所示双口网络的 T 参数，已知 $\mu=1/60$。

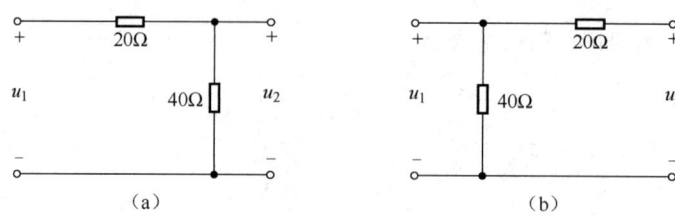

图 T5.12　习题 5.13 图

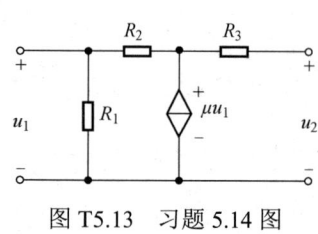

图 T5.13　习题 5.14 图

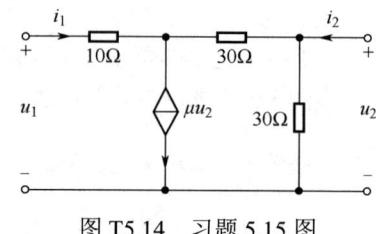

图 T5.14　习题 5.15 图

5.16　求图 T5.15 所示双口网络的 r_{12}。由此利用表查得 h_{12} 和 g_{12}。

5.17　求图 T5.16 所示双口网络的 R 参数，并等效换算出 G 参数、T 参数和 H 参数。

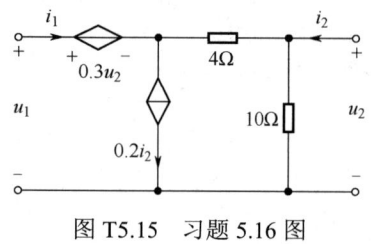

图 T5.15　习题 5.16 图

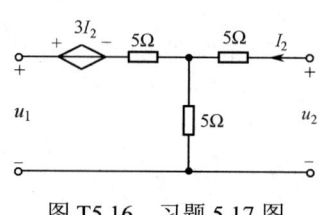

图 T5.16　习题 5.17 图

5.18　求图 T5.17 所示双口网络的 R 参数、G 参数、T 参数和 H 参数。

5.19　在图 T5.18 所示电路中，N 为线性无源电阻网络。已知图 T5.18（a）中 $u_{S1}=20V$，$i_1=10A$，$i_2=2A$。

在图 T5.18（b）中 $i_1'=4A$，则 u_{S2} 为多少？

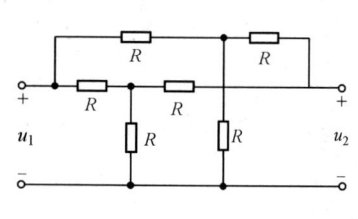

图 T5.17　习题 5.18 图

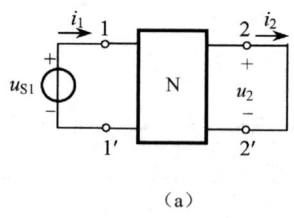

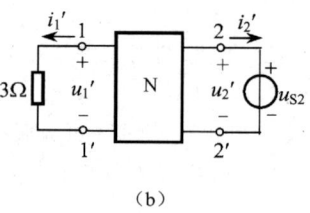

图 T5.18　习题 5.19 图

5.20　已知双口网络 R 参数矩阵为

$$\boldsymbol{R}=\begin{bmatrix} 6 & 8 \\ 8 & 10 \end{bmatrix}$$

说明该双口网络是否有受控源，并求其 T 形等效电路。

5.21　已知双口网络的 G 参数矩阵为

$$\boldsymbol{G}=\begin{bmatrix} 8 & -4 \\ 0 & 8 \end{bmatrix}$$

试问该双口网络是否有受控源，并求其 π 形等效电路。

5.22　将图 T5.19 所示双口网络绘成由两个双口网络连接而成的复合双口网络，据此求出原双

口网络的 R 参数。

5.23 线性不含源双口网络 N_0 如图 T5.20 所示，试填写下表中的空白处。

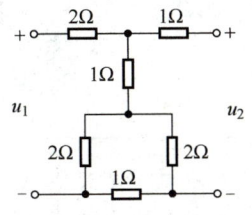

图 T5.19 习题 5.22 图

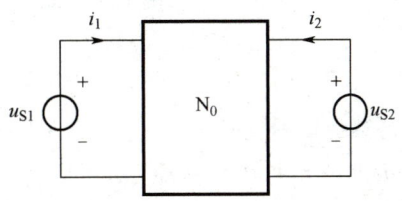

图 T5.20 习题 5.23 图

情况	u_{S1}/V	u_{S2}/V	i_1/A	i_2/A
I	100	50	5	−32.5
II	50	100	−20	−5
III	20	0		
IV			5	0
V			5	15

5.24 互易双口的输入电流为 2A 时，输入端电压为 10V，而输出电压为 5V。如果把电流源移到输出端，同时在输入端跨接 5Ω 电阻，求 5Ω 电阻中的电流。（提示：应用互易定理推论和戴维南定理。）

5.25 互易双口的输入电压为 10V 时，输入端电流为 5A，而输出端的短路电流为 1A。如果把电压源移到输出端同时在输入端跨接 2Ω 电阻，求 2Ω 电阻的电压。

5.26 互易、对称双口网络 N_{rs} 如图 T5.21 所示，试填写下表中的空白处，至少选用两种参数。

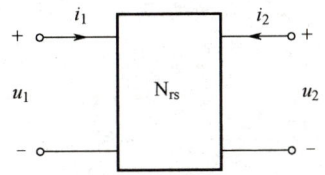

图 T5.21 习题 5.26 图

情况	i_1/A	u_1/V	i_2/A	u_2/V
I	5	20	−1	0
II	0		9.6	40
III	−3			10
IV		50	5	

5.27 求图 T5.22 所示的复合双口网络的输入电阻和输出电阻。已知 $\boldsymbol{T}_a = \boldsymbol{T}_b = \begin{bmatrix} 1 & 4\Omega \\ 2S & 1 \end{bmatrix}$，$R_S = 10\Omega$，$R_L = 5\Omega$。

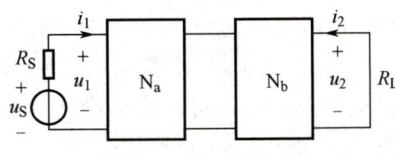

图 T5.22 习题 5.27 图

第 6 章 非线性电阻电路

[内容提要]

含有非线性元件的电路称为非线性电路，一切实际电路严格地说都是非线性电路，对于非线性程度比较微弱的电路元件，作为线性元件处理不会给结果带来本质上的差异。但是，有些电路元件的非线性特征不容忽视，如果当作线性元件处理，势必使分析结果与实际值相差太大而无意义，甚至会带来本质上的差别。由于非线性电路具有本身的特殊性，因此分析研究非线性电路具有重要意义。非线性电路深层次的研究已超出本书的范围，本章仅对非线性电阻电路进行简单分析。

6.1 非线性电阻元件

在实际电路中，许多电阻元件，它们的伏安特性曲线不像线性电阻那样，可以用欧姆定律 $u=Ri$ 来表示，而是遵循某种特定的非线性的函数关系。图 6.1.1 示出了几种非线性电阻的伏安特性。图 6.1.1（a）是碳化硅电阻伏安特性，常用作避雷器；图 6.1.1（b）是一个 PN 结二极管伏安特性；图 6.1.1（c）是隧道二极管的伏安特性；图 6.1.1（d）是气体放电管的伏安特性。

非线性电阻元件用图 6.1.2 所示电路符号来表示。

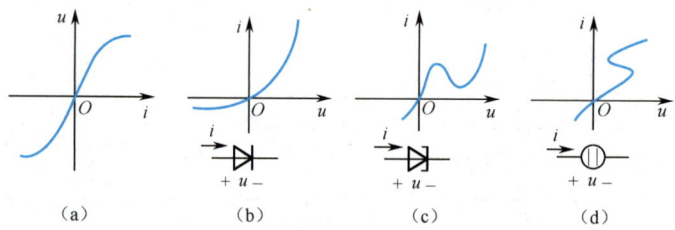

图 6.1.1 几种非线性电阻的伏安特性

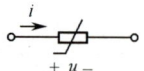

图 6.1.2 非线性电阻元件的符号

元件上的电压与电流的关系用函数或曲线来表示。例如

$$u=f(i) \quad 或 \quad i=g(u)$$

凡是电压是电流的单值函数的非线性电阻，称为流控非线性电阻，用 $u=f(i)$ 表示其伏安特性；凡是电流是电压的单值函数的非线性电阻，称为压控非线性电阻，用 $i=g(u)$ 表示其伏安特性。如果非线性电阻的伏安特性曲线是单调增长或单调下降的，它既是电流控制又是电压控制，合称为单调型非线性电阻。

图 6.1.1（c）中电流是电压的单值函数，是压控型非线性电阻；图 6.1.1（d）中电压是电流的单值函数，是流控型非线性电阻；而图 6.1.1（a）和图 6.1.1（b）则是单调型非线性电阻。

非线性电阻的伏安特性可由实验测得，有些可由理论推导分析得到。

对于非线性电阻可以引入静态电阻和动态电阻来描述其特性，其静态电阻定义为

$$R_S = \frac{u}{i} \tag{6.1.1}$$

与线性电阻不同的是：R_S 的大小与电阻两端电压的大小或流过的电流的大小有关，不是常数。设

一非线性电阻伏安特性曲线如图 6.1.3 所示，此时工作点 P 的电流与电压分别为 i_0 与 u_0，则此工作点下的静态电阻为 $R_S=\dfrac{u_0}{i_0}$，很显然它等于工作点 P 与原点 O 的连线的斜率，这一斜率为图中的 $\tan\alpha$。

非线性电阻的动态电阻定义为

$$r_d = \frac{du}{di} \tag{6.1.2}$$

在图 6.1.3 中，P 点的动态电阻就等于伏安特性曲线过 P 点的切线的斜率，这一斜率为图中的 $\tan\beta$。

类似地，还可以定义非线性电阻的静态电导和动态电导，电导与电阻互为倒数，故静态电导定义为

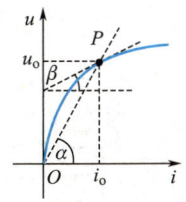

$$G_S = \frac{i_0}{u_0} \tag{6.1.3}$$

图 6.1.3　非线性电阻伏安特性曲线

动态电导定义为

$$g_d = \frac{di}{du} \tag{6.1.4}$$

非线性电阻的静态或动态电阻和电导均与非线性电阻元件中的电流或电压的大小有关。

对于其伏安特性仅在第一、第三象限内的非线性电阻，u、i 符号相同，因此其静态电阻 R_S 或静态电导 G_S 均为正值。在伏安特性呈现逐渐增长的线段上，动态电阻 r_d 和动态电导 g_d 均为正值；而在呈现下降的线段上，动态电阻 r_d 和动态电导 g_d 均为负值。

6.2　非线性电阻的串联与并联

含有非线性电阻电路的方程列写依据仍然是 KCL 方程和 KVL 方程及元件的 VCR，不同的是在含非线性电阻的电路中，叠加定理不再适用，所列方程也不再是线性方程组，而是一些高次函数关系方程组。下面介绍几种常用的分析方法。

6.2.1　非线性电阻的串联

图 6.2.1（a）是两个非线性电阻串联电路。串联电路中通过的是同一电流，设电流为 i，其他各电流、电压的参考方向如图 6.2.1 所示。由 KVL 可知

$$u = u_1 + u_2 \tag{6.2.1}$$

假设串联的两个电阻均是流控型或单调型非线性电阻，则它们的 VCR 分别为

$$u_1 = f_1(i) \tag{6.2.2}$$
$$u_2 = f_2(i) \tag{6.2.3}$$

将式（6.2.2）和式（6.2.3）代入式（6.2.1）得

$$u = u_1 + u_2 = f_1(i) + f_2(i) = f(i) \tag{6.2.4}$$

图 6.2.1（b）所示的非线性电阻为图 6.2.1（a）所示串联电路的等效电阻，它也是流控型或单调型非线性电阻，其 VCR 为

$$u = f(i) \tag{6.2.5}$$

其中

$$f(i) = f_1(i) + f_2(i) \tag{6.2.6}$$

由上述讨论可知，两个流控型或单调型非线性电阻串联后的等效电阻也是流控型或单调型非线性电阻，式（6.2.5）和式（6.2.6）表示了等效电路的 VCR。

对于非线性电阻串联电路分析，常用的是图解法。这是因为，对于大多数的非线性电阻，往往给出的是它们的 VCR 特性曲线，而有的曲线难以写出或无法写出其具体的函数关系，这就不

便用式（6.2.6）来写出等效电阻的 VCR。

两个流控型非线性电阻的 VCR 曲线如图 6.2.2 所示。将同一电流值所对应的电压 u_1 和 u_2 相加即得该电流值对应的等效电阻的电压 u。例如，在 $i=i_0$ 处，有 $u_{10}=f_1(i_0)$、$u_{20}=f_2(i_0)$，则对应于 i_0 处的电压 $u_0=u_{10}+u_{20}$，取不同的电流值，逐点描绘，便可得到两非线性电阻串联后等效非线性电阻的 VCR 特性曲线。

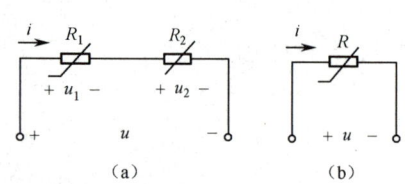
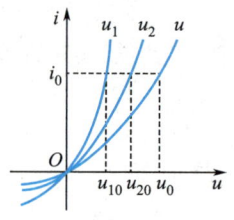

图 6.2.1　非线性电阻串联电路　　　　图 6.2.2　两个流控型非线性电阻的 VCR 曲线

以上讨论都是假定相串联的两个非线性电阻均是流控型或单调型的，若它们之中有一个是压控型非线性电阻，则式（6.2.4）这种解析形式的分析法不便使用，但仍可用图解法得到等效的非线性电阻的 VCR 特性曲线，等效的非线性电阻将是压控型。

应该指出的是，用图解法逐点描绘等效非线性电阻的 VCR 特性还是比较麻烦，也存在一定的误差。在大多数情况下，在允许有一定的工程误差的条件下，常对实际中的非线性电阻的 VCR 特性，使用折线近似做简化处理，从而简化分析过程。

例如，某非线性电阻的 VCR 特性曲线如图 6.2.3（a）所示[图中的曲线是按 $i=2.5\times10^{-8}(e^{u/0.026}-1)$ mA 绘制的]，可以近似地用图 6.2.3（b）中的折线来近似处理。

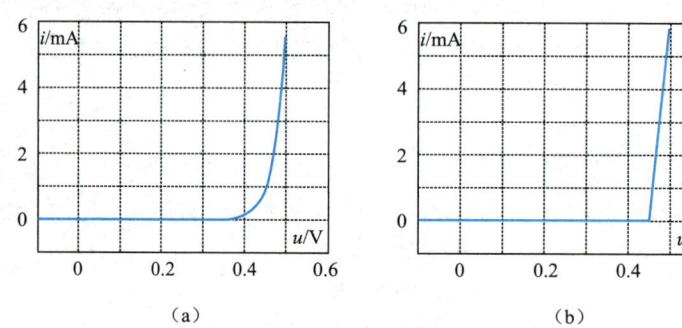

图 6.2.3　某非线性电阻的 VCR 特性曲线的折线近似法

6.2.2　非线性电阻的并联

图 6.2.4（a）是两个非线性电阻的并联电路，两个电阻承受同一电压，设电压为 u，由 KCL 可知

$$i=i_1+i_2 \tag{6.2.7}$$

设两个并联的非线性电阻为压控型或单调型非线性电阻，它们的 VCR 分别为

$$i_1=g_1(u) \tag{6.2.8}$$

$$i_2=g_2(u) \tag{6.2.9}$$

将式（6.2.8）和式（6.2.9）代入式（6.2.7）得

$$i=i_1+i_2=g_1(u)+g_2(u) \tag{6.2.10}$$

图 6.2.4（b）是图 6.2.4（a）的等效非线性电阻，它也是压控型或单调型非线性电阻，其 VCR 的特性函数为

$$i=g(u) \tag{6.2.11}$$

其中
$$g(u)=g_1(u)+g_2(u)$$

  非线性电阻的 VCR 有时很难用解析式表示，因此也常用图解法。图 6.2.5 说明了两个压控型或单调型非线性电阻并联后等效非线性电阻的 VCR 曲线逐点描绘的方法，即将同一电压对应的电流 i_1 和 i_2 相加即得该电压值对应的等效电阻的电流 i。例如，在 u_0 处有 $i_{10}=g_1(u_0)$、$i_{20}=g_2(u_0)$，则 $i_0=i_{10}+i_{20}$，取不同的 u 值，逐点描下去，便可得到两个非线性电阻并联后等效非线性电阻的 VCR 特性曲线。

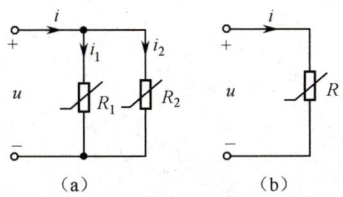
图 6.2.4 非线性电阻的并联电路及等效非线性电阻

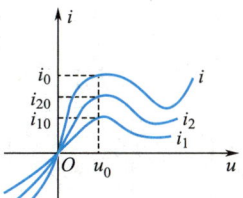
图 6.2.5 非线性电阻并联的图解法分析

  若两个非线性电阻是流控型非线性电阻，则不便用式（6.2.10）表示等效后的非线性电阻的 VCR，但仍可用图解法得到其 VCR 特性曲线。

  与串联电路一样，在允许有一定的工程误差的前提下，可以对非线性电阻的 VCR 特性曲线用折线来做简化处理，从而简化分析过程。

6.3 非线性电阻电路的图解法

  图 6.3.1（a）是一个简单的非线性电阻电路。设图中 R_1 为线性电阻，U_S 为理想电压源，R_2 为非线性电阻，依据图 6.3.1（a）中的参考方向，虚线部分 u、i 的关系为
$$u=U_S-R_1 i \tag{6.3.1}$$
非线性电阻 R_2 的 VCR 特性曲线如图 6.3.1（b）中曲线所示，即
$$i=g(u) \tag{6.3.2}$$
  式（6.3.1）和式（6.3.2）是非线性方程组。一般来说，非线性电阻的 VCR 的特性函数关系复杂，求解非线性方程组的解比较困难，可以用图解法求解。

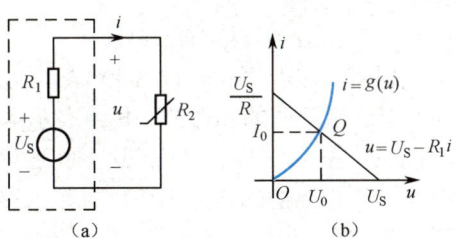

图 6.3.1 图解法分析示意图

  式（6.3.1）表示的 u、i 之间的关系是一次函数，其图形为直线，如图 6.3.1（b）所示。图 6.3.1（a）所示的非线性电阻电路中的 u、i 应既满足式（6.3.1）又满足式（6.3.2），从图形上看，其解应是图 6.3.1（b）中直线与曲线的交点 Q 所对应的电压 U_0、电流 I_0，即所分析的电路的电压和电流为 $i=I_0$、$u=U_0$。在电子电路中，习惯上将 Q 称为工作点。

  如果非线性电阻电路比较复杂，但仅含一个非线性电阻，那么可将非线性电阻分离出来，对其余的线性电路进行戴维南等效变换，就得到单回路电路，再用图解法或解析法求解出非线性电阻上的电压和电流。如果不是求非线性电阻上的电压和电流，也需要通过上述过程先求得非线性电阻端子上的电压 U_0 和电流 I_0，再应用替换定理将非线性电阻用电压为 U_0 的独立电压源或用电

流为 I_0 的独立电流源替代，替换后的电路为一线性电路，即可用线性电路的各种分析方法求出待求的电路变量。

【例 6.3.1】 电路如图 6.3.2（a）所示，R_1 为非线性电阻，其 VCR 如图 6.3.2（b）中曲线②所示。
（1）求非线性电阻上的电压 U_1 和电流 I_1，以及吸收的功率 P。
（2）求电流 I_2。

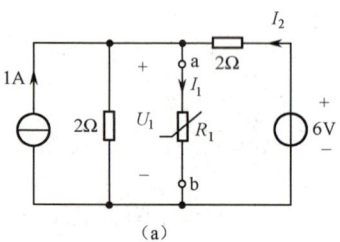 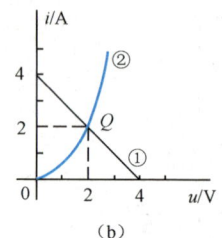 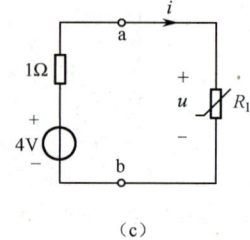

图 6.3.2　例 6.3.1 图

解：（1）将电流自图 6.3.2（a）的 a、b 处断开，可得戴维南等效电路参数为 U_{oc}=4V、R_{eq}=1Ω。画等效电路如图 6.3.2（c）所示。其 VCR 方程为

$$u=-i+4 \tag{6.3.3}$$

在图 6.3.2（b）中画出式（6.3.3）的直线①，它与非线性电阻的 VCR 特性曲线相交于 Q 点，Q 点的坐标即为非线性电阻的电压和电流。从图 6.3.2（b）中可以得到

$$U_1=2V, \quad I_1=2A$$

吸收的功率为 $P=U_1I_1=2\times 2=4W$

（2）用 2V 的电压源替代非线性电阻，则

$$I_2=\frac{6-U_1}{2}=\frac{6-2}{2}=2A$$

应该指出的是，非线性电阻电路的求解归结为求相应的一组非线性方程的实数解，而非线性方程组的实数解可能不是唯一的，也可能没有实数解。

例如，在图 6.3.3 所示的含有隧道二极管的电路中，它是一个隧道二极管和一个线性电阻 R 接至一恒定电压源的电路。该电路的方程为

$$Ri+u=U_S, \quad i=f(u) \tag{6.3.4}$$

电路的图解如图 6.3.4 所示。在图示情况下，式（6.3.4）表示的直线和曲线交点有 A、B、C 3 点，表明在这一情形下式（6.3.4）有 3 组不同的实数解，每组表示电路的一个工作点。从物理上考虑，任何实际电路在任何时刻只能工作在某一工作点下，这意味着以图 6.3.3 作为某一实际电路的模型时，忽略了某些使此电路有唯一工作点的因素，因而出现了电路方程有多解的问题。

又如，图 6.3.5 是一个二极管接至一恒定电流源的电路。二极管的伏安特性可用如下解析式表示。

$$i=I_0(e^{\alpha u}-1) \tag{6.3.5}$$

式中，α 为一正实数。

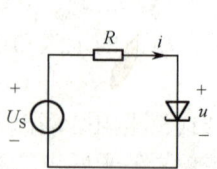 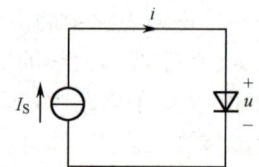

图 6.3.3　含有隧道二极管的电路　　图 6.3.4　电路的图解　　图 6.3.5　一个二极管接至电流源的电路

这个电路的方程为

$$I_0(e^{au}-1)=I_S \tag{6.3.6}$$

当 $I_S<-I_0$ 时，式（6.3.6）无实数解，这说明此时电路无解。

从上面的例子可以看出，非线性电阻电路的方程可能有唯一解，也可能有多个解，这意味着给定的电路模型不足以确定其唯一的工作情况；还有可能无解，这意味着所给定的电路模型中有着相矛盾的假设。

6.4 非线性电阻电路的分段线性化法

分段线性化法又称为折线近似法，它的基本思想是，在允许有一定工程误差的前提下，将非线性电阻复杂的 VCR 特性曲线用若干直线段构成的折线近似表示，对应的折线中各直线段的非线性电阻的模型用不同阻值的线性电阻或用线性电阻与独立电源的组合来表示，这样将复杂的非线性电阻电路问题分区段简化为若干个线性电阻电路问题，使得分析过程方便易行。

例如，隧道二极管的 VCR 特性曲线如图 6.4.1 所示，在允许有一定工程误差的前提下，可用图中①、②、③条直线来近似表示电压 $0<u<u_1$、$u_1<u<u_2$、$u>u_2$ 区间的 VCR 特性。直线①表示的是线性电阻 $R_1(=\cot\alpha_1)$ 的伏安特性曲线，因此可用线性电阻 R_1 来分析；直线②表示的是一个独立电压源 U_{S2}（直线②与横坐标的交点）与线性电阻 $R_2(=\cot\alpha_2)$ 串联的组合的伏安特性曲线，如果电路的工作点落在这一区段，就可用 U_{S2} 与 R_2 相串联的组合来表示，此时的 R_2 是一个负电阻；直线③表示的也是一个独立电压源 U_{S3}（直线③与横坐标的交点）与一个电阻 $R_3(=\cot\alpha_3)$ 相串联的组合的伏安特性曲线，此时的 R_3 是一个正的电阻。在以上论述中，电压源与电阻串联组合，也可用电流源与电导并联组合来表示。

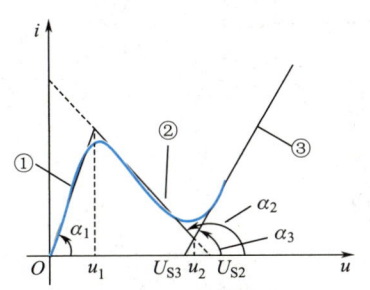

图 6.4.1 隧道二极管的 VCR 特性曲线

【例 6.4.1】 电路如图 6.4.2（a）所示，R_1 为线性电阻，U_S 为独立电压源，R_2 为非线性电阻，其伏安特性由折线近似表示为

$$\begin{cases} i=\dfrac{5}{3}u\text{A} & 0\leqslant u<1.5\text{ V} \\ i=-0.75u+3.625\text{A} & 1.5\text{V}\leqslant u<3.5\text{V} \\ i=1.2u-3.2\text{A} & u\geqslant 3.5\text{ V} \end{cases}$$

（1）若 $U_S=5\text{V}$，$R_1=2\Omega$，求电流 I 和电压 U。

（2）若 $U_S=5\text{V}$，$R_1=1\Omega$，求电流 I 和电压 U。

解：由非线性电阻的 VCR 特性折线方程可以画出其对应区段的等效电路，分别如图 6.4.2（c）、(d)、(e) 所示。

按图 6.4.2（a）中的参考方向，独立电压源与电阻的串联组合在 $U_S=5\text{V}$、$R_1=2\Omega$ 和 $R_1=1\Omega$ 对应的电路方程分别为

$$i=-0.5u+2.5, \quad i=-u+5$$

它们对应的 VCR 特性曲线如图 6.4.2（b）所示，与非线性电阻的折线分别交于 Q_1、Q_2 点。

可见，两种情况对应的非线性电阻分别工作在方程 $i=\dfrac{5}{3}u$ 和 $i=1.2u-3.2$ 表示的直线段，其非线性电阻等效电路如图 6.4.2（c）、(e) 所示。

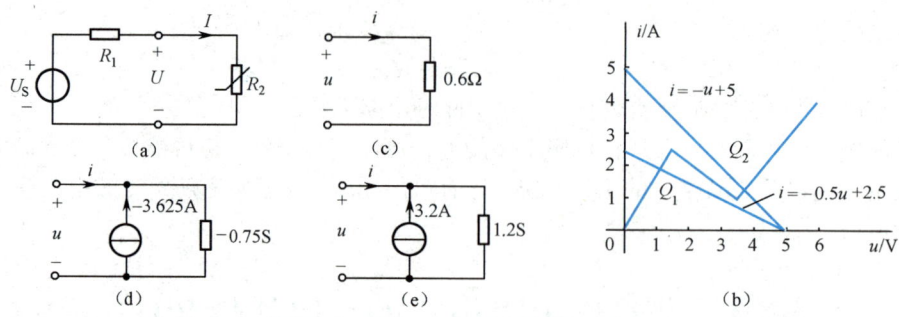

图 6.4.2 例 6.4.1 使用的电路及曲线

根据上面的分析，当 U_S=5V、R_1=2Ω 时，可用图 6.4.3（a）所示等效电路计算；当 U_S=5V、R_1=1Ω 时，可用图 6.4.3（b）所示等效电路计算。

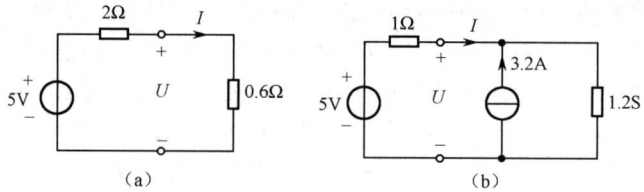

图 6.4.3 例 6.4.1 的等效电路

由图 6.4.3（a）可得

$$I=\frac{5}{2+0.6}=1.92\text{A}, \qquad U=0.6I=1.15\text{V}$$

由图 6.4.3（b）可得

$$U=\frac{\frac{5}{1}+3.2}{\frac{1}{1}+1.2}=3.73\text{V}, \qquad I=1.2u-3.2=1.27\text{A}$$

本例也可以通过解方程或图解法求解。

6.5 非线性电阻电路的小信号分析法

电路在直流激励下各处的电流、电压将是恒定不变的，这样的工作情形称为直流工作情形或称为静态工作情形。例如，在电子线路中，当没有信号时，二极管和晶体管的电流、电压由直流激励所产生，此时的电流、电压称为直流工作点或称为静态工作点。如果在静态工作下的非线性电阻电路中加入幅值很小的随时间而变化的信号激励，电路将发生怎样的变化呢？本节介绍的小信号分析法就是分析此类问题的一种近似方法。其基本思想是：在静态工作状态下，将非线性电阻电路的方程式线性化，得到计算小信号的激励所产生的小信号响应的线性化电路和方程，然后就可以用分析线性电路的方法进行分析计算。小信号分析法是电子线路中常用的一种重要分析方法。

下面以图 6.5.1 为例，说明小信号分析法的原理。图中 R_1 是线性电阻，R_2 是非线性电阻，其伏安特性 $i=f(u)$ 如图 6.5.2（a）所示。首先求出其静态工作点，即当 Δu_S=0 时的工作点。用图解法在 u-i 平面上作直流负载线 $u=-R_1i+U_S$，即图 6.5.2（a）中直线①，交非线性电阻伏安曲线于 Q 点，静态工作点为 I_0、U_0 两点。在恒定电压源上叠加一小信号 Δu_S，当 Δu_S>0 时，直流负载线右移，如图 6.5.2（a）中直线②所示，交非线性电阻伏安曲线于 Q_1 点，此时工作点的电流和电压分别为 $I_0+\Delta i$ 和 $U_0+\Delta u$，电流和

电压的增量分别为 Δi 和 Δu。下面推导 Δi 和 Δu 与激励增量 Δu_S 之间的关系，并由此得出等效电路。

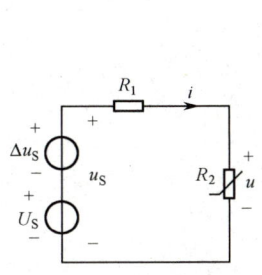
图 6.5.1 说明小信号分析法用的电路

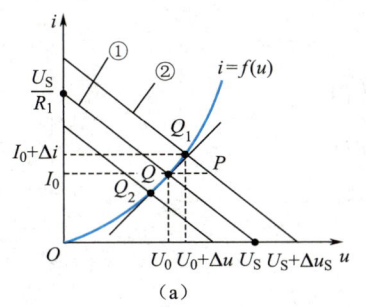
(a)

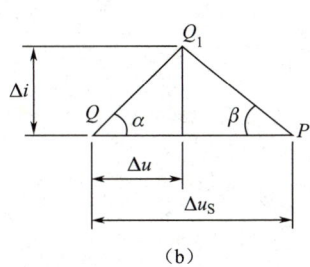
(b)

图 6.5.2 图 6.5.1 所示电路工作情况图解

设静态工作点 Q 处的非线性电阻的动态电阻为 r_d，即

$$r_d = \frac{1}{f'(u)}\Big|_{u=U_0}$$

在 $Q-Q_1$ 区段，因 Δu_S 足够小，可近似地用 Q 点的切线代替非线性电阻伏安曲线，即 Q_1 可以看成负载线②与切线的交点，从 Q 点作横轴的平行线并交直线②于 P 点，将 $\triangle QQ_1P$ 放大，如图 6.5.2（b）所示。图中

$$\tan\alpha = f'(u) = \frac{1}{r_d}, \qquad \tan\beta = \frac{U_S/R_1}{U_S} = \frac{1}{R_1}$$

线段 QP 长度为激励增量 Δu_S。

由图 6.5.2（b）可得

$$\Delta i = \Delta u \cdot \tan\alpha = (\Delta u_S - \Delta u)\tan\beta$$

即

$$\frac{\Delta u}{r_d} = \frac{\Delta u_S - \Delta u}{R_1}$$

$$\Delta u = \frac{r_d}{r_d + R_1}\Delta u_S \qquad (6.5.1)$$

$$\Delta i = \Delta u \cdot \tan\alpha = \frac{\Delta u}{r_d} \qquad (6.5.2)$$

从式（6.5.1）和式（6.5.2）可以得出因激励 Δu_S 引起的响应 Δu 和 Δi 的等效电路，如图 6.5.3 所示。

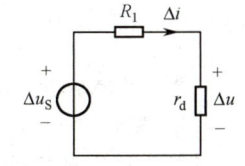
图 6.5.3 等效电路

当工作点从 Q 左移到 Q_2 时，分析过程相同，同样可得出图 6.5.3 所示的等效电路。值得注意的是，图 6.5.3 是一个线性电阻电路，原电路的非线性电阻在这里被静态工作点处的动态电阻 r_d 代替，它与原电路有相同的拓扑结构。由于这样的等效电路是通过将非线性电阻的特性曲线直线化后得到的，因此这一电路只在 Δu_S 很小（Δu 和 Δi 都很小）时才适用。

【例 6.5.1】 电路如图 6.5.4（a）所示，已知非线性电阻 R_2 的 VCR 特性为

$$i = f(u) = \begin{cases} 0\text{A} & u < 0 \\ 10^{-3}u^2\text{A} & u \geq 0 \end{cases}$$

已知直流电压源的电压为 $U_S=6.9\text{V}$、线性电阻 $R_1=100\Omega$，小信号电压源 $u_S(t)=0.12\sin\omega t\text{V}$，求电压 $u(t)$ 和电流 $i(t)$。

解： 先求出静态工作点，静态工作点是直流负载线 $u=-100i+6.9$ 和非线性电阻伏安特性曲线的交点，即由下列方程组联立。

$$\left.\begin{array}{r}u=-100i+11.9\\i=10^{-3}u^2\end{array}\right\}$$

解得
$$U_Q=7\text{V}, \quad I_Q=49\text{mA}$$

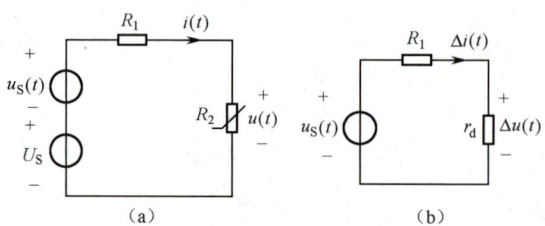

图 6.5.4 例 6.5.1 图

再求得静态工作点处的非线性电阻的动态电阻，即

$$r_d = \frac{1}{\left.\dfrac{di}{du}\right|_{u=7}} = \frac{1}{2\times 10^{-3}u}\bigg|_{u=7} = \frac{500}{7}\ \Omega$$

增量计算电路如图 6.5.4（b）所示。由图可知

$$\Delta i(t) = \frac{u_S(t)}{R_1+r_d} = \frac{0.12\sin\omega t}{100+\dfrac{500}{7}} = 7\times 10^{-4}\sin\omega t\ \text{A}$$

$$\Delta u(t) = r_d \cdot \Delta i(t) = \frac{500}{7}\times 7\times 10^{-4}\sin\omega t = 0.05\sin\omega t\ \text{V}$$

因此
$$u(t)=U_Q+\Delta u(t)=7+0.05\sin\omega t\ \text{V}$$
$$i(t)=I_Q+\Delta i(t)=49+0.7\sin\omega t\ \text{mA}$$

6.6 本章小结及典型题解

6.6.1 本章小结

1. 非线性电阻元件

非线性电阻元件的伏安特性曲线不像线性电阻那样，可以用欧姆定律 $u=Ri$ 来表示，而是遵循某种特定的非线性的函数关系。

2. 非线性电阻元件的串联和并联

两个非线性电阻元件可以通过 KCL 或 KVL 将它们的伏安特性曲线合并，而得到一个等效的非线性元件；或者可以通过非线性电阻元件的 VCR 关系式合并，不能用函数关系式显性表示出的 VCR 或不便于用上述方法合并的，可以用图解法合并。

3. 非线性电阻电路常见的分析方法

（1）图解法。通过作图的方法，求电路中的电流、电压。

（2）分段线性化法。其基本思想是：在允许有一定工程误差的前提下，将非线性电阻复杂的 VCR 特性曲线用几条直线段构成的折线近似表示,对应的折线中各直线段的非线性电阻的模型用不同阻值的线性电阻或用线性电阻与独立电源的组合来表示，这样即将复杂的非线性电阻电路问题分区段简化为若干个线性电阻电路问题，使得分析过程方便易行。

（3）小信号分析法。其基本思想是：在静态工作状态下，将非线性电阻电路的方程式线性化，得到相应的以计算小信号的激励所产生的小信号响应的线性化电路和方程，然后就可以用分析线性电路的方法进行分析计算。

6.6.2 典型题解

【例 6.6.1】 电路如图 6.6.1 所示，非线性电阻元件特性的表达式为 $i=2u^2(u>0)$，i、u 的单位分别为 A、V，并设 i_S=10A、Δi_S=$\sin\omega t$ A、R_1=1Ω。试用小信号分析法求非线性电阻元件的端电压 u。

解： 先求出静态工作点。静态工作点是直流负载线方程和非线性电阻伏安特性曲线的交点，即由下列方程组联立。

$$\begin{cases} i = 10 - u \\ i = 2u^2 \end{cases}$$

解得 U_Q=2V，I_Q=8A

再求得静态工作点处的非线性电阻的动态电阻，即

$$r_d = 1 \Big/ \frac{di}{du}\Big|_{u=2} = \frac{1}{4u}\Big|_{u=2} = \frac{1}{8}\,\Omega$$

则小信号等效电路如图 6.6.2 所示。

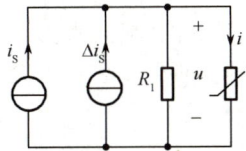
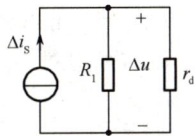

图 6.6.1　例 6.6.1 图　　　　图 6.6.2　小信号等效电路

$$\Delta u = \Delta i_S \times (1 /\!/ \frac{1}{8}) = \frac{1}{9}\sin\omega t \text{ V}$$

因此
$$u = U_Q + \Delta u = 2 + \frac{1}{9}\sin\omega t \text{ V}$$

【例 6.6.2】 电路如图 6.6.3 所示，非线性电阻元件特性的表达式为 $u=\frac{1}{5}i^3-2i$，i、u 的单位分别为 A、V，并设 u_S=25V，Δu_S=0.15$\sin(\omega t+30°)$V，R=2Ω。试用小信号分析法求电流 i。

解： 先求出静态工作点。静态工作点是直流负载线方程和非线性电阻伏安特性曲线的交点，即联立下列方程组。

$$\begin{cases} 25 = u + 2i \\ u = \frac{1}{5}i^3 - 2i \end{cases}$$

解得 U_Q=15V，I_Q=5A

再求得静态工作点处的非线性电阻的动态电阻，即

$$r_d = \frac{du}{di}\Big|_{i=5} = \frac{3}{5}i^2 - 2\Big|_{i=5} = 13\,\Omega$$

则小信号等效电路如图 6.6.4 所示。由图可知

$$\Delta i = \Delta u_S/(2+13) = 0.01\sin(\omega t+30°) \text{ A}$$

因此
$$i = I_Q + \Delta i = 5 + 0.01\sin(\omega t+30°) \text{ A}$$

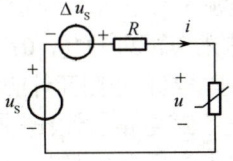
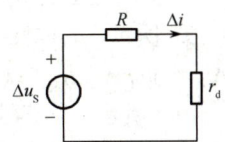

图 6.6.3　例 6.6.2 图　　　　图 6.6.4　小信号等效电路

习 题 6

6.1 已知某非线性电阻在图 T6.1（a）所示的参考方向下，其 VCR 特性曲线如图 T6.1（b）所示。试画出图 T6.1（c）、（d）所示参考方向下的非线性电阻的 VCR 特性曲线。

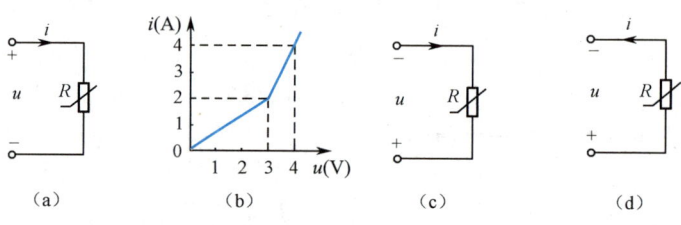

图 T6.1 习题 6.1 图

6.2 如图 T6.2（a）所示，非线性电阻 R_1 和 R_2 串联，其 VCR 特性曲线分别如图 T6.2（b）中的折线①和折线②所示，试画出对 1、2 端等效的非线性电阻 R[图 T6.2（c）]的 VCR 特性曲线。

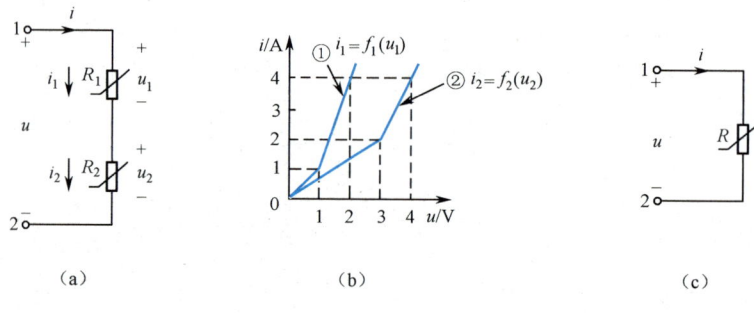

图 T6.2 习题 6.2 图

6.3 如图 T6.3（a）所示，非线性电阻 R_1 和 R_2 并联，其 VCR 特性曲线如图 T6.3（b）所示。试画出对 1、2 端等效的非线性电阻 R 的 VCR 特性曲线。

6.4 求图 T6.4 所示电路中通过二极管的电流。已知 $u_S=1V$，$R=1\Omega$；二极管的 VCR 可表示为 $i=10^{-6}(e^{40u}-1)$，i、u 的单位分别为 A、V。

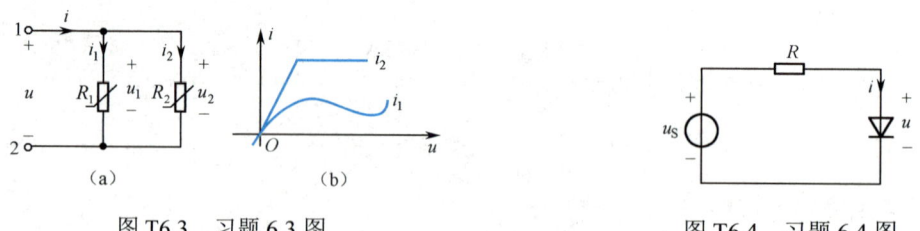

图 T6.3 习题 6.3 图　　　　　　　　图 T6.4 习题 6.4 图

6.5 电路如图 T6.5 所示，$u_S=5V$，$R_1=R_2=2\Omega$，非线性电阻元件的 VCR 用 $i_3 = 2u_3^2$ 表示，i、u 的单位分别为 A、V。求非线性电阻元件的端电压 u_3 和电流 i_3，进而求出电流 i_1 和 i_2。

6.6 电路如图 T6.6 所示，非线性电阻元件 VCR 的表达式为 $i=2u^2-11(u>0)$，i、u 的单位分别为 A、V，并设 $i_S=10A$，$\Delta i_S=\sin\omega t$ A，$R_1=1\Omega$。试用小信号分析法求非线性电阻元件的端电压 u。

6.7 电路如图 T6.7 所示，非线性电阻元件 VCR 的表达式为 $u=2i^2+21(i>0)$，i、u 的单位分别为 A、V，并设 $u_S=25V$，$\Delta u_S=0.12\sin(\omega t+30°)V$，$R=2\Omega$。试用小信号分析法求电流 i。

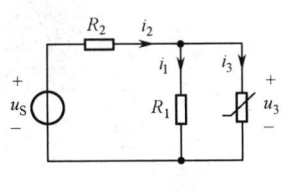
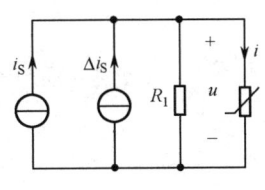
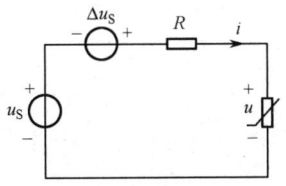

图 T6.5 习题 6.5 图 　　图 T6.6 习题 6.6 图 　　图 T6.7 习题 6.7 图

6.8　如图 T6.8 所示，电路中含有一个非线性电阻，其特性为 $\begin{cases} I = 4\times 10^{-3} U^2 \\ U > 0 \end{cases}$，求 U 和 U_1。

6.9　非线性电路如图 T6.9 所示，非线性电阻为电压控制型，用函数表示为

$$i = g(u) = \begin{cases} u^2 & (u > 0) \\ 0 & (u < 0) \end{cases}$$

而直流电压源 $U_S = 6\text{V}$，$R = 1\Omega$，信号源 $i_S(t) = 0.5\cos\omega t\ \text{A}$，试求在静态工作点由小信号产生的电压 $u(t)$ 和电流 $i(t)$。

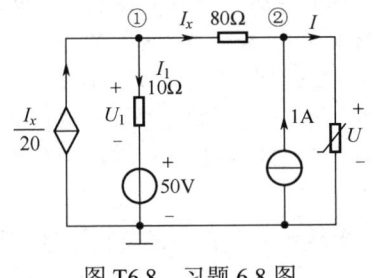
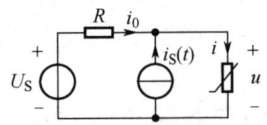

图 T6.8 习题 6.8 图　　　　　　　　图 T6.9 习题 6.9 图

6.10　电路如图 T6.10（a）所示，直流电压源 $U_S=3.5\text{V}$，$R=1\Omega$，非线性电阻的伏安特性曲线如图 T6.10（b）所示。（1）试用图解法求静态工作点。（2）如果将曲线分成 0C、CD 和 DE 3 段折线，试用分段线性化法求静态工作点，并与（1）的结果相比较。

6.11　电路如图 T6.11（a）所示，其中 $U_S=16\text{V}$，$R_1=R_2=2\Omega$，$R_3=1\Omega$，非线性电阻的伏安特性曲线如图 T6.11（b）所示。试计算各支路电压、电流。

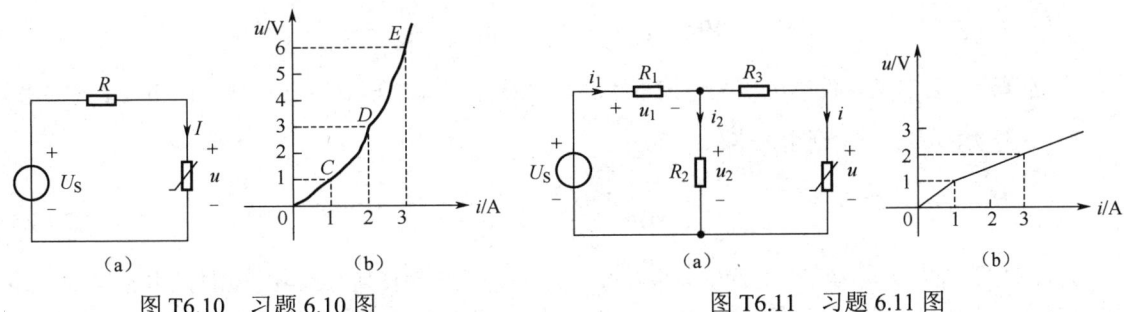

图 T6.10 习题 6.10 图　　　　　　　图 T6.11 习题 6.11 图

第 7 章　动态元件

[内容提要]

本章讨论电容元件和电感元件的伏安关系及特性,由于这两种元件的电压、电流关系都涉及对电流或电压的微分或积分,因此称为动态元件。

7.1　电容元件

电容元件是储存电能的元件,它是实际电容器的理想化模型。

电容元件可定义为:一个二端元件,如果在任意时刻,其端电压 u 与其储存的电荷 q 之间的关系能用 u–q 平面(或 q–u 平面)上的一条曲线所确定,就称其为电容元件,简称电容。

电容元件分为时变的和时不变的、线性的和非线性的,本书主要讨论线性时不变电容元件。

线性时不变电容元件的外特性是 q–u 平面上一条通过原点的直线,如图 7.1.1(b)所示。在电容元件上电压与电荷的参考极性一致的条件下,在任一时刻,电荷量与其端电压的关系为

$$q(t)=Cu(t) \tag{7.1.1}$$

式中,C 为元件的电容。对于线性时不变电容元件,C 是正实常数。电容一词及其符号 C 既表示电容元件,也表示元件的参数,单位为法拉(F)。

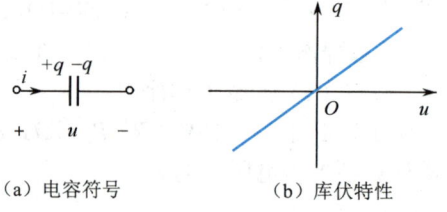

(a) 电容符号　　(b) 库伏特性

图 7.1.1　线性时不变电容元件

电路理论关心的是元件端电压与电流的关系。如果电容端电压 u 与其引线上的电流 i 的参考方向一致[见图 7.1.1(a)],则由 $i=\dfrac{\mathrm{d}q}{\mathrm{d}t}$,有

$$i(t)=\frac{\mathrm{d}q(t)}{\mathrm{d}t}=C\frac{\mathrm{d}u(t)}{\mathrm{d}t} \tag{7.1.2}$$

式(7.1.2)常称为电容元件的伏安关系(微分关系)。它表明任何时刻电容元件的电流与该时刻的电压变化率成正比。如果电压不随时间变化,那么 $i=0$,电容相当于开路,故电容有隔断直流的作用。

将式(7.1.2)写为

$$\mathrm{d}u(t)=\frac{1}{C}i(t)\mathrm{d}t$$

对上式从 $-\infty$ 到 t 进行积分(为避免积分上限 t 与积分变量 t 相混,将积分变量换为 ξ),得

$$\int_{u(-\infty)}^{u(t)}\mathrm{d}u(\xi)=\frac{1}{C}\int_{-\infty}^{t}i(\xi)\mathrm{d}\xi$$

即
$$u(t) - u(-\infty) = \frac{1}{C}\int_{-\infty}^{t} i(\xi)\mathrm{d}\xi$$

一般可以认为 $u(-\infty) = 0$，即 $q(-\infty) = 0$，于是得

$$u(t) = \frac{1}{C}\int_{-\infty}^{t} i(\xi)\mathrm{d}\xi \tag{7.1.3}$$

式（7.1.3）也称为电容元件的伏安关系（积分关系）。式（7.1.3）表明，在任一时刻 t，电容电压 u 是此时刻以前的电流作用的结果，它"记载"了以往电流的全部历史，所以称电容为记忆元件。相应地，电阻为无记忆元件。

如果只讨论 $t > t_0$ 的情况，式（7.1.3）可进一步写为

$$u(t) = \frac{1}{C}\int_{-\infty}^{t_0} i(\xi)\mathrm{d}\xi + \frac{1}{C}\int_{t_0}^{t} i(\xi)\mathrm{d}\xi$$

$$= u(t_0) + \frac{1}{C}\int_{t_0}^{t} i(\xi)\mathrm{d}\xi \tag{7.1.4}$$

其中

$$u(t_0) = \frac{1}{C}\int_{-\infty}^{t_0} i(\xi)\mathrm{d}\xi \tag{7.1.5}$$

式（7.1.5）称为电容电压在 $t = t_0$ 时刻的初始值，或者初始状态。为了简便，常取 $t_0 = 0$。

通常我们研究问题总有一个初始时刻 t_0，式（7.1.4）表明，如果研究 $t > t_0$ 的电容电压 $u(t)$，那么不必去了解 $t < t_0$ 电容电流的情况，而 t_0 以前全部的历史对于 $t > t_0$ 产生的效果可以由 $u(t_0)$，即电容的初始电压来反映。也就是说，如果已知由初始时刻 t_0 开始作用的电流 $i(t)$ 以及电容的初始电压 $u(t_0)$，就能完全确定 $t > t_0$ 时的电容电压 $u(t)$。

电容电压 $u(t)$ 除有上述的记忆性质之外，还有连续性质。为了仔细地研究连续性质，对于任意给定的时刻 t_0，将前一瞬间记为 t_{0-}，后一瞬间记为 t_{0+}，更准确地说，令

$$\left.\begin{aligned} t_{0-} &= \lim_{\varepsilon \to 0}(t_0 - \varepsilon) \\ t_{0+} &= \lim_{\varepsilon \to 0}(t_0 + \varepsilon) \end{aligned}\right\}, \quad \varepsilon > 0 \tag{7.1.6}$$

它们分别是 t_0 的左极限和右极限。

由式（7.1.4）可得在 $t = t_{0+}$ 时的电容电压，即

$$u(t_{0+}) = u(t_{0-}) + \frac{1}{C}\int_{t_{0-}}^{t_{0+}} i(\xi)\mathrm{d}\xi$$

如果电容电流 $i(t)$ 在无穷小区间 $[t_{0-}, t_{0+}]$ 为有限值，或者在 $t = t_0$ 处为有限值，那么上式等号右端第二项积分为零，从而有

$$u(t_{0+}) = u(t_{0-}) \tag{7.1.7}$$

式（7.1.7）表明，若电容电流 $i(t)$ 在 $t = t_0$ 处为有限值，则电容电压 $u(t)$ 在该处是连续的，它不能跃变。

现在讨论电容的功率和能量。在电压、电流参考方向一致的条件下，任一时刻电容元件吸收的功率为

$$p(t) = u(t)i(t) = Cu(t)\frac{\mathrm{d}u(t)}{\mathrm{d}t} \tag{7.1.8}$$

则从 $-\infty$ 到 t 时间内，电容元件吸收的能量为

$$w_C(t) = \int_{-\infty}^{t} p(\xi)\mathrm{d}\xi = C\int_{-\infty}^{t} u(\xi)\frac{\mathrm{d}u(\xi)}{\mathrm{d}\xi}\mathrm{d}\xi$$

$$= C\int_{u(-\infty)}^{u(t)} u\,\mathrm{d}u = \frac{1}{2}Cu^2(t) - \frac{1}{2}Cu^2(-\infty)$$

若设 $u(-\infty) = 0$，则电容吸收能量为

$$w_C(t) = \frac{1}{2}Cu^2(t) \tag{7.1.9}$$

由式（7.1.8）和式（7.1.9）可知，当$|u|$增大时（当 $u > 0$，且 $\frac{du}{dt} > 0$；或者 $u < 0$，且 $\frac{du}{dt} < 0$ 时），$p > 0$，电容吸收功率为正值，电容元件充电，储能 w_C 增加，电容吸收的能量以电场能量的形式储存于元件的电场中；当$|u|$减少时（当 $u > 0$，且 $\frac{du}{dt} < 0$；或者 $u < 0$，且 $\frac{du}{dt} > 0$ 时），$p < 0$，电容吸收功率为负值，电容放电，储能 w_C 减少，电容将储存于电场中的能量释放。若到达某一时刻 t_1 时，有 $u(t_1) = 0$，从而 $w_C(t_1) = 0$，表明这时电容将其储存的能量全部释放。因此，电容是一种储能元件，它不消耗能量。

从式（7.1.9）还可知，无论 u 为正值或负值，恒有 $w_C(t) \geq 0$（当然 $C > 0$）。这表明，电容所释放的能量最多也不会超过其先前吸收（或储存）的能量，它不能提供额外的能量，因此它是一种无源元件。

【例 7.1.1】 图 7.1.2（a）中的电容 $C=0.5$F，其电流为

$$i(t) = \begin{cases} 0\text{A}, & -\infty < t < 0 \\ 2\text{A}, & 0 \leq t < 1\text{s} \\ -2\text{A}, & 1 \leq t < 2\text{s} \\ 0\text{A}, & t \geq 2\text{s} \end{cases}$$

其波形如图 7.1.2（b）所示，求电容电压 u、功率 p 和储能 w_C。

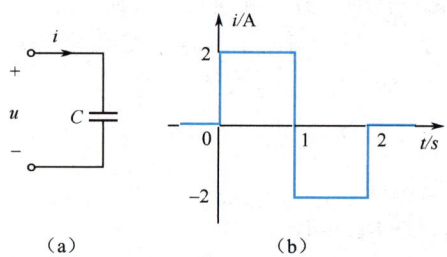

(a)　　　　　　(b)

图 7.1.2　例 7.1.1 图

解： 由图 7.1.2（a）可知，电压 u 与电流 i 为关联参考方向，由式（7.1.3）可知，由于在 $t < 0$ 时电流 i 恒为零，因此在 $-\infty < t < 0$ 区间 $u(t) = 0$，显然 $u(0) = 0$。

在 $0 < t < 1$s 区间：

$$u(t) = u(0) + \frac{1}{C}\int_0^t 2d\xi = 4t, \quad u(1) = 4\text{V}$$

在 $1 \leq t < 2$s 区间：

$$u(t) = u(1) + \frac{1}{C}\int_1^t (-2)d\xi = 4 - 4(t-1) = 4(2-t), \quad u(2) = 0\text{V}$$

在 $t \geq 2$s 区间：

$$u(t) = u(2) + \frac{1}{C}\int_2^t 0 d\xi = 0\text{V}$$

即

$$u(t) = \begin{cases} 0\text{V}, & -\infty < t < 0\text{s} \\ 4t\text{V}, & 0 \leq t < 1\text{s} \\ 4(2-t)\text{V}, & 1 \leq t < 2\text{s} \\ 0\text{V}, & t \geq 2\text{s} \end{cases}$$

其波形如图 7.1.3（a）实线所示，图中也画出了电流 i 的波形（虚线所示）。可见，电容电流 i 是不连续的，而电容电压是连续的。

电容 C 吸收的功率 $p=ui$，可得

$$p(t) = \begin{cases} 8t\text{W}, & 0 \leq t < 1\text{s} \\ -8(2-t)\text{W}, & 1 \leq t < 2\text{s} \\ 0\text{W}, & \text{其他} \end{cases}$$

其波形如图 7.1.3（b）中虚线所示。

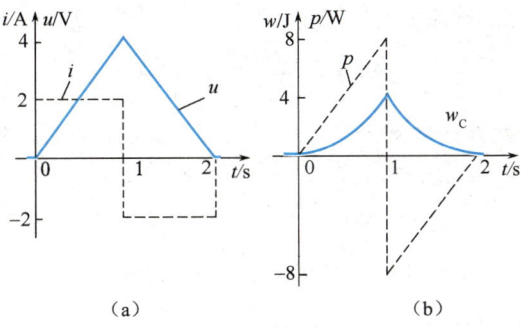

图 7.1.3　例 7.1.1 的解

根据式（7.1.9），电容储能 $w_C = \frac{1}{2}Cu^2$，可得

$$w_C(t) = \begin{cases} 4t^2 \text{J}, & 0 \leq t < 1\text{s} \\ 4(2-t)^2 \text{J}, & 1 \leq t < 2\text{s} \\ 0\text{J}, & \text{其他} \end{cases}$$

其波形如图 7.1.3（b）中实线所示。

由图 7.1.3（a）、（b）可知，在 $0<t<1$s 区间，$u>0$，$i>0$，因而 $p>0$，电容吸收功率，其储能逐渐增高，这是电容元件充电的过程。在 $1<t<2$s 区间，$u>0$，$i<0$，因而 $p<0$，电容发出功率，其储能 w_C 逐渐减小，这是电容放电的过程。直到 $t=2$s，这时 $u=0$，电容将原先储存的能量全部释放，$w_C=0$。

7.2　电感元件

电感元件是储存磁能的元件，它是（实际）电感器的理想化模型。

电感元件可定义为：一个二端元件，如果在任意时刻，通过它的电流 i 与其磁链 $\varPsi$ 之间的关系能用 $\varPsi$-i 平面（或 i-$\varPsi$ 平面）上的曲线所确定，就称其为电感元件，简称电感。

电感元件也分为时变的和时不变的、线性的和非线性的，本节只讨论线性时不变的电感元件。

线性时不变电感元件的外特性是 $\varPsi$-i 平面上一条通过原点的直线，如图 7.2.1（b）所示，当规定磁通 $\varPhi$ 和磁链 $\varPsi$ 的参考方向与电流 i 的参考方向之间符合右手螺旋定则时，在任一时刻，磁链与电流的关系为

$$\varPsi(t) = Li(t) \tag{7.2.1}$$

式中，L 为元件的电感。在国际单位制中，磁通和磁链（磁通链）的单位都是韦伯（Wb），电感的单位是亨（H）。对于线性时不变电感元件，L 是正实常数。电感及其符号 L 既表示电感元件，也表示元件参数。

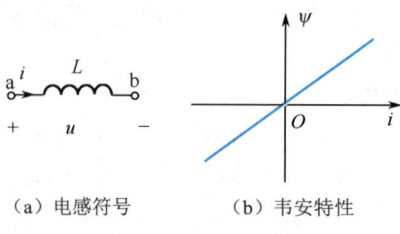

(a) 电感符号　　　(b) 韦安特性

图 7.2.1　线性时不变电感元件

在电感端电压 u 与通过它的电流 i 参考方向一致的条件下[图 7.2.1（a）]，由电磁感应定律[①]有

$$u(t)=\frac{\mathrm{d}\psi(t)}{\mathrm{d}t}=L\frac{\mathrm{d}i(t)}{\mathrm{d}t} \tag{7.2.2}$$

式（7.2.2）常称为电感元件的伏安关系。式（7.2.2）表明，在任一时刻，电感元件上的电压与该时刻的电流变化率成正比。如果电流不随时间变化，那么 $u=0$，电感元件相当于短路。

在电压、电流为关联参考方向时，电感电流与其端电压的积分关系可写为

$$i(t)-i(-\infty)=\frac{1}{L}\int_{-\infty}^{t}u(\xi)\mathrm{d}\xi$$

一般认为 $i(-\infty)=0$，即 $\psi(-\infty)=0$，于是得

$$i(t)=\frac{1}{L}\int_{-\infty}^{t}u(\xi)\mathrm{d}\xi \tag{7.2.3}$$

式（7.2.3）也是电感元件的伏安关系。式（7.2.3）表明，在任一时刻 t，电感电流 i 是此时刻以前的电压作用的结果，它"记载"了电压以往的历史。电感也属于记忆元件。

如果只讨论 $t \geq t_0$ 的情况，式（7.2.3）可进一步写为

$$i(t)=i(t_0)+\frac{1}{L}\int_{t_0}^{t}u(\xi)\mathrm{d}\xi \tag{7.2.4}$$

其中

$$i(t_0)=\frac{1}{L}\int_{-\infty}^{t_0}u(\xi)\mathrm{d}\xi$$

上式称为电感电流在 $t=t_0$ 时刻的初始值，或者初始状态。

式（7.2.4）表明，如果研究 $t>t_0$ 的电感电流 $i(t)$，利用 $i(t_0)$ 对 $t<t_0$ 时电压的记忆作用，可不必了解 $t<t_0$ 时电压的具体情况。也就是说，如果已知由初始时刻 t_0 开始作用的 $u(t)$ 以及电感初始电流 $i(t_0)$，就能完全确定 $t \geq t_0$ 时的电感电流 $i(t)$。

电感电流也有连续性质，即若电感电压 $u(t)$ 在 $t=t_0$ 处为有限值，则电感电流在该处是连续的，它不能跃变。因此有

$$i(t_{0+})=i(t_{0-}) \tag{7.2.5}$$

现在讨论电感的功率与能量，在电压、电流参考方向一致的条件下，任一时刻，电感元件吸收的功率为

$$p(t)=u(t)i(t)=Li(t)\frac{\mathrm{d}i(t)}{\mathrm{d}t} \tag{7.2.6}$$

[①] 在物理学中感应电动势与磁链的关系与式（7.2.2）相差一个负号"-"。这是因为，在那里是感应电动势，其参考方向为由"-"极指向"+"极；而这里关心的是端电压，其参考方向为由"+"极指向"-"极。具体地说，楞次定律指出，线圈中由磁通变化率引起的感应电动势，其方向是企图产生感应电流以反抗磁通的变化。设 $i>0$，且 $(\mathrm{d}i/\mathrm{d}t)>0$[图 7.2.1（a）]，这时，为反抗磁通增加，电感内部感应电动势的实际极性应该是 a 端为"+"，b 端为"-"。由式（7.2.2）可知，这时电感外部端子的电压 $u>0$，即其实际方向也是 a 端为"+"，b 端为"-"。可见，二者是完全一致的。对于 $i>0$，$(\mathrm{d}i/\mathrm{d}t)<0$ 及 $i<0$ 的情况，也可做类似的说明。

从 $-\infty$ 到 t 时间内，电感元件吸收的能量为

$$w_L(t) = \int_{-\infty}^{t} p(\xi)d\xi = L\int_{-\infty}^{t} i(\xi)\frac{di(\xi)}{d\xi}d\xi$$

$$= L\int_{i(-\infty)}^{i(t)} i di = \frac{1}{2}Li^2(t) - \frac{1}{2}Li^2(-\infty)$$

若设 $i(-\infty) = 0$，则电感吸收的能量为

$$w_L(t) = \frac{1}{2}Li^2(t) \tag{7.2.7}$$

由式（7.2.6）和式（7.2.7）可知，当 $|i|$ 增大时（当 $i > 0$，且 $\frac{di}{dt} > 0$；或者 $i < 0$，且 $\frac{di}{dt} < 0$ 时），$p > 0$，电感吸收功率，储能 w_L 增加，电感吸收的能量以磁场能量的形式储存于元件的磁场中；当 $|i|$ 减小时（当 $i > 0$，且 $\frac{di}{dt} < 0$；或者 $i < 0$，且 $\frac{di}{dt} > 0$ 时），$p < 0$，电感吸收功率为负值，储能 w_L 减小，电感将原先储存于磁场的能量释放。若到达某时刻 t_1 时，有 $i(t_1) = 0$，从而 $w_L(t_1) = 0$，表明这时电感将其储存的能量全部释放。因此，电感是一种储能元件，它不消耗能量。

从式（7.2.7）还可知，无论 i 为正值或负值，恒有 $w_L(t) \geq 0$（当然 $L > 0$）。这表明，电感所释放的能量最多也不会超过其先前吸收（或储存）的能量，它不能提供额外的能量，因而它是无源元件。

在动态电路的许多电压变量和电流变量中，电容电压和电感电流具有特别重要的地位，它们确定了电路储能的状况。常称变量电容电压 $u_C(t)$ 和电感电流 $i_L(t)$ 为状态变量。如果选初始时刻为 t_0，在该时刻的 $u_C(t_0)$ 和 $i_L(t_0)$ 称为电路在时刻 t_0 的初始状态（为了简便，常选 $t_0 = 0$）。

在电路和系统理论中，状态变量是一组能反映动态电路状态的最少数目的变量，当已知 t_0 时刻的状态和 $t > t_0$ 时的激励（输入）后，就可以确定 $t > t_0$ 时电路的响应（电路中的任意电流、电压）。通常选择电容电压和电感电流作为状态变量，有时（如非线性动态电路）也选电容电荷和电感磁链为状态变量。关于状态变量的更深入的讨论，读者可参看有关"信号与系统"的书籍。

7.3 电容、电感的串联和并联

图 7.3.1（a）是 n 个电容串联的电路，各电容的端电流为同一电流 i。根据电容的伏安关系，有

$$u_1 = \frac{1}{C_1}\int_{-\infty}^{t} id\xi, u_2 = \frac{1}{C_2}\int_{-\infty}^{t} id\xi, \cdots, u_n = \frac{1}{C_n}\int_{-\infty}^{t} id\xi$$

根据 KVL，端口电压为

$$u = u_1 + u_2 + \cdots + u_n = \left(\frac{1}{C_1} + \frac{1}{C_2} + \cdots + \frac{1}{C_n}\right)\int_{-\infty}^{t} id\xi = \frac{1}{C_{eq}}\int_{-\infty}^{t} id\xi$$

其中

$$\frac{1}{C_{eq}} = \frac{1}{C_1} + \frac{1}{C_2} + \cdots + \frac{1}{C_n} = \sum_{k=1}^{n}\frac{1}{C_k} \tag{7.3.1}$$

式中，C_{eq} 为 n 个电容串联的等效电容，如图 7.3.1（b）所示。

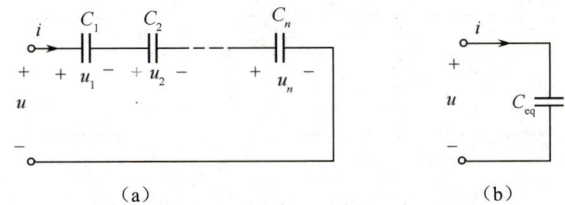

图 7.3.1　电容串联电路及其等效电容

图 7.3.2（a）是 n 个电容并联的电路，各电容的端电压是同一电压 u。根据电容的伏安关系，有

$$i_1 = C_1 \frac{du}{dt}, i_2 = C_2 \frac{du}{dt}, \cdots, i_n = C_n \frac{du}{dt}$$

根据 KCL，端口电流为

$$i = i_1 + i_2 + \cdots + i_n = (C_1 + C_2 + \cdots + C_n)\frac{du}{dt} = C_{eq}\frac{du}{dt}$$

其中
$$C_{eq} = C_1 + C_2 + \cdots + C_n = \sum_{k=1}^{n} C_k \tag{7.3.2}$$

式中，C_{eq} 为 n 个电容并联的等效电容，如图 7.3.2（b）所示。

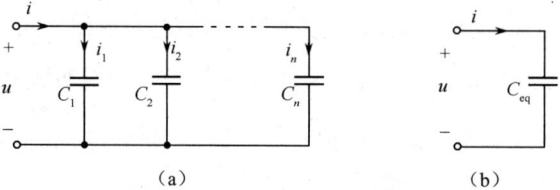

图 7.3.2　电容并联电路及其等效电容

图 7.3.3（a）是 n 个电感串联的电路，流过各电感的电流为同一电流 i。根据电感的伏安关系，第 k 个（$k=1,2,3,\cdots,n$）电感的端电压 $u_k = L_k \frac{di}{dt}$ 和 KVL，可求得 n 个电感串联的等效电感，即

$$L_{eq} = \sum_{k=1}^{n} L_k \tag{7.3.3}$$

电感串联的等效电感如图 7.3.3（b）所示。

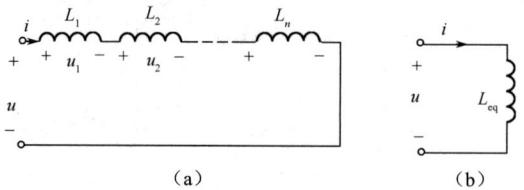

图 7.3.3　电感串联电路及其等效电感

图 7.3.4（a）是 n 个电感并联的电路，各电感的端电压是同一电压 u。根据电感的伏安关系，第 k 个（$k=1,2,3,\cdots,n$）电感的电流 $i_k = \frac{1}{L_k}\int_{-\infty}^{t} u d\xi$ 和 KCL，可求得 n 个电感并联时的等效电感 L_{eq}，它的倒数表示式为

$$\frac{1}{L_{eq}} = \sum_{k=1}^{n} \frac{1}{L_k} \tag{7.3.4}$$

电感并联的等效电感如图 7.3.4（b）所示。

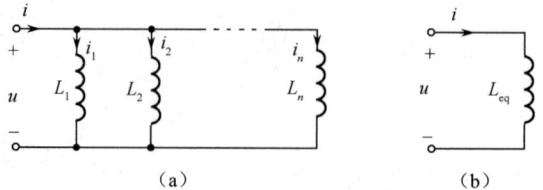

图 7.3.4　电感并联电路及其等效电感

7.4 本章小结及典型题解

7.4.1 本章小结

1. 电容元件

电容元件是实际电容器的理想化模型。在关联参考方向下，电容元件的伏安关系为

$$i(t) = C\frac{\mathrm{d}u(t)}{\mathrm{d}t}, \quad u(t) = \frac{1}{C}\int_{-\infty}^{t} i(\xi)\mathrm{d}\xi$$

电容元件具有隔直流通交流的特性，为记忆元件，且是无源元件。

若电容电流 $i(t)$ 在 $t = t_0$ 处为有限值，则电容电压 $u(t)$ 在该处是连续的，它不能跃变。电容元件是储存电场能量的元件。

2. 电感元件

电感元件是实际电感器的理想化模型。在关联参考方向下，电感元件的伏安关系为

$$u(t) = L\frac{\mathrm{d}i(t)}{\mathrm{d}t}, \quad i(t) = \frac{1}{L}\int_{-\infty}^{t} u(\xi)\mathrm{d}\xi$$

电感元件对直流信号相当于短接，为记忆元件，且是无源元件。

若电感电压 $u(t)$ 在 $t = t_0$ 处为有限值，则电感电流 $i(t)$ 在该处是连续的，不能跃变。电感元件是存储磁场能量的元件。

7.4.2 典型题解

【例 7.4.1】 在图 7.4.1（a）所示电路中，电容 $C = 0.5\mu F$，电压 u 的波形如图 7.4.1（b）所示。求电容电流 i，并绘出其波形。

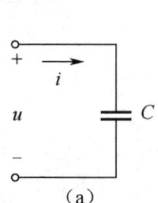 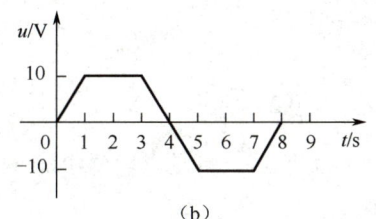 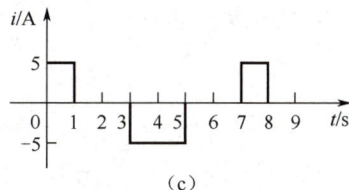

图 7.4.1 例 7.4.1 图

解：由图 7.4.1（a）可知，电容电压 u 与电流 i 为关联参考方向。由式（7.1.2）可知，由于在 $t < 0$ 时电压 u 恒为零，因此，在 $-\infty < t < 0$ 区间 $i(t) = 0$。

在 $0 \leq t < 1\mathrm{s}$ 区间：

$$i(t) = C\frac{\mathrm{d}u}{\mathrm{d}t} = 0.5 \times 10^{-6} \times \frac{10}{10^{-6}} = 5\text{ A}$$

在 $1\mathrm{s} \leq t < 3\mathrm{s}$ 区间：

$$i(t) = C\frac{\mathrm{d}u}{\mathrm{d}t} = 0\text{ A}$$

在 $3\mathrm{s} \leq t < 5\mathrm{s}$ 区间：

$$i(t) = C\frac{\mathrm{d}u}{\mathrm{d}t} = 0.5 \times 10^{-6} \times \frac{-20}{2 \times 10^{-6}} = -5\text{ A}$$

在 $5\mathrm{s} \leq t < 7\mathrm{s}$ 区间：

$$i(t) = C\frac{\mathrm{d}u}{\mathrm{d}t} = 0\text{ A}$$

在 7s ≤ t < 8s 区间：
$$i(t) = C\frac{du}{dt} = 0.5\times 10^{-6}\times \frac{10}{10^{-6}} = 5\,\text{A}$$

在 t ≥ 8s 后 i(t) = 0A，则得到电流 i 波形如图 7.4.1（c）所示。可见，电容电流 i 是不连续的，而电容电压是连续的。

【例 7.4.2】 电路如图 7.4.2（a）所示，L = 200mH，电流 i 的变化如图 7.4.2（b）所示。
（1）求电压 u，并画出其曲线。
（2）求电感中储存能量的最大值。
（3）指出电感何时发出能量，何时接收能量。

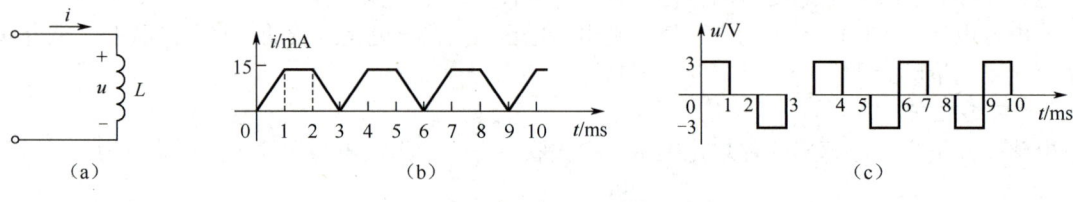

图 7.4.2 例 7.4.2 图

解：（1）由图 7.4.2（a）可知，电感电压 u 与电流 i 为关联参考方向。由式（7.2.2）可知，由于在 t < 0 时电流 i 恒为零，因此在 -∞ < t < 0 区间 u(t) = 0。

在 0 ≤ t < 1ms 区间：
$$u(t) = L\frac{di}{dt} = 0.2\times \frac{15}{1} = 3\,\text{V}$$

在 1ms ≤ t < 2ms 区间：
$$u(t) = L\frac{di}{dt} = 0\,\text{V}$$

在 2ms ≤ t < 3ms 区间：
$$u(t) = L\frac{di}{dt} = 0.2\times \frac{-15}{1} = -3\,\text{V}$$

依次分析可得到电压 u 波形如图 7.4.2（c）所示。可见，电感电流 i 是连续的，而电感电压 u 是不连续的。

（2）由式（7.2.7）可得，电感吸收的能量为 $w_L(t) = \frac{1}{2}Li^2(t)$，则电感中储存能量的最大值对应着电流最大值时刻，即 $w_L(t) = \frac{1}{2}Li^2(t) = \frac{1}{2}\times 0.2\times (15\times 10^{-3})^2 = 22.5\times 10^{-6}\,\text{J}$。

（3）由图 7.4.2（b）和（c）可知，在 0 ≤ t < 1ms 区间，u > 0，i > 0，因而 p > 0，电感吸收功率，其储能逐渐增高，这是电感元件充电的过程。在区间 1 ≤ t < 2ms，u = 0，i > 0，因而 p = 0，电感储能保持不变。在区间 2 ≤ t < 3ms，u < 0，i > 0，因而 p < 0，电感发出功率，其储能逐渐减小，这是电感放电的过程。这个过程交替进行，不断对电感进行充放电。

习 题 7

7.1 一电容 C = 0.5F，其电流、电压为关联参考方向，如其端电压 $u = 4(1-e^{-t})$V，t > 0。求 t > 0 时的电流 i，粗略画出其电压和电流的波形。电容的最大储能是多少？

7.2 一电容 C = 0.5F，其电流、电压为关联参考方向，如其端电压 u = 4cos 2t V，-∞ < t < ∞。求其电流 i，粗略画出电压和电流的波形，电容的最大储能是多少？

7.3 一电容 $C = 0.2$F，其电流如图 T7.1 所示，若已知在 $t = 0$ 时，电容电压 $u(0) = 0$V。求其端电压 u，并画出波形。

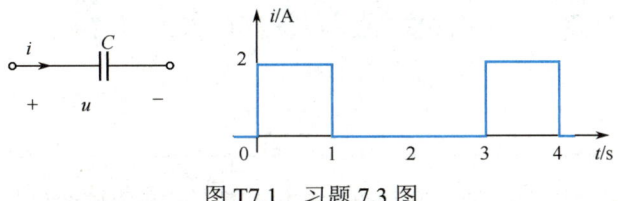

图 T7.1　习题 7.3 图

7.4 一电感 $L = 0.2$H，其电流、电压为关联参考方向，如通过它的电流 $i = 5(1-e^{-2t})$A，$t \geq 0$。求 $t \geq 0$ 时的端电压，并粗略画出其波形，电感的最大储能是多少？

7.5 一电感 $L = 0.5$H，其电流、电压为关联参考方向，如通过它的电流 $i = 2\sin 5t$A，$-\infty < t < \infty$。求端电压 u，并粗略画出其波形。

7.6 一电感 $L = 4$H，其端电压的波形如图 T7.2 所示。已知 $i(0) = 0$A，求其电流，并画出其波形。

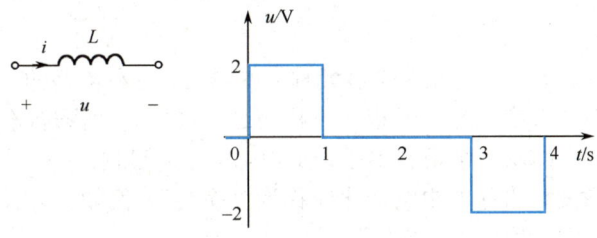

图 T7.2　习题 7.6 图

7.7 电路如图 T7.3 所示，已知电阻端电压 $u_R = 5(1-e^{-10t})$V，$t \geq 0$。求 $t \geq 0$ 时的电压 u。

7.8 电路如图 T7.4 所示，已知电阻中的电流 i_R 的波形如图 T7.4 所示。求总电流 i。

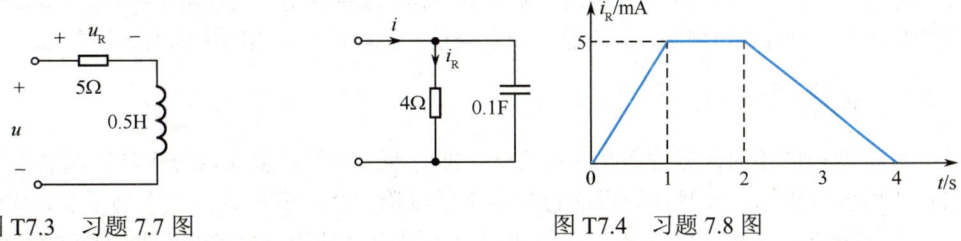

图 T7.3　习题 7.7 图　　　　　　图 T7.4　习题 7.8 图

7.9 电路如图 T7.5 所示，已知 $u = 5+2e^{-2t}$V，$t \geq 0$，$i = 1+2e^{-2t}$A，$t \geq 0$。求电阻 R 和电容 C。

7.10 电路如图 T7.6 所示。

（1）求图 T7.6（a）中 ab 端的等效电感。

（2）图 T7.6（b）中各电容 $C = 10\mu$F，求 ab 端的等效电容。

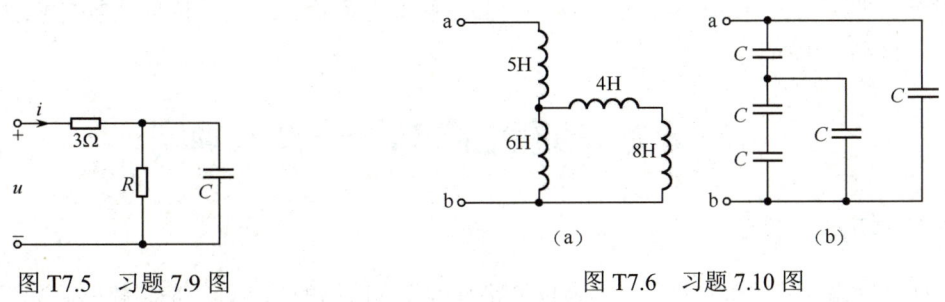

图 T7.5　习题 7.9 图　　　　　　图 T7.6　习题 7.10 图

第 8 章 动态电路的时域分析

第 8 章

[内容提要]

本章研究的对象是动态电路,即含有动态元件的电路。本章将讨论动态电路的暂态过程的时域分析法(经典法),分析动态电路中电路响应与时间的函数关系。

8.1 动态电路

8.1.1 动态电路的暂态过程

动态电路是指含有动态元件(电感和电容元件)的电路。这种电路的一个特征是当电路的结构或元件的参数发生变化时,会产生暂态过程(也称为过渡过程)。所谓暂态过程,是指存在于两种稳态之间的一种渐变过程,即从一个稳态到另一个稳态的过渡过程。

上述电路结构或参数变化引起的电路变化统称为"换路"。例如,开关的通、断;电源的接入或切断;元件参数的改变等,均称为"换路"。

8.1.2 动态电路的方程及阶数

由于动态元件的电压与电流之间呈微分关系或积分关系,根据基尔霍夫定律对动态电路列出的方程是微分方程。如果动态电路的方程是一阶微分方程,就称该电路为一阶电路;如果动态电路的方程是二阶微分方程,就称该电路为二阶电路,依次类推。二阶以上的电路也称为高阶电路。

8.1.3 暂态过程的分析方法

分析动态电路的暂态过程有 3 种方法,即时域分析法、复频域分析法和状态变量分析法。本章只讨论时域分析法,复频域分析法将在第 9 章讨论,状态变量分析法本书不展开讲解。

时域分析法又称为经典法,它是通过对换路以后的电路建立以时间为自变量的线性常微分方程,然后找出电路的初始条件求出微分方程定解,从而得到电路所求变量的方法(电压或电流)。经典法是一种在时间域中的分析方法,多用于一阶和二阶电路。

复频域分析法也称为运算法,它利用数学中的拉普拉斯变换将已知时域函数变换为频域函数,从而把时域的微分方程转换为频域的代数方程求出频域函数后,再进行拉普拉斯反变换,返回时域,即可获得所需响应,而不必列写和求解微分方程。所以,拉普拉斯变换法一般用于求解高阶复杂动态电路。

8.2 动态电路初始条件的确定

8.2.1 初始条件

研究动态电路的暂态过程,通常以换路时刻作为时间的起点,一般将换路时刻记为 $t=0$,换路前的一瞬间记为 $t=0_-$,换路后的一瞬间记为 $t=0_+$。也就是说,$t=0_-$ 和 $t=0_+$ 分别代表换路前的最终时刻和换路后的最初时刻,换路经历的时间为 0_- 到 0_+。0_- 和 0_+ 与 0 之间的间隔趋近于零。将所讨论的电路变量及其一阶至 $n-1$ 阶导数在 $t=0_+$ 的值,称为初始值,也称为初始条件。例如,电容电压 u_C 的初始值记为 $u_C(0_+)$。

在用经典法分析动态电路时,必须根据电路的初始条件确定微分方程解中的积分常数。

8.2.2 换路定则

如果在换路前后,电容电流 i_C 及电感电压 u_L 为有限值,换路时电容电压 $u_C(t)$ 和电感电流 $i_L(t)$ 就不会产生突变。$u_C(t)$ 和 $i_L(t)$ 是连续变化的,也即

$$u_C(0_+)=u_C(0_-),\ i_L(0_+)=i_L(0_-) \tag{8.2.1}$$

因为 $q_C=Cu_C$ 及 $\psi_L=Li_L$,所以由式(8.2.1)可得

$$q_C(0_+)=q_C(0_-),\ \psi_L(0_+)=\psi_L(0_-) \tag{8.2.2}$$

式(8.2.1)和式(8.2.2)称为换路定则,它将换路前的电路和换路后的电路联系起来。

8.2.3 初始条件的计算方法

在动态电路中,将电容电压 $u_C(t)$ 和电感电流 $i_L(t)$ 称为电路的状态变量,它们任何时刻的值构成了该时刻电路的状态。相应地,将 $u_C(0_+)$ 和 $i_L(0_+)$ 称为电路的初始状态。

初始状态一般可以根据其在 $t=0_-$ 时的值,$u_C(0_-)$ 和 $i_L(0_-)$ 由换路定则确定,电路的其他非状态变量的初始条件(如电阻电压或电流、电容电流、电感电压等)则需通过已知的初始状态求得。

在有限电容电流的条件下,在 $t=0_-$ 时,若 $u_C(0_-)=U_0$,则 $u_C(0_+)=u_C(0_-)=U_0$;在 $t=0_+$ 时,可将此电容视为一个电压值为 U_0 的电压源,当 $U_0=0$ 时,换路瞬间电容相当于短路。同样,在有限的电感电压条件下,在 $t=0_-$ 时,若 $i_L(0_-)=I_0$,则 $i_L(0_+)=i_L(0_-)=I_0$;在 $t=0_+$ 时,可将此电感视为一个电流值为 I_0 的电流源,当 $I_0=0$ 时,换路瞬间电感相当于开路。

初始条件的计算步骤如下。

(1)由换路前最终时刻即 $t=0_-$ 时的电路求出电路的独立状态变量值 $u_C(0_-)$ 和 $i_L(0_-)$,从而根据换路定则得到 $u_C(0_+)$ 和 $i_L(0_+)$。

(2)画出 $t=0_+$ 时的等效电路。在这一等效电路中,将电容用电压为 $u_C(0_+)$ 的直流电压源代替,将电感用电流为 $i_L(0_+)$ 的直流电流源代替。

(3)由 $t=0_+$ 时的等效电路,并用直流电路分析方法求得其他非状态变量的各初始值。

【例 8.2.1】 在图 8.2.1(a)所示电路中,$U_S=10\text{V}$,$R_1=3\Omega$,$R_2=2\Omega$,开关 S 闭合已经很久,$t=0$ 时断开开关,试求换路前后瞬间的电容电压、电容电流、电感电压、电感电流。

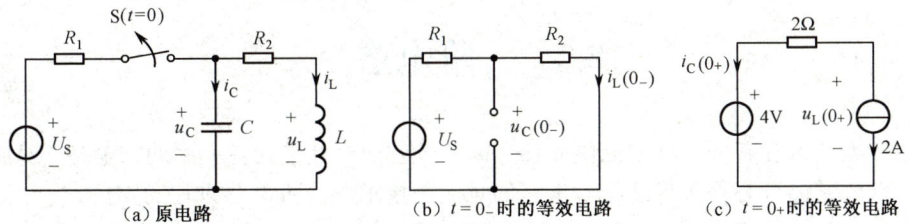

图 8.2.1 例 8.2.1 图

解:(1)$t=0_-$ 时的等效电路如图 8.2.1(b)所示,由于开关 S 闭合已经很久,此时电容用开路代替,电感用短路代替,可求出

$$i_C(0_-)=0\text{A},\ u_C(0_-)=\frac{R_2}{R_1+R_2}U_S=\frac{2}{3+2}\times 10=4\text{V}$$

$$i_L(0_-) = \frac{U_S}{R_1+R_2} = \frac{10}{3+2} = 2\text{A}, \quad u_L(0_-) = 0\text{V}$$

（2）由换路定则有

$$u_C(0_+) = u_C(0_-) = 4\text{V}$$
$$i_L(0_+) = i_L(0_-) = 2\text{A}$$

画出 $t=0_+$ 时的等效电路，如图 8.2.1（c）所示，并求得

$$i_C(0_+) = -2\text{A}$$
$$u_L(0_+) = 4-2\times 2 = 0\text{V}$$

从本例计算值可以看出，在换路瞬间，除 u_C 和 i_L 之外，其余的电压、电流均可能突变，即只有 u_C 和 i_L 遵循换路定则。因此，在 $t=0_+$ 时，除 $u_C(0_+)$ 和 $i_L(0_+)$ 之外，其余电压、电流的求解均无意义，不必去求。

【例 8.2.2】 确定图 8.2.2（a）所示电路中各电流和电压的初始值。设开关闭合前电感元件和电容元件均未储能。

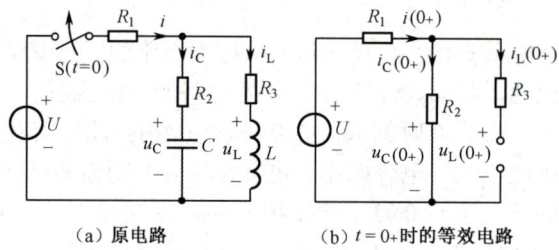

（a）原电路　　　　　　　（b）$t=0_+$ 时的等效电路

图 8.2.2　例 8.2.2 图

解：（1）依题意由 $t=0_-$ 时的电路可知

$$u_C(0_-) = 0\text{V}, \quad i_L(0_-) = 0\text{A}$$

因此
$$u_C(0_+) = u_C(0_-) = 0\text{V}, \quad i_L(0_+) = i_L(0_-) = 0\text{A}$$

（2）画出 $t=0_+$ 时的等效电路，如图 8.2.2（b）所示。在等效电路中将电容元件短路、电感元件开路，可求得

$$i(0_+) = i_C(0_+) = \frac{U}{R_1+R_2}$$

$$u_L(0_+) = R_2 i_C(0_+) = \frac{R_2}{R_1+R_2}U$$

8.3　一阶电路

一阶电路一般指只含有一个独立储能元件（或等效为一个储能元件）的动态电路，对应的电路方程将是一阶线性常微分方程，求解一阶电路的响应是指求出一阶微分方程的实解。

一阶电路概述

零输入响应

零输入响应的计算

8.3.1 零输入响应

零输入响应是指动态电路在无输入激励的情况下，仅由动态元件初始储能所产生的响应。

一阶电路有 RC 电路和 RL 电路，下面分别讨论这两种电路的零输入响应。

1. RC 电路的零输入响应

RC 电路如图 8.3.1 所示。在该 RC 电路中，设开关 S 闭合前，电容已充满电，其电压 $u_C(0_-)=U_0$。$t=0$ 时开关 S 闭合，电容储存的能量将通过电阻以热能形式释放出来，电路的响应是零输入响应。

当 $t \geq 0_+$ 时，根据 KVL，有

$$u_R - u_C = 0$$

而 $u_R=Ri$，$i=-C\dfrac{du_C}{dt}$，代入上式得

$$RC\dfrac{du_C}{dt} + u_C = 0$$

这是一阶齐次微分方程，初始条件为

$$u_C(0_+) = u_C(0_-) = U_0$$

微分方程的通解为

$$u_C(t) = Ae^{Pt} \tag{8.3.1}$$

式中，P 为特征根。特征方程为

$$RCP+1=0, \quad P=-\dfrac{1}{RC}$$

代入式（8.3.1）得

$$u_C(t) = Ae^{-\frac{1}{RC}t} \tag{8.3.2}$$

根据 $u_C(0_+)=u_C(0_-)=U_0$，代入式（8.3.2）可得积分常数，即

$$A = u_C(0_+) = U_0$$

于是有满足初始值的微分方程的解为

$$u_C(t) = u_C(0_+)e^{-\frac{1}{RC}t} = U_0 e^{-\frac{1}{RC}t} \quad (t \geq 0) \tag{8.3.3a}$$

电路中的电流为

$$i(t) = -C\dfrac{du_C}{dt} = -C\dfrac{d}{dt}(U_0 e^{-\frac{1}{RC}t}) = -CU_0\left(-\dfrac{1}{RC}\right)e^{-\frac{1}{RC}t}$$

$$= \dfrac{U_0}{R}e^{-\frac{1}{RC}t} \quad (t>0) \tag{8.3.3b}$$

u_C 和 i 随时间变化的曲线如图 8.3.2 所示。

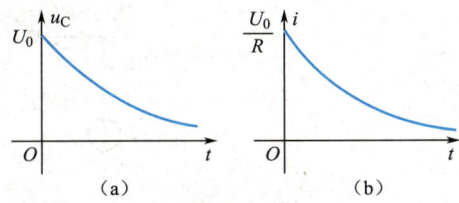

图 8.3.2 u_C 和 i 随时间变化的曲线

由式（8.3.3）可见，电压、电流均以相同的指数规律变化，变化的快慢取决于 R 和 C 的乘积。令 $\tau=RC$，由于 τ 具有时间的量纲，因此称它为 RC 电路的时间常数。引入 τ 后，式（8.3.3）可表示为

$$u_C(t) = u_C(0_+)e^{-\frac{1}{\tau}t} = U_0 e^{-\frac{1}{\tau}t} \quad (t \geq 0)$$
$$i(t) = \frac{U_0}{R} e^{-\frac{1}{\tau}t} \quad (t > 0)$$
（8.3.4）

只有一阶电路才有时间常数的概念。τ 的大小反映了一阶电路过渡过程的进展速度，它是反映过渡过程特性的一个重要的量。τ 越大，指数函数衰减越慢，其暂态过程所经历的时间越长。因为在一定初始电压 U_0 下，电容 C 越大，则储存的电荷越多；而电阻 R 越大，则放电电流越小，这都促使放电变慢。

由式（8.3.4）计算得

当 $t=0$ 时 $\quad\quad\quad\quad\quad\quad\quad\quad u_C(0) = U_0$

当 $t=\tau$ 时 $\quad\quad\quad\quad\quad\quad\quad u_C(\tau) = 0.368U_0$

上式表明，经过时间 τ 后，电容电压衰减为初始值的 36.8%。

表 8.3.1 列出了 t 等于 0、τ、2τ、3τ、4τ、5τ、∞ 时的电容电压值。

表 8.3.1　不同 t 时刻的电容电压值

t	0	τ	2τ	3τ	4τ	5τ	∞
$u_C(t)$	U_0	$0.368U_0$	$0.135U_0$	$0.05U_0$	$0.018U_0$	$0.007U_0$	0

由表 8.3.1 可见，理论上要经过无限长的时间，u_C 才能衰减为零，但由于波形衰减很快，工程上一般认为换路后，经过 $3\tau \sim 5\tau$ 的时间过渡，衰减过程基本结束。

时间常数 τ 还具有明确的几何意义。如图 8.3.3 所示，在电容电压 u_C 的曲线上任取一点 P，通过 P 点作曲线的切线 PQ，则图中的次切距为

$$MQ = \frac{PM}{\tan\alpha} = \frac{u_C(t_0)}{-\frac{du_C}{dt}\big|_{t=t_0}} = \frac{U_0 e^{-\frac{t_0}{\tau}}}{\frac{1}{\tau}U_0 e^{-\frac{t_0}{\tau}}} = \tau$$

上式表明，时间坐标上次切距的长度等于时间常数，这便是时间常数 τ 的几何意义。

综上所述，RC 电路的零输入响应是依靠电容上的初始储能来维持的。随着放电过程的进行，电容不断放出能量为电阻所消耗，从而决定了电路零输入响应按指数规律衰减的特性。RC 电路零输入响应的瞬时值取决于电容上的初始电压 U_0 和电路的时间常数 τ。

【例 8.3.1】　电路如图 8.3.4 所示，开关 S 闭合前电路已处于稳态。在 $t=0$ 时，将开关闭合，试求 $t \geq 0$ 时的电压 u_C 和电流 i_C、i_1 及 i_2。

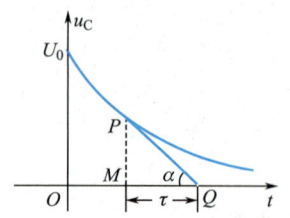

图 8.3.3　时间常数 τ 的几何意义　　　　图 8.3.4　例 8.3.1 图

解：首先求出初始值。

在 $t=0_-$ 时，求得电压为

$$u_C(0_-) = \frac{5}{1+2+2} \times 2 = 2\text{V}$$

$$u_C(0_+) = u_C(0_-) = 2\text{V}$$

根据 $t \geq 0$ 时的电路，求得时间常数为

$$\tau = \frac{2 \times 2}{2+2} \times 5 \times 10^{-6} = 5 \times 10^{-6} \text{s}$$

由式（8.3.4）可得

$$u_C = 2\mathrm{e}^{-\frac{10^6}{5}t} = 2\mathrm{e}^{-2 \times 10^5 t} \text{V}, \quad t \geq 0$$

并由此得

$$i_C = C\frac{\mathrm{d}u_C}{\mathrm{d}t} = -2\mathrm{e}^{-2 \times 10^5 t} \text{A}, \quad t > 0$$

$$i_2 = \frac{u_C}{2} = \mathrm{e}^{-\frac{10^6}{5}t} = \mathrm{e}^{-2 \times 10^5 t} \text{A}, \quad i_1 = i_C + i_2 = -\mathrm{e}^{-2 \times 10^5 t} \text{A}, \quad t > 0$$

2. RL 电路的零输入响应

RL 电路如图 8.3.5（a）所示。图中的开关 S 连接 1 端已经很久，电感中的电流等于电流源的电流 I_0，即 $i_L(0_-)=I_0$。

在 $t=0$ 时开关由 1 端合到 2 端。具有初始电流 I_0 的电感 L 和电阻 R 连接，构成了一个闭合回路，如图 8.3.5（b）所示。

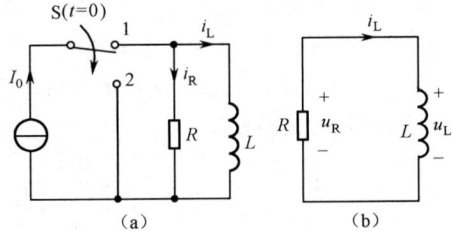

图 8.3.5 $t=0$ 时 RL 电路开关与电流源断开

在 $t > 0$ 时，根据 KVL，有

$$u_R - u_L = 0$$

而 $u_R = -Ri_L$，$u_L = L\frac{\mathrm{d}i_L}{\mathrm{d}t}$，故得电路的微分方程为

$$L\frac{\mathrm{d}i_L}{\mathrm{d}t} + Ri_L = 0$$

这也是一个一阶微分方程，其初始条件为 $i_L(0_+)=i_L(0_-)=I_0$。

特征方程为

$$LP + R = 0, \quad P = -\frac{R}{L}$$

方程的通解为

$$i_L(t) = A\mathrm{e}^{-\frac{R}{L}t}, \quad t \geq 0$$

代入初始条件 $i_L(0_+)=I_0$ 得 $A=I_0$。

令 $\tau = L/R$，最后得电感电流和电感电压的表达式为

$$i_L(t) = i_L(0_+)\mathrm{e}^{-\frac{t}{\tau}} = I_0\mathrm{e}^{-\frac{t}{\tau}}, \quad t \geq 0 \tag{8.3.5a}$$

$$u_L(t) = L\frac{\mathrm{d}i_L}{\mathrm{d}t} = -RI_0\mathrm{e}^{-\frac{t}{\tau}}, \quad t > 0 \tag{8.3.5b}$$

与 RC 电路类似，$\tau = L/R$ 称为 RL 电路的时间常数。

i_L 和 u_L 的波形如图 8.3.6 所示。

结果表明，RL 电路零输入响应也是按指数规律衰减。衰减的快慢取决于时间常数 τ。

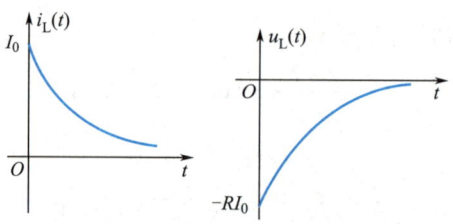

图 8.3.6　i_L 和 u_L 的波形

综上所述，一阶电路的零输入响应是由动态元件的初始储能引起的，并且随着时间 t 的增加，电路中电压、电流均从初始值开始按指数规律衰减至零。如果用 $y(t)$ 表示零输入响应，并记初始值为 $y(0_+)$，那么一阶电路的零输入响应可统一表示为

$$y(t) = y(0_+)\mathrm{e}^{-\frac{t}{\tau}} \qquad (t>0) \qquad (8.3.6)$$

式中，τ 为一阶电路的时间常数。对于 RC 电路，$\tau = RC$；对于 RL 电路，$\tau = L/R$，式中 R 为一阶电路从储能元件两端看过去的戴维南等效电阻。

【例 8.3.2】　电路如图 8.3.7 所示。图中 R、L 是发电机的励磁线圈模型，已知励磁绕组的电阻 $R=0.2\Omega$，电感 $L=0.4\mathrm{H}$，直流电压 $U=35\mathrm{V}$。电压表的量程为 50V，内阻 $R_V=5\mathrm{k}\Omega$，如果开关未断开时，电路已达到稳态，在 $t=0$ 时断开开关。求：（1）电路的时间常数；（2）开关断开后电流 i 的初始值和最终值；（3）电流 i 和电压表处的电压 u_V；（4）开关刚断开时，电压表处的电压 u_V。

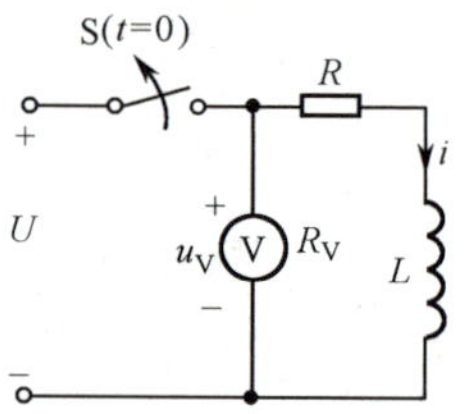

解：（1）时间常数 τ 为

$$\tau = \frac{L}{R+R_V} = \frac{0.4}{0.2+5\times10^3} \approx 8\times10^{-5}\mathrm{s}$$

（2）由于开关未断开时，电路达到稳态，因此

$$i(0_-) = U/R = 35/0.2 = 175\mathrm{A}$$

从而有

$$i(0_+) = i(0_-) = 175\mathrm{A}$$

电流 i 的最终值为

$$i(\infty) = 0\mathrm{A}$$

图 8.3.7　例 8.3.2 图

（3）由式（8.3.5a）有

$$i = i(0_+)\mathrm{e}^{-\frac{t}{\tau}} = 175\mathrm{e}^{-12500t}\mathrm{A}, \quad t \geq 0$$

$$u_V = -R_V \cdot i = -875\mathrm{e}^{-12500t}\mathrm{kV}, \quad t > 0$$

（4）开关刚断开，即 $t = 0_+$ 时，电压表处的电压为

$$u_V(0_+) = -875\mathrm{kV}$$

由计算结果可知，在 $t=0_+$ 时，电压表要承受很高的电压，其绝对值远远大于直流电源的电压 U，而且初始瞬间电流也很大，可能损坏电压表。若不接电压表，这个高电压则可能使开关两个触点间的空气击穿而造成电弧以延缓电流的中断，开关触点因而被烧坏。所以往往在电源断开的同时将线圈加以短路，以便使电流（或磁能）逐渐减小。有时为了加速线圈放电的过程，可用一个低值泄放电阻与线圈连接。泄放电阻不宜过大，否则在线圈两端会出现过电压。

8.3.2　零状态响应

零状态响应是动态电路在动态元件初始储能为零的情况下，仅由输入激励所引起的响应。

1. RC 电路的零状态响应

RC 电路如图 8.3.8 所示，图中的电容原来未充电 $u_C(0_-)=0\mathrm{V}$。在 $t=0$ 时，开关 S 闭合，电压源

U_S 通过电阻 R 向电容 C 充电,直到电容电压等于电源电压,电流变为零,充电结束,电路达到稳态。电路的响应是零状态响应。

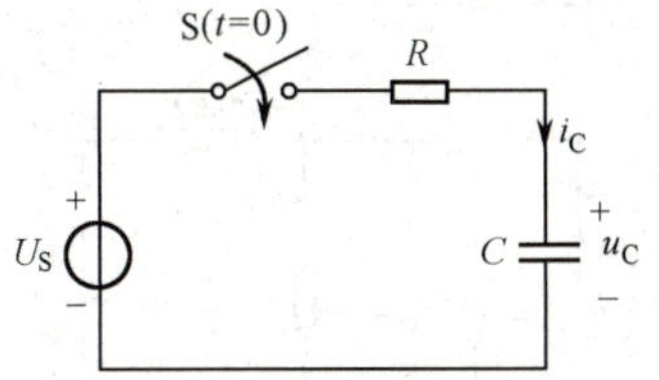

在 $t \geq 0_+$ 时,根据 KVL,以电容电压 u_C 为变量列出电路的微分方程,即

$$RC\frac{du_C}{dt} + u_C = U_S \quad (8.3.7)$$

这是一个一阶非齐次常微分方程,初始条件为

$$u_C(0_+) = u_C(0_-) = 0$$

根据高等数学知识,其解答由两部分组成,即

$$u_C = u_{Ch} + u_{Cp} \quad (8.3.8)$$

u_{Ch} 为齐次方程的通解,其形式与零输入响应相同,即

$$u_{Ch} = Ae^{-\frac{t}{RC}} \quad (8.3.9)$$

图 8.3.8 RC 电路的零状态响应

式中,u_{Cp} 为非齐次方程的特解。一般来说,它具有与激励相同的函数形式。当激励为直流电压源时,其特解 u_{Cp} 为常数,令

$$u_{Cp} = K$$

将它代入式(8.3.7)求得

$$u_{Cp} = K = U_S$$

因而

$$u_C = u_{Ch} + u_{Cp} = Ae^{-\frac{t}{RC}} + U_S \quad (8.3.10)$$

将初始条件 $u_C(0_+) = 0$ 代入式(8.3.10)得

$$u_C(0_+) = A + U_S = 0$$

求得

$$A = -U_S$$

代入式(8.3.10)得零状态响应为

$$\left. \begin{array}{l} u_C = U_S(1 - e^{-\frac{1}{RC}t}) = U_S(1 - e^{-\frac{t}{\tau}}), \quad t \geq 0 \\ i_C = C\frac{du_C}{dt} = \frac{U_S}{R}e^{-\frac{t}{\tau}}, \quad t > 0 \end{array} \right\} \quad (8.3.11)$$

式中,$\tau = RC$ 为该电路的时间常数;$U_S = u_C(\infty)$,即电路进入稳态后电容两端电压值,称其为稳态值。直流激励下一阶 RC 电路的零状态响应,其物理过程的实质是换路后电路中电容元件的储能从无到有逐渐建立的过程,因此电容电压从零开始按指数规律上升至稳态值 $u_C(\infty)$。u_C 的一般表达式可写成

$$u_C = u_C(\infty)(1 - e^{-\frac{t}{\tau}}) \quad (t \geq 0) \quad (8.3.12)$$

u_C 和 i_C 随时间变化的曲线如图 8.3.9 所示。

由式(8.3.11)及图 8.3.9 中的曲线可知,u_C 和 i_C 均按指数规律变化,同样经过 $(3 \sim 5)\tau$ 时间后,可以认为暂态过程已基本结束。暂态过程进展的速度即零状态响应变化的快慢取决于电路的时间常数 τ。τ 越大,暂态过程即充电过程就越长。

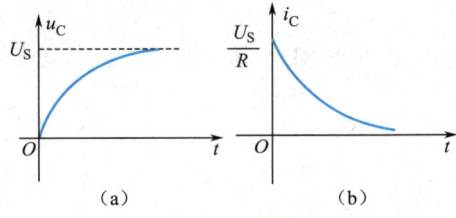

图 8.3.9 u_C 和 i_C 随时间变化的曲线

【例 8.3.3】 电路如图 8.3.10(a)所示。已知 $u_C(0_-) = 0$V,$t = 0$ 时断开开关,求 $t \geq 0$ 时的 u_C、i_C 及 i_1。

解:由于换路前 $u_C(0_-) = 0$V,换路后电流源 I_S 接入电路,因此所求 u_C、i_C、i_1 均为零状态响应。

换路后从电容 C 看过去的戴维南等效电路如图 8.3.10（b）所示，其中等效电源的电压和等效电阻分别为

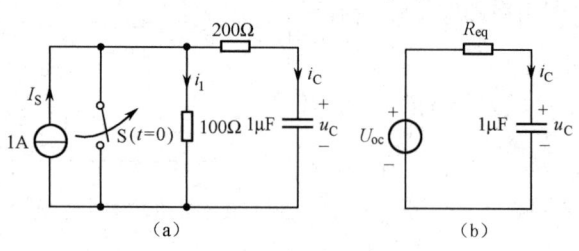

图 8.3.10 例 8.3.3 图

$U_{oc}=100\times 1=100\text{V}$

$R_{eq}=200+100=300\Omega$

电路的时间常数为

$\tau=R_{eq}C=300\times 1\times 10^{-6}=3\times 10^{-4}\text{s}$

当 $t\to\infty$ 时，电路达到新的稳态，电容相当于开路。故求得

$u_C(\infty)=U_{oc}=100\text{V}$

根据式（8.3.12），可得

$$u_C=u_C(\infty)(1-e^{-\frac{t}{\tau}})=100(1-e^{-\frac{1}{3}\times 10^4 t})\text{V},\quad t\geq 0$$

$$i_C=C\frac{du_C}{dt}=10^{-6}\times 100\times \frac{1}{3}\times 10^4\times e^{-\frac{1}{3}\times 10^4 t}=\frac{1}{3}e^{-\frac{1}{3}\times 10^4 t}\text{A},\quad t>0$$

根据图 8.3.10（a），由 KCL 得

$$i_1=I_S-i_C=1-\frac{1}{3}e^{-\frac{1}{3}\times 10^4 t}\text{A},\quad t>0$$

2. RL 电路的零状态响应

RL 电路如图 8.3.11 所示。RL 电路在开关转换前，电感电流为零，即 $i_L(0_-)=0$。当 $t=0$ 时，开关由 1 端转向 2 端，此时电流源的电流全部流过电阻，随着时间的增加，电感电流由零逐渐增加，直到等于电流源电流，电路达到稳态。电路在直流电流源激励下产生零状态响应。

以电感电流为变量，对换路后的等效电路列出电路微分方程，即

$$i_R+i_L=I_S,\quad 而\quad i_R=\frac{u_L}{R}=\frac{L}{R}\frac{di_L}{dt}$$

故有

$$\frac{L}{R}\frac{di_L}{dt}+i_L=I_S,\quad t\geq 0 \quad (8.3.13)$$

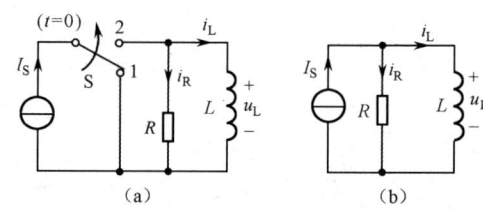

图 8.3.11 $t=0$ 时 RL 电路与直流电流源接通

这是一阶非齐次常微分方程，与式（8.3.7）相似，方程的解为

$$i_L=i_{Lh}+i_{Lp}=Ae^{-\frac{R}{L}t}+I_S=Ae^{-\frac{t}{\tau}}+I_S$$

式中，$\tau=L/R$ 为该电路的时间常数。

将初始条件 $i_L(0_+)=i_L(0_-)=0$ 代入上式，得

$$i_L(0_+)=A+I_S=0$$
$$A=-I_S$$

由此得 RL 一阶电路的零状态响应为

$$\left.\begin{array}{l}i_L=I_S(1-e^{-\frac{R}{L}t})=I_S(1-e^{-\frac{t}{\tau}}),\quad t\geq 0\\ u_L=L\frac{di_L}{dt}=RI_Se^{-\frac{R}{L}t}=RI_Se^{-\frac{t}{\tau}},\quad t>0\end{array}\right\} \quad (8.3.14)$$

式中，$\tau=L/R$ 为该电路的时间常数；$I_S=i_L(\infty)$，即电路进入稳态后流经电感的电流值，称为稳态值。i_L、u_L 的波形如图 8.3.12 所示。

由式（8.3.14）和图 8.3.12 中的曲线可知，RL 电路零状态响应的物理本质是该电路中动态元件（L）储能从无到有的建立过程。相应地，电感电流由零开始按指数规律上升至稳态值 $i_L(\infty)$，表示为一般形式有

$$i_L = i_L(\infty)(1-e^{-\frac{t}{\tau}}), \quad t \geq 0 \qquad (8.3.15)$$

时间常数 τ 的大小仍然反映了电路零状态响应变化的快慢。

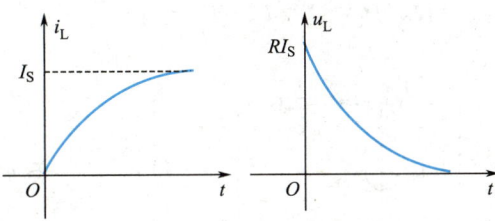

图 8.3.12　i_L、u_L 的波形

【例 8.3.4】 电路如图 8.3.13（a）所示，已知 $i_L(0_-)=0$A。$t=0$ 时闭合开关，求 $t \geq 0$ 时的电感电流 i_L、电感电压 u_L 和 6Ω 电阻上的电流 i。

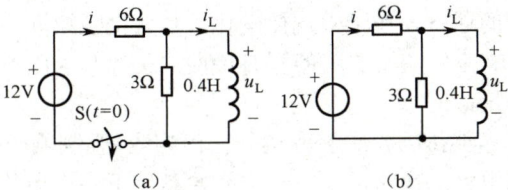

图 8.3.13　例 8.3.4 图

解： 开关闭合后电路如图 8.3.13（b）所示。由于 $i_L(0_+)=i_L(0_-)=0$A 电路为零状态响应，因此电路的时间常数为

$$\tau = \frac{L}{R_{eq}} = \frac{0.4}{6//3} = 0.2\text{s}, \quad i_L(\infty) = \frac{12}{6} = 2\text{A}$$

由式（8.3.15）得

$$i_L = i_L(\infty)(1-e^{-\frac{t}{\tau}}) = 2(1-e^{-5t})\text{A}, \quad t \geq 0$$

$$u_L = L\frac{di_L}{dt} = 4e^{-5t}\text{V}, \quad t > 0$$

$$i = \frac{12-u_L}{6} = \frac{12-4e^{-5t}}{6} = (2-\frac{2}{3}e^{-5t})\text{A}, \quad t > 0$$

8.3.3　全响应

全响应是指电路在外加激励和动态元件初始储能共同作用下所产生的响应。现讨论一阶电路的全响应，介绍一阶电路在直流电源激励下全响应的实用计算方法——三要素法。

1. 全响应及其分解

电路如图 8.3.14（a）所示，开关连接在 1 端已很久，$u_C(0_-)=U_0$，$t=0$ 时开关合向 2 端，$t>0$ 时的电路如图 8.3.14（b）所示。可见，电路为全响应。对图 8.3.14（b）所示电路列出以 u_C 为变量的电路方程，即

$$RC\frac{du_C}{dt} + u_C = U_S \qquad (8.3.16)$$

其解为

$$u_C = u_{Ch} + u_{Cp} = Ae^{-\frac{t}{RC}} + U_S \qquad (8.3.17)$$

代入初始条件 $u_C(0_+) = u_C(0_-) = U_0$，求得

$$u_C(0_+) = A + U_S = U_0$$

全响应

$$A = U_0 - U_S$$

将上式代入式（8.3.17）得全响应

$$u_C = U_S + (U_0 - U_S)e^{-\frac{t}{RC}} = U_S + (U_0 - U_S)e^{-\frac{t}{\tau}}, \quad t \geq 0 \quad (8.3.18)$$

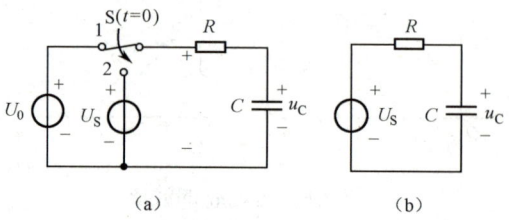

图 8.3.14 $t=0$ 时 RL 电路开关从 1 切换到 2

其中，等号右边第一项是微分方程的特解，其函数形式取决于激励信号的变化规律，称为强制响应；第二项即对应齐次微分方程的通解，按指数规律变化，其变化规律取决于电路结构参数，与激励无关，故称为自由响应。自由响应反映了电路的固有特性，又称其为固有响应。这样全响应可分解为强制响应和自由响应两种分量，即

全响应=齐次解+特解=自由响应+强制响应

对于实际中的多数动态电路，换路后，在一定初始条件下，它会从初始工作状态开始，经历一个瞬态过程后进入新的稳定工作状态。响应中暂态存在，随时间 t 的增加最终将衰减为零的分量称为暂态响应，响应中随时间 t 的增加稳定存在的分量称为稳态响应。这样，全响应又可分解为稳态响应分量和暂态响应分量，即

全响应=暂态响应+稳态响应

式（8.3.18）可以改写为

$$u_C = U_0 e^{-\frac{t}{\tau}} + U_S(1 - e^{-\frac{t}{\tau}}), \quad t \geq 0 \quad (8.3.19)$$

式中，第一项为初始储能单独作用引起的零输入响应；第二项为外加激励单独作用产生的零状态响应，即

全响应=零输入响应+零状态响应

上式说明线性动态电路中，响应是可以叠加的。

上述电路全响应的不同分解方式，为电路响应的分析计算提供了不同途径和方法。

【例 8.3.5】 电路如图 8.3.15（a）所示，开关 S 在 1 端时电路已处于稳态，在 $t=0$ 时，S 由 1 端合向 2 端，试求 $t>0$ 时的 u_C。

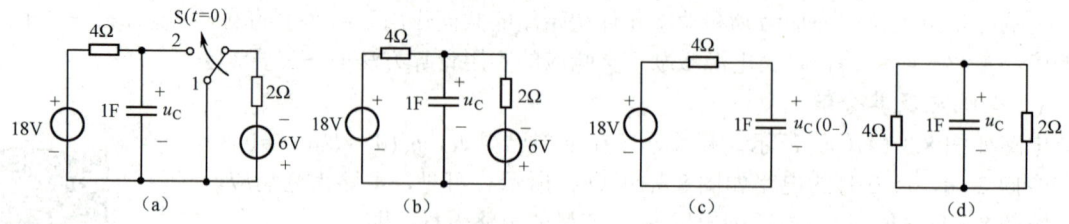

图 8.3.15 例 8.3.5 图

解法 1：根据"全响应=自由响应+强制响应"计算。换路后的电路如图 8.3.15（b）所示。由 KCL 有

$$1 \times \frac{du_C}{dt} + \frac{u_C + 6}{2} - \frac{18 - u_C}{4} = 0$$

即
$$4\times\frac{\mathrm{d}u_C}{\mathrm{d}t}+3u_C=6$$

由 $u_C=u_{Ch}+u_{Cp}$，解得
$$u_C=Ae^{-\frac{3}{4}t}+2$$

式中，齐次解为 $u_{Ch}=Ae^{-\frac{3}{4}t}$，特解为 $u_{Cp}=2$。

根据换路前的电路图 8.3.15（c），求得初始值为
$$u_C(0_+)=u_C(0_-)=18\text{V}$$

上式代入微分方程的解，得
$$u_C(0_+)=A+2=18,\ A=16$$

故得全响应为
$$u_C=(16e^{-\frac{3}{4}t}+2)\text{V},\quad t>0$$

解法 2：根据"全响应=零输入响应+零状态响应"计算。

（1）求零输入响应。

零输入响应对应的电路如图 8.3.15（d）所示，其中初始状态 $u'_C(0_+)=18\text{V}$，时间常数为
$$\tau=R_{eq}C=(4//2)\times 1=\frac{4}{3}\text{s}$$

由式（8.3.6）可求得零输入响应为
$$u'_C=u'_C(0_+)e^{-\frac{1}{\tau}t}=18e^{-\frac{3}{4}t}\text{V},\quad t>0$$

（2）求零状态响应。

零状态响应对应的电路如图 8.3.15（b）所示。其初始状态 $u''_C(0_+)=0\text{V}$，稳态时，有
$$u''_C(\infty)=\frac{18+6}{4+2}\times 2-6=2\text{V}$$

由式（8.3.15）可求得零状态响应为
$$u''_C=u''_C(\infty)(1-e^{-\frac{1}{\tau}t})=2(1-e^{-\frac{3}{4}t})\text{V},\quad t>0$$

（3）求全响应。
$$u_C=u'_C+u''_C=18e^{-\frac{3}{4}t}+2(1-e^{-\frac{3}{4}t})$$
$$=(16e^{-\frac{3}{4}t}+2)\text{V},\quad t>0$$

以上分析显而易见，零输入响应和零状态响应均是全响应的特例。

2. 三要素法

一阶电路的全响应可套用三要素公式求出，无须列写和求解微分方程。如前所述，有

全响应=强制响应+自由响应

式中，全响应 $y(t)$ 的强制分量为微分方程的特解 $y_p(t)$；自由分量为对应齐次方程的通解 $y_h(t)$。

在直流激励下，微分方程的特解 $y_p(t)$ 是常数，即电路换路后的稳态解，记为 $y(\infty)$，齐次解 $y_h(t)=Ae^{-\frac{t}{\tau}}$（$A$ 为积分常数），因此全响应可表示为

$$y(t)=y_p(t)+y_h(t)=y(\infty)+Ae^{-\frac{t}{\tau}} \tag{8.3.20}$$

式中，A 由初始条件决定。

将初始值 $y(0_+)$ 代入式（8.3.20），得
$$y(0_+)=A+y(\infty),\qquad A=y(0_+)-y(\infty)$$

三要素法

将 A 代入式（8.3.20）得一阶电路全响应解为

$$y(t)=y(\infty)+[y(0_+)-y(\infty)]e^{-\frac{t}{\tau}}, \quad t>0 \quad (8.3.21)$$

式中，$y(t)$ 为电路响应；$y(0_+)$ 为 $y(t)$ 换路后最初时刻的值，即初始值；$y(\infty)$ 为 $y(t)$ 在换路后电路达到稳态时的值，称为稳态值；τ 为电路的时间常数。

式（8.3.21）表明，在直流激励下，一阶电路的响应 $y(t)$ 是由初始值 $y(0_+)$、稳态值 $y(\infty)$ 和时间常数 τ 三个要素确定的。通常称式（8.3.21）为三要素公式，利用该公式求解直流激励下一阶电路响应的方法称为三要素法。

【例 8.3.6】 对例 8.3.5 用三要素法求 $t>0$ 时的 u_C。

解：（1）求初始值 $u_C(0_+)$。在 $t=0$ 时，电路如图 8.3.15（c）所示，电路处于稳态，电容相当于开路，得

$$u_C(0_+)=u_C(0_-)=18\text{V}$$

（2）求稳态值 $u_C(\infty)$。在 $t\to\infty$ 时，电路如图 8.3.15（b）所示，电路处于稳态，电容相当于开路，得

$$u_C(\infty)=\frac{18+6}{4+2}\times 2-6=2\text{V}$$

（3）求时间常数 τ。

$$\tau=R_{eq}C$$

由图 8.3.15（d）可知

$$R_{eq}=4//2=\frac{4}{3}\Omega$$

故有

$$\tau=\frac{4}{3}\times 1=\frac{4}{3}\text{s}$$

（4）求响应 $u_C(t)$。

$$u_C(t)=u_C(\infty)+[u_C(0_+)-u_C(\infty)]e^{-\frac{t}{\tau}}$$
$$=2+(18-2)e^{-\frac{3}{4}t}=2+16e^{-\frac{3}{4}t}\text{V}, \quad t>0$$

【例 8.3.7】 电路如图 8.3.16（a）所示，开关 S 在 1 端时，电路已处于稳态，在 $t=0$ 时，开关由 1 端合到 2 端。试求 $t>0$ 时的 i_L、u。

解：（1）求初始值 $i_L(0_+)$ 和 $u(0_+)$。在 $t=0$ 时，电路如图 8.3.16（b）所示，且

$$i_L(0_-)=\frac{20}{5+(10//10)}\times\frac{1}{2}=1\text{A}$$

$$i_L(0_+)=i_L(0_-)=1\text{A}$$

$t=0_+$ 时的等效电路如图 8.3.16（c）所示，由节点电压法求得

$$u(0_+)=\left(\frac{10}{5}-1\right)/\left(\frac{1}{5}+\frac{1}{10}\right)=\frac{10}{3}\text{V}$$

（2）求稳态值 $i_C(\infty)$ 和 $u(\infty)$。$t\to\infty$ 时的电路如图 8.3.16（d）所示，求得

$$i_L(\infty)=\frac{10}{5+(10//10)}\times\frac{1}{2}=\frac{1}{2}\text{A}$$

$$u(\infty)=\frac{10//10}{5+(10//10)}\times 10=5\text{V}$$

（3）求时间常数 τ。根据图 8.3.16（e）得

第 8 章 动态电路的时域分析

$$R_{eq}=(5//10)+10=\frac{40}{3}\,\Omega$$

$$\tau=\frac{L}{R_{eq}}=\frac{2\times10^{-3}}{40/3}=\frac{3}{2}\times10^{-4}\,s$$

（4）求响应 i_L 和 u。

$$i_L=i_L(\infty)+[i_L(0_+)-i_L(\infty)]e^{-\frac{t}{\tau}}$$

$$=\frac{1}{2}+\left(1-\frac{1}{2}\right)e^{-\frac{2}{3}\times10^4 t}=\frac{1}{2}+\frac{1}{2}e^{-\frac{2}{3}\times10^4 t}\,A,\quad t>0$$

$$u=u(\infty)+[u(0_+)-u(\infty)]e^{-\frac{t}{\tau}}$$

$$=5+\left(\frac{10}{3}-5\right)e^{-\frac{2}{3}\times10^4 t}=5-\frac{5}{3}e^{-\frac{2}{3}\times10^4 t}\,V,\quad t>0$$

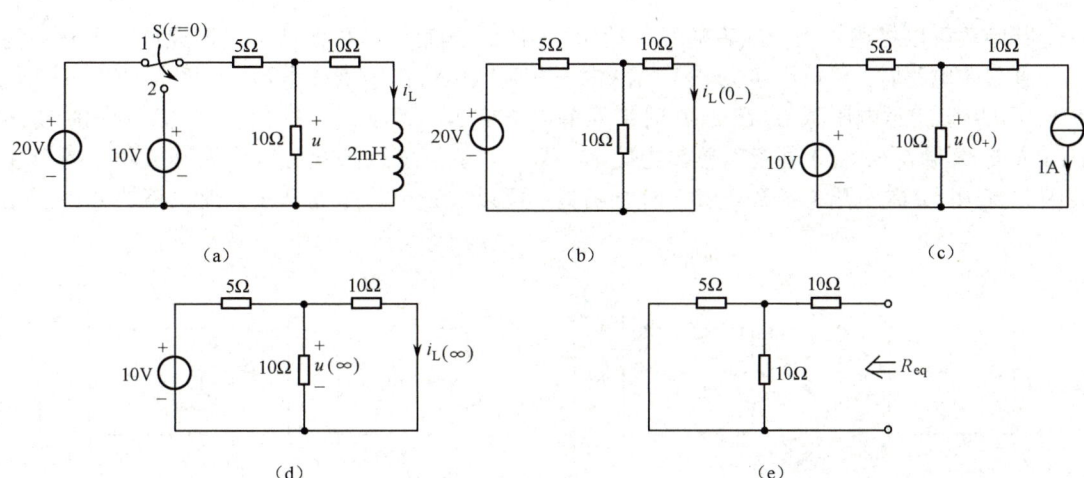

图 8.3.16　例 8.3.7 图

8.3.4　阶跃响应

从前面的讨论中可以知道，直流一阶电路中的各种开关可以起到将直流电压源和电流源接入电路或脱离电路的作用，若引入阶跃函数来描述这些物理现象，则可以更好地建立电路的物理模型和数学模型，也有利于计算机分析和设计电路。

阶跃响应

1. 阶跃函数

单位阶跃函数用 $\varepsilon(t)$ 表示，其定义为

$$\varepsilon(t)=\begin{cases}0,&t\leqslant 0_-\\1,&t\geqslant 0_+\end{cases} \tag{8.3.22}$$

其波形如图 8.3.17（a）所示。

当 $t\leqslant 0_-$ 时，$\varepsilon(t)$ 恒为零；当 $t\geqslant 0_+$ 时，恒为 1；当 $t=0$ 时，$\varepsilon(t)$ 从 0 跃变到 1。

如果 $\varepsilon(t)$ 乘以常量 A，所得结果 $A\varepsilon(t)$ 称为阶跃函数。其表达式为

$$A\varepsilon(t)=\begin{cases}0,&t\leqslant 0_-\\A,&t\geqslant 0_+\end{cases} \tag{8.3.23}$$

式中，A 为跃变量。

其波形如图 8.3.17（b）所示。

当阶跃函数跃变不是在 $t=0$ 时,而是发生在 $t=t_0$ 时,即在时间上延迟 t_0,则称其为延迟的单位阶跃函数 $\varepsilon(t-t_0)$,其表达式为

$$\varepsilon(t-t_0)=\begin{cases}0, & t\leqslant t_{0-}\\ 1, & t\geqslant t_{0+}\end{cases} \quad (8.3.24)$$

其波形如图 8.3.17(c)所示。

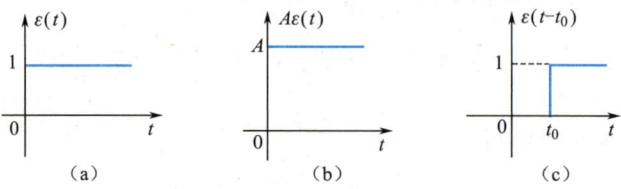

图 8.3.17 阶跃函数的波形

阶跃函数可以描述某些情况下的开关动作。例如,当直流电压源或电流源通过一个开关的作用施加到某个电路时,可以表示为一个阶跃电压或阶跃电流作用于该电路。如图 8.3.18(a)所示,阶跃电压 $U_S\varepsilon(t)$ 表示电压源 U_S 在 $t=0$ 时接入单口电路 N。类似地,图 8.3.18(b)中的阶跃函数 $I_S\varepsilon(t)$ 表示电流源 I_S 在 $t=0$ 时接入单口电路 N。可见,单位阶跃函数可以作为开关动作的数学模型,因此 $\varepsilon(t)$ 也常称为开关函数。引入阶跃函数,可以省去电路中的开关,使电路的分析研究更为方便。

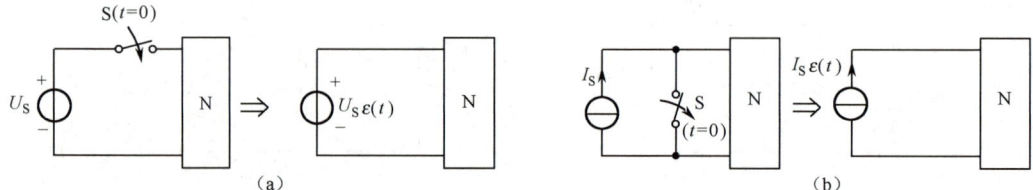

图 8.3.18 用 $\varepsilon(t)$ 表示开关作用

阶跃函数可以用来表示时间上分段恒定的信号。图 8.3.19(a)所示为幅度是 1 的矩形脉冲,可以把它看成由两个阶跃函数组成的,即

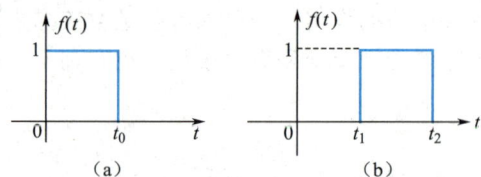

图 8.3.19 用阶跃函数表示矩形脉冲

$$f(t)=\varepsilon(t)-\varepsilon(t-t_0)$$

同理,对于图 8.3.19(b)所示的矩形脉冲,则可写为

$$f(t)=\varepsilon(t-t_1)-\varepsilon(t-t_2)$$

此外,阶跃函数还可用来起始任意函数,或者表示任意函数的作用区间。

设给定信号 $f(t)$ 如图 8.3.20(a)所示,如果要求 $f(t)$ 在 $t=0$ 时开始作用,可以将 $f(t)$ 乘以 $\varepsilon(t)$,如图 8.3.20(b)所示。类似地有:图 8.3.20(c)中的 $f(t)\varepsilon(t-t_0)$ 表示 $f(t)$ 在 $t=t_0$ 时开始作用;图 8.3.20(d)中 $f(t)[\varepsilon(t-t_1)-\varepsilon(t-t_2)]$ 则表示 $f(t)$ 在区间 (t_1,t_2) 上起作用。

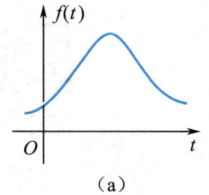 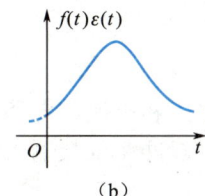 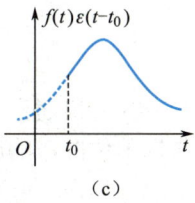 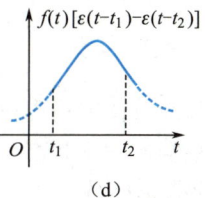

图 8.3.20　用 $\varepsilon(t)$ 表示信号的作用区间

2. 阶跃响应

电路在单位阶跃函数激励下产生的零状态响应称为单位阶跃响应，用 $S(t)$ 表示。一般在阶跃函数作用下，电路的零状态响应称为阶跃响应。

单位阶跃函数 $\varepsilon(t)$ 作用于电路，相当于单位直流电源在 $t=0$ 时接入电路，因此单位阶跃响应与直流激励的响应相同。对于线性时不变动态电路，如果单位阶跃下的零状态响应（单位阶跃响应）是 $S(t)$，那么在阶跃函数 $A\varepsilon(t)$ 激励下的零状态响应（阶跃响应）是 $AS(t)$，而在延迟阶跃函数 $A\varepsilon(t-t_0)$ 激励下的响应是 $AS(t-t_0)$。

【例 8.3.8】　在图 8.3.21（a）所示的电路中，其激励 u_S 的波形如图 8.3.21（b）所示。图中 $\tau = RC$，试求电路的零状态响应 u_C。

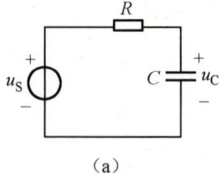 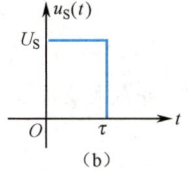 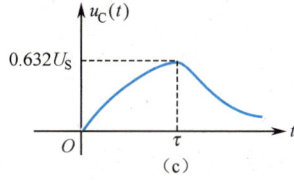

图 8.3.21　例 8.3.8 图

解法 1：用阶跃函数表示激励，求阶跃响应得

$$u_S = U_S\varepsilon(t) - U_S\varepsilon(t-\tau)$$

RC 电路的单位阶跃响应为

$$S(t) = (1 - e^{-\frac{t}{RC}})\varepsilon(t)$$

故

$$u_C(t) = U_S(1 - e^{-\frac{t}{RC}})\varepsilon(t) - U_S(1 - e^{-\frac{t-\tau}{RC}})\varepsilon(t-\tau)$$

式中，第一项为阶跃响应；第二项为延迟的阶跃响应。

解法 2：按电路的工作过程分区间求解。

在 $0 \leq t \leq \tau$ 区间为 RC 电路的零状态响应，即

$$u_C(t) = U_S(1 - e^{-\frac{t}{RC}})$$

在 $\tau < t \leq \infty$ 区间为 RC 电路的零输入响应，即

$$u_C(\tau) = U_S(1 - e^{-\frac{\tau}{RC}}) = 0.632 U_S$$

$$u_C(t) = 0.632 U_S e^{-\frac{t-\tau}{RC}}$$

故所求响应 $u_C(t)$ 为

$$u_C(t) = \begin{cases} U_S(1 - e^{-\frac{t}{RC}}), & 0 \leq t \leq \tau \\ 0.632 U_S e^{-\frac{t-\tau}{RC}}, & t > \tau \end{cases}$$

$u_C(t)$ 的波形如图 8.3.21（c）所示。

8.3.5 冲激响应

冲激函数在电路理论中用来描述快速变化的电压和电流。电路对于单位冲激函数输入的零状态响应称为单位冲激响应，一般冲激函数输入的零状态响应称为冲激响应。

冲激响应

1. 冲激函数

单位冲激函数用 $\delta(t)$ 表示，又称为 δ 函数，可定义为

$$\left.\begin{array}{l} \delta(t)=\left\{\begin{array}{ll} 0, & t \geqslant 0_+ \\ 0, & t \leqslant 0_- \end{array}\right. \\ \int_{-\infty}^{\infty} \delta(t) \mathrm{d}t = 1 \end{array}\right\} \tag{8.3.25}$$

由定义可知，函数 $\delta(t)$ 在 $t \neq 0$ 处为零；在 $t=0$ 处为奇异值。其波形如图 8.3.22（a）所示，图形与 t 轴之间所限定的面积等于 1。

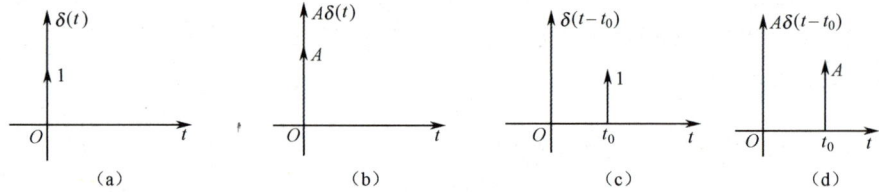

图 8.3.22 冲激函数波形

式（8.3.25）也可表示为

$$\int_{-\infty}^{\infty} \delta(t)\mathrm{d}t = \int_{0_-}^{0_+} \delta(t)\mathrm{d}t = 1 \tag{8.3.26}$$

常量 A 与 $\delta(t)$ 的乘积 $A\delta(t)$ 称为冲激函数。求出冲激函数的积分，可得

$$\int_{-\infty}^{\infty} A\delta(t)\mathrm{d}t = A\int_{0_-}^{0_+} \delta(t)\mathrm{d}t = A \tag{8.3.27}$$

式（8.3.27）表明，$A\delta(t)$ 的波形的面积等于 A，称 A 为冲激函数的强度。其波形如图 8.3.22（b）所示。

与在时间上延迟出现的单位阶跃函数一样，可以把发生在 $t=t_0$ 时的单位冲激函数写为 $\delta(t-t_0)$，还可用 $A\delta(t-t_0)$ 表示一个强度为 A、发生在 t_0 时刻的冲激函数。其波形如图 8.3.22（c）、图 8.3.22（d）所示。

单位冲激函数具有采样性质。

由于当 $t \neq 0$ 时，$\delta(t)=0$，因此对任意在 $t=0$ 时连续的函数 $f(t)$，有

$$f(t)\delta(t)=f(0)\delta(t)$$

所以

$$\int_{-\infty}^{\infty} f(t)\delta(t)\mathrm{d}t = f(0)\int_{-\infty}^{\infty} \delta(t)\mathrm{d}t = f(0) \tag{8.3.28}$$

式（8.3.28）表明，$f(t)\delta(t)$ 是强度为 $f(0)$ 并出现在 $t=0$ 时的冲激函数。类似地，若 $f(t)$ 在 $t=t_0$ 时连续，则有

$$\int_{-\infty}^{\infty} f(t)\delta(t-t_0)\mathrm{d}t = f(t_0) \tag{8.3.29}$$

即 $f(t)\delta(t-t_0)$ 是强度为 $f(t_0)$ 并出现在 t_0 时刻的冲激函数。

式（8.3.28）和式（8.3.29）还说明了用一个单位冲激函数乘以任一函数 $f(t)$ 再求积分，其值等于函数 $f(t)$ 在此单位冲激函数出现时刻的值。也就是说，冲激函数有把一个函数在某一时刻的值采样出来的本领，称为单位冲激函数的采样性质。

可以证明单位冲激函数和单位阶跃函数之间具有以下关系。

$$\delta(t) = \frac{\mathrm{d}\varepsilon(t)}{\mathrm{d}t}, \quad \text{或} \quad \varepsilon(t) = \int_{-\infty}^{t} \delta(\xi)\mathrm{d}\xi \tag{8.3.30}$$

即单位阶跃函数对时间的一阶导数等于单位冲激函数，单位冲激函数 $\delta(t)$ 对时间的积分等于单位阶跃函数 $\varepsilon(t)$。

2. 冲激响应

如果把一个单位冲激电流 $\delta_\mathrm{i}(t)$（单位为 A）加到初始电压为 0 且 $C=1\mathrm{F}$ 的电容上，如图 8.3.23（a）所示，那么电容电压为

$$u_\mathrm{C}(0_+) = \frac{1}{C}\int_{-\infty}^{0_+}\delta_\mathrm{i}(t)\mathrm{d}t = \frac{1}{C}\int_{0_-}^{0_+}\delta_\mathrm{i}(t)\mathrm{d}t = \frac{1}{C} = 1\mathrm{V}$$

此式说明单位冲激电流瞬时把电荷转移到电容上，使电容电压在 $t=0$ 时从 0 跃变到 1V，即 $u_\mathrm{C}(0_-)=0\mathrm{V}$、$u_\mathrm{C}(0_+)=1\mathrm{V}$。

同理，如图 8.3.23（b）所示，如果把一个单位冲激电压 $\delta_\mathrm{u}(t)$（单位为 V）加到初始电流为 0 且 $L=1\mathrm{H}$ 的电感上，那么电感电流为

$$i_\mathrm{L}(0_+) = \frac{1}{L}\int_{-\infty}^{0_+}\delta_\mathrm{u}(t)\mathrm{d}t = \frac{1}{L}\int_{0_-}^{0_+}\delta_\mathrm{u}(t)\mathrm{d}t = \frac{1}{L} = 1\mathrm{A}$$

此式说明单位冲激电压瞬时在电感内建立了 1A 的电流，使电感电流从 0 跃变到 1A，即 $i_\mathrm{L}(0_-)=0\mathrm{A}$，$i_\mathrm{L}(0_+)=1\mathrm{A}$。

当冲激函数作用于零状态的一阶 RC 或 RL 电路时，在 $t=0_-$ 到 $t=0_+$ 的区间内，它使电容电压或电感电流发生跃变。当 $t\geq 0_+$ 时，冲激函数为零，但 $u_\mathrm{C}(0_+)$ 或 $i_\mathrm{L}(0_+)$ 不为零，电路中将产生相当于初始状态引起的零输入响应。所以，一阶电路冲激响应的求解，在于计算在冲激函数作用下的 $u_\mathrm{C}(0_+)$ 或 $i_\mathrm{L}(0_+)$ 的值。

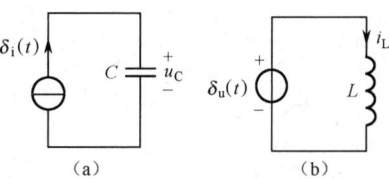

图 8.3.23　冲激函数作用于 L、C 元件

图 8.3.24 所示为一个单位冲激电流激励下的 RC 并联电路，现讨论该电路的零状态响应 u_C。

当 $t<0$ 时，$\delta_\mathrm{i}(t)=0$，单位冲激电流源相当于开路，$u_\mathrm{C}(0_-)=0$；当 t 由 0_- 变到 0_+ 时，由于零状态电容元件相当于短路，单位冲激电流 $\delta_\mathrm{i}(t)$ 通过电容支路，对电容充电，使电容电压发生跃变。在 $t=0_+$ 时，电容电压为

$$u_\mathrm{C}(0_+) = \frac{1}{C}\int_{0_-}^{0_+}\delta_\mathrm{i}(t)\mathrm{d}t = \frac{1}{C} \tag{8.3.31}$$

当 $t>0$ 时，如图 8.3.24（b）所示，$\delta_\mathrm{i}(t)=0$，单位冲激电流源又相当于开路，已充电的电容通过电阻放电。这时电路的响应 $u_\mathrm{C}(t)$ 是仅由初始电压 $u_\mathrm{C}(0_+)$ 产生的响应。故 RC 并联电路对单位冲激电流激励的电压响应为

$$u_\mathrm{C}(t) = u_\mathrm{C}(0_+)\mathrm{e}^{-\frac{t}{\tau}}\varepsilon(t) = \frac{1}{C}\mathrm{e}^{-\frac{t}{\tau}}\varepsilon(t) \tag{8.3.32a}$$

式中，$\tau=RC$，为给定电路的时间常数。

$$i_\mathrm{C} = \delta_\mathrm{i}(t) - \frac{u_\mathrm{C}(t)}{R} = \delta_\mathrm{i}(t) - \frac{1}{RC}\mathrm{e}^{-\frac{t}{\tau}}\varepsilon(t) \tag{8.3.32b}$$

或

$$i_\mathrm{C} = C\frac{\mathrm{d}u_\mathrm{C}}{\mathrm{d}t} = C\frac{\mathrm{d}}{\mathrm{d}t}\left[\frac{1}{C}\mathrm{e}^{-\frac{t}{\tau}}\varepsilon(t)\right] = \mathrm{e}^{-\frac{t}{\tau}}\delta(t) - \frac{1}{RC}\mathrm{e}^{-\frac{t}{\tau}}\varepsilon(t)$$

$$= \mathrm{e}^{-\frac{0}{\tau}}\delta(t) - \frac{1}{RC}\mathrm{e}^{-\frac{t}{\tau}}\varepsilon(t) = \delta(t) - \frac{1}{RC}\mathrm{e}^{-\frac{t}{\tau}}\varepsilon(t)$$

u_C、i_C 的波形如图 8.3.25 所示。

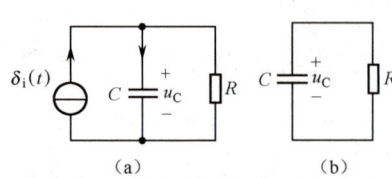

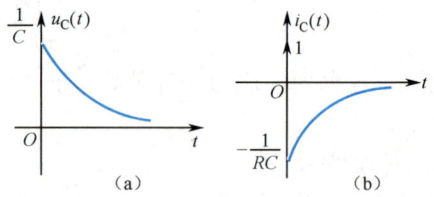

图 8.3.24　单位冲激电流激励下的 RC 并联电路　　图 8.3.25　u_C、i_C 的波形

i_C 中的初瞬冲激部分就是迫使电容电压发生跳变的初瞬充电电流。

用相同的分析方法，可求得图 8.3.26 所示 RL 电路在单位冲激电压 $\delta_u(t)$ 激励下的零状态响应 i_L 为

$$\left. \begin{array}{l} i_L = \dfrac{1}{L} e^{-\frac{t}{\tau}} \varepsilon(t) \\[2mm] u_L = \delta_u(t) - \dfrac{R}{L} e^{-\frac{t}{\tau}} \varepsilon(t) \end{array} \right\} \qquad (8.3.33)$$

式中，$\tau = \dfrac{L}{R}$，为电路时间常数。i_L、u_L 的波形如图 8.3.27 所示。

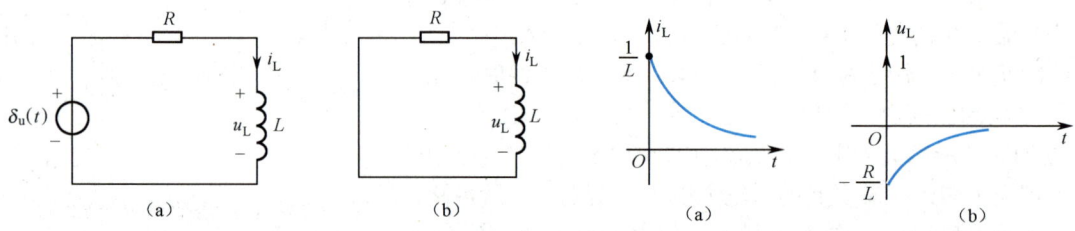

图 8.3.26　单位冲激电压激励下的 RL 串联电路　　图 8.3.27　i_L、u_L 的波形

由于阶跃函数和冲激函数之间满足式（8.3.30）的关系，可以证明电路的阶跃响应 $S(t)$ 与冲激响应 $h(t)$ 存在以下数学关系。

$$h(t) = \dfrac{\mathrm{d}S(t)}{\mathrm{d}t}, \quad S(t) = \int h(t)\mathrm{d}t \qquad (8.3.34)$$

式（8.3.34）表明，冲激响应可以按阶跃响应的一阶导数求得。

由上述 RL 电路，有

$$S(t) = \dfrac{1}{R}(1 - e^{-\frac{t}{\tau}})\varepsilon(t), \quad h(t) = \dfrac{\mathrm{d}S(t)}{\mathrm{d}t} = \dfrac{1}{L} e^{-\frac{t}{\tau}} \varepsilon(t)$$

【例 8.3.9】　已知图 8.3.28（a）所示电路中 $R_1 = 2\Omega$，$R_2 = 2\Omega$，$L = 2\mathrm{H}$。求其冲激响应 i_L 和 u_L。

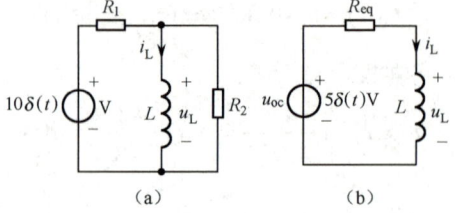

图 8.3.28　例 8.3.9 图

解法 1：由初始值求冲激响应。

当 $t < 0$ 时，$i_L(0_-) = 0$；当 $t = 0$ 时，冲激电压 $10\delta(t)$ 通过两个电阻在电感元件的两端获得电压为

$$u_L(0)=\frac{R_2}{R_1+R_2}\times 10\delta(t)=5\delta(t)$$

这个冲激电压迫使电感中电流发生跳变。

当 $t=0_+$ 时，求得

$$i_L(0_+)=\frac{1}{L}\int_{0_-}^{0_+}5\delta(t)\mathrm{d}t=\frac{5}{2}\text{ A}$$

电路时间常数为

$$\tau=\frac{L}{R_{eq}}=\frac{2}{2//2}=2\text{ s}$$

因此，电感中的冲激响应为

$$i_L(t)=i_L(0_+)\mathrm{e}^{-\frac{t}{\tau}}=\frac{5}{2}\mathrm{e}^{-\frac{1}{2}t}\varepsilon(t)\text{ A}$$

$$u_L(t)=L\frac{\mathrm{d}i_L(t)}{\mathrm{d}t}=-\frac{5}{2}\mathrm{e}^{-\frac{1}{2}t}\varepsilon(t)+5\mathrm{e}^{-\frac{1}{2}t}\delta(t)$$

$$=-\frac{5}{2}\mathrm{e}^{-\frac{1}{2}t}\varepsilon(t)+5\delta(t)\text{ V}$$

解法 2：根据阶跃响应求冲激响应。

图 8.3.28（a）的戴维南等效电路如图 8.3.28（b）所示。其中

$$u_{oc}=\frac{R_2}{R_1+R_2}10\delta(t)=5\delta(t)\text{V}$$

$$R_{eq}=R_1//R_2=2//2=1\Omega$$

电路的单位阶跃响应为

$$S(t)=\frac{1}{R_{eq}}(1-\mathrm{e}^{-\frac{t}{\tau}})=(1-\mathrm{e}^{-\frac{t}{2}})\varepsilon(t)$$

电路的单位冲激响应为

$$h(t)=\frac{\mathrm{d}S(t)}{\mathrm{d}t}=\frac{1}{2}\mathrm{e}^{-\frac{t}{2}}\varepsilon(t)$$

最终得 $5\delta(t)$ 激励下的响应为

$$i_L(t)=5h(t)=2.5\mathrm{e}^{-\frac{t}{2}}\varepsilon(t)\text{ A}$$

8.4 二阶电路

用二阶微分方程描述的电路称为二阶电路。本节以 RLC 串联电路为例，讨论二阶电路的零输入响应、零状态响应、阶跃响应和冲激响应。

8.4.1 零输入响应

RLC 串联电路如图 8.4.1 所示，假设电容原已充电，其电压为 U_0，即 $u_C(0_-)=U_0$；电感中的初始电流为 I_0，即 $i_L(0_-)=i(0_-)=I_0$。$t=0$ 时，开关闭合，此电路的暂态过程为二阶电路的零输入响应。

以电容电压 u_C 作为电路响应，列写该电路微分方程。

根据 KVL，有

二阶电路概述

二阶电路的零输入响应

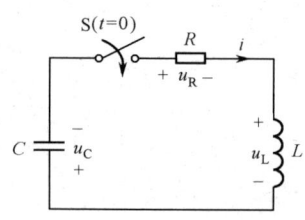

图 8.4.1 RLC 串联电路

而
$$u_R + u_L + u_C = 0$$
$$i = C\frac{du_C}{dt},\quad u_R = Ri = RC\frac{du_C}{dt},\quad u_L = L\frac{di}{dt} = LC\frac{d^2 u_C}{dt^2}$$

将它们代入 KVL 方程，得零输入响应为

$$LC\frac{d^2 u_C}{dt^2} + RC\frac{du_C}{dt} + u_C = 0 \tag{8.4.1}$$

这是一个二阶齐次常微分方程，其初始条件为 $u_C(0_+) = u_C(0_-) = U_0$，$i(0_+) = i(0_-) = I_0$。

$$u_C(0_+) = U_0$$
$$\left.\frac{du_C}{dt}\right|_{t=0_+} = \frac{i(0_+)}{C} = \frac{I_0}{C}$$

相应特征方程为
$$LCp^2 + RCp + 1 = 0$$

解得特征根为
$$p_{1,2} = -\frac{R}{2L} \pm \sqrt{\left(\frac{R}{2L}\right)^2 - \frac{1}{LC}} = -\alpha \pm \sqrt{\alpha^2 - \omega_0^2} \tag{8.4.2}$$

式中，$\alpha = R/(2L)$，为电路的衰减系数；$\omega_0 = \sqrt{\dfrac{1}{LC}}$，为电路的谐振角频率。由式（8.4.2）可知，特征根 $p_{1,2}$ 仅与电路结构和元件参数有关，而与激励和初始储能无关。通常称为电路的固有频率。其值由于电路中 R、L、C 的参数不同，可能出现 3 种情况：①两个不等的负实根；②实部为负的一对共轭复根；③一对相等的负实根。下面分别讨论。

1. $\alpha > \omega_0$ 或 $R > 2\sqrt{\dfrac{L}{C}}$，过阻尼情况

此时，特征根 p_1、p_2 是两个不相等的负实数，令 p_1、p_2 为

$$\left.\begin{aligned}p_1 &= -\alpha + \sqrt{\alpha^2 - \omega_0^2} = -\alpha_1 \\ p_2 &= -\alpha - \sqrt{\alpha^2 - \omega_0^2} = -\alpha_2\end{aligned}\right\} \tag{8.4.3}$$

则微分方程的解的形式为

$$u_C = Ae^{p_1 t} + Be^{p_2 t} = Ae^{-\alpha_1 t} + Be^{-\alpha_2 t} \tag{8.4.4}$$

式中，A、B 均为积分常数。将初始条件代入，并为了便于讨论，设 $i(0_+) = I_0 = 0$，得

$$\left.\begin{aligned}u_C(0_+) &= A + B = U_0 \\ \left.\frac{du_C}{dt}\right|_{t=0} &= -A\alpha_1 - B\alpha_2 = \frac{I_0}{C} = 0\end{aligned}\right\} \tag{8.4.5}$$

解得

$$A = \frac{\alpha_2}{\alpha_2 - \alpha_1}U_0,\quad B = \frac{\alpha_1}{\alpha_1 - \alpha_2}U_0$$

将 A、B 代入式（8.4.4）得

$$\left.\begin{aligned}u_C &= \frac{U_0}{\alpha_2 - \alpha_1}(\alpha_2 e^{-\alpha_1 t} - \alpha_1 e^{-\alpha_2 t}),\quad t > 0 \\ i &= C\frac{du_C}{dt} = -C\frac{\alpha_1 \alpha_2 U_0}{\alpha_2 - \alpha_1}(e^{-\alpha_1 t} - e^{-\alpha_2 t}),\ t > 0\end{aligned}\right\} \tag{8.4.6}$$

u_C 和 i 的波形如图 8.4.2 所示。

由图 8.4.2 可知，电路在初始储能作用下产生零输入响应。图中 u_C 波形单调下降，且方向不变，这表明电容不断释放电场能量，一直处于放电状态。所以这是一非振荡放电过程，称为过阻尼情况。下面讨论其能量交换过程。

在 $0<t<t_m$ 期间，$|u_C|$ 下降，$|i|$ 增加，电容释放能量，电感储存能量，即电容中的能量一部分被电阻 R 所消耗，另一部分转变成磁场能量存储于电感中。在 $t=t_m$ 时，电感储能达到最大。

当 $t>t_m$ 时，$|u_C|$ 继续下降，而 $|i|$ 减小，表明电感、电容元件同时释放能量被电阻消耗。直到 $t\to\infty$，放电过程结束，$u_C(\infty)=i(\infty)=0$，整个暂态过程能量变换情况如图 8.4.3 所示。

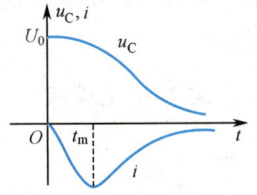

图 8.4.2 u_C 和 i 的波形

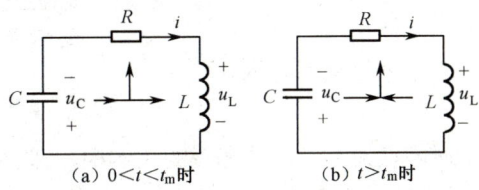

图 8.4.3 整个暂态过程能量变换情况

放电电流 i 绝对值达最大的时刻 t_m 可用求极值的方法确定。令 $\dfrac{di}{dt}=0$，求得

$$t_m = \dfrac{1}{\alpha_2-\alpha_1}\ln\dfrac{\alpha_2}{\alpha_1} \tag{8.4.7}$$

2. $\alpha<\omega_0$ 或 $R<2\sqrt{\dfrac{L}{C}}$，欠阻尼情况

此时特征根 p_1、p_2 是一对共轭复数。若令

$$p_{1,2} = -\alpha \pm \sqrt{\alpha^2-\omega_0^2} = -\alpha \pm j\omega_d \tag{8.4.8}$$

式中，$\omega_d = \sqrt{\omega_0^2-\alpha^2}$，为振荡的角频率。

微分方程的通解为

$$u_C = e^{-\alpha t}(A\cos\omega_d t + B\sin\omega_d t)$$
$$= k e^{-\alpha t}\sin(\omega_d t + \varphi) \tag{8.4.9}$$

由初始条件决定 k 和 φ。代入初始条件得

$$u_C(0_+) = k\sin\varphi = U_0$$
$$\left.\dfrac{du_C}{dt}\right|_{t=0} = -\alpha k\sin\varphi + k\omega_d\cos\varphi = \dfrac{I_0}{C} = 0$$

解得

$$k = \dfrac{U_0\omega_0}{\omega_d},\quad \varphi = \arctan\dfrac{\omega_d}{\alpha}$$

故有

$$\left.\begin{array}{l} u_C = \dfrac{\omega_0}{\omega_d}U_0 e^{-\alpha t}\sin\left(\omega_d t + \arctan\dfrac{\omega_d}{\alpha}\right),\quad t>0 \\[2mm] i = C\dfrac{du_C}{dt} = \dfrac{U_0}{\omega_d L}e^{-\alpha t}\sin\omega_d t,\quad t>0 \end{array}\right\} \tag{8.4.10}$$

u_C 和 i 的波形如图 8.4.4 所示。

由图 8.4.4 可知，u_C 和 i 的波形呈现衰减振荡的状态。在整个过程中，它们周期性地改变方向，储能元件也将周期性地交换能量。由于电阻不断地消耗能量，因此电路中能量交换的规模越来越小，最后趋于零，暂态过程也随之结束，这种振荡放电过程被称为欠阻尼情况。

当电路中 $R=0$ 时，由于 $\alpha=0$，$\omega_d=\omega_0=\dfrac{1}{\sqrt{LC}}$，此时电路的响应为

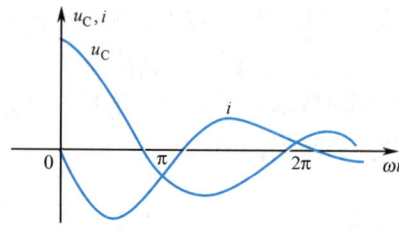

图 8.4.4 u_C 和 i 的波形

$$\left.\begin{aligned} u_C &= U_0 \sin(\omega_0 t + 90°), & t > 0 \\ i &= \frac{U_0}{\omega_0 L} \sin \omega_0 t, & t > 0 \end{aligned}\right\} \quad (8.4.11)$$

u_C、i 均按正弦规律变化，电场能量和磁场能量周而复始地进行交换，电路处于不衰减的能量振荡过程中，称为等幅振荡放电过程或无阻尼振荡。

3. $\alpha = \omega_0$ 或 $R = 2\sqrt{\dfrac{L}{C}}$，临界阻尼情况

此时特征根 p_1、p_2 是相等的负实根，即

$$p_1 = p_2 = -\alpha$$

微分方程式（8.4.1）的通解为

$$u_C = (A_1 + A_2 t)\mathrm{e}^{-\alpha t}$$

根据初始条件可得

$$A_1 = U_0, \quad A_2 = \alpha U_0$$

故有

$$\left.\begin{aligned} u_C &= U_0(1 + \alpha t)\mathrm{e}^{-\alpha t}, & t > 0 \\ i &= C\frac{\mathrm{d}u_C}{\mathrm{d}t} = -CU_0 \alpha^2 t \mathrm{e}^{-\alpha t}, & t > 0 \end{aligned}\right\} \quad (8.4.12)$$

由式（8.4.12）可知，u_C、i 的波形和物理过程与过阻尼类似，不做振荡变化，仍是一种非振荡的放电过程。然而，这种过程是振荡与非振荡的分界线，所以称此过渡过程为临界非振荡过程，或者称为临界阻尼情况。此时的电阻称为临界电阻。

8.4.2 零状态响应和全响应

1. 零状态响应

二阶电路的初始储能为零，即电容电压和电感电流均为零，仅由外施激励引起的响应称为二阶电路的零状态响应。

图 8.4.5 所示为 GLC 并联电路。图中 $u_C(0_-) = 0$，$i_L(0_-) = 0$。在 $t = 0$ 时，开关 S 打开；在 $t > 0$ 时，根据 KCL，列写以 i_L 为变量的微分方程为

$$i_C + i_G + i_L = i_S$$

$$LC\frac{\mathrm{d}^2 i_L}{\mathrm{d}t^2} + GL\frac{\mathrm{d}i_L}{\mathrm{d}t} + i_L = i_S \quad (8.4.13)$$

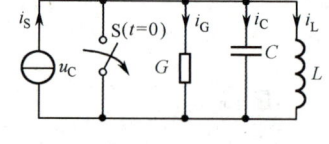

图 8.4.5 GLC 并联电路

式（8.4.13）为二阶线性非齐次常微分方程，其解由特解和对应齐次方程的通解组成。齐次微分方程的通解与零输入响应形式相同。特征方程为

$$LCp^2 + GLp + 1 = 0$$

求得特征根为

$$p_{1,2} = -\frac{G}{2C} \pm \sqrt{\left(\frac{G}{2C}\right)^2 - \frac{1}{LC}}$$

当电路元件参数 G、L、C 的量值不同时，特征根会出现以下 3 种情况。

（1）当 $G > 2\sqrt{C/L}$ 时，p_1、p_2 为两个不相等的负实根，过阻尼情况。
（2）当 $G = 2\sqrt{C/L}$ 时，p_1、p_2 为两个相等的负实根，临界阻尼情况。
（3）当 $G < 2\sqrt{C/L}$ 时，p_1、p_2 为共轭复根，欠阻尼情况。
电路全解中的积分常数由初始条件确定。

2. 二阶电路的全响应

如果二阶电路既有初始储能，又有外施激励，那么电路的响应称为全响应。

在直流激励下，二阶电路的全响应一般对应的是二阶非齐次微分方程，其形式为

$$\left.\begin{array}{l}\dfrac{d^2 y(t)}{dt^2}+a\dfrac{dy(t)}{dt}+by(t)=C_0 \\ y(0_+)=C_1 \\ \left.\dfrac{dy}{dt}\right|_{t=0_+}=C_2\end{array}\right\} \qquad (8.4.14)$$

其中，C_0、C_1、C_2 由激励和初始状态决定。微分方程的解由特解 y_p 和对应齐次方程的通解 y_h 组成，即 $y=y_p+y_h$。特解 y_p 为稳态解，通解 y_h 的形式根据特征根 p_1、p_2 的不同形式有以下3种情况。

（1）p_1、p_2 为不相等负实根，即

$$y_h = A_1 e^{p_1 t} + A_2 e^{p_2 t} \qquad (8.4.15a)$$

（2）$p_1=p_2=-\alpha$，即 p_1、p_2 为相等负实根，有

$$y_h=(A_1+A_2 t)e^{-\alpha t} \qquad (8.4.15b)$$

（3）$p_{1,2}=-\alpha\pm j\omega_d$，即 p_2、p_2 为共轭复根，有

$$y_h=e^{-\alpha t}(A_1\cos\omega_d t+A_2\sin\omega_d t)=A e^{-\alpha t}\sin(\omega_d t+\varphi) \qquad (8.4.15c)$$

式（8.4.15）中积分常数 A_1、A_2（或 A、φ）将在方程完全解中由初始条件确定。

【例 8.4.1】 电路如图 8.4.6 所示，开关在 $t=0$ 时合上，试求电容电压 u_C。已知 $u_C(0_-)=2V$，$i_L(0_-)=5A$。

解：（1）以 u_C 为变量列出电路的微分方程。

由KVL，有

$$5i+1\times\dfrac{di_L}{dt}+u_C=10$$

$$2i_1-u_C-1\times\dfrac{di_L}{dt}=0$$

因为 $i=i_L+i_1$，$i_L=i_C=C\dfrac{du_C}{dt}$，代入上述方程可得

$$7\dfrac{d u_C^2}{dt^2}+10\dfrac{du_C}{dt}+\dfrac{7}{2}u_C=10$$

（2）求得初始条件为

$$u_C(0_+)=u_C(0_-)=2V$$

$$\left.\dfrac{du_C}{dt}\right|_{0_+}=\dfrac{i_C(0_+)}{C}=\dfrac{i_L(0_+)}{C}=\dfrac{1}{2}\times 5=2.5A$$

（3）求全响应。

特征方程为

$$7p^2+10p+\dfrac{7}{2}=0$$

求得特征根为

$$p_1=-0.61,\ p_2=-0.82$$

齐次解为

$$u_{Ch}=A_1 e^{-0.61t}+A_2 e^{-0.82t}$$

设微分方程特解为 $u_{Cp}=K$，代入微分方程，得 $K=20/7$。全响应为

$$u_C = u_{Ch} + u_{Cp} = (A_1 e^{-0.61t} + A_2 e^{-0.82t} + \frac{20}{7}) \text{ V}$$

将初始条件代入，可求得

$$A_1 = 8.54, \quad A_2 = -9.4$$

故所求全响应为

$$u_C = (\frac{20}{7} + 8.54 e^{-0.61t} - 9.4 e^{-0.82t}) \text{V}, \quad t \geq 0$$

8.4.3 二阶电路的阶跃响应和冲激响应

1. 阶跃响应

二阶电路在阶跃函数激励下的零状态响应称为二阶电路的阶跃响应。

阶跃响应可视为直流电源激励下的零状态响应，故其解法与零状态响应求解方法相同。

【例 8.4.2】 求图 8.4.7 所示电路中 $i_S = \varepsilon(t)$ 时的阶跃响应 i_L。已知 G=5S，L=0.25H，C=1F。

解： 电路的初始条件为

$$u_C(0_+) = 0, \quad i_L(0_+) = 0$$

当 $t > 0$ 后，电路的微分方程为

$$LC \frac{d^2 i_L}{dt^2} + GL \frac{di_L}{dt} + i_L = i_S$$

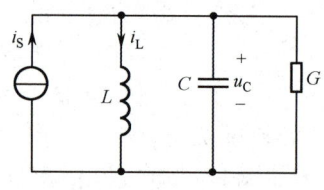

图 8.4.7 例 8.4.2 图

即

$$0.25 \frac{d^2 i_L}{dt^2} + 1.25 \frac{di_L}{dt} + i_L = \varepsilon(t)$$

方程的解为

$$i_L = i_{Lp} + i_{Lh}$$

特解为

$$i_{Lp} = i_S = \varepsilon(t)$$

特征方程为

$$LCp^2 + GLp + 1 = 0$$

求得特征根为

$$p_1 = -1, \quad p_2 = -4$$

p_1、p_2 为两个不相等的负实根，故对应齐次解为

$$i_{Lh} = A_1 e^{p_1 t} + A_2 e^{p_2 t} = A_1 e^{-t} + A_2 e^{-4t}$$

微分方程的解为

$$i_L = i_{Lp} + i_{Lh} = (1 + A_1 e^{-t} + A_2 e^{-4t}) \varepsilon(t)$$

代入初始条件有

$$i_L(0_+) = 1 + A_1 + A_2 = 0$$

$$u_C(0_+) = L \frac{di_L}{dt}\bigg|_{0_+} = 0.25 \times (-A_1 - 4A_2) = 0$$

解得

$$A_1 = -\frac{4}{3}, \quad A_2 = \frac{1}{3}$$

故阶跃响应 i_L 为

$$i_L(t) = \left(1 - \frac{4}{3} e^{-t} + \frac{1}{3} e^{-4t}\right) \varepsilon(t) \text{A}$$

2. 冲激响应

二阶电路在冲激函数激励下的零状态响应称为二阶电路的冲激响应。

在一阶电路冲激响应的分析中知道，根据冲激函数的特点，仅含有冲激电源的电路，在 $t > 0$ 后是一个零输入电路。在冲激电源的作用下，动态元件将建立初始储能，故冲激响应可视为由冲激函数电源建立的初始状态所引起的零输入响应。因而求冲激响应，关键在于求出电路的初始状态。在

分析过程中，要点是在冲激电压作用期间，由于 $u_C(0_-)=0$，$i_L(0_-)=0$，因此电容视为短路，电感视为开路。

另外，冲激响应可由阶跃响应的微分求出。

【例 8.4.3】 求例 8.4.2 中电路 $i_S=\delta(t)$ 时的冲激响应 i_L。

解法 1：根据零输入响应求解。

（1）求初始条件。

$t=0_-\sim 0_+$ 期间等效电路如图 8.4.8 所示。图中电容视为短路，电感被视为开路，即

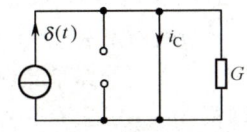

图 8.4.8 例 8.4.3 图

$$u_C(0_-)=0,\ i_L(0_-)=0,\ i_C=\delta(t)$$

$$u_C(0_+) = u_C(0_-) + \frac{1}{C}\int_{0_-}^{0_+} i_C \mathrm{d}t = \frac{1}{C}\int_{0_-}^{0_+} \delta(t)\mathrm{d}t = \frac{1}{C} = 1\text{ V}$$

$$i_L(0_+) = i_L(0_-) + \frac{1}{L}\int_{0_-}^{0_+} u_L \mathrm{d}t = 0\text{ A}$$

（2）求冲激响应。

由例 8.4.2 可知，零输入响应为

$$i_L = A_1 \mathrm{e}^{-t} + A_2 \mathrm{e}^{-4t}$$

代入初始条件得

$$i_L(0_+) = A_1 + A_2 = 0$$

$$\left.\frac{\mathrm{d}i_L}{\mathrm{d}t}\right|_{0_+} = -A_1 - 4A_2 = \frac{u_C(0_+)}{L} = 4$$

解得

$$A_1 = \frac{4}{3},\ A_2 = -\frac{4}{3}$$

故得冲激响应 i_L 为

$$i_L(t) = \left(\frac{4}{3}\mathrm{e}^{-t} - \frac{4}{3}\mathrm{e}^{-4t}\right)\varepsilon(t)\text{A}$$

解法 2：利用冲激响应与阶跃响应的关系求解。

对例 8.4.2 中结果求导得

$$i_L(t) = \frac{\mathrm{d}}{\mathrm{d}t}\left[\left(1 - \frac{4}{3}\mathrm{e}^{-t} + \frac{1}{3}\mathrm{e}^{-4t}\right)\varepsilon(t)\right]$$

$$= \left(\frac{4}{3}\mathrm{e}^{-t} - \frac{4}{3}\mathrm{e}^{-4t}\right)\varepsilon(t) + \left[1 - \frac{4}{3}\mathrm{e}^{-t} + \frac{1}{3}\mathrm{e}^{-4t}\right]\delta(t)$$

$$= \left(\frac{4}{3}\mathrm{e}^{-t} - \frac{4}{3}\mathrm{e}^{-4t}\right)\varepsilon(t) + \left[1 - \frac{4}{3} + \frac{1}{3}\right]\delta(0)$$

$$= \left(\frac{4}{3}\mathrm{e}^{-t} - \frac{4}{3}\mathrm{e}^{-4t}\right)\varepsilon(t)\text{A}$$

8.5 本章小结及典型题解

8.5.1 本章小结

1. 动态电路

动态电路是指含有动态元件（电感和电容元件）的电路。这种电路的特征之一是当电路的结构

或元件的参数发生变化时,会产生暂态过程(也称为过渡过程),即从一个稳态到另一个稳态的过渡过程。

2. 动态电路初始条件的确定

在动态电路中,将电容电压 $u_C(t)$ 和电感电流 $i_L(t)$ 称为电路的状态变量,它们某一时刻的值构成了该时刻电路的状态。相应地,将 $u_C(0_+)$ 和 $i_L(0_+)$ 称为电路的初始状态。

初始条件的计算步骤如下。

(1)由换路前最终时刻即 $t=0_-$ 时的电路求出电路的独立状态变量值 $u_C(0_-)$ 和 $i_L(0_-)$,根据换路定则得到 $u_C(0_+)$ 和 $i_L(0_+)$。

(2)画出 $t=0_+$ 时的等效电路。在这一等效电路中,将电容用电压为 $u_C(0_+)$ 的直流电压源代替,将电感用电流为 $i_L(0_+)$ 的直流电流源代替。

(3)由 $t=0_+$ 时的等效电路,并用直流电路分析方法求得其他非状态变量的各初始值。

3. 一阶电路

一阶电路一般指只含有一个独立储能元件的动态电路,对应的电路方程将是一阶线性常微分方程,求解一阶电路的响应是指求出一阶微分方程的实解。

1)零输入响应

零输入响应是指动态电路在无输入激励的情况下,仅由动态元件初始储能所产生的响应。

一阶电路的零输入响应是由动态元件的初始储能引起的。随着时间 t 的增长,电路中电压、电流均从初始值开始按指数规律衰减至零。如果用 $y(t)$ 表示零输入响应,并记初始值为 $y(0_+)$,那么一阶电路的零输入响应可统一表示为

$$y(t) = y(0_+)e^{-\frac{t}{\tau}}, \quad t>0$$

式中,τ 为一阶电路的时间常数。对于 RC 电路,$\tau=RC$;对于 RL 电路,$\tau=L/R$,式中 R 为一阶电路从储能元件两端看过去的戴维南等效电阻。

2)零状态响应

零状态响应是动态电路在动态元件初始储能为零的情况下,仅由输入激励引起的响应。

直流激励下一阶电路的零状态响应,其物理过程的实质是换路后电路中储能元件的储能从无到有逐渐建立的过程。

在 RC 电路中,电容电压从零开始按指数规律上升至稳态值 $u_C(\infty)$。

$$u_C = u_C(\infty)(1-e^{-\frac{t}{\tau}}), \quad t \geq 0$$

在 RL 电路中,电感电流从零开始按指数规律上升至稳态值 $i_L(\infty)$。

$$i_L = i_L(\infty)(1-e^{-\frac{t}{\tau}}), \quad t \geq 0$$

在求得 u_C 和 i_L 后,将电容用电压为 u_C 的电压源代替,电感用电流为 i_L 的电流源代替,再求其他支路上的电压或电流。

3)全响应

全响应是指电路在外加激励和动态元件初始储能共同作用下所产生的响应。

(1)全响应及其分解。

根据全响应的特点可以将全响应分解如下。

全响应=通解+特解=自由响应+强制响应

全响应=暂态响应+稳态响应

全响应=零输入响应+零状态响应

上式说明在线性动态电路中,响应是可以叠加的。上述电路全响应的不同分解方式,为电路响

应的分析计算提供了不同途径和方法。

（2）三要素法。

直流激励下一阶电路响应的通用表达式为

$$y(t)=y(\infty)+[y(0_+)-y(\infty)]e^{-\frac{t}{\tau}}, \quad t>0$$

一阶电路的三要素法就是在直流输入下求出动态电路中某个响应的初始值 $y(0_+)$、稳态值 $y(\infty)$ 和电路的时间常数 τ 这 3 个要素，利用上式求得响应。

4）阶跃响应

（1）阶跃函数。

单位阶跃函数 $\varepsilon(t)=\begin{cases}0, & t\leq 0_-\\ 1, & t\geq 0_+\end{cases}$，延迟单位阶跃函数 $\varepsilon(t-t_0)=\begin{cases}0, & t\leq t_{0-}\\ 1, & t\geq t_{0+}\end{cases}$。

阶跃函数的作用：描述某些情况下的开关动作；用来表示时间上分段恒定的信号；还可用来起始任意函数，或者表示任意函数的作用区间。

（2）阶跃响应。

电路在阶跃函数作用下的零状态响应称为阶跃响应。

单位阶跃函数 $\varepsilon(t)$ 作用于电路，相当于单位直流电源在 $t=0$ 时接入电路，因此单位阶跃响应与直流激励的响应相同。对于线性时不变动态电路，如果单位阶跃下的零状态响应（单位阶跃响应）是 $S(t)$，那么在阶跃函数 $A\varepsilon(t)$ 激励下的零状态响应（阶跃响应）是 $AS(t)$，而在延迟阶跃函数 $A\varepsilon(t-t_0)$ 激励下的响应是 $AS(t-t_0)$。

5）冲激响应

（1）冲激函数。

单位冲激函数：$\begin{cases}\delta(t)=\begin{cases}0, & t\geq 0_+\\ 0, & t\leq 0_-\end{cases}\\ \int_{-\infty}^{\infty}\delta(t)\mathrm{d}t=1\end{cases}$

冲激函数的作用：冲激函数有把一个函数在某一时刻的值采样出来的本领，称为单位冲激函数的采样性质。若 $f(t)$ 在 $t=t_0$ 时连续，则有 $\int_{-\infty}^{\infty}f(t)\delta(t-t_0)\mathrm{d}t=f(t_0)$。

单位冲激函数和单位阶跃函数之间具有以下关系。

$$\delta(t)=\frac{\mathrm{d}\varepsilon(t)}{\mathrm{d}t} \quad \text{或} \quad \varepsilon(t)=\int_{-\infty}^{t}\delta(\xi)\mathrm{d}\xi$$

（2）冲激响应。

电路在冲激函数作用下的零状态响应称为冲激响应。

方法一：当冲激函数作用于零状态的一阶 RC 电路或 RL 电路时，在 $t=0_-$ 到 $t=0_+$ 的区间内，它使电容电压或电感电流发生跃变。当 $t\geq 0_+$ 时，冲激函数为零，但 $u_C(0_+)$ 或 $i_L(0_+)$ 不为零，电路中将产生相当于初始状态引起的零输入响应。所以，一阶电路冲激响应的求解，在于计算在冲激函数作用下的 $u_C(0_+)$ 或 $i_L(0_+)$ 的值。

方法二：电路的阶跃响应 $S(t)$ 与冲激响应 $h(t)$ 存在以下数学关系。

$$h(t)=\frac{\mathrm{d}S(t)}{\mathrm{d}t}, \quad S(t)=\int h(t)\mathrm{d}t$$

即冲激响应也可以用阶跃响应对时间求导数求得。

4．二阶电路

用二阶微分方程描述的电路称为二阶电路。在直流激励下，二阶电路的全响应一般对应的是二阶非齐次微分方程的解。

通解 $y_h(t)$ 的形式根据特征根 p_1、p_2 的不同形式有以下 3 种情况。

（1）p_1、p_2 为不相等负实根时，称为过阻尼情况。$y_h(t)$ 的表达形式为

$$y_h(t)=A_1 e^{p_1 t}+A_2 e^{p_2 t}$$

（2）$p_1=p_2=-\alpha$，即 p_1、p_2 为相等负实根，称为临界情况。$y_h(t)$ 的表达形式为

$$y_h(t)=(A_1+A_2 t)e^{-\alpha t}$$

（3）$p_{1,2}=-\alpha\pm j\omega_d$，即 p_1、p_2 为共轭复根，称为欠阻尼情况。$y_h(t)$ 的表达形式为

$$y_h(t)=A e^{-\alpha t}\sin(\omega_d t+\varphi)$$

上述各式中 A_1、A_2（或 A、φ）将在方程完全解中由初始条件确定。

8.5.2 典型题解

【例 8.5.1】 图 8.5.1（a）所示电路在换路前处于稳态，求开关 S 闭合后电路中所标出电压、电流的初始值（说明：电路中所有电阻的阻值都设为 2Ω）。

解：电路在换路前处于稳态，即电容相当于开路，电感相当于短路，得

$$u_C(0_-)=4\times 6=24\text{V}，i_L(0_-)=6\text{A}$$

利用换路定理有：$i_L(0_+)=i_L(0_-)=6\text{A}$，$u_C(0_+)=u_C(0_-)=24\text{V}$，得换路后等效电路如图 8.5.1（b）所示，由图可得

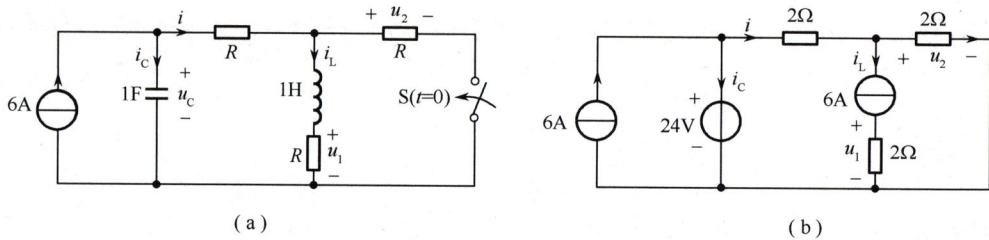

图 8.5.1 例 8.5.1 图

$$i(0_+)=24/4+6/2=9\text{A}，i_C(0_+)=-3\text{A}$$
$$u_1(0_+)=i_L(0_+)\times 2=12\text{V}$$
$$u_2(0_+)=[i(0_+)-i_L(0_+)]\times 2=(9-6)\times 2=6\text{V}$$

【例 8.5.2】 图 8.5.2 所示电路在换路前处于稳态，$t=0$ 时开关 S 断开，试求换路后的 u_C 和 i_L 的零输入响应，并画出响应波形。

解：电路在换路前已处于稳态，电容相当于开路，电感相当于短路，$u_C(0_-)=30\text{V}$，$i_L(0_-)=10\text{mA}$。利用换路定理有

$$u_C(0_+)=u_C(0_-)=30\text{V}$$
$$i_L(0_+)=i_L(0_-)=10\text{mA}$$
$$\tau_1=RC=500\text{s}$$
$$\tau_2=L/R=0.1\times 10^{-6}\text{s}$$

则换路后的零输入响应为 $u_C=30 e^{-t/500}\text{V}$，$i_L=10e^{-10^7 t}\text{mA}$。响应波形图略。

【例 8.5.3】 图 8.5.3 所示电路在换路前已处于稳态，$t=0$ 时开关 S 闭合，试求换路后 i 的零输入响应。

解：换路前电路已处于稳态，电容相当于开路，电感相当于短路，$u_C(0_-)=20\text{V}$，$i_L(0_-)=4\text{A}$。利用换路定理有

$$u_C(0_+)=u_C(0_-)=20\text{V}$$
$$i_L(0_+)=i_L(0_-)=4\text{A}$$

$$\tau_1 = RC = 1 \times 10^{-6} \text{s}$$
$$\tau_2 = L/R = 0.02 \text{s}$$

则换路后的零输入响应为

$$u_C = 20\text{e}^{-10^6 t} \text{ V}, \quad i_L = 4\text{e}^{-50t} \text{ A}, \quad t \geq 0$$

$$i = -i_L - C\frac{\mathrm{d}u_C}{\mathrm{d}t} = -4\text{e}^{-50t} + 4\text{e}^{-10^6 t} \text{ A}, \quad t > 0$$

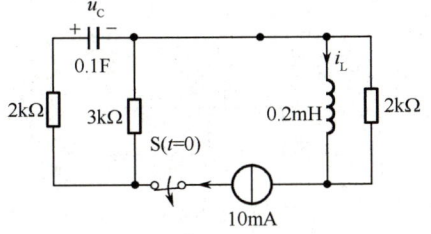

图 8.5.2 例 8.5.2 图

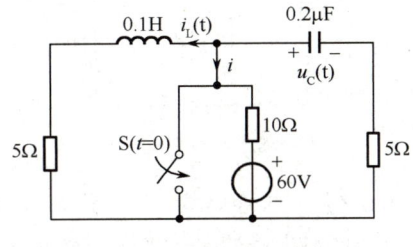

图 8.5.3 例 8.5.3 图

【例 8.5.4】 图 8.5.4（a）所示电路在换路前已处于稳态，试求换路后的全响应 u。

解：用三要素法求解。

（1）求初始值。在 $t=0$ 时，电路已处于稳态，即电感相当于短路，所以 $u=0$，可得电路如图 8.5.4（b）所示，得 $i_L(0_-) = 4\text{A}$，由换路定理有 $i_L(0_+) = i_L(0_-) = 4\text{A}$。

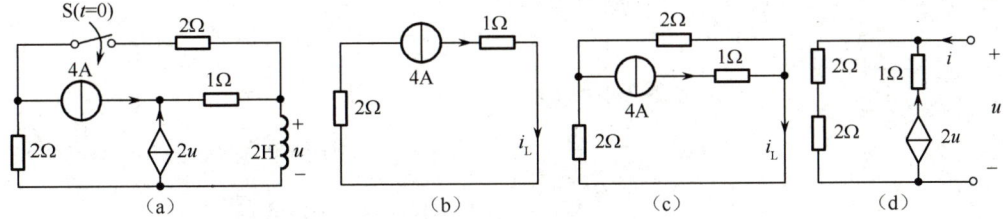

图 8.5.4 例 8.5.4 图

（2）求稳态值。$t \to \infty$ 时的电路如图 8.5.4（c）所示，可得
$$i_L(\infty) = 2\text{A}$$

（3）求时间常数。将独立源置 0，可得电路如图 8.5.4（d）所示，根据图得
$$R_{\text{eq}} = \frac{(i+2u) \times 4}{i} = 4 + 8R_{\text{eq}} \Rightarrow R_{\text{eq}} = -4/7 \Omega$$

电路不稳定。

【例 8.5.5】 求图 8.5.5 所示电路的阶跃响应 u_C 和 u_R。

解：$\tau = RC = (1+2//2) \times 0.1 = 0.2\text{s}$，RC 电路在 u_C 处所产生的单位阶跃响应为
$$S(t) = 0.5 \times (1-\text{e}^{-5t})\varepsilon(t)$$

又因为输入为 $5\varepsilon(t)$，所以
$$u_C(t) = 5 \times 0.5 \times (1-\text{e}^{-5t})\varepsilon(t) = 2.5 \times (1-\text{e}^{-5t})\varepsilon(t) \text{V}$$
$$u_R(t) = u_C(t) + C\frac{\mathrm{d}u_C}{\mathrm{d}t}$$
$$= 2.5 \times (1-\text{e}^{-5t})\varepsilon(t) + 0.1 \times 2.5 \times 5\text{e}^{-5t}\varepsilon(t)$$
$$= (2.5 - 1.25\text{e}^{-5t})\varepsilon(t) \text{V}$$

【例 8.5.6】 设 $I_0(t) = \delta(t)$，试求图 8.5.6 所示电路输出电压 $u_O(t)$ 的冲激响应。

解：先求 $u_O(t)$ 的单位阶跃响应为

$$S(t) = R_1 e^{-t\frac{R_1+R_2}{L}} \varepsilon(t)$$

则输出电压 $u_o(t)$ 的冲激响应

$$h(t) = S'(t) = \frac{-R_1(R_1+R_2)}{L} e^{-t\frac{R_1+R_2}{L}} \varepsilon(t) + R_1 \delta(t) \text{ V}$$

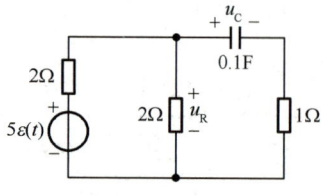

图 8.5.5　例 8.5.5 图

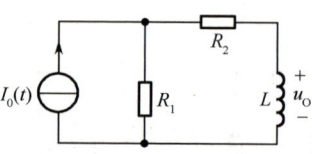

图 8.5.6　例 8.5.6 图

【例 8.5.7】 电路如图 8.5.7 所示，已知 G=4S，L=0.25H，C=0.2F。试求：
（1）$i_S=\varepsilon(t)$ 时电路的单位阶跃响应 $u_C(t)$ 和 $i_L(t)$；
（2）$i_S=\delta(t)$ 时电路的单位冲激响应 $u_C(t)$ 和 $i_L(t)$。

解：电路的初始条件为

$$u_C(0_+) = 0\text{V}, \quad i_L(0_+) = 0\text{A}$$

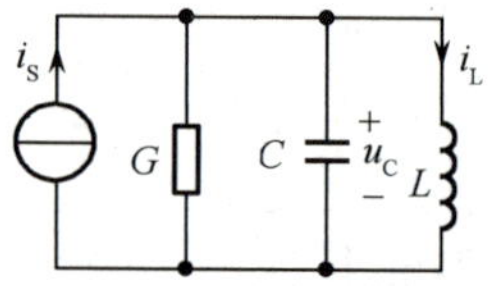

当 $t>0$ 后，电路满足 $\quad 0.05 \times \dfrac{d^2 i_L}{dt^2} + \dfrac{di_L}{dt} + i_L = i_S$

（1）$i_S = \varepsilon(t)$ 时方程的解为

$$i_L(t) = \left[1 + Ae^{(4\sqrt{5}-10)t} + Be^{-(4\sqrt{5}+10)t}\right]\varepsilon(t)$$

代入初始条件 $i_L(0_+) = 1 + A + B = 0$，得

$$u_C(0_+) = L\frac{di_L}{dt}\Big|_{0_+} = 0.25 \times (4\sqrt{5}-10)A + 0.25 \times (-4\sqrt{5}-10)B = 0$$

解得

$$A = \frac{-4\sqrt{5}-10}{8\sqrt{5}}, \quad B = \frac{10-4\sqrt{5}}{8\sqrt{5}}$$

图 8.5.7　例 8.5.7 图

故单位阶跃响应为

$$i_L(t) = \left[1 + \frac{-4\sqrt{5}-10}{8\sqrt{5}} e^{(4\sqrt{5}-10)t} + \frac{10-4\sqrt{5}}{8\sqrt{5}} e^{-(4\sqrt{5}+10)t}\right]\varepsilon(t) \text{ A}$$

$$u_C(t) = L\frac{di_L}{dt} = \left[\frac{\sqrt{5}}{8} e^{(4\sqrt{5}-10)t} - \frac{\sqrt{5}}{8} e^{-(4\sqrt{5}+10)t}\right]\varepsilon(t) \text{ V}$$

（2）$i_S = \delta(t)$ 时电路的单位冲激响应为

$$i_L(t) = \frac{d}{dt}\left[(1 + \frac{-4\sqrt{5}-10}{8\sqrt{5}} e^{(4\sqrt{5}-10)t} + \frac{10-4\sqrt{5}}{8\sqrt{5}} e^{-(4\sqrt{5}+10)t})\varepsilon(t)\right]$$

$$= \left[\frac{\sqrt{5}}{2} e^{(4\sqrt{5}-10)t} - \frac{\sqrt{5}}{2} e^{-(4\sqrt{5}+10)t}\right]\varepsilon(t) \text{ A}$$

$$u_C(t) = \frac{d}{dt}\left[(\frac{\sqrt{5}}{8} e^{(4\sqrt{5}-10)t} - \frac{\sqrt{5}}{8} e^{-(4\sqrt{5}+10)t})\varepsilon(t)\right]$$

$$= \left[\frac{10-5\sqrt{5}}{4} e^{(4\sqrt{5}-10)t} + \frac{10+5\sqrt{5}}{4} e^{-(4\sqrt{5}+10)t}\right]\varepsilon(t) \text{ V}$$

习 题 8

8.1 在图 T8.1 所示的电路中，开关闭合已经很久，$t=0$ 时开关 S 断开。试求换路后 u_C、u 和 i_C 的初始值。

8.2 在图 T8.2 所示的电路中，开关 S 在位置 1 已很久，$t=0$ 时开关 S 由位置 1 切换至位置 2，试求 $i_L(0_+)$、$i(0_+)$ 和 $u_L(0_+)$。

8.3 图 T8.3 所示的电路在换路前处于稳态，求开关 S 闭合后电路中所标出电压、电流的初始值。电路中所有电阻的阻值都设为 1Ω。

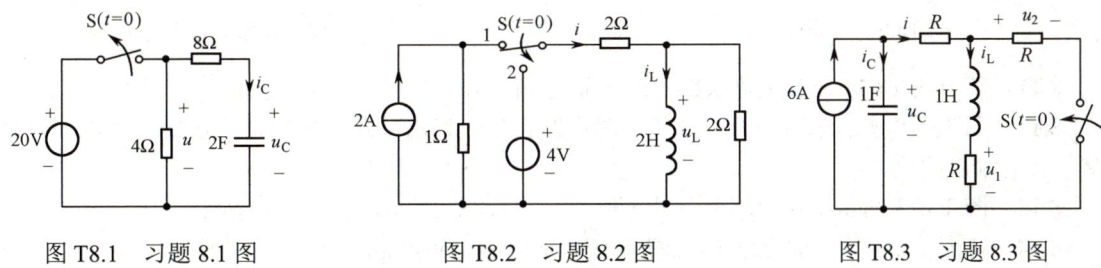

图 T8.1 习题 8.1 图　　图 T8.2 习题 8.2 图　　图 T8.3 习题 8.3 图

8.4 在图 T8.4 所示的电路中，开关 S 断开前电路已处于稳态。试求 $i(0_+)$、$i_1(0_+)$ 和 $u_C(0_+)$。

8.5 图 T8.5 所示电路在换路前已处于稳态，试求换路后电路初始状态 $u_C(0_+)$ 和 $i_L(0_+)$，以及电感电流 $\dfrac{di_L}{dt}\Big|_{0_+}$ 和电容电压 $\dfrac{du_C}{dt}\Big|_{0_+}$ 的初始值。

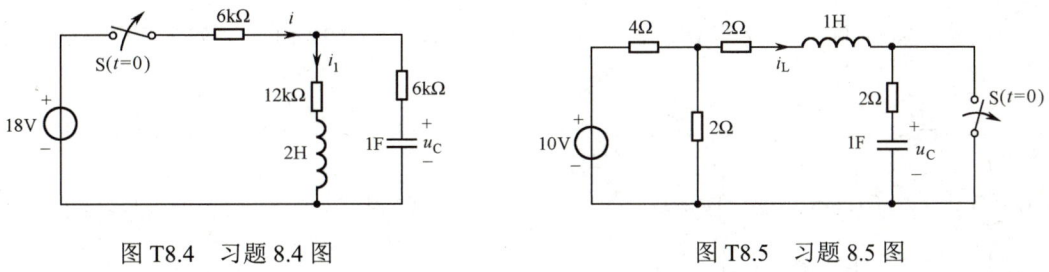

图 T8.4 习题 8.4 图　　　　　　图 T8.5 习题 8.5 图

8.6 图 T8.6 所示电路换路前处于稳态，在 $t=0$ 时，开关 S 断开。试求 $i(0_+)$、$\dfrac{du_C}{dt}\Big|_{0_+}$ 和 $\dfrac{di_L}{dt}\Big|_{0_+}$。

8.7 在图 T8.7 所示的电路中，开关 S 在位置 1 已很久，在 $t=0$ 时，开关由位置 1 切换至位置 2，求在 $t>0$ 时，u_C 的零输入响应。

8.8 图 T8.8 所示的电路在 $t<0$ 时已稳定；在 $t=0$ 时，开关 S 断开。试求 $t\geqslant 0$ 时 i_L 的零输入响应。

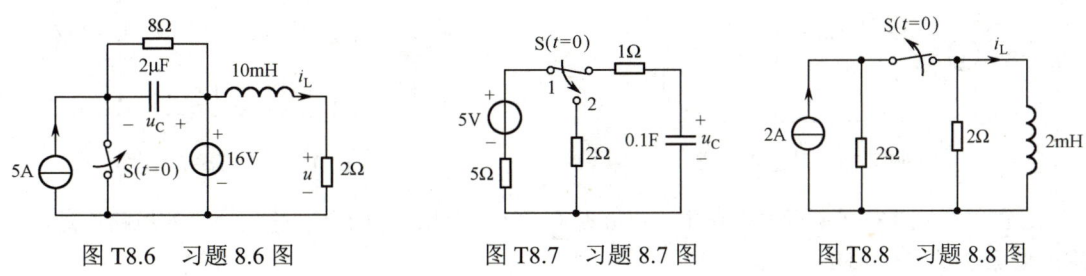

图 T8.6 习题 8.6 图　　图 T8.7 习题 8.7 图　　图 T8.8 习题 8.8 图

8.9 图 T8.9 所示电路换路前已处于稳态，在 $t=0$ 时，开关 S 由位置 1 切换至位置 2。试求 $t \geq 0$ 时 u_C 的零输入响应。

8.10 在图 T8.10 所示的电路中，开关 S 断开已经很久，$t=0$ 时开关 S 闭合，试求 $t>0$ 时 u_C 和 i_C 的零状态响应，并画出响应波形。

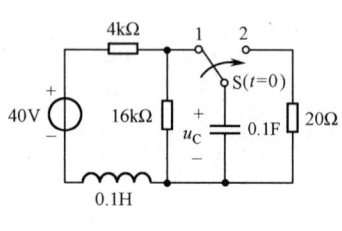

图 T8.9 习题 8.9 图

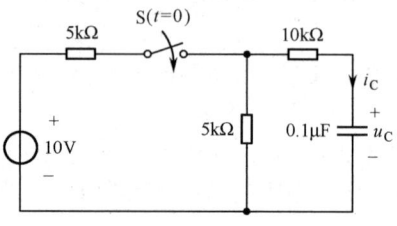

图 T8.10 习题 8.10 图

8.11 试求图 T8.11 所示电路换路后的零状态响应 i。

8.12 图 T8.12 所示电路在开关 S 闭合时电路已处于稳态，开关 S 断开后 0.2s 时的电容电压为 8V，求电容 C 的值。

8.13 图 T8.13 所示电路换路前已处于稳态，求换路后的 u、i_L 的零状态响应。

8.14 在图 T8.14 所示的电路中，开关 S 闭合前电容无初始储能，求开关 S 闭合后零状态响应 u_C。

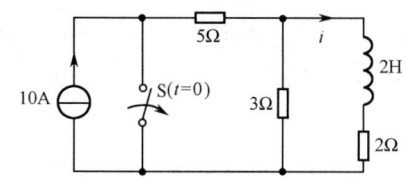

图 T8.11 习题 8.11 图

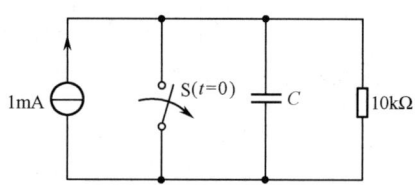

图 T8.12 习题 8.12 图

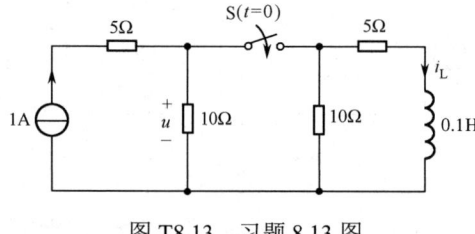

图 T8.13 习题 8.13 图

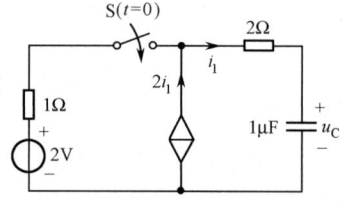

图 T8.14 习题 8.14 图

8.15 图 T8.15 所示电路换路前已达稳态，求换路后全响应 i_C。

8.16 图 T8.16 所示电路换路前已达稳态，求换路后 u_C 和 i_R 的全响应，并画出响应波形。

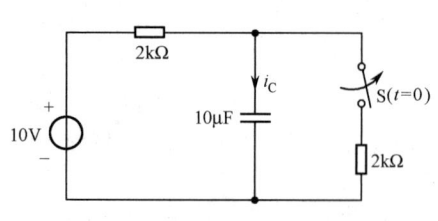

图 T8.15 习题 8.15 图

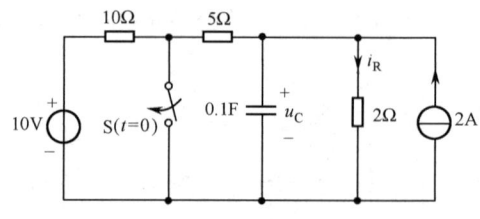

图 T8.16 习题 8.16 图

8.17 在图 T8.17 所示的电路中，$t=0$ 时开关 S_1 打开、S_2 闭合，开关动作前电路已达稳态，试用三要素法求 $t \geq 0$ 时的 i_L、i_R。

8.18 图 T8.18 所示电路换路前已处于稳态，试求换路后的全响应 u。

8.19 图 T8.19 所示电路换路前已处于稳态，求换路后 i。

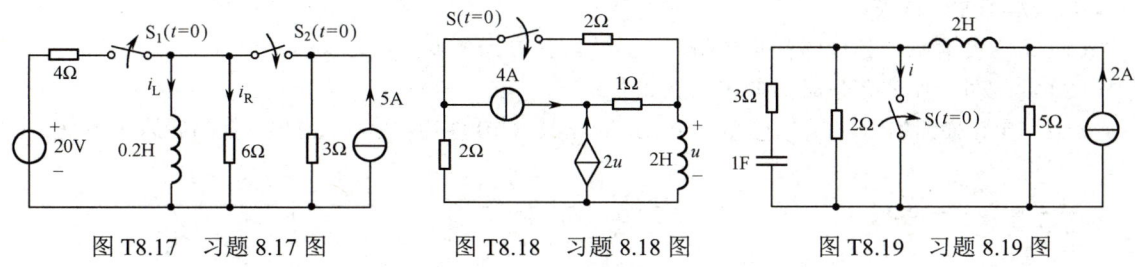

图 T8.17　习题 8.17 图　　　图 T8.18　习题 8.18 图　　　图 T8.19　习题 8.19 图

8.20 求图 T8.20 所示电路的阶跃响应 u_C 和 u_R。

8.21 求图 T8.21 所示电路的阶跃响应 i_L 和 i_R。

8.22 电路如图 T8.22（a）所示，电流源 $i_S(t)$ 的波形如图 T8.22（b）所示，试求零状态响应 $u(t)$，并画出它的波形。

8.23 电路如图 T8.23（a）所示，电压源 $u_S(t)$ 的波形如图 T8.23（b）所示，试求 $u_C(0_-)=0$V 和 $u_C(0_-)=2$V 情况时的 $u_C(t)$，并画出波形。

8.24 电路如图 T8.24 所示，已知 $I_0=2$A，$t_1=0.5$s，$R=1\Omega$，$C=0.1$F。试求 $t \geq 0$ 时的电容电压 u_C，并画出波形。

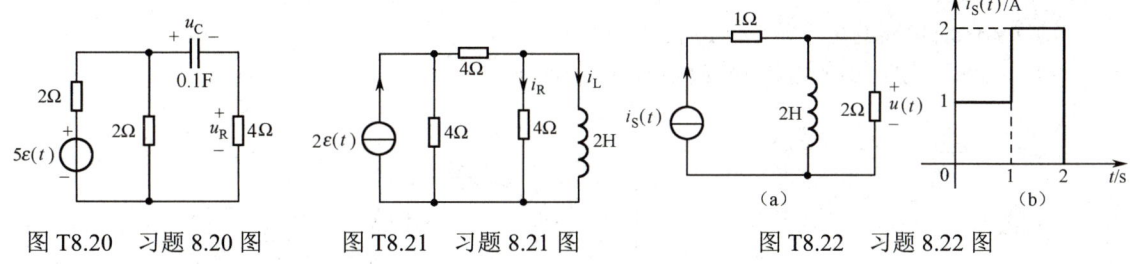

图 T8.20　习题 8.20 图　　　图 T8.21　习题 8.21 图　　　图 T8.22　习题 8.22 图

8.25 求图 T8.25 所示电路输出电压 $u_C(t)$ 的冲激响应。

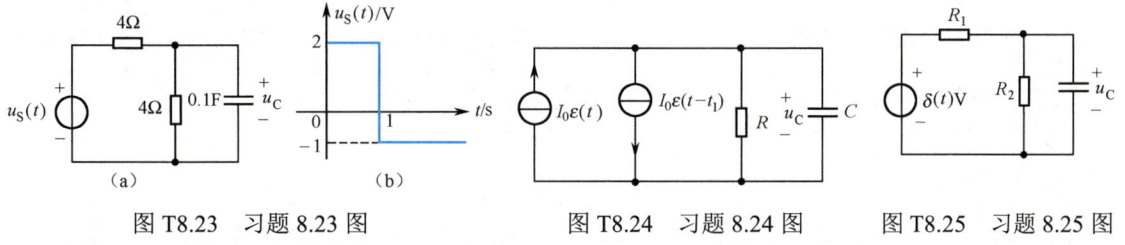

图 T8.23　习题 8.23 图　　　图 T8.24　习题 8.24 图　　　图 T8.25　习题 8.25 图

8.26 试求图 T8.26 所示电路输出电压 $u_0(t)$ 的冲激响应。

8.27 在图 T8.27 所示的电路中，$i_S=\varepsilon(t)$A，$u_S=2\varepsilon(t)$，试求电路响应 $i_L(t)$。

8.28 在图 T8.28 所示的电路中，电压源 $u_S=[10\varepsilon(t)+2\delta(t)]$V，求 $t>0$ 时电路响应 $i_L(t)$ 及 $u_L(t)$。

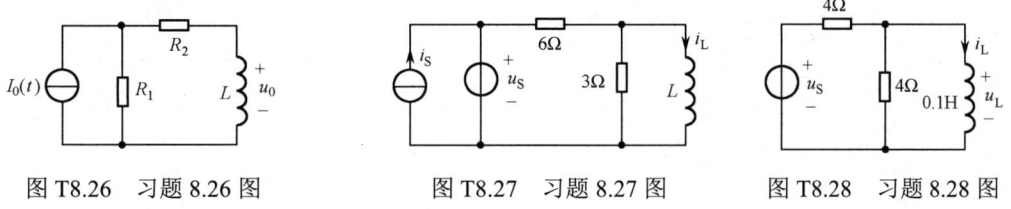

图 T8.26　习题 8.26 图　　　图 T8.27　习题 8.27 图　　　图 T8.28　习题 8.28 图

8.29 在图 T8.29 所示的电路中，已知 $i_L(0_-)=0$，$u_C(0_-)=4$V，求开关 S 闭合后电路的零输入响应 $u_C(t)$ 和 $i_L(t)$。

8.30 图 T8.30 所示电路已处于稳态，在 $t=0$ 时，开关 S 由位置 1 切换至位置 2，已知 $L=2\text{H}$，$C=4\mu\text{F}$，$U_S=10\text{V}$。试求：

（1）开关闭合后，使电路在临界阻尼下放电，R 应为多少？

（2）电路处于临界阻尼时的最大电流值 $i_{\max}$。

8.31 电路如图 T8.31 所示，已知 $G=0.2\text{S}$，$L=4\text{mH}$，$C=0.1\text{F}$，$I_S=4\text{A}$。试求电路换路后的 $u_C(t)$ 及 $i_L(t)$。

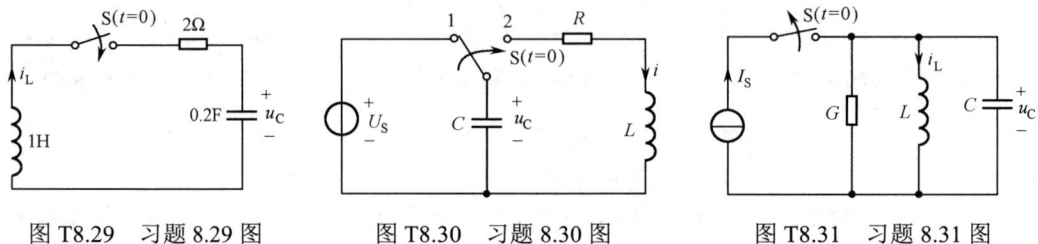

图 T8.29 习题 8.29 图　　图 T8.30 习题 8.30 图　　图 T8.31 习题 8.31 图

8.32 电路如图 T8.32 所示，已知 $L=1\text{H}$，$C=\dfrac{1}{3}\text{F}$，$U=16\text{V}$，$u_C(0_-)=0$，$i_L(0_-)=0$，若（1）$R=4\Omega$；

（2）$R=2\Omega$，试分别求电阻取上述不同值时的电路的零状态响应 $u_C(t)$ 和 $i(t)$。

8.33 电路如图 T8.33 所示，开关 S 在位置 1 时已达稳态，求换路后的 u_C。

8.34 电路如图 T8.34 所示，已知 $G=4\text{S}$，$L=0.25\text{H}$，$C=0.2\text{F}$。试求：

（1）$i_S=\varepsilon(t)$ 时电路的单位阶跃响应 $u_C(t)$ 和 $i_L(t)$；

（2）$i_S=\delta(t)$ 时电路的单位冲激响应 $u_C(t)$ 和 $i_L(t)$。

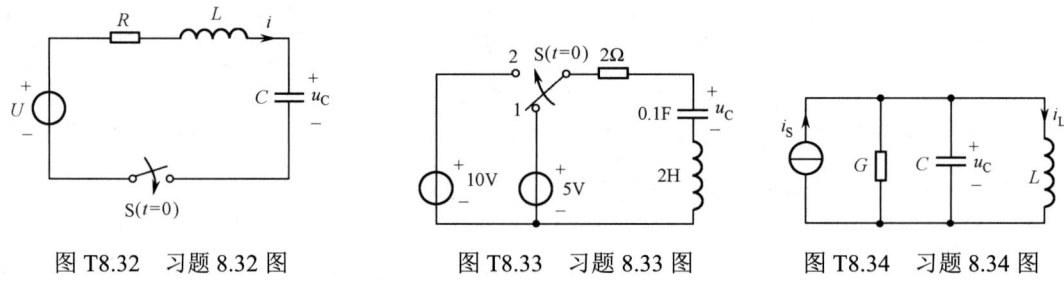

图 T8.32 习题 8.32 图　　图 T8.33 习题 8.33 图　　图 T8.34 习题 8.34 图

8.35 电路如图 T8.35 所示，试求以下情况的阶跃响应 $u_C(t)$：

（1）$C=0.1\text{F}$；

（2）$C=\dfrac{1}{2}\text{F}$。

8.36 当 $u_S(t)$ 为图 T8.36 所示情况时，求图 T8.36 所示电路在 $u_S(t)=\varepsilon(t)$ 和 $u_S(t)=\delta(t)$ 时的响应 $u_C(t)$。

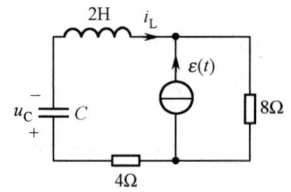 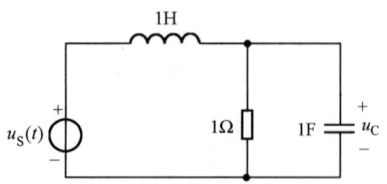

图 T8.35 习题 8.35 图　　　　图 T8.36 习题 8.36 图

第 9 章 动态电路的复频域分析

[内容提要]

线性动态电路的时域分析法需确定初始条件，列写和求解微分方程。对于高阶电路而言，计算过程十分烦琐和复杂。本章介绍的拉普拉斯变换法是通过拉普拉斯变换，把已知的时域函数变换为复频域函数后进行分析，再做反变换，返回时域。利用这种变换法求解高阶电路，可将时域里的微分方程化为复频域里的代数方程，求出满足电路初始条件的原微分方程的解，从而避免复杂的微积分方程求解问题。复频域变换法中的拉普拉斯变换法也称为运算法。

9.1 拉普拉斯变换

9.1.1 拉普拉斯变换的定义

在数学上，拉普拉斯变换是一种广义的积分变换，简称拉氏变换。

一个定义在$[0,\infty)$区间的函数$f(t)$，它的拉氏变换式$F(s)$定义为

$$F(s) = \int_{0_-}^{\infty} f(t) e^{-st} dt \tag{9.1.1}$$

式中，$s=\sigma+j\omega$为一复变量，通常称为复频率。这一积分将时域函数$f(t)$变换为复频域函数$F(s)$。$F(s)$称为$f(t)$的象函数，$f(t)$称为$F(s)$的原函数。

式（9.1.1）中的积分下限规定为0_-是考虑到$t=0$时$f(t)$可能含有冲激函数$\delta(t)$。

已知象函数$F(s)$求对应原函数$f(t)$的变换，称为拉普拉斯反变换（简称拉氏反变换），它定义为

$$f(t) = \frac{1}{2\pi j} \int_{c-j\infty}^{c+j\infty} F(s) e^{st} ds \tag{9.1.2}$$

式中，c为正的有限常数。

通常将拉普拉斯变换和拉普拉斯反变换分别简记为

$$F(s) = \mathcal{L}[f(t)]$$
$$f(t) = \mathcal{L}^{-1}[F(s)]$$

9.1.2 拉普拉斯变换的计算

拉普拉斯变换可根据式（9.1.1）计算求出象函数。常见的简单函数可通过查表 9.1.1 来获得象函数。

下面研究几种常见函数的象函数。

（1）单位阶跃函数$\varepsilon(t)$的象函数：

$$f(t)=\varepsilon(t)$$

由式（9.1.1）得

$$F(s) = \mathcal{L}[f(t)] = \int_{0_-}^{\infty} \varepsilon(t) e^{-st} dt = \int_{0_-}^{\infty} e^{-st} dt = -\frac{1}{s} e^{-st} \Big|_{0_-}^{\infty} = \frac{1}{s}$$

（2）单位冲激函数 $\delta(t)$ 的象函数：

$$f(t)=\delta(t)$$

$$F(s) = \mathcal{L}[f(t)] = \int_{0_-}^{\infty} \delta(t)\mathrm{e}^{-st}\mathrm{d}t = \int_{0_-}^{0_+} \delta(t)\mathrm{e}^{-st}\mathrm{d}t = \mathrm{e}^{-0} = 1$$

（3）指数函数 $\mathrm{e}^{\alpha t}$ 的象函数：

$$f(t)=\mathrm{e}^{\alpha t} \quad (\alpha \text{ 为实数})$$

$$F(s) = \mathcal{L}[f(t)] = \int_{0_-}^{\infty} \mathrm{e}^{\alpha t}\mathrm{e}^{-st}\mathrm{d}t = \int_{0_-}^{\infty} \mathrm{e}^{-(s-\alpha)t}\mathrm{d}t = \frac{1}{-(s-\alpha)}\mathrm{e}^{-(s-\alpha)t}\Big|_{0_-}^{\infty} = \frac{1}{s-\alpha}$$

9.1.3 拉普拉斯变换的基本性质

本节介绍拉普拉斯变换并分析线性电路有关的一些基本性质，证明略。

1. 线性性质

假设 $\mathcal{L}[f_1(t)]=F_1(s)$，$\mathcal{L}[f_2(t)]=F_2(s)$，则

$$\mathcal{L}[k_1 f_1(t)+k_2 f_2(t)]=k_1 F_1(s)+k_2 F_2(s) \tag{9.1.3}$$

式中，k_1、k_2 均为任意常数。

【例 9.1.1】 求 $\cos\omega t$ 和 $\sin\omega t$ 的拉普拉斯象函数。

解：（1）$\cos\omega t$ 的象函数。

根据欧拉公式有

$$\cos\omega t=(\mathrm{e}^{\mathrm{j}\omega t}+\mathrm{e}^{-\mathrm{j}\omega t})/2$$

应用拉普拉斯变换线性性质，有

$$\mathcal{L}[\cos\omega t] = \mathcal{L}\left[\frac{\mathrm{e}^{\mathrm{j}\omega t}+\mathrm{e}^{-\mathrm{j}\omega t}}{2}\right] = \frac{1}{2}\mathcal{L}[\mathrm{e}^{\mathrm{j}\omega t}]+\frac{1}{2}\mathcal{L}[\mathrm{e}^{-\mathrm{j}\omega t}]$$

$$= \frac{1}{2}\left(\frac{1}{s-\mathrm{j}\omega}+\frac{1}{s+\mathrm{j}\omega}\right) = \frac{s}{s^2+\omega^2}$$

（2）$\sin\omega t$ 的象函数。

同理

$$\sin\omega t = \frac{\mathrm{e}^{\mathrm{j}\omega t}-\mathrm{e}^{-\mathrm{j}\omega t}}{2\mathrm{j}}$$

$$\mathcal{L}[\sin\omega t] = \mathcal{L}\left[\frac{\mathrm{e}^{\mathrm{j}\omega t}-\mathrm{e}^{-\mathrm{j}\omega t}}{2\mathrm{j}}\right] = \frac{1}{2\mathrm{j}}\left(\frac{1}{s-\mathrm{j}\omega}-\frac{1}{s+\mathrm{j}\omega}\right) = \frac{\omega}{s^2+\omega^2}$$

2. 微分性质

假设 $\mathcal{L}[f(t)]=F(s)$，则

$$\mathcal{L}\left[\frac{\mathrm{d}f(t)}{\mathrm{d}t}\right] = sF(s)-f(0_-) \tag{9.1.4}$$

【例 9.1.2】 根据阶跃函数的拉普拉斯象函数，并利用拉氏变换的微分性质求 $\delta(t)$ 的象函数。

解：由于

$$\delta(t)=\frac{\mathrm{d}}{\mathrm{d}t}\varepsilon(t)$$

而

$$\mathcal{L}[\varepsilon(t)]=\frac{1}{s}$$

因此有

$$\mathcal{L}[\delta(t)] = \mathcal{L}\left[\frac{\mathrm{d}}{\mathrm{d}t}\varepsilon(t)\right] = s\frac{1}{s}-\varepsilon(0_-) = 1$$

3. 积分性质

假设 $\mathcal{L}[f(t)]=F(s)$，则

$$\mathcal{L}\left[\int_{0_-}^{t} f(t)\mathrm{d}t\right] = \frac{1}{s}\mathcal{L}[f(t)] = \frac{F(s)}{s} \tag{9.1.5}$$

【例 9.1.3】 根据阶跃函数的拉普拉斯象函数，并利用拉氏变换的积分性质求 $f(t)=t$ 的象函数。[在 $t<0$ 时，$f(t)=0$]

解：由于
$$f(t) = t\varepsilon(t) = \int_{0_-}^{t} \varepsilon(\xi)\mathrm{d}\xi$$

而 $\mathcal{L}[\varepsilon(t)] = \dfrac{1}{s}$，因此有

$$\mathcal{L}[f(t)] = \mathcal{L}[t\varepsilon(t)] = \mathcal{L}\left[\int_{0_-}^{t} \varepsilon(\xi)\mathrm{d}\xi\right] = \frac{1}{s}\mathcal{L}[\varepsilon(t)] = \frac{1}{s^2}$$

4. 延迟性质

假设 $\mathcal{L}[f(t)\varepsilon(t)] = F(s)$，则

$$\mathcal{L}[f(t-t_0)\varepsilon(t-t_0)] = \mathrm{e}^{-st_0} F(s) \tag{9.1.6}$$

【例 9.1.4】 已知电压 $u(t)$ 的波形如图 9.1.1 所示，求 $u(t)$ 的拉普拉斯象函数 $U(s)$。

解：
$$u(t) = \varepsilon(t) - \varepsilon(t-\tau), \quad \mathcal{L}[\varepsilon(t)] = \frac{1}{s}$$

由延迟性质有
$$\mathcal{L}[\varepsilon(t-\tau)] = \frac{1}{s}\mathrm{e}^{-s\tau}$$

故有
$$\mathcal{L}[u(t)] = \mathcal{L}[\varepsilon(t)] - \mathcal{L}[\varepsilon(t-\tau)] = \frac{1}{s} - \frac{1}{s}\mathrm{e}^{-s\tau} = \frac{1}{s}(1-\mathrm{e}^{-s\tau})$$

图 9.1.1 例 9.1.4 图

表 9.1.1 给出了常用时间函数的拉普拉斯变换式。

表 9.1.1 常用时间函数的拉普拉斯变换式

原函数 $f(t)$	象函数 $F(s)$	原函数 $f(t)$	象函数 $F(s)$
$\varepsilon(t)$	$\dfrac{1}{s}$	$\mathrm{e}^{-\alpha t}\sin\omega t$	$\dfrac{\omega}{(s+\alpha)^2+\omega^2}$
$\delta(t)$	1	$\mathrm{e}^{-\alpha t}\cos\omega t$	$\dfrac{s+\alpha}{(s+\alpha)^2+\omega^2}$
$\mathrm{e}^{-\alpha t}$	$\dfrac{1}{s+\alpha}$	t	$\dfrac{1}{s^2}$
$\sin\omega t$	$\dfrac{\omega}{s^2+\omega^2}$	$t^n(n=1,2,\cdots)$	$\dfrac{n!}{s^{n+1}}$
$\cos\omega t$	$\dfrac{s}{s^2+\omega^2}$	$t^n\mathrm{e}^{-\alpha t}$	$\dfrac{n!}{(s+\alpha)^{n+1}}$

9.1.4 拉普拉斯反变换的计算

如前如述，简单象函数的反变换可用查表法获得，一般象函数的反变换可通过式（9.1.2）求得，但计算过程比较复杂。对于电工技术中最常见的有理函数形式的象函数，可采用部分分式展开法，将其分解为若干个简单象函数之和，并根据拉氏变换的基本性质，用查表法获取原函数。

有理函数 $F(s)$ 的一般形式为

$$F(s) = \frac{N(s)}{D(s)} = \frac{b_m s^m + b_{m-1}s^{m-1} + \cdots + b_1 s + b_0}{a_n s^n + a_{n-1}s^{n-1} + \cdots + a_1 s + a_0} \tag{9.1.7}$$

式中，m、n 均为正整数；$a_i(i=0,1,\cdots,n)$、$b_j(j=0,1,\cdots,m)$ 均为常数。若 $n>m$，则 $F(s)$ 为有理真

分式，可直接应用部分分式展开法。若 $n \leq m$，$F(s)$ 为有理假分式，则需先经过除法运算，再将 $F(s)$ 转化为如下形式。

$$F(s) = \frac{N(s)}{D(s)} = Q(s) + \frac{N_0(s)}{D(s)} \tag{9.1.8}$$

即将 $F(s)$ 转化为多项式 $Q(s)$ 与有理真分式 $\frac{N_0(s)}{D(s)}$ 之和。

下面分两种情况讨论有理函数的部分分式展开式。

1. 只具有单极点的有理函数的反变换

如果 $D(s)=0$ 有 n 个单根，设 n 个单根分别为 $p_1, p_2, \cdots, p_n$，于是 $F(s)$ 可展开为

$$F(s) = \frac{N(s)}{D(s)} = \frac{N(s)}{C(s-p_1)(s-p_2)\cdots(s-p_n)}$$

$$= \frac{C_1}{s-p_1} + \cdots + \frac{C_k}{s-p_k} + \cdots + \frac{C_n}{s-p_n} \tag{9.1.9}$$

式中，$C_1, C_2, \cdots, C_n$ 为待定系数。

将式（9.1.9）两边同乘 $(s-p_k)$，有

$$(s-p_k)F(s) = \frac{C_1}{s-p_1}(s-p_k) + \cdots + C_k + \cdots + \frac{C_n}{s-p_n}(s-p_k)$$

令 $s=p_k$，则上式右边除 C_k 项之外，其余各项均为零，于是可得

$$C_k = (s-p_k)F(s)\big|_{s=p_k} \tag{9.1.10}$$

$F(s)$ 的部分分式展开式为

$$F(s) = \sum_{k=1}^{n} \frac{C_k}{s-p_k} = \sum_{k=1}^{n} \left[(s-p_k)F(s)\big|_{s=p_k}\right] \frac{1}{s-p_k} \tag{9.1.11}$$

根据各部分分式的反变换和线性性质，求得原函数为

$$f(t) = \mathcal{L}^{-1}[F(s)] = \mathcal{L}^{-1}\left[\sum_{k=1}^{n} \frac{C_k}{s-p_k}\right] = \sum_{k=1}^{n} C_k e^{p_k t} \varepsilon(t) \tag{9.1.12}$$

【例 9.1.5】 求 $F(s) = \dfrac{2s+1}{s^3+7s^2+10s}$ 的原函数 $f(t)$。

解：将 $F(s)$ 展开成部分分式有

$$F(s) = \frac{2s+1}{s(s+2)(s+5)} = \frac{C_1}{s} + \frac{C_2}{s+2} + \frac{C_3}{s+5}$$

$F(s)$ 的各极点分别为 $p_1=0$、$p_2=-2$、$p_3=-5$。现由式（9.1.10）确定各部分分式的系数。

$$C_1 = sF(s)\big|_{s=p_1} = \frac{2s+1}{(s+2)(s+5)}\bigg|_{s=0} = 0.1$$

$$C_2 = (s+2)F(s)\big|_{s=p_2} = \frac{2s+1}{s(s+5)}\bigg|_{s=-2} = 0.5$$

$$C_3 = (s+5)F(s)\big|_{s=p_3} = \frac{2s+1}{s(s+2)}\bigg|_{s=-5} = -0.6$$

故

$$f(t) = \mathcal{L}^{-1}[F(s)] = \sum_{k=1}^{3} C_k e^{p_k t} \varepsilon(t) = (0.1 + 0.5e^{-2t} - 0.6e^{-5t})\varepsilon(t)$$

2. 具有多重极点的有理函数的反变换

若 $D(s)=0$ 有 $(n-q)$ 个单根（$s_1, s_2, \cdots, s_{n-q}$）和 q 次重根，则有

第9章 动态电路的复频域分析

$$F(s) = \frac{N(s)}{D(s)}$$

$$= \frac{C_1}{s-p_1} + \frac{C_2}{s-p_2} + \cdots + \frac{C_{n-q}}{s-p_{n-q}} + \frac{k_1}{s-p_n} + \cdots + \frac{k_q}{(s-p_n)^q}$$

$$= \sum_{j=1}^{n-q} \frac{C_j}{s-p_j} + \sum_{i=1}^{q} \frac{k_i}{(s-p_n)^i} \tag{9.1.13}$$

其中，C_j 的定义与前面所述一样，根据式（9.1.10）确定，即

$$C_j = (s-p_j)F(s)\big|_{s=p_j}$$

为求 k_q，将式（9.1.13）两端同乘 $(s-p_n)^q$，得

$$(s-p_n)^q F(s) = (s-p_n)^q \sum_{j=1}^{n-q} \frac{C_j}{s-p_j} + (s-p_n)^q \sum_{i=1}^{q} \frac{k_i}{(s-p_n)^i} \tag{9.1.14}$$

令 $s=p_n$，即可求得

$$k_q = (s-p_n)^q F(s)\big|_{s=p_n} \tag{9.1.15a}$$

为求 k_{q-1}，将式（9.1.14）两边求导后令 $s=p_n$，得

$$k_{q-1} = \frac{\mathrm{d}}{\mathrm{d}s}(s-p_n)^q F(s)\bigg|_{s=p_n} \tag{9.1.15b}$$

由此推得，对应于多重极点 p_n 的系数 k_i 可由下式确定。

$$k_i = \frac{1}{(q-i)!}\frac{\mathrm{d}^{(q-i)}}{\mathrm{d}s^{(q-i)}}\left[(s-p_n)^q F(s)\right]\bigg|_{s=p_n} \tag{9.1.16}$$

其中，$0!=1$，$\dfrac{\mathrm{d}^0}{\mathrm{d}s^0}=1$。

在确定各部分分式的系数 C_j 与 k_i 后，可根据查表法和线性性质求出已知 $F(s)$ 的原函数 $f(t)$，即

$$f(t) = \mathcal{L}^{-1}[F(s)] = \left(\sum_{j=1}^{n-q} C_j \mathrm{e}^{p_j t} + \sum_{i=1}^{q} \frac{k_i}{(i-1)!} t^{i-1} \mathrm{e}^{p_n t}\right)\varepsilon(t) \tag{9.1.17}$$

【例 9.1.6】 求 $F(s) = \dfrac{s-2}{s(s+1)^2}$ 的原函数。

解：由方程 $D(s)=s(s+1)^2=0$ 有 $p_1=0$ 为单根，$p_2=-1$ 为二重根，所以设

$$F(s) = \frac{C_1}{s} + \frac{k_1}{s+1} + \frac{k_2}{(s+1)^2}$$

由式（9.1.10）得

$$C_1 = s\frac{(s-2)}{s(s+1)^2}\bigg|_{s=0} = -2$$

由式（9.1.16）得

$$k_1 = \frac{1}{(2-1)!}\frac{\mathrm{d}^{(2-1)}}{\mathrm{d}s^{(2-1)}}\left[(s+1)^2 \frac{(s-2)}{s(s+1)^2}\right]\bigg|_{s=-1} = \frac{\mathrm{d}}{\mathrm{d}s}\left(\frac{s-2}{s}\right)\bigg|_{s=-1} = 2$$

$$k_2 = \frac{1}{(2-2)!}\frac{\mathrm{d}^{(2-2)}}{\mathrm{d}s^{(2-2)}}\left[(s+1)^2 \frac{(s-2)}{s(s+1)^2}\right]\bigg|_{s=-1} = \frac{s-2}{s}\bigg|_{s=-1} = 3$$

于是有

$$F(s) = \frac{-2}{s} + \frac{2}{s+1} + \frac{3}{(s+1)^2}$$

故根据式（9.1.17），原函数为
$$f(t) = (-2 + 2e^{-t} + 3te^{-t})\varepsilon(t)$$

9.2 用运算法求解动态电路的暂态过程

线性动态电路的时域分析法需确定初始条件，列写和求解微分方程。对高阶电路而言，计算过程十分烦琐和复杂。通过拉普拉斯变换，把已知的时域函数变换为频域函数后进行分析，再做反变换，返回时域。利用这种变域法求解高阶电路，可将时域里的微分方程转化为复频域里的代数方程，求出满足电路初始条件的原微分方程的解，而避免复杂的微积分运算。复频域变换法中的拉普拉斯变换法也称为运算法。

9.2.1 基尔霍夫定律的运算形式

基尔霍夫定律的时域表示式如下。

对任一节点，KCL 方程为 $\sum i = 0$；对任一回路，KVL 方程为 $\sum u = 0$。

根据拉普拉斯变换的线性性质，得运算形式如下。

对任一节点，KCL 方程的运算形式为
$$\sum I(s) = 0 \tag{9.2.1a}$$

对任一回路，KVL 方程的运算形式为
$$\sum U(s) = 0 \tag{9.2.1b}$$

式（9.2.1）为基尔霍夫定律的运算形式。显然，与时域中的基尔霍夫定律在形式上相同。

9.2.2 元件伏安关系式的运算形式

1. 电阻元件 VCR 的运算形式

图 9.2.1（a）所示电阻元件的伏安关系式为
$$u_R = Ri_R$$

对上式两边取拉氏变换得电阻 VCR 的运算形式为
$$U_R(s) = RI_R(s) \tag{9.2.2}$$

式（9.2.2）也称为欧姆定律的运算形式。显然，与时域中欧姆定律的形式相同。图 9.2.1（b）所示为电阻 R 在复频域中的模型，即 R 元件的运算电路。

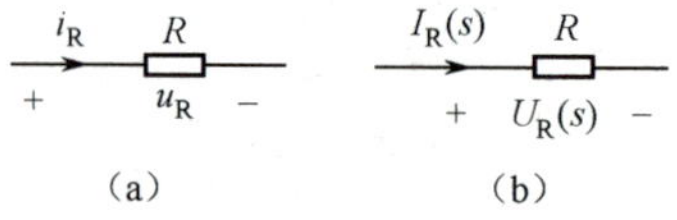

图 9.2.1 R 元件的运算电路

2. 电感元件 VCR 的运算形式

图 9.2.2（a）所示电感元件时域中的伏安关系式为
$$u_L = L\frac{di_L}{dt}$$

对上式两边取拉氏变换得 L 元件 VCR 的运算形式为
$$U_L(s) = sLI_L(s) - Li_L(0_-) \tag{9.2.3a}$$

式中，sL 为电感的运算阻抗；$i_L(0_-)$ 为电感中的初始电流。图 9.2.2（b）所示为 L 元件的运算电路。

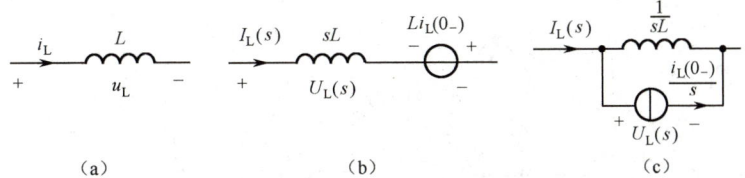

图 9.2.2 L 元件的运算电路

图中 $Li_L(0_-)$ 为附加电压源，它反映了电感中初始电流的作用。将式（9.2.3a）改写为

$$I_L(s) = \frac{1}{sL}U_L(s) + \frac{i_L(0_-)}{s} \tag{9.2.3b}$$

由此可得图 9.2.2（c）所示运算电路。图中 $\frac{1}{sL}$ 为电感的运算导纳，$\frac{i_L(0_-)}{s}$ 为附加电流源。实际上，图 9.2.2（c）也可由图 9.2.3（b）根据电源的等效变换获得。

图 9.2.2（b）和图 9.2.2（c）分别为 L 元件电压源形式的运算电路和电流源形式的运算电路。

3. 电容元件 VCR 的运算形式

图 9.2.3（a）所示电容 C 时域中的伏安关系式为

$$i_C = C\frac{du_C}{dt}$$

对上式两边取拉氏变换，得电容元件 VCR 的运算形式为

$$I_C(s) = sCU_C(s) - Cu_C(0_-) \tag{9.2.4a}$$

$$U_C(s) = \frac{1}{sC}I_C(s) + \frac{u_C(0_-)}{s} \tag{9.2.4b}$$

式中，sC、$\frac{1}{sC}$ 分别为电容 C 的运算导纳、运算阻抗，对应式（9.2.4）的电容元件电流源形式和电压源形式的运算电路，如图 9.2.3（b）、图 9.2.3（c）所示。图中 $Cu_C(0_-)$ 为附加电流源，$\frac{1}{s}u_C(0_-)$ 为附加电压源。

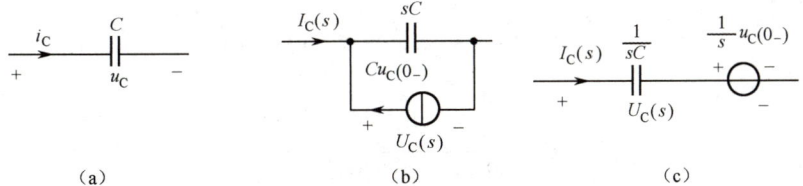

图 9.2.3 电容元件的运算电路

9.2.3 用运算法求解暂态过程

运算法的基本思想是把时间函数变换为对应的象函数，从而把时域电路的积分微分方程的求解变化为求解以象函数为变量的线性代数方程。

由于 KCL、KVL 的运算形式与基尔霍夫定律在直流电路中的形式相同，且 R、L、C 元件的伏安关系式与欧姆定律的形式相当，因此在直流电路中采用的所有分析方法均能用于运算电路。在运算法中求得象函数后，利用拉氏反变换就可以求得对应的时域解。

将时域电路中的各元件用其对应的运算电路替代，便可得到该时域电路的运算电路。注意，运算电路中的独立电源为运算形式的电源。电源的运算形式为时域中电源函数取拉氏变换而得。

例如，图 9.2.4（a）所示 RLC 串联电路的运算电路，如图 9.2.4（b）所示。

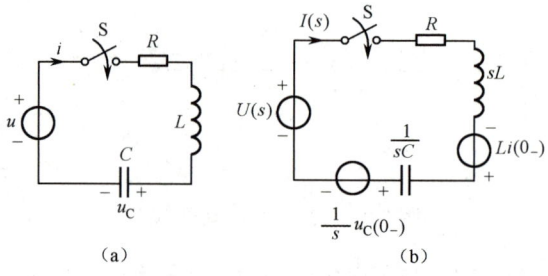

图 9.2.4 RLC 串联电路及其运算电路

【例 9.2.1】 图 9.2.5（a）所示电路在开关 S 打开前处于稳态。已知 $L_1=L_2=0.5\text{H}$，试求开关 S 断开后的 i_{L1}、u_{L1}。

解：（1）求 U_S 的拉普拉斯变换。

$$\mathcal{L}[U_S]=\mathcal{L}[2]=\frac{2}{s}$$

求初始条件为

$$i_{L1}(0_-)=2/1=2\text{A}, \quad i_{L2}(0_-)=0\text{A}$$

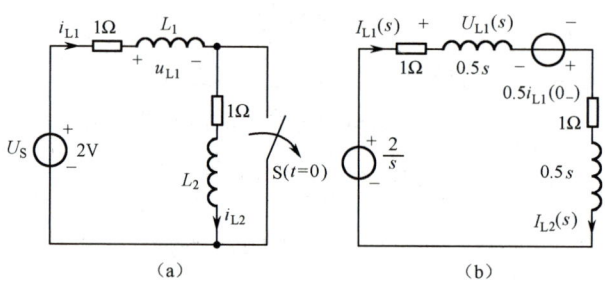

图 9.2.5 例 9.2.1 图

（2）画出 $t>0$ 以后的运算电路，如图 9.2.5（b）所示。
（3）列出电路方程。

$$(2+0.5s+0.5s)I_{L1}(s)=\frac{2}{s}+0.5i_{L1}(0_-)$$

解得

$$I_{L1}(s)=\frac{\dfrac{2}{s}+0.5i_{L1}(0_-)}{2+0.5s+0.5s}=\frac{\dfrac{2}{s}+1}{s+2}=\frac{1}{s}$$

$$U_{L1}(s)=0.5sI_{L1}(s)-0.5i_{L1}(0_-)=-1.5$$

（4）求拉普拉斯反变换，得电路响应为

$$i_{L1}=\mathcal{L}^{-1}[I_{L1}(s)]=\mathcal{L}^{-1}\left[\frac{1}{s}\right]=1\varepsilon(t)\text{A}$$

$$u_{L1}=\mathcal{L}^{-1}[U_{L1}(s)]=\mathcal{L}^{-1}[-1.5]=-1.5\delta(t)\text{V}$$

【例 9.2.2】 图 9.2.6 所示电路处于稳态。已知 $u_{S1}=2e^{-2t}\text{V}$，$u_{S2}=5\text{V}$，$R_1=R_2=5\Omega$，$L=1\text{H}$。求 $t\geq 0$ 时的 u_L。

解：（1）电源的拉普拉斯变换。

$$\mathcal{L}[u_{S1}]=\mathcal{L}[2e^{-2t}]=\frac{2}{s+2}, \quad \mathcal{L}[u_{S2}]=\mathcal{L}[5]=\frac{5}{s}$$

求初始条件为

$$i_L(0_-) = \frac{u_{S2}}{R_2} = 1\,\text{A}$$

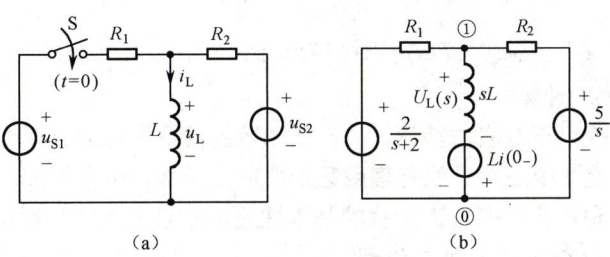

图 9.2.6 例 9.2.2 图

（2）画出运算电路，如图 9.2.6（b）所示。
（3）设 0 点为参考节点，应用节点法列电路方程为

$$\left(\frac{1}{R_1} + \frac{1}{R_2} + \frac{1}{sL}\right)U_L(s) = \frac{\frac{2}{s+2}}{R_1} + \frac{\frac{5}{s}}{R_2} - \frac{Li(0_-)}{sL}$$

代入数据，得

$$\left(\frac{2}{5} + \frac{1}{s}\right)U_L(s) = \frac{2}{5\times(s+2)} + \frac{1}{s} - \frac{1}{s}$$

即

$$U_L(s) = \frac{2s}{(s+2)(2s+5)}$$

（4）求拉普拉斯反变换，得电路响应为

$$u_L = \mathcal{L}^{-1}[U_L(s)] = (-4\mathrm{e}^{-2t} + 5\mathrm{e}^{-2.5t})\,\text{V},\ \ t>0$$

9.3 本章小结及典型题解

9.3.1 本章小结

1. 拉普拉斯变换

1）拉普拉斯变换的定义

一个定义在 $[0,\infty)$ 区间的函数 $f(t)$，它的拉氏变换式 $F(s)$ 定义为

$$F(s) = \int_{0_-}^{\infty} f(t)\mathrm{e}^{-st}\mathrm{d}t$$

式中，$s=\sigma+\mathrm{j}\omega$ 为一复变量，通常称为复频率。这一积分将时域函数 $f(t)$ 变换为复频域函数 $F(s)$，$F(s)$ 为 $f(t)$ 的象函数，$f(t)$ 为 $F(s)$ 的原函数。

已知象函数 $F(s)$，求对应原函数 $f(t)$ 的变换称为拉普拉斯反变换（简称拉氏反变换），它定义为

$$f(t) = \frac{1}{2\pi\mathrm{j}}\int_{c-\mathrm{j}\infty}^{c+\mathrm{j}\infty} F(s)\mathrm{e}^{st}\mathrm{d}s$$

式中，c 为正的有限常数。

通常将拉普拉斯变换和拉普拉斯反变换分别简记为

$$F(s) = \mathcal{L}[f(t)],\ \ f(t) = \mathcal{L}^{-1}[F(s)]$$

2）拉普拉斯变换的基本性质

（1）线性性质：假设 $\mathcal{L}[f_1(t)] = F_1(s)$，$\mathcal{L}[f_2(t)] = F_2(s)$，则 $\mathcal{L}[k_1 f_1(t) + k_2 f_2(t)] = k_1 F_1(s) + k_2 F_2(s)$。

(2) 微分性质：假设 $\mathcal{L}[f(t)]=F(s)$，则 $\mathcal{L}\left[\dfrac{\mathrm{d}f(t)}{\mathrm{d}t}\right]=sF(s)-f(0_-)$。

(3) 积分性质：假设 $\mathcal{L}[f(t)]=F(s)$，则 $\mathcal{L}\left[\int_{0_-}^{t}f(t)\mathrm{d}t\right]=\dfrac{1}{s}\mathcal{L}[f(t)]=\dfrac{F(s)}{s}$。

(4) 延迟性质：假设 $\mathcal{L}[f(t)\varepsilon(t)]=F(s)$，则 $\mathcal{L}[f(t-t_0)\varepsilon(t-t_0)]=\mathrm{e}^{-st_0}F(s)$。

3) 拉普拉斯反变换的计算

简单象函数的反变换可用查表法获得，一般象函数的反变换可通过反变换公式求得，但计算过程比较复杂。对于电工技术中最常见的有理函数形式的象函数，可采用部分分式展开法，将其分解为若干个简单象函数之和，并根据拉氏变换的基本性质，用查表法获取原函数。

2. 用运算法求解动态电路的暂态过程

1) 基尔霍夫定律的运算形式

对任一节点，KCL 方程的运算形式为 $\sum I(s)=0$。

对任一回路，KVL 方程的运算形式为 $\sum U(s)=0$。

2) 基本元件伏安关系式的运算形式

(1) 电阻元件：$U_\mathrm{R}(s)=RI_\mathrm{R}(s)$。

(2) 电感元件：$U_\mathrm{L}(s)=sLI_\mathrm{L}(s)-Li_\mathrm{L}(0_-)$。

(3) 电容元件：$I_\mathrm{C}(s)=sCU_\mathrm{C}(s)-Cu_\mathrm{C}(0_-)$。

3) 运算法分析过程

对换路后的时域电路画出运算电路，采用合适的网络分析方法，求解运算电路，得出待求响应的象函数，对其进行拉氏反变换，得到电路响应的时域解。

9.3.2 典型题解

【例 9.3.1】 图 9.2.6 所示电路原处于稳态。$f(t)$ 如图 9.3.1 所示，求 $F(s)$。

解： 因为 $f(t)=2\varepsilon(t)-\varepsilon(t-2)-\varepsilon(t-4)$

所以 $F(s)=\dfrac{2}{s}-\dfrac{\mathrm{e}^{-2s}}{s}-\dfrac{\mathrm{e}^{-4s}}{s}=\dfrac{1}{s}(2-\mathrm{e}^{-2s}-\mathrm{e}^{-4s})$

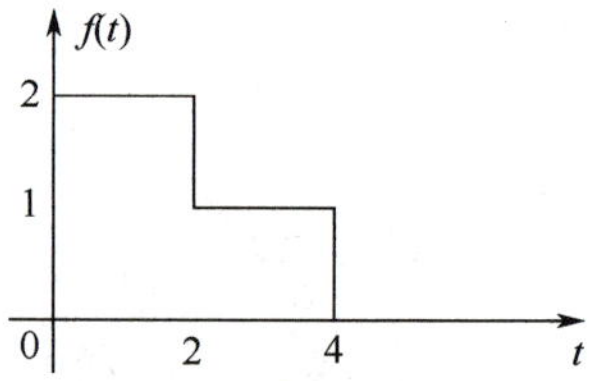

【例 9.3.2】 已知 $F(s)=\dfrac{s+4}{s(s+1)(s+2)}$，求原函数 $f(t)$。

图 9.3.1　例 9.3.1 图

解： 因为 $F(s)=\dfrac{A_1}{s}+\dfrac{A_2}{s+1}+\dfrac{A_3}{s+2}$

$A_1=sF(s)|_{s=0}=s\dfrac{s+4}{s(s+1)(s+2)}\bigg|_{s=0}=\dfrac{s+4}{(s+1)(s+2)}\bigg|_{s=0}=2$

$A_2=(s+1)F(s)|_{s=-1}=-3$

$A_3=(s+2)F(s)|_{s=-2}=1$

所以 $F(s)=\dfrac{2}{s}-\dfrac{3}{s+1}+\dfrac{1}{s+2}$，$f(t)=2-3\mathrm{e}^{-t}+\mathrm{e}^{-2t}$

【例 9.3.3】 图 9.3.2（a）所示电路已达到稳态，在 $t=0$ 时，开关 S 打开，已知 $I_s=10\mathrm{A}$，$R_1=R_2=40\Omega$，$L=4\mathrm{H}$，$C=0.01\mathrm{F}$。求开关 S 打开后的 u_C。

解： (1) 0_- 等效电路如图 9.3.2（b）所示，则

$$i_\mathrm{L}(0_-)=\dfrac{R_1}{R_1+R_2}I_s=5\mathrm{A},\qquad u_\mathrm{C}(0_-)=R_2i_\mathrm{L}(0_-)=40\times 5=200\mathrm{V}$$

(2) $t\geqslant 0_+$ 后的运算电路如图 9.3.2（c）所示。

$$U_S(s) = \mathcal{L}[I_S R_1] = \mathcal{L}[10 \times 40] = \frac{400}{s}$$

由 KVL，有

$$-U_S(s) + R_1 I_L(s) + sLI_L(s) - Li_L(0_-) + \frac{1}{sC}I_L(s) + \frac{u_C(0_-)}{s} = 0$$

$$I_L(s) = \frac{U_S(s) + Li_L(0_-) - \frac{u_C(0_-)}{s}}{R_1 + sL + \frac{1}{sC}} = \frac{\frac{400}{s} + 4 \times 5 - \frac{200}{s}}{40 + 4s + \frac{1}{0.01s}} = \frac{5s + 50}{s^2 + 10s + 25}$$

$$U_C(s) = \frac{1}{sC}I_L(s) + \frac{u_C(0_-)}{s} = \frac{1}{0.01s} \times \frac{5s + 50}{s^2 + 10s + 25} + \frac{200}{s}$$

$$= \frac{400}{s} - \frac{500}{(s+5)^2} - \frac{200}{s+5}$$

$$u_C(t) = 400 - 500te^{-5t} - 200e^{-5t}\text{V}, \quad t \geq 0$$

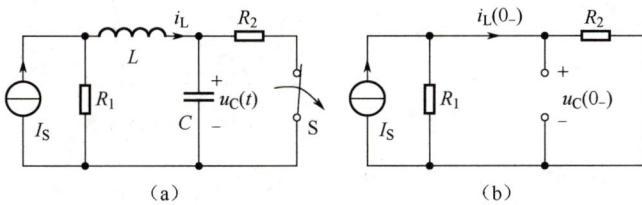
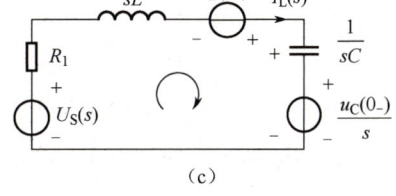

图 9.3.2　例 9.3.2 图

习　题　9

9.1　求下列各函数的拉普拉斯反变换。

（1）$\dfrac{6s^2 + 24s + 18}{(s+2)(s+4)(s+5)}$；　　　　（2）$\dfrac{s+2}{s^2 + 4s + 5}$；

（3）$\dfrac{8(s^2+1)}{s(s^2+4)}$；　　　　（4）$\dfrac{s-2}{s(s+1)^2}$。

9.2　在图 T9.1 所示的电路中，已知 $i_L(0_-)=0$，$u_C(0_-)=4$V，求开关 S 闭合后电路的响应 $u_C(t)$ 和 $i_L(t)$。

9.3　电路如图 T9.2 所示，已知 G=0.2S，L=4mH，C=0.1F，I_S=4A，试求电路换路后的 $u_C(t)$ 及 $i_L(t)$。

图 T9.1　习题 9.2 图　　　　图 T9.2　习题 9.3 图

9.4　图 T9.3 所示电路在零初始条件下，已知 $i_S(t) = e^{-3t}\varepsilon(t)$A，$C = 1$F，$L = 1$H，$G = 2$S，求 u_C。

9.5　在图 T9.4 所示的电路中，开关 S 在位置 1 时已达稳态，求换路后的 u_C。

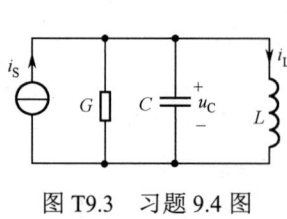
图 T9.3 习题 9.4 图

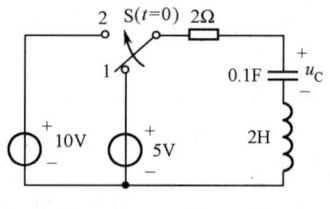
图 T9.4 习题 9.5 图

9.6 电路如图 T9.5（a）所示，外加激励波形如图 T9.5（b）所示，求零状态响应 $u_R(t)$。

9.7 电路如图 T9.6 所示，在 $t=0$ 时，开关 S 合上，求 $t \geq 0$ 时的 $u_L(t)$，已知 $u_{S1} = 2e^{-2t}$V，$u_{S2} = 5$V，$L = 1$H，$R_1 = R_2 = 5\Omega$。

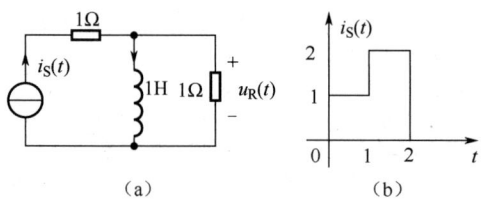
图 T9.5 习题 9.6 图

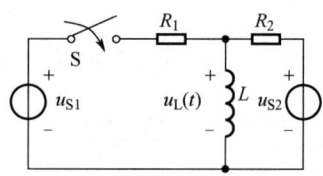
图 T9.6 习题 9.7 图

9.8 电路如图 T9.7 所示，在 $t=0$ 时，开关 S 合上，用节点法求 $i(t)$。

9.9 电路如图 T9.8 所示，求零状态响应 $i(t)$，已知 $u_S = 10\varepsilon(t)$V，$L = 0.5$H，$R_1 = \dfrac{1}{5}\Omega$，$R_2 = 1\Omega$，$C = 1$F。

9.10 在图 T9.9 所示的电路中，$u_S(t)$ 为输入，$i_1(t)$ 为输出，求电路的冲击响应 $h(t)$。

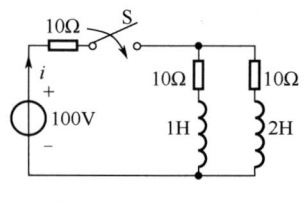
图 T9.7 习题 9.8 图

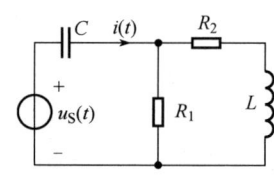
图 T9.8 习题 9.9 图

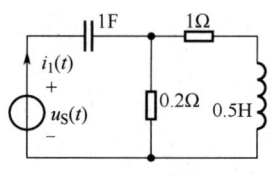
图 T9.9 习题 9.10 图

第 10 章 正弦稳态电路的相量分析法

[内容提要]

本章在介绍正弦量及正弦交流电基本概念的基础上，引入分析正弦稳态电路的数学方法——相量法，并论述电阻、电容、电感元件伏安关系的相量形式，建立基尔霍夫定律的相量形式及电路的相量模型，阐述正弦稳态电路的分析过程及正弦稳态电路中的电路等效。

所谓正弦稳态电路，是指含有正弦电源（激励），而且电路中各部分产生的电压和电流（响应）均按正弦规律变化的电路，即在正弦激励的作用下，其响应已达到稳态的电路，它大量地应用在生产和日常生活中。例如，交流发电机产生的是正弦电压，电力系统中大多数电路是正弦稳态电路。常用的音频信号发生器输出信号是正弦信号；无线电通信及广播电视中采用的高频载波也是正弦波。因此，掌握正弦稳态电路的分析方法是很重要的。与之前的分析方法不同的是：在正弦稳态电路的分析过程中，将使用变换域方法，即将时域微分方程的求解转换为相量域的线性方程的求解，这一思路体现了数学思想在物理问题建模中的应用，因此透彻理解正弦稳态电路的分析方法对理解电子信息学科内涵也具有深刻的理论意义。

10.1 正弦量的基本概念

随时间按正弦规律变化的电压、电流等电量统称为正弦交流电，正弦电压和电流等电路中的物理量统称为正弦量，常用三角函数和波形图来表示正弦量。正弦量既可用时间的 sin 函数表示，也可用时间的 cos 函数表示，本书采用 cos 函数表示。由于正弦电压和电流的方向是周期性变化的，因此在电路图上所标的方向是指它们的参考方向，即代表正半周期时的方向；在负半周期时，由于所标的参考方向与实际方向相反，因此其值为负。

正弦量随时间变化的图形称为正弦量的波形图。图 10.1.1 所示为正弦稳态电路中的一条支路的电流 i 的波形图。

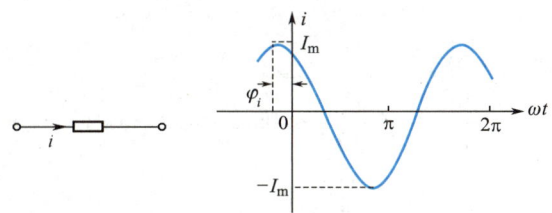

图 10.1.1 正弦稳态电路中的一条支路的电流 i 的波形图

正弦电流 i 在所规定的参考方向下，其数学表达式为

$$i(t)=I_{\mathrm{m}}\cos(\omega t+\varphi_i)$$ （10.1.1）

式（10.1.1）便是正弦电流 i 的三角函数表达式，称为正弦电流的瞬时值表达式。

10.1.1 正弦量的三要素

正弦量的特征表现在变化的快慢、大小及初始值 3 个方面，而它们分别

由频率（周期）、幅值和初相位 3 个参数来确定，所以只要知道频率、振幅和初相位就能完全确定一个正弦量，故将它们称为正弦量的三要素。

1. 频率和周期

正弦量变化一次所需要的时间称为周期，用 T 来表示，单位为秒（s）；每秒内变化的次数称为频率，用 f 来表示，它的单位为赫兹（Hz）。它们表示了正弦量变化快慢的程度。

正弦量变化的快慢除用周期和频率来表示之外，还可以用角频率来表示。因为一个周期内经历了 2π 弧度，所以角频率为

$$\omega = 2\pi/T = 2\pi f \quad (10.1.2)$$

它的单位为弧度/秒（rad/s）。

式（10.1.2）表示 T、f、ω 三者之间的关系，只要知道其中之一，则其余均可求出。

我国工业用电的频率为 50Hz，该频率习惯上也称为工频。工程上还常以频率区分电路，如低频电路、高频电路和甚高频电路等。

2. 振幅

正弦量在任一瞬间的值称为瞬时值，用小写字母来表示。如 i、u 和 e 分别表示电流、电压及电动势的瞬时值。瞬时值中最大的值称为幅值或最大值，用带下标 m 的大写字母来表示，如 U_m、I_m 和 E_m 分别表示电压、电流和电动势的幅值。很显然，正弦量的振幅一旦确定，则它的变化范围也就确定了。

3. 初相位

正弦量随时间而变化，要确定一个正弦量，除周期和频率之外，还需确定计时起点。所取的计时起点不同，正弦量的初始值就不同，到达幅值或某一特定值所需的时间也就不同。

若正弦电压的表达式为

$$u = U_m \cos(\omega t + \varphi_u)$$

则$(\omega t + \varphi_u)$称为该正弦量的相位角或相位，它反映了正弦量变化的进程。当相位角随时间连续变化时，正弦量的瞬时值随之做连续变化。

$t=0$ 时的相位角称为初相位角或初相位，所取计时起点不同，正弦量的初相位就不同，其初始值也不同。初相位的取值范围通常为 $-180°\sim+180°$。一个采用 sin 函数表示的正弦量若采用 cos 函数表示，则初相位需要减 90°，即移相 $-90°$。

【例 10.1.1】 已知正弦电压量的振幅为 10V，周期为 100ms，初相位为 $\dfrac{\pi}{6}$。试写出正弦量的函数表达式，并画出波形。

解： 先计算正弦电压的角频率。

$$\omega = \frac{2\pi}{T} = \frac{2\pi}{100 \times 10^{-3}} = 20\pi \text{rad/s} \approx 62.8 \text{rad/s}$$

电压的函数表达式为

$$u(t) = U_m \cos(\omega t + \varphi_u) = 10\cos\left(20\pi t + \frac{\pi}{6}\right) \text{V}$$

$$= 10\cos(62.8t + 30°) \text{V}$$

电压的波形如图 10.1.2 所示。

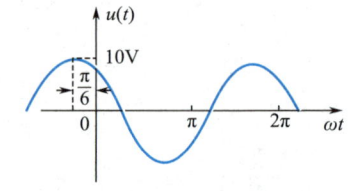

图 10.1.2 电压的波形

10.1.2 正弦电流、电压的有效值

周期电流、电压的瞬时值是随时间而变化的，在电路分析中，有时并不需要知道它们每一瞬间的大小。在这种情况下，需要为它们规定一个表征大小的特定值，当周期电流（电压）和直流电流（电压）施加于电阻时，电阻都要消耗电能，以此为依据，规定用有效值表征周期性

电压（电流）的热效应：在一个周期 T 里不论是周期性变化的电流还是直流，只要它们在通过同一电阻时二者产生的热效应都相等，就称该直流电流的数值为周期性电流的有效值。

根据上述规定，直流电流通过电阻 R 时，电阻吸收的功率为 $P=I^2R$；它在一个周期 T 内获得的能量为 $w=PT=I^2RT$。周期电流 $i(t)$ 通过同一电阻 R 时电阻吸收的瞬时功率为 $p(t)=i^2(t)R$；它在相同时间 T 内获得的能量为 $w=\int_0^T i^2(t)R\mathrm{d}t$。令它们吸收的能量相等，则

$$w = I^2RT = \int_0^T i^2(t)R\mathrm{d}t$$

由此解得直流电流为
$$I = \sqrt{\frac{1}{T}\int_0^T i^2(t)\mathrm{d}t} \tag{10.1.3}$$

该直流电流在数值上与周期性变化的电流的有效值相等。从式（10.1.3）可以看出，有效值也称为均方根值（Root-Mean-Square Value）。上述交流电有效值的定义适用于任何周期电压、电流。

当周期电流为正弦量，即 $i(t)=I_\mathrm{m}\cos\omega t$ 时，则

$$\begin{aligned}I &= \sqrt{\frac{1}{T}\int_0^T i^2(t)\mathrm{d}t} = \sqrt{\frac{1}{T}\int_0^T I_\mathrm{m}^2\cos^2\omega t\,\mathrm{d}t} = \sqrt{\frac{1}{T}\int_0^T I_\mathrm{m}^2\frac{1+\cos 2\omega t}{2}\mathrm{d}t}\\ &= I_\mathrm{m}/\sqrt{2}\end{aligned} \tag{10.1.4}$$

由上式可知，正弦电流的有效值等于其幅值除以 $\sqrt{2}$。

如果周期电流 i 是作用在电阻 R 两端的周期电压 u 产生的，那么由式（10.1.3）就可推得周期电压的有效值，即

$$U = \sqrt{\frac{1}{T}\int_0^T u^2(t)\mathrm{d}t}$$

当周期电压为正弦量，即 $u=U_\mathrm{m}\cos\omega t$ 时，则
$$U = U_\mathrm{m}/\sqrt{2}$$

按规定，有效值都用大写字母表示，与表示直流量的符号一样。如果无特殊说明，当谈到正弦量大小时均指有效值。例如，日常用的正弦交流电压为 220V，是指它的有效值。常用的交流电压表和电流表的刻度，也是根据有效值来确定的。

10.1.3 同频率正弦电流、电压的相位差

在正弦交流电路中，各电压、电流都是频率相同的正弦量。在分析这样的电路时，常常需要将这些正弦量的相位进行比较，两个同频率正弦量相位之差称为相位差，用 φ 表示。例如，两个同频率的正弦电流为

$$i_1(t)=I_{1\mathrm{m}}\cos(\omega t+\varphi_1)$$
$$i_2(t)=I_{2\mathrm{m}}\cos(\omega t+\varphi_2)$$

它们之间的相位差为

$$\varphi=(\omega t+\varphi_1)-(\omega t+\varphi_2)=\varphi_1-\varphi_2$$

可见，同频率正弦量的相位差是不随时间变化的常量，它等于两个正弦量初相位之差。相位差 φ 的量值反映出电流 $i_1(t)$ 与电流 $i_2(t)$ 在时间上的超前和滞后关系。若 $\varphi>0$，则电流 $i_1(t)$ 超前电流 $i_2(t)$，超前的角度为 φ；若 $\varphi<0$，则电流 $i_1(t)$ 滞后 $i_2(t)$，滞后的角度为 $|\varphi|$。图 10.1.3 所示为 $i_1(t)$ 超前 $i_2(t)$ 的情况。

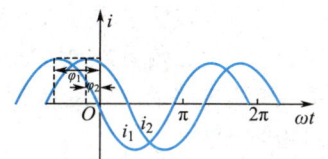

图 10.1.3 $i_1(t)$ 超前 $i_2(t)$ 的情况

同频率正弦量的相位差有几种特殊的情况：以正弦电流量

为例，如果相位差 $\varphi=0$，那么电流 $i_1(t)$ 和电流 $i_2(t)$ 同相；如果相位差 $\varphi=\pm\dfrac{\pi}{2}$，那么电流 $i_1(t)$ 与电流 $i_2(t)$ 正交；如果相位差 $\varphi=\pm\pi$，那么电流 $i_1(t)$ 与电流 $i_2(t)$ 反相。图 10.1.4 所示为同频率正弦量相位差的 3 种特殊情况。

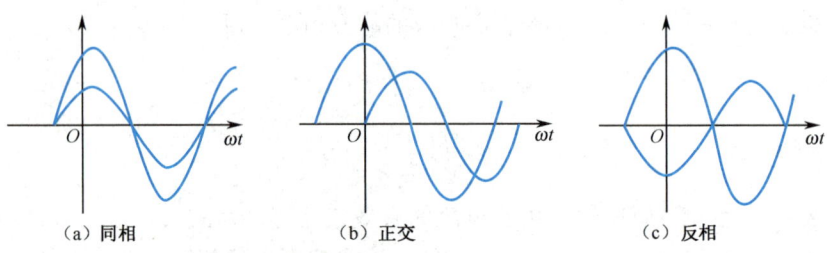

图 10.1.4　同频率正弦量相位差的 3 种特殊情况

显然，对于两个频率不相同的正弦量，其相位差随时间的变化而变化，不再是常量。因此，后面谈到的相位差都是指同频率的正弦量的相位差。

【例 10.1.2】　已知正弦电压 $u(t)$ 和电流 $i_1(t)$、$i_2(t)$ 的瞬时值表达式为

$$u(t)=311\cos(\omega t-180°)\text{V}$$
$$i_1(t)=5\cos(\omega t-45°)\text{A}$$
$$i_2(t)=10\cos(\omega t+60°)\text{A}$$

试求电压 $u(t)$ 与电流 $i_1(t)$ 和 $i_2(t)$ 的相位差。

解： 电压 $u(t)$ 与电流 $i_1(t)$ 的相位差为

$$\varphi=(-180°)-(-45°)=-135°$$

电压 $u(t)$ 与电流 $i_2(t)$ 的相位差为

$$\varphi=(-180°)-60°=-240°$$

为保证值的唯一性，习惯上将相位差的范围控制在 $-180°\sim+180°$。因此，电压 $u(t)$ 与电流 $i_2(t)$ 的相位差为 $360°-240°=120°$。

10.2　正弦量的相量表示

当正弦激励源作用于电路时，电路经过过渡过程将进入稳态，在进入稳态后，响应将以与外施激励频率一致的正弦方式变化，这一响应称为正弦稳态响应，电路称为正弦稳态电路。在求解正弦稳态电路时，从数学角度来看，需要建立非齐次微分方程，并求出其特解，随着电路的复杂化，建立微分方程及求解出微分方程特解的复杂程度必然随之大大增加。

当正弦量用三角函数式来表示时，其复杂的三角函数的运算是非常烦琐的。当正弦量用波形来表示时，虽可将几个正弦量的相互关系在图形上清晰地表示出来，但作图不便，且所得的结果也不准确。是否有较简单的方法来解决这一问题呢？答案是肯定的。人们找到了相量法，将正弦量用复数来表示，使三角函数的运算变换成代数运算，并能同时求出正弦量的大小和相位。这种方法是分析正弦稳态电路的主要运算方法，其实质是将时域中的问题转换到相量域求解，是一种变换域中求解问题的方法。

10.2.1　复数及其运算

1. 复数的表示形式

如图 10.2.1 所示，复平面上的任一点 A 代表一个复数。在复平面上，虚

复数与相量

部的单位在数学中是用符号 i 来表示的。在电路中，i 是表示电流的符号，所以此时用符号 j 来表示虚部的单位。复数有如下的表示形式：代数形式、三角函数形式和极坐标形式。

（1）复数的代数形式。

$$A=a+jb$$

式中，a、b 分别为复数 A 的实部、虚部，即

$$\text{Re}[A]=a, \quad \text{Im}[A]=b$$

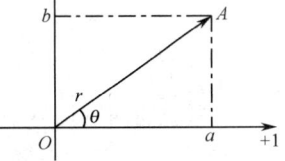

图 10.2.1 复数的表示

式中，Re 和 Im 分别为取实部（Real Part）和虚部（Imaginary Part）的运算符号（算子）。

（2）复数的三角函数形式。

如图 10.2.1 所示，复数 A 在复平面上可以用有方向的线段表示，在原点 O 和点 A 之间连一直线，r 为线段 OA 的长度，称为复数的模；θ 为矢量 OA 与实轴正方向的夹角，称为复数的辐角。复数的三角函数形式为

$$A = r\cos\theta + jr\sin\theta = r(\cos\theta + j\sin\theta) = a + bj$$

显然

$$\begin{cases} a = r\cos\theta \\ b = r\sin\theta \end{cases}$$

（3）复数的极坐标形式。

根据欧拉（Euler）恒等式，有

$$e^{j\theta} = \cos\theta + j\sin\theta$$

可得到复数的极坐标形式为

$$A = re^{j\theta}, \quad -\pi \leqslant \theta \leqslant \pi$$

即用模和辐角表示的另一种形式。这种形式的优势是应用在代数乘除计算中更为简洁，在工程上，常把上式简写为

$$A = r\underline{/\theta}$$

可读为 "r 在角度 θ 上"，同时

$$\begin{cases} r = \sqrt{a^2 + b^2} \\ \theta = \arctan\dfrac{b}{a} \end{cases}$$

2. 复数的四则运算

（1）加、减运算。

复数的加、减运算用代数形式比较方便。假设

$$A_1 = a_1 + jb_1 \qquad A_2 = a_2 + jb_2$$

则

$$A = A_1 \pm A_2 = (a_1 \pm a_2) + j(b_1 \pm b_2)$$

在复平面上，可按 "平行四边形法则" 或 "三角形法则" 求复数的和、差。

（2）乘、除运算。

复数的乘、除运算用指数形式比较方便。假设

$$A_1 = a_1 + jb_1 = r_1 e^{j\theta_1} \qquad A_2 = a_2 + jb_2 = r_2 e^{j\theta_2}$$

则

$$A_1 \cdot A_2 = r_1 e^{j\theta_1} \cdot r_2 e^{j\theta_2} = r_1 \cdot r_2 e^{j(\theta_1 + \theta_2)}$$

$$\frac{A_1}{A_2} = \frac{r_1 e^{j\theta_1}}{r_2 e^{j\theta_2}} = \frac{r_1}{r_2} e^{j(\theta_1 - \theta_2)}$$

用极坐标形式也可以快速求解，为

$$A_1 \cdot A_2 = r_1 \underline{/\theta_1} \cdot r_2 \underline{/\theta_2} = r_1 r_2 \underline{/\theta_1 + \theta_2}$$

$$\frac{A_1}{A_2} = \frac{r_1 \underline{/\theta_1}}{r_2 \underline{/\theta_2}} = \frac{r_1}{r_2} \underline{/\theta_1 - \theta_2}$$

在复数的四则运算中，常需要进行复数表示形式间的转换。

【例 10.2.1】 已知 $A=5\underline{/53.13°}$，$B=-4-j3$，求 $A \cdot B$ 和 A/B。

解：先将 B 转换成指数形式，即

$$B = -4 - j3 = 5e^{j(-143.13°)} = 5\underline{/-143.13°}$$

$$A \cdot B = 5\underline{/53.13°} \times 5\underline{/-143.13°} = 25\underline{/-90°}$$

$$\frac{A}{B} = \frac{5\underline{/53.13°}}{5\underline{/-143.13°}} = 1\underline{/196.26°} = 1\underline{/-163.74°}$$

注意：在用 $\arctan\frac{b}{a}$ 计算 θ 时，必须先根据 a、b 的正、负确定该复数所在的象限，然后才能确定 θ，而且一般规定 θ 取值为 $-\pi \sim \pi$。

10.2.2 正弦量的相量表示法

在线性电路中，如果外施激励是正弦量，那么电路中各支路的电压和电流的稳态响应将是与激励同频的正弦量。如果电路中有多个激励，且都是同一频率的正弦量，那么根据线性电路的叠加性质，电路全部稳态响应也都将是同一频率的正弦量。

10.1.1 节已述，最大值（或有效值）、角频率、初相位是正弦量的三要素，它们能唯一地确定一个正弦量。在很多领域中，由两个因素所决定的事物往往可以用一个复数表示，如力、速度等。在给定频率时，决定一个正弦量的另外两个因素——有效值和初相角，也可用一复数表示。因此，正弦量除可用三角函数或波形图表示之外，还可用复数来表示。这个表示正弦量的复常数便称为正弦量的相量。

假设正弦电流为

$$i(t) = \sqrt{2}I\cos(\omega t + \varphi_i)$$

由欧拉公式得

$$\sqrt{2}Ie^{j(\omega t + \varphi_i)} = \sqrt{2}I\cos(\omega t + \varphi_i) + j\sqrt{2}I\sin(\omega t + \varphi_i)$$

可见这个复数的实部对应所设的正弦电流，即

$$i(t) = \sqrt{2}I\cos(\omega t + \varphi_i) = \text{Re}\left[\sqrt{2}Ie^{j(\omega t + \varphi_i)}\right]$$

$$= \text{Re}\left[\sqrt{2}Ie^{j\varphi_i}e^{j\omega t}\right] = \text{Re}\left[\sqrt{2}\dot{I}e^{j\omega t}\right] \quad (10.2.1)$$

其中

$$\dot{I} = Ie^{j\varphi_i} = I\underline{/\varphi_i} \quad (10.2.2)$$

式（10.2.1）中，$e^{j\omega t}$ 是一个随时间变化的复数，随着时间的推移，它在复平面上是以原点为中心、以角速度 ω 逆时针旋转的单位矢量，故称 $e^{j\omega t}$ 为旋转因子。

式（10.2.2）中，$\dot{I}$ 是一个把正弦电流的有效值和初相位角结合在一起的复常数，称为正弦电流 $i(t)$ 的相量（或电流有效值相量），用英文字母 I 上加一点表示。同样可定义电压相量，电压相量用 $\dot{U}$ 表示。当然也可以用振幅相量表示正弦量的振幅和初相位，如 $\dot{I}_m = I_m\underline{/\varphi_i}$、$\dot{U}_m = U_m\underline{/\varphi_u}$。显然，它与有效值相量的关系为

$$\dot{I}_m = \sqrt{2}\dot{I}, \quad \dot{U}_m = \sqrt{2}\dot{U}$$

式（10.2.1）和式（10.2.2）建立了在给定角频率下，一个相量与一个正弦量的一一对应关系。

这种关系可表示为

$$\sqrt{2}I\cos(\omega t+\varphi_i) \Leftrightarrow I\underline{/\varphi_i}$$

必须强调的是，正弦量与相量的这种关系是对应关系或变换关系或代表关系，而不是相等关系，切不可以认为相量等于正弦量。

在实际应用中，可直接根据正弦量写出与之对应的相量；反之，从相量直接写出相对应的正弦量时，却必须给出正弦量的角频率，因为相量没有反映正弦量的频率。例如，正弦量 $5\sqrt{2}\cos(\omega t-30°)$，它的有效值相量就是 $5\underline{/-30°}$；反之，如果已知角频率 $\omega=100\text{rad/s}$，正弦量的有效值相量为 $10\underline{/-60°}$，则此正弦量为 $10\sqrt{2}\cos(100t-60°)$。

10.2.3 相量图

由于相量是一复数，因此相量可以用复平面上的有向线段来表示。相量在复平面上的图形称为相量图。它是按正弦量的大小和初相位在复平面上画出的有向线段。如果几个同频率的正弦量在同一复平面上用其图形表示出来，就能形象地看出各个正弦量的相对大小和相互间的相位关系。

例如，正弦电流 $i_1=\sqrt{2}I_1\cos(\omega t+\varphi_1)$ 和 $i_2=\sqrt{2}I_2\cos(\omega t+\varphi_2)$ 用相量图来表示，如图 10.2.2 所示。从图 10.2.2 中可清晰地看出，电流相量 $\dot{I}_1$ 比电流相量 $\dot{I}_2$ 超前了 φ 角，也就是正弦电流 i_1 比正弦电流 i_2 超前了 φ 角。

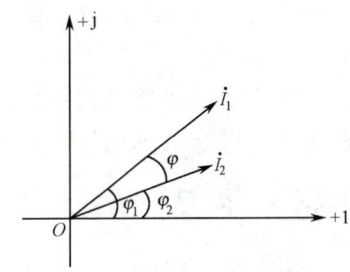

图 10.2.2　相量图

【例 10.2.2】　同频率正弦电流 i_1、i_2 和 i_3 其有效值分别为 2A、3A 和 1A，i_2 比 i_1 超前了 60°，i_3 比 i_1 滞后了 90°，试作出这 3 个电流所对应相量的相量图。

解：由于只给定电流的有效值及相位关系，并未给出初相位角，因此应先假定一电流的初相位角。假设电流 i_1 的初相位角为 φ_1，则由给定的相位关系得

$$i_1=2\sqrt{2}\cos(\omega t+\varphi_1)\text{A}$$
$$i_2=3\sqrt{2}\cos(\omega t+\varphi_1+60°)\text{A}$$
$$i_3=\sqrt{2}\cos(\omega t+\varphi_1-90°)\text{A}$$

其相应的相量为

$$\dot{I}_1=2\underline{/\varphi_1}\text{ A}$$
$$\dot{I}_2=3\underline{/\varphi_1+60°}\text{ A}$$
$$\dot{I}_3=1\underline{/\varphi_1-90°}\text{ A}$$

各电流相量如图 10.2.3（a）所示。

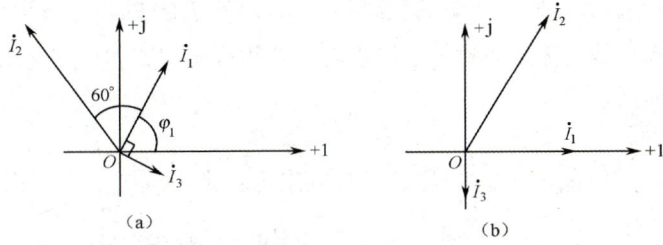

图 10.2.3　例 10.2.2 图

由图 10.2.3 可知，由于 φ_1 是任意设定的，改变 φ_1 的大小，各相量在相量图中的相对位置不变，

为简便起见,一般可令 $\varphi_1=0$,并将这个初相位角为零的相量 $\dot{I}_1$ 称为参考相量。以 $\dot{I}_1$ 为参考相量的相量图如图 10.2.3(b)所示。

在作相量图时,为了清晰简便,可以不画出实轴和虚轴。

10.3 相量的运算

正弦稳态电路中的周期电流和电压可以用正弦量表示,也可以用相量表示。当某一频率的正弦激励作用于由线性时不变电阻、电容和电感构成的线性时不变电路时,周期电流(电压)作用于电阻产生的电压(电流)可以用乘以(除以)实常数建模;周期电压(电流)作用于电容产生的电流(电压)可以用微分(积分)运算建模;周期电压(电流)作用于电感元件产生的电流(电压)可以用积分(微分)运算建模。因此,正弦稳态电路中的响应将是同频率正弦量,其运算也可由相量运算完成。

正弦量乘以或除以常数,正弦量的微分、积分及同频率正弦量的代数和,结果仍是一个同频率的正弦量,其运算也可由相量运算完成。

10.3.1 同频率正弦量的代数和

假设 $i_1=\sqrt{2}I_1\cos(\omega t+\varphi_1)$, $i_2=\sqrt{2}I_2\cos(\omega t+\varphi_2)$, $\cdots$,这些同频率正弦量的代数和为正弦量 i,则

$$i(t)=i_1(t)+i_2(t)+\cdots=\mathrm{Re}\left[\sqrt{2}\dot{I}_1\mathrm{e}^{\mathrm{j}\omega t}\right]+\mathrm{Re}\left[\sqrt{2}\dot{I}_2\mathrm{e}^{\mathrm{j}\omega t}\right]+\cdots$$
$$=\mathrm{Re}\left[\sqrt{2}(\dot{I}_1+\dot{I}_2+\cdots)\mathrm{e}^{\mathrm{j}\omega t}\right]$$

而
$$i(t)=\mathrm{Re}\left[\sqrt{2}\dot{I}\mathrm{e}^{\mathrm{j}\omega t}\right]$$

则
$$\mathrm{Re}\left[\sqrt{2}\dot{I}\mathrm{e}^{\mathrm{j}\omega t}\right]=\mathrm{Re}[\sqrt{2}(\dot{I}_1+\dot{I}_2+\cdots)\mathrm{e}^{\mathrm{j}\omega t}]$$

上式对于任何时刻 t 都成立,所以有
$$\dot{I}=\dot{I}_1+\dot{I}_2+\cdots$$

这说明同频率正弦量之和的相量等于各正弦量相量之和。上述的例子反映了相量的一个重要性质——相量的线性性质,即表示若干同频率正弦量(可带有实系数)线性组合的相量等于表示各个正弦量的相量的同一线性组合。也就是说,假设正弦量为

$$f_1(t)=\mathrm{Re}\left(\dot{A}_1\mathrm{e}^{\mathrm{j}\omega t}\right), f_2(t)=\mathrm{Re}\left(\dot{A}_2\mathrm{e}^{\mathrm{j}\omega t}\right)$$

则
$$\dot{A}_1\Leftrightarrow f_1(t), \dot{A}_2\Leftrightarrow f_2(t)$$

假设 α_1 和 α_2 为两个实数,则正弦量的代数和 $\alpha_1 f_1(t)+\alpha_2 f_2(t)$ 的相量等于 $\alpha_1\dot{A}_1+\alpha_2\dot{A}_2$。根据这一性质,求解同频率电压或电流之和时可通过求其对应相量的代数和来简化求解。

10.3.2 正弦量的微分

假设正弦电流 $i(t)=\sqrt{2}I\cos(\omega t+\varphi_i)$,将其对时间求导,则

$$\frac{\mathrm{d}i(t)}{\mathrm{d}t}=\frac{\mathrm{d}}{\mathrm{d}t}\mathrm{Re}\left[\sqrt{2}\dot{I}\mathrm{e}^{\mathrm{j}\omega t}\right]=\mathrm{Re}\left[\frac{\mathrm{d}}{\mathrm{d}t}(\sqrt{2}\dot{I}\mathrm{e}^{\mathrm{j}\omega t})\right]$$

上式表明,复指数函数实部的导数等于复指数函数导数的实部,其结果为

$$\frac{\mathrm{d}i(t)}{\mathrm{d}t} = \mathrm{Re}\left[\sqrt{2}(\mathrm{j}\omega\dot{I})\mathrm{e}^{\mathrm{j}\omega t}\right] = \mathrm{Re}\left[\sqrt{2}\omega I \mathrm{e}^{\mathrm{j}(\omega t + \varphi_i + \frac{\pi}{2})}\right]$$

$$= \sqrt{2}\omega I \cos(\omega t + \varphi_i + \frac{\pi}{2})$$

这说明正弦量的导数是一个同频率的正弦量，其相量等于原正弦量 i 的相量 $\dot{I}$ 乘以 $\mathrm{j}\omega$，即表示 $\mathrm{d}i(t)/\mathrm{d}t$ 的相量为 $\mathrm{j}\omega\dot{I} = \omega I \underline{/\varphi_i + \frac{\pi}{2}}$，此相量的模为 ωI，辐角则超前 $\frac{\pi}{2}$。

对 i 的高阶导数 $\mathrm{d}^n i(t)/\mathrm{d}t^n$，其相量为 $(\mathrm{j}\omega)^n \dot{I}$。

10.3.3 正弦量的积分

假设 $i(t)=\sqrt{2}I\cos(\omega t+\varphi_i)$，则

$$\int i(t)\mathrm{d}t = \int \mathrm{Re}\left(\sqrt{2}\dot{I}\mathrm{e}^{\mathrm{j}\omega t}\right)\mathrm{d}t = \mathrm{Re}\left[\int\sqrt{2}\dot{I}\mathrm{e}^{\mathrm{j}\omega t}\mathrm{d}t\right]$$

$$= \mathrm{Re}\left[\sqrt{2}\left(\frac{\dot{I}}{\mathrm{j}\omega}\right)\mathrm{e}^{\mathrm{j}\omega t}\right] = \sqrt{2}\frac{I}{\omega}\cos(\omega t + \varphi_i - \frac{\pi}{2})$$

正弦量的积分结果也仍为同频率的正弦量，其相量等于原正弦量 $i(t)$ 相量 $\dot{I}$ 除以 $\mathrm{j}\omega$，其模为 I/ω，其辐角滞后 $\pi/2$，$i(t)$ 的 n 次积分的相量为 $\dot{I}/(\mathrm{j}\omega)^n$。

最后讨论一下复数式中 j 的意义。在图 10.3.1 中，若 $\mathrm{e}^{\mathrm{j}\alpha}$ 乘相量 $\dot{A}=r\mathrm{e}^{\mathrm{j}\varphi}$，则得

$$r\mathrm{e}^{\mathrm{j}\varphi}\cdot\mathrm{e}^{\mathrm{j}\alpha}=r\mathrm{e}^{\mathrm{j}(\varphi+\alpha)}=\dot{B}$$

也就是说，相量 $\dot{B}$ 的模仍为 r，其与实轴正方向的夹角为 $(\varphi+\alpha)$。可见，一个相量乘以 $\mathrm{e}^{\mathrm{j}\alpha}$ 后，即逆时针方向转了 α 角。也就是说，相量 $\dot{B}$ 比相量 $\dot{A}$ 超前了 α 角。

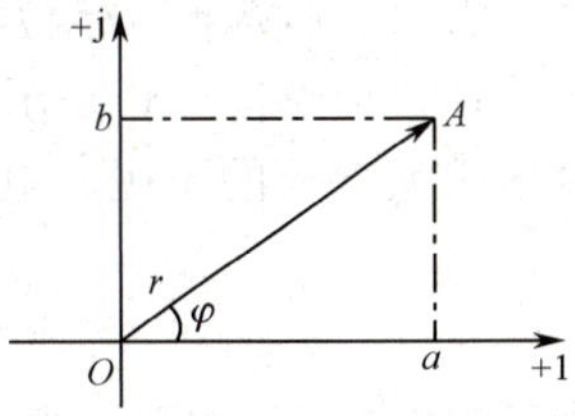

同理，若 $\mathrm{e}^{-\mathrm{j}\alpha}$ 乘以相量 $\dot{A}$，则得

$$\dot{C}=r\mathrm{e}^{\mathrm{j}(\varphi-\alpha)}$$

图 10.3.1 相量的超前和滞后

即相量 $\dot{C}$ 比相量 $\dot{A}$ 滞后了 α 角，也就是顺时针旋转了 α 角。

当 $\alpha=\pm 90°$ 时，有

$$\mathrm{e}^{\pm\mathrm{j}90°}=\cos 90°\pm\mathrm{j}\sin 90°=0\pm\mathrm{j}=\pm\mathrm{j}$$

因此，任一个相量乘以 +j 后，即逆时针旋转了 90°；乘以 −j 后，即顺时针旋转了 90°。所以，称 j 为旋转 90° 的算子。

10.4 基本电路元件的相量模型

在正弦稳态下，元件的电压、电流是同频率的正弦量，它们之间的关系，既有大小关系，又有相位关系。分析正弦稳态电路，无非就是确定正弦稳态电路中电压与电流之间的关系（大小和相位）并讨论电路中能量的转换和功率问题。本节讨论的是 3 种基本元件（电阻、电感和电容）在正弦稳态下电压与电流的关系和它们的功率。

10.4.1 电阻元件

1. 伏安关系的相量形式

线性电阻的电压、电流的关系服从欧姆定律，图 10.4.1（a）所示的正弦稳态下的电阻元件，在

图示参考方向下，其 u、i 关系为 u=Ri。

假设 $i=I_m\cos(\omega t+\varphi_i)$

则 $u=R\cdot i=RI_m\cos(\omega t+\varphi_i)=U_m\cos(\omega t+\varphi_u)$

若将电压 u 和电流 i 用其相量表示，则得

$$\dot{U}=R\dot{I}$$

或写成 $U\underline{/\varphi_u}=RI\underline{/\varphi_i}$ （10.4.1）

式（10.4.1）便是电阻元件伏安关系的相量形式。式（10.4.1）表明，电阻上电压的有效值（或幅值）等于电流的有效值（或幅值）乘以电阻值；电阻元件上的电压与电流是同相的，即 $\varphi_u=\varphi_i$，相位差为 0。

图 10.4.1（b）、(c)、(d) 所示分别为电阻元件的相量模型、电压、电流波形图和相量图。

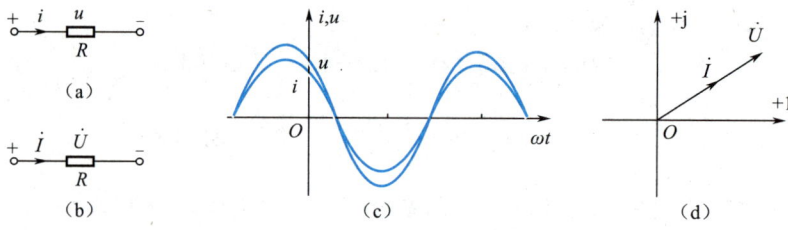

图 10.4.1 正弦稳态下的电阻元件

2. 瞬时功率和有功功率

在任何瞬间，电压瞬时值 u 与电流瞬时值 i 的乘积称为瞬时功率，用小写字母 p 表示。假设电阻元件上的电压、电流分别为

$$u=\sqrt{2}\,U\cos(\omega t+\varphi_u)$$
$$i=\sqrt{2}\,I\cos(\omega t+\varphi_i)=\sqrt{2}\,I\cos(\omega t+\varphi_u)$$

则电阻元件任一时刻的瞬时功率为

$$p=p_R=ui=\sqrt{2}\,U\cos(\omega t+\varphi_u)\cdot\sqrt{2}\,I\cos(\omega t+\varphi_i)$$
$$=2UI\cos^2(\omega t+\varphi_u)=UI[1+\cos(2\omega t+2\varphi_u)]$$

上式表明，p 是由两部分组成的：第一部分是常量 UI；第二部分是以 UI 为幅值，并以 2ω 为角频率变化的正弦量。由于 u 与 i 同相，它们同时为正，同时为负，因此在任何时刻 $p\geq 0$。因此，电阻元件是耗能元件。电阻元件电流、电压和功率的波形图如图 10.4.2 所示。

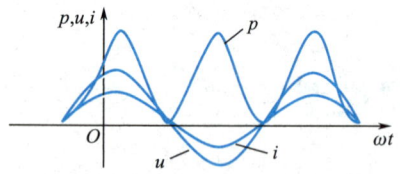

图 10.4.2 电阻元件电流、电压和功率的波形图

瞬时功率在一个周期内的平均值称为平均功率或有功功率，用大写字母 P 表示。对于电阻元件，有

$$P=\frac{1}{T}\int_0^T[UI+UI\cos(2\omega t+2\varphi_u)]dt$$
$$=UI=U^2/R=I^2R \quad (10.4.2)$$

可见，采用有效值后，电阻元件有功功率与直流时在形式上完全一致，其单位是瓦（W）或千瓦（kW）。但此处的 U、I 是指正弦量的有效值。在正弦稳态电路中，所谓的功率如果无特殊说明，均指平均功率或有功功率。

【例 10.4.1】 一个额定电压和额定功率分别为 220V、40W 的灯泡，把它接在 $u(t)=110\times\sqrt{2}\cos 314t$ V 的电源上，若将灯泡视为线性电阻元件，求通过灯泡的电流大小，此时灯泡的功率是否仍为 40W。

解：灯泡的电阻、电流分别为

$$R=(220)^2/40=1210\Omega$$

$$I=110/1210=0.091\text{A}$$

灯泡消耗的功率为
$$P=U^2/R=(110)^2/1210=10\text{W}$$

此时，灯泡的功率已不是 40W 了。

10.4.2 电感元件

1. 伏安关系的相量形式

图 10.4.3（a）所示为正弦稳态下的电感元件，其电感为 L，则 u、i 的关系为 $u=L\dfrac{\mathrm{d}i}{\mathrm{d}t}$。假设 $i=I_\text{m}\sin\omega t$，则

$$u=L\frac{\mathrm{d}I_\text{m}\sin\omega t}{\mathrm{d}t}=\omega L I_\text{m}\cos\omega t=U_\text{m}\cos\omega t$$

上式也是一个同频率的正弦量，但相位上超前电流 90°。

若将电压 u 和电流 i 用相量表示，则有

$$\dot{U}=\mathrm{j}\omega L\dot{I} \qquad (10.4.3)$$

式（10.4.3）为电感元件伏安关系的相量形式。式（10.4.3）表明，$U=\omega LI$，即电压有效值等于电流有效值、角频率、电感量之积；在相位上电压超前电流 90°。

图 10.4.3（b）、（c）、（d）所示分别为电感元件的相量模型，电压、电流的波形图和相量图。

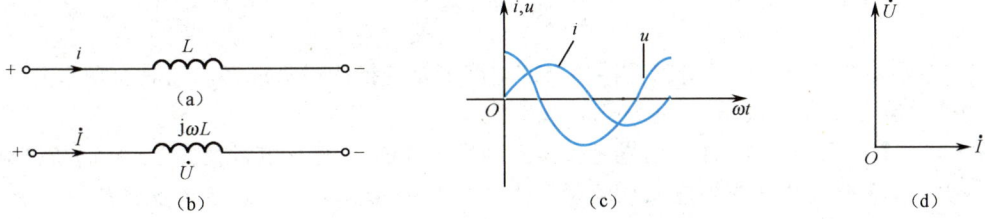

图 10.4.3 正弦稳态下的电感元件

2. 感抗

由式（10.4.3）可知

$$\omega L=\frac{U}{I} \quad \text{或} \quad I=\frac{U}{\omega L}$$

上式表明，在电感元件中，电压的有效值与电流的有效值之比为 ωL，其单位为欧姆。当电压一定时，ωL 越大，则电流越小。所以，在正弦稳态电路中，ωL 体现了电感元件抵抗电流通过的作用，故称其为电感元件的电抗，简称感抗，用 X_L 代表，即

$$X_\text{L}=\omega L=2\pi fL \qquad (10.4.4)$$

感抗 X_L 与电感 L、频率 f 成正比，频率越高，感抗就越大，因而电感元件对高频率电流有很强的抵抗作用；而对直流则可视为短路，即在直流时，$X_\text{L}=0$，电感元件相当于短路。

当 U 和 L 一定时，X_L 与 I 和 f 的关系如图 10.4.4 所示。

注意：感抗是电压、电流有效值之比，而不是它们的瞬时值之比，因为在这里，电压与电流之间呈导数的关系。

3. 瞬时功率、有功功率和无功功率

对于图 10.4.3（a）所示的电感元件，假设 $u=\sqrt{2}\,U\cos\omega t$，则 $i=\sqrt{2}\,I\sin\omega t$，吸收的瞬时功率为

$$p=ui=\sqrt{2}\,U\cos\omega t\cdot\sqrt{2}\,I\sin\omega t=UI\sin 2\omega t \qquad (10.4.5)$$

式（10.4.5）表明，电感元件的瞬时功率是时间的正弦函数，其频率是电压或电流频率的 2 倍。u、i、p 的波形如图 10.4.5 所示。由图 10.4.5 可知，当 u、i 都为正值或都为负值时，p 为正值，此

时电感元件吸收功率，电能转换成磁场能；当 u 为正、i 为负或 u 为负、i 为正时，p 为负值，此时电感元件发出功率，磁场能转换成电能。p 值正、负交替出现，说明电感元件与外电路不断进行能量的交换。电感元件吸收的有功功率为

$$P = \frac{1}{T}\int_0^T p\,\mathrm{d}t = \frac{1}{T}\int_0^T UI\sin(2\omega t)\mathrm{d}t = 0$$

这说明电感元件不消耗能量。从波形图上也可清楚地看到，p 的正负面积正好相等，p 的平均值为零。

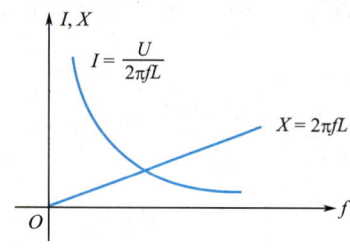

图 10.4.4　X_L 与 I 和 f 的关系

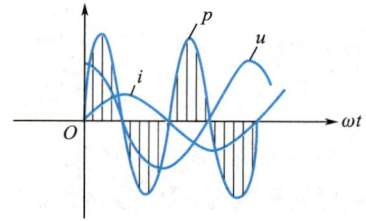

图 10.4.5　电压元件的 u、i、p 波形

由上述可知，电感元件在交流电路中，没有能量消耗，只有电源与电感元件间的能量转换。从式（10.4.5）可以看出，这种转换的最大值是其电压、电流有效值之积，即

$$Q_L = UI = I^2 X_L = \frac{U^2}{X_L} \qquad (10.4.6)$$

式中，Q_L 为无功功率，代表了电感元件与外部电路能量交换的最大速率，它具有功率的量纲。无功功率的单位是乏（var）或千乏（kvar）。

【例 10.4.2】　把一个 1mH 的电感元件接到频率为 50Hz、电压有效值为 100V 的正弦电源上，电流是多少？如果保持电压值不变而电源频率改变为 100kHz，这时电流将为多少？

解：（1）当电源频率为 50Hz 时，有

$$X_L = 2\pi f L = 2 \times 3.14 \times 50 \times 1 \times 10^{-3} = 0.314\,\Omega$$

$$I = \frac{U}{X_L} = \frac{100}{0.314} \approx 318\,\text{A}$$

（2）当电源频率为 100kHz 时，有

$$X_L = 2 \times 3.14 \times 100 \times 10^3 \times 1 \times 10^{-3} = 628\,\Omega$$

$$I = \frac{100}{628} \approx 159\,\text{mA}$$

可见，在电压有效值一定时，频率越高，则流过电感元件的电流有效值会越小。

10.4.3　电容元件

1. 伏安关系的相量形式

图 10.4.6（a）所示为正弦稳态下的电容元件。其 u、i 关系为

$$i = C\frac{\mathrm{d}u}{\mathrm{d}t}$$

假设 $u = U_m\sin\omega t$，则

$$i = C\frac{\mathrm{d}(U_m\sin\omega t)}{\mathrm{d}t} = \omega C U_m\cos\omega t = \omega C U_m\cos(\omega t)$$

$$= I_m\cos(\omega t)$$

这也是一个同频率的正弦量，但在相位上超前电压 90°。

若将电压 u 和电流 i 用相量表示，则有

$$\dot{I} = j\omega C\dot{U} \tag{10.4.7}$$

式（10.4.7）称为电容元件伏安关系的相量形式。式（10.4.7）表明，$I=\omega CU$，即电流有效值等于电压有效值、角频率、电容量之积；在相位上电流超前电压 90°。

图 10.4.6（b）、(c)、(d) 所示分别为电容元件的相量模型，电压、电流波形图和相量图。

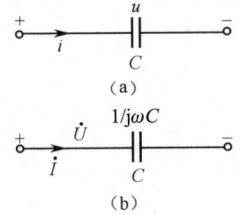 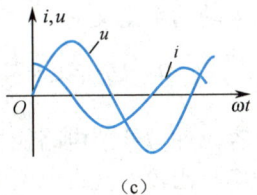 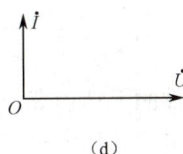

图 10.4.6　正弦稳态下的电容元件

2. 容抗

由式（10.4.7）可知

$$\frac{1}{\omega C} = \frac{U}{I} \quad \text{或} \quad I=\omega CU$$

上式表明，在电容元件中，电压的有效值与电流有效值的比值为 $1/\omega C$，其单位为欧姆。当电压一定时，$1/\omega C$ 越大，电流 I 越小。所以，在正弦稳态电路中，$1/\omega C$ 体现了电容元件抵抗电流通过的作用，故称其为电容元件的电抗，简称容抗，用 X_C 代表，即

$$X_C = \frac{1}{\omega C} = \frac{1}{2\pi f C} \tag{10.4.8}$$

容抗 X_C 与电容 C、频率 f 成反比。这是因为当电容越大时，在同样的电压下，电容器所容纳的电荷量就越大，因而电流越大。当频率越高时，电容器的充电与放电进行得越快，在同样的电压下，单位时间内电荷移动得就越多，因而电流越大。所以，电容元件对高频电流所呈现的容抗很小，而对直流($f=0$)所呈现的容抗 $X_C \to \infty$，可视为开路。因此，电容元件有隔断直流通交流的作用。

当 U 和 C 一定时，X_C 与 I 和 f 的关系如图 10.4.7 所示。同样应注意容抗是电容元件电压、电流有效值之比，而不是它们的瞬时值之比。

3. 瞬时功率、有功功率和无功功率

对于图 10.4.6（a）所示的电容元件，假设 $i = \sqrt{2}I\sin\omega t = \sqrt{2}I\cos(\omega t - 90°)$，则

$$u = \sqrt{2}\,U\cos(\omega t - 180°)$$

其瞬时功率为

$$p = ui = -\sqrt{2}\,U\cos(\omega t)\cdot\sqrt{2}\,I\sin(\omega t) = UI\sin(2\omega t + \pi)$$

u、i 和 p 的波形如图 10.4.8 所示。

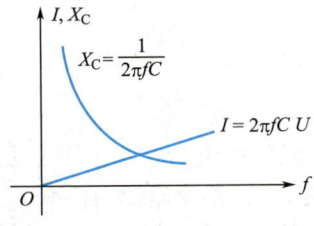 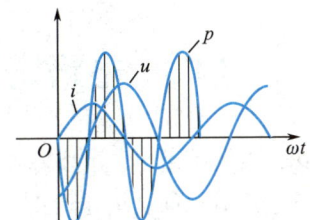

图 10.4.7　X_C 与 I 和 f 的关系　　　　图 10.4.8　电容元件的 u、i 和 p 波形

与电感元件一样，电容元件的瞬时功率时而为正值，时而为负值，不断地与外部电路进行能量的交换。

电容元件的有功功率为

$$P=\frac{1}{T}\int_0^T p\mathrm{d}t=\frac{1}{T}\int_0^T UI\sin(2\omega t+\pi)\mathrm{d}t=0$$

上式表明，电容元件与电感一样，也不消耗能量，只进行能量的交换。

与电感元件类似，电容元件的无功功率定义为

$$Q_\mathrm{C}=UI=I^2X_\mathrm{C}=\frac{U^2}{X_\mathrm{C}} \tag{10.4.9}$$

电容元件的无功功率，表示电容元件与外部电路能量交换的最大速率。

为了与电感元件电路的无功功率相比较，假设电流为

$$i=I_\mathrm{m}\sin\omega t$$

为参考相量，则电感元件上的电压为

$$u_\mathrm{L}=U_\mathrm{Lm}\cos\omega t$$

而电容元件上的电压为

$$u_\mathrm{C}=U_\mathrm{Cm}\cos(\omega t-180°)$$

故它们的瞬时功率分别为

$$p_\mathrm{L}=ui=U_\mathrm{L}I\sin(2\omega t)$$
$$p_\mathrm{C}=ui=U_\mathrm{C}I\sin(2\omega t+\pi)=-U_\mathrm{C}I\sin(2\omega t)$$

它们的无功功率分别为

$$Q_\mathrm{L}=U_\mathrm{L}I, \quad Q_\mathrm{C}=-U_\mathrm{C}I$$

即电感性无功功率取正值，电容性无功功率取负值。

【例 10.4.3】 将一个 25μF 的电容元件接到频率为 50Hz、电压有效值为 100V 的正弦电源上，电流为多少？如果保持电压值不变，而电源频率改为 500Hz，这时电流为多少？

解：（1）当电源频率为 50Hz 时，有

$$X_\mathrm{C}=\frac{1}{2\pi fC}=\frac{1}{2\times3.14\times50\times(25\times10^{-6})}\approx127.4\Omega$$

$$I=\frac{U}{X_\mathrm{C}}=\frac{100}{127.4}\approx0.78\mathrm{A}$$

（2）当电源为 500Hz 时，有

$$X_\mathrm{C}=\frac{1}{2\times3.14\times500\times(25\times10^{-6})}\approx12.74\Omega$$

$$I=\frac{100}{12.74}\approx7.8\mathrm{A}$$

可见，在电压有效值一定时，频率越高，则通过电容元件的电流有效值越大。

10.5 电路定律的相量形式

如前所述，电路中电压、电流存在两种约束关系：一种是元件约束，它用欧姆定律来表示；另一种是拓扑约束，它用基尔霍夫定律来表示。这两个定律是分析电路的基本依据。当然，分析正弦稳态电路也不例外。现在来讨论电路定律的相量形式。

基尔霍夫定律的相量形式

在 10.4 节中,利用相量法建立了元件伏安关系的相量形式,并在引入阻抗概念时,得到

$$\dot{U} = Z\dot{I}, \quad \frac{\dot{U}}{\dot{I}} = Z \quad (10.5.1)$$

式(10.5.1)统一了电阻元件、电感元件和电容元件中电压相量与电流相量的 3 个关系式,即

$$Z = \frac{\dot{U}}{\dot{I}} = \begin{cases} R \\ \dfrac{1}{j\omega C} \\ j\omega L \end{cases}$$

式(10.5.1)称为欧姆定律的相量形式。

与上式相似,可以得出基尔霍夫定律的相量形式。基尔霍夫电压定律(KVL)的数学表达式为

$$\sum_{k=1}^{n} u_k(t) = 0$$

在正弦稳态电路中,响应一定是与电源同频率的正弦量,所以电路中全部电压都是同频率的,这样就可以用其相量来表示。

$$u_k = \text{Re}\left(\dot{U}_k e^{j\omega t}\right)$$

代入 KVL 方程中,得

$$\sum_{k=1}^{n} u_k = \sum_{k=1}^{n} \text{Re}\left(\sqrt{2}\dot{U}_k e^{j\omega t}\right) = 0$$

由于上式适用于任何时刻,因此其相量关系也必然成立,即

$$\sum_{k=1}^{n} \dot{U}_k = 0 \quad (10.5.2)$$

式(10.5.2)就是 KVL 定律的相量形式。它表示对于具有相同频率的正弦电流电路中的任一回路,沿该回路全部支路电压相量的代数和等于零。在列写相量形式 KVL 方程时,对于参考方向与回路绕行方向相同的电压取正号"+",相反的电压取负号"−"。

同理,可得 KCL 的相量形式为

$$\sum_{k=1}^{n} \dot{I}_k = 0 \quad (10.5.3)$$

注意:在正弦稳态下,电流相量和电压相量是分别满足 KCL 和 KVL 的,而电流、电压的有效值一般情况下不满足 KCL 和 KVL。

一般来说,有

$$\sum_{k=1}^{n} U_k \neq 0, \sum_{k=1}^{n} I_k \neq 0$$

【例 10.5.1】 在图 10.5.1(a)所示的正弦稳态电路中,交流电压表 Ⓥ₁、Ⓥ₂、Ⓥ₃ 的读数分别为 30V、60V、20V,求交流电压表 Ⓥ 的读数。

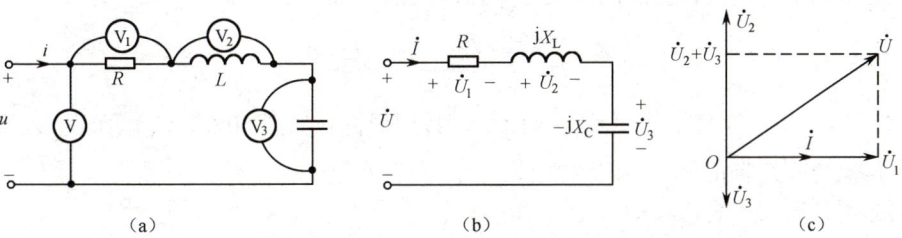

图 10.5.1 例 10.5.1 图

解法 1：先画出用相量表示正弦量的电路，如图 10.5.1（b）所示，并设电流 $\dot{I}$ 为参考相量，即 $\dot{I} = I\underline{/0°}$。

由元件伏安关系的相量形式及 Ⓥ₁、Ⓥ₂、Ⓥ₃ 表的读数，可得 $\dot{U}_1 = 30\underline{/0°}$ V、$\dot{U}_2 = 60\underline{/90°}$ V 和 $\dot{U}_3 = 20\underline{/-90°}$ V。

由 KVL 的相量形式，有
$$\dot{U} = \dot{U}_1 + \dot{U}_2 + \dot{U}_3 = 30\underline{/0°} + 60\underline{/90°} + 20\underline{/-90°}$$
$$= 30 + j40 = 50\underline{/53.1°} \text{ V}$$

故表 Ⓥ 的读数为 50V。

从图 10.5.1 中可以看出，若将 Ⓥ₁、Ⓥ₂、Ⓥ₃ 3 个电压表的读数相加。作为表 Ⓥ 的读数，即 30+60+20=110V，这便是错误的结果。也就是说，在正弦稳态电路中，电压的有效值一般不满足 KVL，即 $\sum U_k \neq 0$。

解法 2：利用相量图求解。

以 $\dot{I}$ 为参考相量，由各元件伏安关系的相量形式和各电压表的读数，在复平面上画出电压相量 $\dot{U}_1$、$\dot{U}_2$ 和 $\dot{U}_3$，如图 10.5.1（c）所示。

由 KVL 的相量形式，有
$$\dot{U} = \dot{U}_1 + \dot{U}_2 + \dot{U}_3$$

按矢量合成的平行四边形法则，可以得出相量 $\dot{U}$，且可算出
$$U = \sqrt{U_1^2 + (U_2 - U_3)^2} = \sqrt{30^2 + (60-20)^2} = 50 \text{ V}$$

即表 Ⓥ 的读数为 50V。

还应指出的是，在利用相量图求解时，参考相量的选择是很重要的，在正弦稳态电路中，虽然各量的相量的相对位置是不变的，但整个相量图的位置是可变的，选择好的参考相量，便可很方便地画出相量图。一般来说，在串联电路中应以电流为参考相量，如本例所示，而在并联电路中应以电压为参考相量。

10.6　正弦稳态电路的单口网络

阻抗和导纳的概念及对它们的运算与等效变换是正弦稳态电路分析的重要内容，阻抗和导纳全面反映了在正弦稳态电路中负载的性质与意义。

10.6.1　单口网络阻抗和导纳的定义

在图 10.6.1（a）中，N_0 表示内部不含独立电源的二端子网络或单口网络，在正弦稳态下，其端口的电流和电压将是同频率的正弦量，分别用相量 $\dot{I}$ 和 $\dot{U}$ 表示。

把端口电压相量和电流相量之比定义为单口网络的阻抗，用符号 Z 表示，即
$$Z = \frac{\dot{U}}{\dot{I}} = \frac{U}{I}\underline{/\varphi_u - \varphi_i} = |Z|\underline{/\varphi_Z}$$

式中，$\dot{U} = U\underline{/\varphi_u}$，$\dot{I} = I\underline{/\varphi_i}$。它又称为复阻抗，其图形符号如图 10.6.1（b）所示，Z 的模值 $|Z|$ 称为阻抗模，其辐角称为阻抗角。

将阻抗 Z 用代数形式表示，即
$$Z = R + jX = |Z|\underline{/\varphi_Z} \quad (10.6.1)$$

其实部 $\text{Re}[Z] = R$ 称为电阻，虚部 $\text{Im}[Z] = X$ 称为电抗。

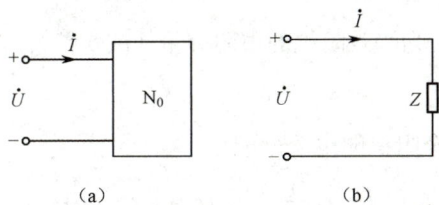

图 10.6.1 单口网络的阻抗

把端电流相量和电压相量之比称为该单口网络的导纳，用符号 Y 来表示，即

$$Y=\frac{\dot{I}}{\dot{U}}=\frac{I}{U}\underline{/\varphi_i-\varphi_u}=G+\mathrm{j}B=|Y|\underline{/\varphi_y} \tag{10.6.2}$$

式中，G 为电导；B 为电纳；$|Y|$ 为导纳模；φ_y 为导纳角。

显然，对于同一个单口网络 N_0，阻抗 Z 和导纳 Y 互为倒数，即

$$Z=\frac{1}{Y}$$

阻抗具有电阻的量纲，单位为欧姆（Ω），导纳具有电导的量纲，单位为西门子（S）。

阻抗符号 Z 和导纳符号 Y 上面都不加小圆点"·"，以与代表正弦量的复数（相量）相区别。

如果单口网络 N_0 内部仅含单个元件 R、L 或 C，那么得出单个元件对应的复数阻抗和复数导纳分别如下。

电阻元件为 $\qquad Z_R=R,\quad Y_R=\dfrac{1}{R}=G$

电感元件为 $\qquad Z_L=\mathrm{j}\omega L=\mathrm{j}X_L,\quad Y_L=-\mathrm{j}\dfrac{1}{\omega L}=-\mathrm{j}B_L$

电容元件为 $\qquad Z_C=-\mathrm{j}\dfrac{1}{\omega C}=-\mathrm{j}X_C,\quad Y_C=\mathrm{j}\omega C=\mathrm{j}B_C$

式中，X_L 为感抗；X_C 为容抗；B_L 为感纳；B_C 为容纳。

如果单口网络 N_0 内部为 R、L、C 串联电路，如图 10.6.2 所示，按 KVL 的相量形式，有

$$\dot{U}=\dot{U}_R+\dot{U}_L+\dot{U}_C$$

将 $\dot{U}_R=\dot{I}\cdot R$，$\dot{U}_L=\mathrm{j}\dot{I}X_L$，$\dot{U}_C=-\mathrm{j}\dot{I}X_C$ 代入上式，得

$$\dot{U}=\dot{I}[R+\mathrm{j}(X_L-X_C)]=\dot{I}(R+\mathrm{j}X)$$

$$\frac{\dot{U}}{\dot{I}}=R+\mathrm{j}X=|Z|\underline{/\varphi}=Z \tag{10.6.3}$$

其中 $\qquad |Z|=\sqrt{(R^2+X^2)}=\sqrt{R^2+(X_L-X_C)^2}$

$$\varphi=\arctan\frac{X}{R}=\arctan\frac{X_L-X_C}{R}$$

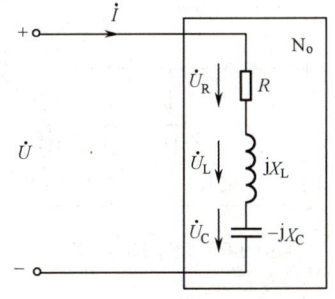

图 10.6.2 RLC 串联电路

由式（10.6.3）可知，阻抗全面地反映了端口电压和电流之间的关系；阻抗模反映电压与电流之间的大小关系，而阻抗角反映了它们之间的相位关系。随着电路参数的不同，电压和电流之间的相位差也就不同。因此，φ 角的大小是由电路（负载）的参数决定的。

10.6.2 阻抗（导纳）的串联和并联

阻抗的串联和并联电路的计算，在形式上与电阻的串联和并联电路相似。对于 n 个阻抗串联的电路，其等效阻抗等于 n 个阻抗之和，即

$$Z=Z_1+Z_2+\cdots+Z_n=\sum_{k=1}^{n}Z_k=\sum_{k=1}^{n}R_k+\mathrm{j}\sum_{k=1}^{n}X_k=R+\mathrm{j}X$$

式中，$Z_k = R_k + jX_k$，$R = \sum_{k=1}^{n} R_k$，为等效阻抗的电阻分量（或实部）；$X = \sum_{k=1}^{n} X_k$，为等效阻抗的电抗分量（或虚部）。

在阻抗串联的电路中，各个阻抗的电压分配为

$$\dot{U}_k = \frac{Z_k}{Z}\dot{U} \quad (k=1,2,\cdots,n)$$

式中，$\dot{U}$ 为总电压；$\dot{U}_k$ 为第 k 个阻抗 Z_k 上的电压。

同理，对于 n 个阻抗并联的电路，其总阻抗的倒数等于各个分阻抗倒数之和。

$$\frac{1}{Z} = \frac{1}{Z_1} + \frac{1}{Z_2} + \cdots + \frac{1}{Z_n}$$

也就是说，其等效导纳为各个并联阻抗相应导纳之和。

$$Y = Y_1 + Y_2 + \cdots + Y_n = \sum_{k=1}^{n} Y_k = \sum_{k=1}^{n} G_k + j\sum_{k=1}^{n} B_k = G + jB$$

式中，$Y_k = G_k + jB_k$；$G = \sum_{k=1}^{n} G_k$，为等效导纳的电导分量（或实部）；$B = \sum_{k=1}^{n} B_k$，为等效导纳的电纳分量（或虚部）。

各个导纳的电流分配为

$$\dot{I}_k = \frac{Y_k}{Y}\dot{I} \quad (k=1,2,\cdots,n)$$

式中，$\dot{I}$ 为总电流；$\dot{I}_k$ 为第 k 个导纳 Y_k 上的电流。

类似两个电阻并联，其等效电阻的计算公式一样，在两个阻抗的并联电路中，其等效阻抗的计算往往采用下面的公式。

$$Z = \frac{Z_1 Z_2}{Z_1 + Z_2} \tag{10.6.4}$$

【例 10.6.1】 求图 10.6.3 所示单口网络的阻抗 Z_{ab}。已知，$Z_1=(1+j)\Omega$，$Z_2=(3+j4)\Omega$，$Z_3=(4-j3)\Omega$，$Z_4=(5+j5)\Omega$。

解： 要求得 Z_{ab}，可先求出 Z_2、Z_3 和 Z_4 并联的等效阻抗 Z_{cb}，再与 Z_1 串联，即得

$$Z_{cb} = \frac{1}{Y_{cb}}$$

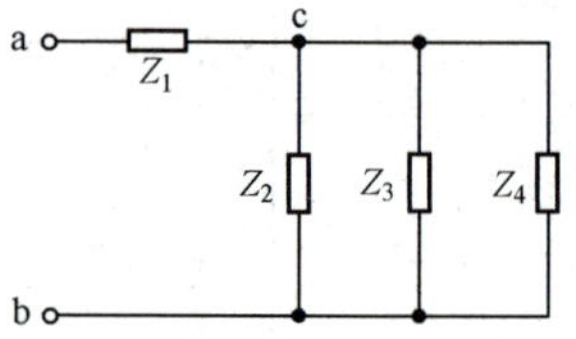

$$Y_{cb} = Y_2 + Y_3 + Y_4 = \frac{1}{Z_2} + \frac{1}{Z_3} + \frac{1}{Z_4}$$

$$= \frac{1}{3+j4} + \frac{1}{4-j3} + \frac{1}{5+j5}$$

$$= \frac{3-j4}{25} + \frac{4+j3}{25} + \frac{5-j5}{2\times 25} = 0.38 - j0.14\,S$$

$$Z_{cb} = \frac{1}{Y_{cb}} = \frac{1}{0.38-j0.14} = 2.32 + j0.85\,\Omega$$

图 10.6.3 例 10.6.1 图

$$Z_{ab} = Z_1 + Z_{cb} = (1+j) + (2.32+j0.85) = 3.32 + j1.85\,\Omega$$

【例 10.6.2】 对于图 10.6.4 所示电路，求在 $\omega=1\text{rad/s}$、$\omega=4\text{rad/s}$ 两种电源频率下的端口等效阻抗。

解： 当 $\omega=1\text{rad/s}$ 时，有

$$X_L = \omega L = 1 \times 0.25 = 0.25\,\Omega$$

$$X_C = \frac{1}{\omega C} = \frac{1}{1\times 0.5} = 2\,\Omega$$

则 $\quad Z=(1+\text{j}0.25)+\dfrac{1\times(-\text{j}2)}{1-\text{j}2}=(1+\text{j}0.25)+(0.8-\text{j}0.4)=1.8-\text{j}0.15\Omega$

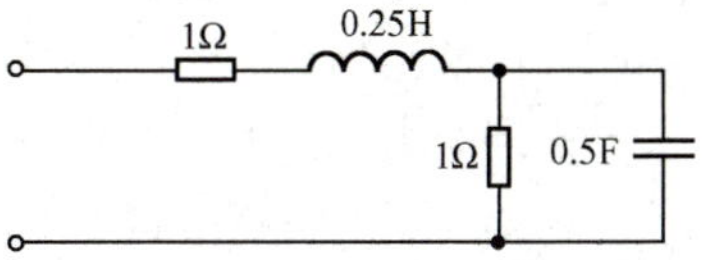

当 $\omega=4\text{rad/s}$ 时，有

$$X_\text{L}=\omega L=4\times 0.25=1\Omega$$

$$X_\text{C}=\dfrac{1}{\omega C}=\dfrac{1}{4\times 0.5}=0.5\Omega$$

图 10.6.4　例 10.6.2 图

则 $\quad Z=(1+\text{j})+\dfrac{1\times(-\text{j}0.5)}{1-\text{j}0.5}=(1+\text{j})+(0.2-\text{j}0.4)$

$$=1.2+\text{j}0.6\Omega$$

由此可见，当电源频率改变时，阻抗和导纳也随之改变，其原因是感抗和容抗随频率而变化。

当一个单口网络内含有受控源时，其等效阻抗就不能只依靠阻抗的串、并联和 Y-△变换公式计算得到。这时一般是从阻抗的定义出发，设定端电压相量再求出端口电流相量；或先设定端口电流相量，再求出端口电压相量，进而求出其等效阻抗和导纳。

【例 10.6.3】　求图 10.6.5 所示单口网络的等效阻抗 Z。

解： 令 $G=\dfrac{1}{R}$，则

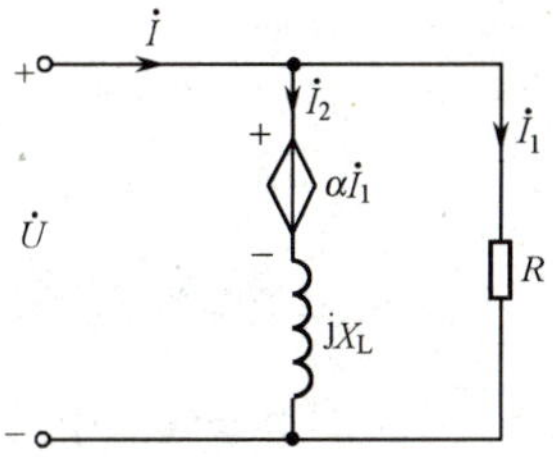

$$\dot{I}_1=\dot{U}G$$

$$\dot{I}_2=\dfrac{\dot{U}_\text{L}}{\text{j}X_\text{L}}=\dfrac{\dot{U}-\alpha\dot{I}_1}{\text{j}X_\text{L}}=\dfrac{\dot{U}-\alpha G\dot{U}}{\text{j}X_\text{L}}=\dfrac{1-\alpha G}{\text{j}X_\text{L}}\dot{U}$$

根据 KCL，端口电流为

$$\dot{I}=\dot{I}_1+\dot{I}_2=G\dot{U}+\dfrac{1-\alpha G}{\text{j}X_\text{L}}\dot{U}$$

$$Z=\dfrac{\dot{U}}{\dot{I}}=\dfrac{1}{G+\dfrac{1-\alpha G}{\text{j}X_\text{L}}}=\dfrac{1}{G-\text{j}\dfrac{1-\alpha G}{X_\text{L}}}$$

$$=\dfrac{GX_\text{L}^2}{G^2X_\text{L}^2+G^2\alpha^2-2\alpha G+1}+\text{j}\dfrac{(1-G\alpha)X_\text{L}}{G^2X_\text{L}^2+G^2\alpha^2-2\alpha G+1}$$

图 10.6.5　例 10.6.3 图

10.6.3　不含源单口网络的性质

内部不含独立源的正弦稳态电路单口网络，其性质一般可分为电感性、电容性和电阻性 3 种。由前面的分析可知，任何一个不含源单口网络均可用一个等效阻抗来代替，而这一阻抗是复数，即

$$Z=R+\text{j}X=|Z|\underline{/\varphi}$$

其中

$$|Z|=\sqrt{R^2+X^2}$$

$$\varphi=\arctan\dfrac{X}{R}=\varphi_u-\varphi_i$$

由于阻抗角等于端口电压与端口电流的相位差，即 $\varphi=\varphi_u-\varphi_i$，因此当 $\varphi>0$ 时，电压超前电流，单口网络呈电感性；当 $\varphi<0$ 时，电流超前电压，单口网络呈电容性；当 $\varphi=0$ 时，电压和电流同相位，单口网络呈电阻性。这样由阻抗角的值就可以确定单口网络的性质。

φ 值的正、负由参数 R 和 X 决定，R 总为正值，故 φ 的正负是由 X 来决定的。这样电抗 X 就可用来确定电路的性质了。也就是说，当 $X>0$ 时，电路属于电感性；当 $X<0$ 时，电路呈电容性；当 $X=0$ 时，电路呈电阻性。同时，由于 $X=X_\text{L}-X_\text{C}$、$Z=R+\text{j}X$，因此一个不含独立源单口网络用阻抗来替

代时，不管其内部多么复杂，均可用一个电阻与一个电感的串联形式或一个电阻与一个电容串联的形式来代替。

另外，由 $X_L=2\pi fL$、$X_C=1/2\pi fC$ 可知，当元件的参数（L、C）一定时，电源频率的变化，会使同一电路中感抗和容抗的值发生变化，进而使电抗的值发生变化，从而会改变电路的性质，参见例 10.6.2。当 $\omega=1$ 时，$X=-0.15\Omega$，电路呈容性；当 $\omega=4$ 时，$X=0.6\Omega$，电路呈电感性。

综上所述，一个单口网络呈何种性质，是由它的结构、元件参数及电源的频率所决定的。

由式（10.6.1）可知，$|Z|$、R 和 X 可以组成一个直角三角形，称为阻抗三角形。电压相量 $\dot{U}$、$\dot{U}_R$、$\dot{U}_X$ 也构成一个直角三角形，称为电压三角形。

由于 $\dfrac{\dot{U}_R}{\dot{U}_X}=\dfrac{R}{X}$，因此阻抗三角形和电压三角形为相似三角形。阻抗三角形和电压三角形之间的相互关系如图 10.6.6 所示，而端口上电压相量与电流相量的相位差就是阻抗角。

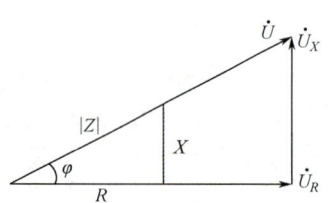

图 10.6.6 阻抗三角形和电压三角形之间的相互关系

10.7 正弦稳态电路的分析与计算

10.7.1 正弦稳态电路的相量模型

用元件伏安关系的相量形式和基尔霍夫定律的相量形式描述的电路模型，称为电路的相量模型。以前所画的电路模型是电路的时域模型。因此，电路的相量模型是很容易由电路的时域模型得出的。具体的做法是：在电路的时域模型中，将所有正弦量都用其对应的相量代替，将所有的元件都用它们的相量模型代替。

正弦稳态电路的相量模型

电路的相量模型只适用于输入为同频率的正弦量，且已处于稳态的电路，即电路的相量模型只能用于正弦稳态电路中。

图 10.7.1（a）是电路的时域模型，图 10.7.1（b）是电路的相量模型。很容易看出，将图 10.7.1（a）中的电压、电流用其相量代替，R、L、C 分别用其相量模型 R、jX_L（或 $j\omega L$）、$-jX_C$（或 $1/j\omega C$）代替就得到了图 10.7.1（b）所示的电路的相量模型。

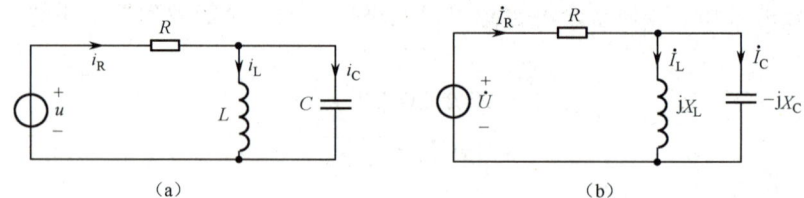

图 10.7.1 电路的时域模型和相量模型

按图 10.7.1（a）去求解该电路时，应列出如下时域形式的方程。

$$\left.\begin{array}{l} i_R=i_L+i_C \\ Ri_R+L\dfrac{di_L}{dt}=u(t) \\ \dfrac{1}{C}\int i_C dt=L\dfrac{di_L}{dt} \end{array}\right\} \qquad (10.7.1)$$

当按图 10.7.1（b）去求解该电路时，则可列出相量形式的方程，即

$$\left.\begin{array}{r}\dot{I}_R=\dot{I}_L+\dot{I}_C\\R\dot{I}_R+jX_L\dot{I}_L=\dot{U}\\-jX_C\dot{I}_C=jX_L\dot{I}_L\end{array}\right\} \quad (10.7.2)$$

式（10.7.1）是一组微积分方程，而式（10.7.2）是一组复数代数方程。显而易见，求解式（10.7.2）一组复数代数方程要比解式（10.7.1）一组微积分方程要简便得多；而求解式（10.7.2）一组复数代数方程后，就能得出所求响应的相量，进而得出响应的正弦量。

【例 10.7.1】 已知一个电路如图 10.7.2 所示。（1）求出此电路的相量模型；（2）画出此电路中各元件电压、电流的相量图。

解：（1）将电路中电压 u、u_L 和 u_C 及电流 i_C、i_L 和 i_R 用对应的电压相量 $\dot{U}$、$\dot{U}_L$ 和 $\dot{U}_C$ 及电流相量 $\dot{I}_C$、$\dot{I}_L$ 和 $\dot{I}_R$ 代替，R、L 和 C 用相量模型代替，就可得到图 10.7.2 所示电路的相量模型，如图 10.7.3（a）所示。

（2）选 $\dot{U}_L$ 为参考相量，即设它的初相位为零。由元件的伏安关系得 $\dot{I}_L$ 滞后 $\dot{U}_L$ 90°，$\dot{I}_R$ 和 $\dot{U}_L$ 同相；根据 KCL，有 $\dot{I}_C=\dot{I}_L+\dot{I}_R$。由平行四边形法则，得到电容电流相量 $\dot{I}_C$，电容电压 $\dot{U}_C$ 滞后 $\dot{I}_C$ 90°，最后由 KVL 得 $\dot{U}=\dot{U}_C+\dot{U}_L$，即得总电压相量 $\dot{U}$。

根据以上分析，可画出各电压、电流的相量图，如图 10.7.3（b）所示。

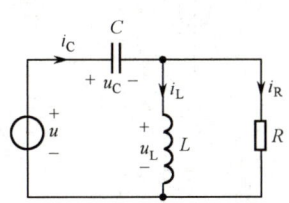

图 10.7.2 例 10.7.1 图

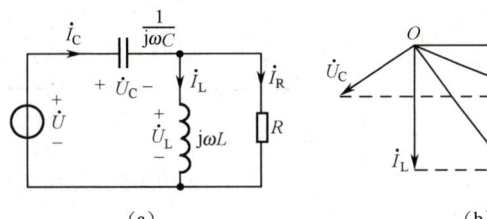

图 10.7.3 电路的相量模型和电压、电流相量图

10.7.2 电路相量模型的分析方法

由前面的讨论可知，将正弦量用相量来表示，再引入阻抗、导纳的概念以后，欧姆定律和基尔霍夫定律均可用相量的形式来描述，且在形式上与线性电阻电路相似。对于电阻电路，有

$$\sum i=0, \qquad \sum u=0$$
$$u=Ri, \qquad i=Gu$$

对于正弦稳态电路，有

$$\sum \dot{I}=0, \qquad \sum \dot{U}=0$$
$$\dot{U}=Z\dot{I}, \qquad \dot{I}=Y\dot{U}$$

所以，在分析正弦稳态电路时，完全可以采用线性电阻电路的各种分析方法。具体地说，线性电阻元件的串、并联规则，各种等效变换方法，支路法、节点电压法、网孔法等一般分析方法，以及叠加定理、戴维南和诺顿定理等均可推广到正弦稳态电路中，差别仅在于所得的方程是以相量形式表示的代数方程，以及用相量形式描述的电路定理。

【例 10.7.2】 电路如图 10.7.4（a）所示。试列出该电路的节点电流方程和回路电压方程。电路中的独立电源都是同频率正弦量。

解：根据图 10.7.4（a）作出该电路的相量模型，如图 10.7.4（b）所示。

令
$$Z_1=R_1+\frac{1}{j\omega C_1}, \qquad Z_2=R_2, \qquad Z_3=j\omega L$$

则该电路的节点电流方程为
$$\dot{I}_1 - \dot{I}_2 - \dot{I}_3 = 0$$

回路电压方程如下。

回路Ⅰ：
$$\dot{I}_1 Z_1 + \dot{I}_3 Z_3 - \dot{U}_1 = 0$$

回路Ⅱ：
$$Z_2 \dot{I}_2 + \dot{U}_2 - Z_3 \dot{I}_3 = 0$$

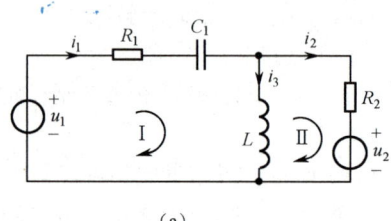 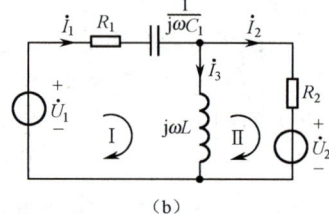

图 10.7.4　例 10.7.2 图

【例 10.7.3】　求图 10.7.5（a）所示单口网络的戴维南等效电路。

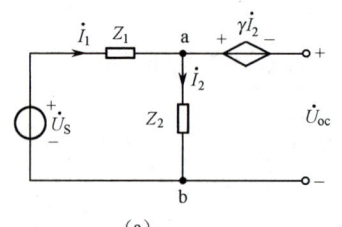 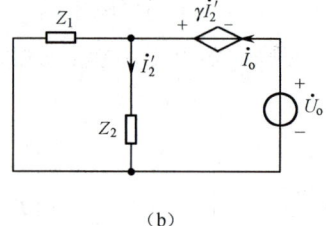

图 10.7.5　例 10.7.3 图

解：戴维南等效电路的开路电压 $\dot{U}_{oc}$ 和等效阻抗 Z_o 的求解方法与电阻电路相似。
先求 $\dot{U}_{oc}$

$$\dot{I}_2 = \frac{\dot{U}_S}{Z_1 + Z_2}$$

则
$$\dot{U}_{oc} = -\gamma \dot{I}_2 + \dot{U}_{ab} = -\frac{\gamma \dot{U}_S}{Z_1 + Z_2} + \frac{Z_2}{Z_1 + Z_2} \dot{U}_S = \frac{(Z_2 - \gamma)}{Z_1 + Z_2} \dot{U}_S$$

将网络内的独立电源置零，得到图 10.7.5（b），再按此图用外施电压法求出等效阻抗 Z_o。在端口置一电压源 $\dot{U}_o$，设 $\dot{I}'_2$ 为已知，得如下方程。

$$\dot{I}_o = \dot{I}'_2 + Z_2 Y_1 \dot{I}'_2, \quad \dot{U}_o = Z_2 \dot{I}'_2 - \gamma \dot{I}'_2$$

解得
$$Z_o = \frac{\dot{U}_o}{\dot{I}_o} = \frac{(Z_2 - \gamma)\dot{I}'_2}{(1 + Z_2 Y_1)\dot{I}'_2} = \frac{Z_2 - \gamma}{1 + Z_2 Y_1}$$

10.7.3　正弦稳态电路的分析计算

分析计算正弦稳态电路的主要步骤如下。

（1）建立电路的相量模型。将电路中的电压和电流用相量表示，各个电路元件用其相量模型表示，即得电路的相量模型。此时需先计算出各元件的阻抗、容抗和感抗。

（2）确定分析电路的方法，并按分析方法的要求，列出相应电流相量和电压相量代数方程。

正弦稳态电路的等效路

（3）将所列的方程求解，得出电压和电流的相量。在计算过程中，j 和 -j 一定要一起参加运算；因为 j 和 -j 不仅是虚数的单位，还应视为旋转因子。同时，阻抗与相量不同，它的实部和虚部均是有意义的，实部表示电阻，虚部表示电抗。

（4）根据要求，将电压和电流的相量变换成它们的瞬时值表达式。

【例 10.7.4】 在图 10.7.6（a）所示的电路中，已知 $u_S = 10\sqrt{2}\cos 10^4 t$ V，$R_1 = R_2 = R_3 = 1\Omega$，$R_4 = 4\Omega$，$C = 400\mu F$，$L = 0.4mH$，试用节点电压法求电阻 R_4 两端的电压 u_3。

解： 建立电路图 10.7.6（a）的相量模型，如图 10.7.6（b）所示。

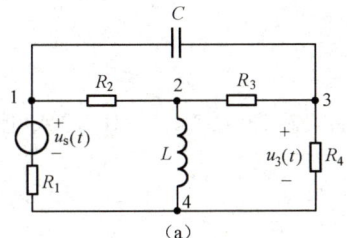 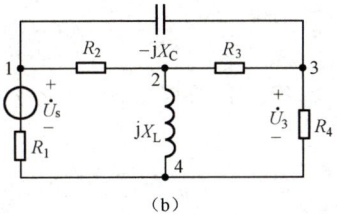

图 10.7.6 例 10.7.4 图

计算感抗和容抗：

$$X_L = \omega L = 10^4 \times 0.4 \times 10^{-3} = 4\Omega$$

$$X_C = \frac{1}{\omega C} = \frac{1}{10^4 \times 400 \times 10^{-6}} = \frac{1}{4}\Omega$$

设图中电路各节点电压分别为 $\dot{U}_1$、$\dot{U}_2$ 和 $\dot{U}_3$，节点 4 为参考节点，运用节点电压法可得下述方程。

$$\left(\frac{1}{R_1} + \frac{1}{R_2} + \frac{1}{-jX_C}\right)\dot{U}_1 - \frac{1}{R_2}\dot{U}_2 - \frac{1}{-jX_C}\dot{U}_3 = \frac{\dot{U}_S}{R_1}$$

$$-\frac{1}{R_2}\dot{U}_1 + \left(\frac{1}{R_2} + \frac{1}{R_3} + \frac{1}{jX_L}\right)\dot{U}_2 - \frac{\dot{U}_3}{R_3} = 0$$

$$-\frac{1}{-jX_C}\dot{U}_1 - \frac{1}{R_3}\dot{U}_2 + \left(\frac{1}{R_3} + \frac{1}{R_4} + \frac{1}{-jX_C}\right)\dot{U}_3 = 0$$

代入数据，得

$$(2+j4)\dot{U}_1 - \dot{U}_2 - j4\dot{U}_3 = 10\underline{/0°}$$

$$-\dot{U}_1 + (2-j\frac{1}{4})\dot{U}_2 - \dot{U}_3 = 0$$

$$-j4\dot{U}_1 - \dot{U}_2 + (\frac{5}{4}+j4)\dot{U}_3 = 0$$

联立求解以上方程式，得各节点电压相量为

$$\dot{U}_1 = 7.61\underline{/10.1°}\text{ V}$$
$$\dot{U}_2 = 7.62\underline{/19.2°}\text{ V}$$
$$\dot{U}_3 = 7.76\underline{/14.0°}\text{ V}$$

由此，电阻 R_4 两端电压的三角函数表达式为

$$u_3 = 7.76\sqrt{2}\cos(10^4 t + 14°)\text{V}$$

在对正弦稳态电路进行分析计算时，有时先画出相量图再求解往往会十分简便和直观。

【例 10.7.5】 在图 10.7.7（a）中，$I_1 = 10\text{A}$，$I_2 = 10\sqrt{2}\text{ A}$，$U = 200\text{V}$，$R_1 = 5\Omega$，$R_2 = X_L$，试求 I、X_C、X_L 及 R_2。

解：根据本例的已知条件和电路相量模型，若选电容两端的电压 $\dot{U}_C$ 为参考相量，则可画出相量图，如图 10.7.7（b）所示，再由相量图即可很简便地求解该例题。

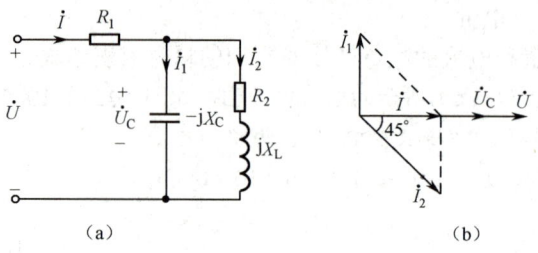

图 10.7.7　例 10.7.5 图

由 $X_L = R_2$ 可得，$\dot{I}_2$ 落后 $\dot{U}_C$ 45°，而 $\dot{I} = \dot{I}_1 + \dot{I}_2$，由相量图和 $I_1 = 10\text{A}$、$I_2 = 10\sqrt{2}\,\text{A}$ 可知

$$\dot{I} = 10\,\underline{/\,0°}\,\text{A}$$

故 $I = 10\text{A}$，得 $\dot{U}$、$\dot{U}_{R1}$ 和 $\dot{U}_C$ 同相，且

$$U_{R1} = I \cdot R_1 = 10 \times 5 = 50\text{V}$$
$$U_C = U - U_{R1} = 200 - 50 = 150\text{V}$$

则

$$X_C = \frac{U_C}{I_1} = \frac{150}{10} = 15\,\Omega$$

$$|Z_2| = \sqrt{R_2^2 + X_L^2} = \sqrt{2}\,R_2,\ |Z_2| = \frac{U_C}{I_2} = \frac{150}{10\sqrt{2}} = \frac{15}{\sqrt{2}}\,\Omega$$

故

$$R_2 = X_L = \frac{15}{\sqrt{2} \times \sqrt{2}} = 7.5\,\Omega$$

由上述可知，对本例而言，先画出相量图，再求解是极为简便的。

【例 10.7.6】 求图 10.7.8 所示电路中的 $\dot{I}_1$ 和 $\dot{I}_2$。

解：$\dot{I}_1$、$\dot{I}_2$ 恰为两个网孔电流，用网孔电流法求解。列出网孔电流法的方程，即

$$(1-j2)\dot{I}_1 - (-j2)\dot{I}_2 = 1\,\underline{/\,0°}$$
$$-(-j2)\dot{I}_1 + (j2+1-j2)\dot{I}_2 = -2\dot{I}$$

将受控源控制量 $\dot{I} = \dot{I}_1 - \dot{I}_2$ 代入上式，整理后得

$$\begin{cases}(1-j2)\dot{I}_1 + j2\dot{I}_2 = 1 \\ (2+j2)\dot{I}_1 - \dot{I}_2 = 0\end{cases}$$

解上面的方程组得

$$\dot{I}_1 = \frac{1}{-3+j2} = 0.277\,\underline{/\,-146°}\,\text{A}$$

$$\dot{I}_2 = 2(1+j)\dot{I}_1 = 2\sqrt{2}\,\underline{/\,45°} \times 0.277\,\underline{/\,-146.3°} = 0.783\,\underline{/\,-101°}\,\text{A}$$

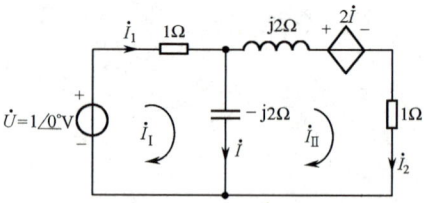

图 10.7.8　例 10.7.6 图

10.8　正弦稳态电路的双口网络

在分析正弦稳态电路时，有时需要采用双口网络，正弦稳态电路双口网络的端口特性同样表征了两个端口上电压、电流的关系，双口网络共有 4 个端口相量，即 $\dot{I}_1$、$\dot{U}_1$、$\dot{I}_2$ 和 $\dot{U}_2$，同理具有 6 种形式的双口网络方程，对应也有 6 种网络参数。下面讨论最常用的 3 种参数，即 Z 参数、Y 参数和 $T(A)$ 参数。

10.8.1 Z 参数

1. z 方程与 Z 参数

假设图 10.8.1 所示线性双口网络的 $\dot{I}_1$、$\dot{I}_2$ 是已知的，利用替代定理，可将 $\dot{I}_1$、$\dot{I}_2$ 看作是外施电流源的电流，$\dot{U}_1$、$\dot{U}_2$ 作为响应。根据叠加定理，可得

$$\left.\begin{matrix}\dot{U}_1 = z_{11}\dot{I}_1 + z_{12}\dot{I}_2 \\ \dot{U}_2 = z_{21}\dot{I}_1 + z_{22}\dot{I}_2\end{matrix}\right\} \quad (10.8.1)$$

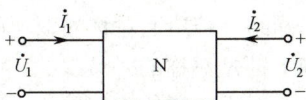

图 10.8.1　线性双口网络

式（10.8.1）称为双口网络的 z 方程，其中 z_{11}、z_{12}、z_{21}、z_{22} 为 Z 参数。式（10.8.1）还可以写成矩阵形式，即

$$\begin{bmatrix} \dot{U}_1 \\ \dot{U}_2 \end{bmatrix} = \begin{bmatrix} z_{11} & z_{12} \\ z_{21} & z_{22} \end{bmatrix} \begin{bmatrix} \dot{I}_1 \\ \dot{I}_2 \end{bmatrix} \quad (10.8.2)$$

或

$$\dot{U} = Z\dot{I} \quad (10.8.3)$$

式中，$\dot{U} = [\dot{U}_1 \ \dot{U}_2]^T$、$\dot{I} = [\dot{I}_1 \ \dot{I}_2]^T$ 分别为端口电压、电流的列向量；$Z = \begin{bmatrix} z_{11} & z_{12} \\ z_{21} & z_{22} \end{bmatrix}$ 为 Z 参数矩阵。

2. Z 参数的确定

Z 参数可由 z 方程求得。对于式（10.8.1），分别令 $\dot{I}_1 = 0$、$\dot{I}_2 = 0$，可得 Z 参数的定义及相应的物理意义，即

$$\left.\begin{matrix} z_{11} = \dfrac{\dot{U}_1}{\dot{I}_1}\bigg|_{\dot{I}_2=0}, & \text{输出口开路时的输入阻抗} \\[1ex] z_{21} = \dfrac{\dot{U}_2}{\dot{I}_1}\bigg|_{\dot{I}_2=0}, & \text{输出口开路时的正向转移阻抗} \\[1ex] z_{12} = \dfrac{\dot{U}_1}{\dot{I}_2}\bigg|_{\dot{I}_1=0}, & \text{输入口开路时的反向转移阻抗} \\[1ex] z_{22} = \dfrac{\dot{U}_2}{\dot{I}_2}\bigg|_{\dot{I}_1=0}, & \text{输入口开路时的输出阻抗} \end{matrix}\right\} \quad (10.8.4)$$

显然，Z 参数具有阻抗的量纲。由于 Z 参数都是由某端口开路条件下定义的，因此 Z 参数又称为开路阻抗参数，Z 参数矩阵又称为开路阻抗矩阵。

式（10.8.4）也表明了获取 Z 参数的实验方法。如果将输出端口开路（$\dot{I}_2 = 0$），输入端口加电流源 $\dot{I}_1$，测得两个端口电压 $\dot{U}_1$ 及 $\dot{U}_2$。由式（10.8.4）可得

$$z_{11} = \frac{\dot{U}_1}{\dot{I}_1}, \quad z_{21} = \frac{\dot{U}_2}{\dot{I}_1}$$

类似地，将输入端口开路（$\dot{I}_1 = 0$），在输出端口施加一电流源 $\dot{I}_2$，测量两个端口电压 $\dot{U}_1$、$\dot{U}_2$，根据式（10.8.4）有

$$z_{12} = \frac{\dot{U}_1}{\dot{I}_2}, \quad z_{22} = \frac{\dot{U}_2}{\dot{I}_2}$$

对于不含独立源、受控源的线性双口网络（互易双口网络），根据互易定理，满足

$$\frac{\dot{U}_1}{\dot{I}_2}\bigg|_{\dot{I}_1=0} = \frac{\dot{U}_2}{\dot{I}_1}\bigg|_{\dot{I}_2=0}$$

上式与式（10.8.4）比较，可知

$$z_{12} = z_{21} \quad (10.8.5)$$

式（10.8.5）表明，互易双口网络的 Z 参数中只有 3 个参数是相互独立的。对于非互易网络而言，一般 $z_{12} \neq z_{21}$。

如果互易双口网络的参数 $z_{11}=z_{22}$，就称为对称互易双口网络。对于对称互易双口网络，两个端口可不加区别，从任一端口看进去，其电气特性是一样的，因而也称为电气上对称的双口网络，简称对称的双口网络。连接方式、元件性质及参数大小均具有对称性的双口网络称为结构上对称的双口网络。结构上对称的双口网络显然一定是对称的双口网络，但是电气上对称的双口网络不一定结构上都是对称的。

对于对称的双口网络，有

$$z_{12} = z_{21}, \quad z_{11} = z_{22} \tag{10.8.6}$$

可见，此时 Z 参数中只有两个是独立参数。

Z 参数的计算有两种方法：一种是根据定义由式（10.8.4）求得；另一种是根据 z 方程由式（10.8.1）求得。

【例 10.8.1】 求图 10.8.2 所示双口网络的 Z 参数。

解：根据 Z 参数定义即式（10.8.4）得

$$z_{11} = \left.\frac{\dot{U}_1}{\dot{I}_1}\right|_{\dot{I}_2=0} = \frac{(Z_1+Z_2)\dot{I}_1}{\dot{I}_1} = Z_1 + Z_2$$

$$z_{21} = \left.\frac{\dot{U}_2}{\dot{I}_1}\right|_{\dot{I}_2=0} = \frac{\dot{I}_1 \cdot Z_2}{\dot{I}_1} = Z_2$$

$$z_{12} = \left.\frac{\dot{U}_1}{\dot{I}_2}\right|_{\dot{I}_1=0} = \frac{\dot{I}_2 \cdot Z_2}{\dot{I}_2} = Z_2$$

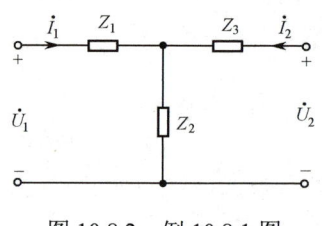

图 10.8.2　例 10.8.1 图

实际上，根据互易双口网络的特性有

$$z_{12} = z_{21} = Z_2$$

$$z_{22} = \left.\frac{\dot{U}_2}{\dot{I}_2}\right|_{\dot{I}_1=0} = \frac{(Z_2+Z_3) \cdot \dot{I}_2}{\dot{I}_2} = Z_2 + Z_3$$

若 $Z_1=Z_3$，则有

$$z_{11}=z_{22}=Z_1+Z_2$$

此时为对称的双口网络。

【例 10.8.2】 如图 10.8.3 所示，求双口网络的 Z 参数。

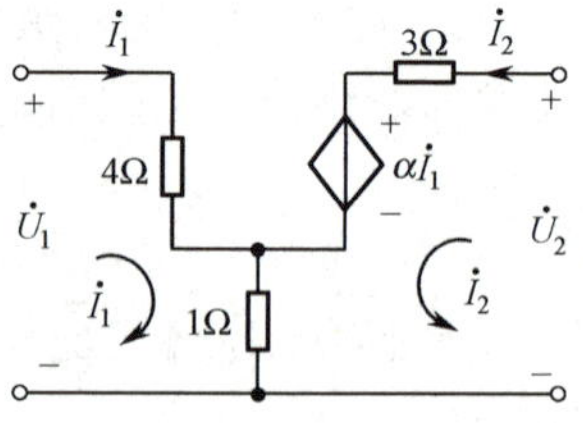

解：本例采用根据 z 方程来求解 Z 参数的方法较为方便。

假设回路电流为 $\dot{I}_1$、$\dot{I}_2$（见图 10.8.3），则回路电流方程为

$$5\dot{I}_1 + \dot{I}_2 = \dot{U}_1, \dot{I}_1 + 4\dot{I}_2 = \dot{U}_2 - \alpha\dot{I}_1$$

整理成 z 方程的标准形式，有

$$\dot{U}_1 = 5\dot{I}_1 + \dot{I}_2, \dot{U}_2 = (1+\alpha)\dot{I}_1 + 4\dot{I}_2$$

对比式（10.8.1）可得 Z 参数为

$$z_{11}=5\Omega, \quad z_{12}=1\Omega, \quad z_{21}=(1+\alpha)\Omega, \quad z_{22}=4\Omega$$

可见，非互易双口网络一般 $z_{12} \neq z_{21}$。

图 10.8.3　例 10.8.2 图

10.8.2　Y 参数

1. y 方程与 Y 参数

在图 10.8.1 所示的双口网络中，假设两个端口的电压 $\dot{U}_1$ 和 $\dot{U}_2$ 已知，利用替代定理，可将 $\dot{U}_1$、$\dot{U}_2$ 看作是外施的独立电压源，$\dot{I}_1$、$\dot{I}_2$ 作为响应。根据叠加定理，可得

$$\left.\begin{aligned}\dot{I}_1 &= y_{11}\dot{U}_1 + y_{12}\dot{U}_2 \\ \dot{I}_2 &= y_{21}\dot{U}_1 + y_{22}\dot{U}_2\end{aligned}\right\} \quad (10.8.7)$$

式（10.8.7）称为双口网络的 y 方程，其中 y_{11}、y_{12}、y_{21}、y_{22} 为 Y 参数。y 方程也可写成矩阵形式，即

$$\begin{bmatrix}\dot{I}_1 \\ \dot{I}_2\end{bmatrix} = \begin{bmatrix}y_{11} & y_{12} \\ y_{21} & y_{22}\end{bmatrix}\begin{bmatrix}\dot{U}_1 \\ \dot{U}_2\end{bmatrix} \quad (10.8.8)$$

或

$$\dot{\boldsymbol{I}} = \boldsymbol{Y}\dot{\boldsymbol{U}} \quad (10.8.9)$$

式中，$\boldsymbol{Y} = \begin{bmatrix}y_{11} & y_{12} \\ y_{21} & y_{22}\end{bmatrix}$ 为 Y 参数矩阵。

2. Y 参数的确定

在 y 方程式（10.8.7）中，若分别令 $\dot{U}_1=0$、$\dot{U}_2=0$，则可得到 Y 参数的定义式及相应的物理意义，即

$$\begin{aligned}y_{11} &= \left.\frac{\dot{I}_1}{\dot{U}_1}\right|_{\dot{U}_2=0}, \text{输出口短路时的输入导纳} \\ y_{21} &= \left.\frac{\dot{I}_2}{\dot{U}_1}\right|_{\dot{U}_2=0}, \text{输出口短路时的正向转移导纳} \\ y_{12} &= \left.\frac{\dot{I}_1}{\dot{U}_2}\right|_{\dot{U}_1=0}, \text{输入口短路时的反向转移导纳} \\ y_{22} &= \left.\frac{\dot{I}_2}{\dot{U}_2}\right|_{\dot{U}_1=0}, \text{输入口短路时的输出导纳}\end{aligned} \quad (10.8.10)$$

可见，Y 参数具有导纳的量纲。

由于 Y 参数都是在某一端口短路条件下定义的，因此 Y 参数又称为短路导纳参数，Y 矩阵又称为短路导纳矩阵。与 Z 参数类似，式（10.8.10）也表明了 Y 参数可由实验方法测得。

对于互易双口网络，同样有

$$y_{12} = y_{21} \quad (10.8.11)$$

式（10.8.11）表明，在互易双口网络中 Y 参数也只有 3 个参数是相互独立的。

对于对称的双口网络，有

$$\left.\begin{aligned}y_{12} &= y_{21} \\ y_{11} &= y_{22}\end{aligned}\right\} \quad (10.8.12)$$

所以对称的双口网络的 Y 参数中也只有两个是独立参数。

Y 参数也可根据定义式（10.8.10）或 y 方程式（10.8.7）求得。

【例 10.8.3】 求图 10.8.4（a）所示双口网络的 Y 参数。

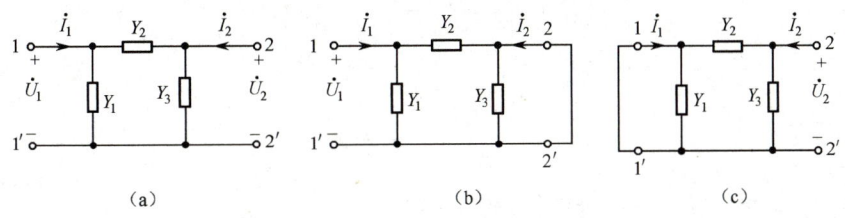

图 10.8.4　例 10.8.3 图

解： 本例可根据 Y 参数定义式（10.8.10），求得 Y 参数。

画出输出口短路等效电路如图 10.8.4（b）所示，根据定义可求得

$$y_{11} = \left.\frac{\dot{I}_1}{\dot{U}_1}\right|_{\dot{U}_2=0} = Y_1 + Y_2$$

$$y_{21} = \left.\frac{\dot{I}_2}{\dot{U}_1}\right|_{\dot{U}_2=0} = -Y_2 \quad （注意电压和电流的参考方向）$$

同理，由 $\dot{U}_1=0$ 等效电路[图 10.8.4（c）]有

$$y_{12} = \left.\frac{\dot{I}_1}{\dot{U}_2}\right|_{\dot{U}_1=0} = -Y_2$$

$$y_{22} = \left.\frac{\dot{I}_2}{\dot{U}_2}\right|_{\dot{U}_1=0} = Y_2 + Y_3$$

由此可知，$y_{12}=y_{21}$，此网络为互易双口网络。当 $Y_1=Y_3$ 时，有

$$y_{12}=y_{21}, \quad y_{11}=y_{22}$$

此时网络为对称的双口网络。

10.8.3　T 参数

在工程实际中，常常需要考虑输出端口电压、电流（$\dot{U}_2$、$\dot{I}_2$）对输入端口电压、电流（$\dot{U}_1$、$\dot{I}_1$）的影响情况，此时若以 $\dot{U}_2$、$\dot{I}_2$ 为自变量，$\dot{U}_1$、$\dot{I}_1$ 为因变量列出方程，即

$$\left.\begin{array}{l}\dot{U}_1 = A\dot{U}_2 + B(-\dot{I}_2) \\ \dot{I}_1 = C\dot{U}_2 + D(-\dot{I}_2)\end{array}\right\} \tag{10.8.13}$$

式（10.8.13）称为 T 方程。式中，A、B、C、D 称为双口网络的 T 参数，即传输参数。

分别令 $\dot{I}_2=0$、$\dot{U}_2=0$，便可得 T 参数的定义式和相应的物理意义，即

$$\left.\begin{array}{l}A = \left.\dfrac{\dot{U}_1}{\dot{U}_2}\right|_{\dot{I}_2=0}, \quad 输出口开路时的电压比 \\[2mm] B = \left.\dfrac{\dot{U}_1}{(-\dot{I}_2)}\right|_{\dot{U}_2=0}, \quad 输出口短路时的转移阻抗 \\[2mm] C = \left.\dfrac{\dot{I}_1}{\dot{U}_2}\right|_{\dot{I}_2=0}, \quad 输出口开路时的转移导纳 \\[2mm] D = \left.\dfrac{\dot{I}_1}{-\dot{I}_2}\right|_{\dot{U}_2=0}, \quad 输出口短路时的电流比\end{array}\right. \tag{10.8.14}$$

由式（10.8.14）可知，参数 A、D 为无量纲的比例常数；B、C 的单位分别为欧姆（Ω）、西门子（S）。

式（10.8.14）还可写成矩阵形式，即得 T 矩阵方程为

$$\begin{bmatrix}\dot{U}_1 \\ \dot{I}_1\end{bmatrix} = \begin{bmatrix}A & B \\ C & D\end{bmatrix}\begin{bmatrix}\dot{U}_2 \\ -\dot{I}_2\end{bmatrix} = \boldsymbol{T}\begin{bmatrix}\dot{U}_2 \\ -\dot{I}_2\end{bmatrix} \tag{10.8.15}$$

式中

$$\boldsymbol{T} = \begin{bmatrix}A & B \\ C & D\end{bmatrix}$$

$\boldsymbol{T}$ 称为 T 参数矩阵。

对于互易双口网络，可以证明 $|\boldsymbol{T}|=1$，即

$$AD-BC=1 \tag{10.8.16}$$

可见，互易双口网络 T 参数中只有 3 个独立参数。若网络是对称的，则有

$$\left.\begin{array}{l}A = D \\ AD - BC = 1\end{array}\right\} \qquad (10.8.17)$$

此时 T 参数只有两个独立参数。

10.9 本章小结及典型题解

10.9.1 本章小结

1. 正弦量的基本概念

1）正弦量

随时间按正弦规律变化的电压、电流等电量统称为正弦交流电，正弦电压和正弦电流等物理量统称为正弦量。

2）正弦量的三要素

频率、振幅和初相位称为正弦量的三要素。

（1）频率和周期：表示了正弦量变化的快慢程度。

周期：正弦量变化一次所需要的时间称为周期，用 T 表示，单位为 s。

频率：正弦量每秒内变化的次数称为频率，用 f 表示，单位为 Hz。

角频率：正弦量在 1s 内经历的角度称为角频率，用 ω 来表示，单位是 rad/s（弧度每秒）。

周期、频率、角频率之间的关系为

$$T = \frac{1}{f}, \omega = 2\pi f = \frac{2\pi}{T}$$

（2）振幅：也称为幅值，它表示了正弦量变化的范围。

瞬时值：正弦量在任一瞬间的值，称为瞬时值，用英文小写字母表示。

幅值：瞬时值中最大的值，称为幅值。

（3）初相位：反映了正弦量变化的进程。

$(\omega t+\varphi)$ 称为正弦量的相位角或相位，φ 则称为初相位。

3）正弦电压、电流的有效值

（1）有效值：在一个周期时间里，不论是周期性变化的电流（电压）还是直流电流（电压），只要它们通过同一电阻时，产生的热效应相等，则该直流电流（电压）的数值便称为周期性变化电流（电压）的有效值，用英文大写字母表示。

（2）周期电流、电压有效值的计算公式为

$$I = \sqrt{\frac{1}{T}\int_0^T i^2 \mathrm{d}t}, U = \sqrt{\frac{1}{T}\int_0^T u^2 \mathrm{d}t}$$

（3）正弦电流、电压有效值与最大值之间的关系为

$$I = I_\mathrm{m}/\sqrt{2}, U = U_\mathrm{m}/\sqrt{2}$$

4）相位差

（1）相位差：两个同频率正弦量的相位之差，称为相位差，即

$$\varphi=(\omega t+\varphi_1)-(\omega t+\varphi_2)=\varphi_1-\varphi_2$$

对不同频率的正弦量来说，其相位差是没有意义的。

（2）超前和滞后：当 $\varphi>0$ 时，φ_1 所在的正弦量超前 φ_2 所在的正弦量；或者称 φ_2 所在的正弦量滞后 φ_1 所在的正弦量。

（3）反相：当 $\varphi=\pm 180°$时，φ_1 和 φ_2 所在的两个正弦量为反相。

(4) 同相：当 $\varphi=0°$ 时，φ_1 和 φ_2 所在的两个正弦量同相。

(5) 正交：当 $\varphi=\pm 90°$ 时，φ_1 和 φ_2 所在的两个正弦量正交。

2. 相量和相量图

1) 相量

表示正弦量的复常数称为正弦量的相量，用英文大写字母上加一点表示。应当注意的是，相量只能代表正弦量，但它并不等于正弦量。

2) 相量图

相量在复平面上的图形称为相量图。它是按正弦量的大小和初相位角在复平面上画出的有向线段。当几个同频率的正弦量在同一复平面上用其图形表示出来时，就能形象地看出各正弦量的大小和相互间的相位关系。

3) 相量的有关运算

(1) 同频率正弦量的代数和：正弦量之和的相量等于各正弦量的相量之和。

(2) 正弦量的微分：正弦量的导数是一个同频率的正弦量，其相量等于原正弦量的相量乘以 $j\omega$。

(3) 正弦量的积分：正弦量的积分也是一个同频率的正弦量，其相量等于原正弦量的相量除以 $j\omega$。

3. 正弦稳态电路的单口网络

1) 阻抗

一个不含独立源的二端网络的端口电压相量和电流相量之比就是二端网络的阻抗，用符号 Z 表示，即

$$Z = \frac{\dot{U}}{\dot{I}} = \frac{U}{I} \underline{/\varphi_u - \varphi_i} = |Z| \underline{/\varphi_Z} = R + jX$$

式中，$|Z|$ 为阻抗模；φ_Z 为阻抗角；R 为电阻；X 为电抗，$X=X_L-X_C$，其中 X_L 为感抗，X_C 为容抗，且

$$X_L = \omega L = 2\pi f L, \quad X_C = \frac{1}{\omega C} = \frac{1}{2\pi f C}$$

它们的单位均为欧姆（Ω）。

2) 阻抗的意义

阻抗全面反映了正弦稳态电路中电压和电流之间的关系，阻抗模反映了它们之间的大小关系，而阻抗角反映了它们之间的相位关系。

3) 导纳

阻抗的倒数便是导纳，用符号 Y 表示。

$$Y = \frac{\dot{I}}{\dot{U}} = \frac{I}{U} \underline{/\varphi_i - \varphi_u} = |Y| \underline{/\varphi_Y} = G + jB$$

式中，$|Y|$ 为导纳模；φ_Y 为导纳角；G 为电导；B 为电纳。它们的单位均为西门子（S）。

4) 阻抗和导纳的串联与并联

阻抗（导纳）的串联和并联电路中的计算，在形式上与电阻（电导）的串联和并联电路的计算相似。一般来说，串联电路以阻抗来计算较为方便；而在并联电路中，则以导纳来计算较为方便。

(1) 串联电路中等效阻抗的计算公式为 $Z=Z_1+Z_2+\cdots+Z_n$。

(2) 并联电路中等效导纳的计算公式为 $Y=Y_1+Y_2+\cdots+Y_n$。

5) 正弦交流电路的性质

(1) 正弦交流电路的性质：一般分为电阻性电路、电容性电路和电感性电路 3 种。

(2) 正弦交流电路性质的判别：电路的性质是由 R 和 X 这两种参数决定的，而 R 总为正值，故利用 X 就可判别电路的性质。当 $X>0$ 时，电路属于电感性；当 $X<0$ 时，电路属于电容

性；当 $X=0$ 时，电路属于电阻性。还应注意的是，频率的改变会影响电路的性质。因为感抗和容抗均会因频率的改变而改变。

4. 电路定律的相量形式

1）欧姆定律的相量形式

$$\dot{U} = Z\dot{I}, \qquad \dot{I} = Y\dot{U}$$

2）基尔霍夫定律的相量形式

（1）KCL 的相量形式为

$$\sum_{k=1}^{n} \dot{I}_k = 0$$

（2）KVL 的相量形式为

$$\sum_{k=1}^{n} \dot{U}_k = 0$$

5. 正弦稳态电路的分析与计算

1）电路的相量模型

在电路的时域模型中，将所有的正弦量（电压和电流）都用其对应的相量代替，将所有的元件用它们的阻抗来代替，就得到电路的相量模型。

2）正弦稳态电路的分析方法

在引入相量的概念和阻抗以后，线性电阻电路的各种分析法（如支路法、节点法、网孔法）及叠加定理、戴维南定理和诺顿定理等均可用来分析正弦稳态电路。差别仅在于所得的方程是以相量形式表示的代数方程，以及用相量形式描述的电路定理。

3）分析计算正弦稳态电路的步骤

（1）建立电路的相量模型，此时需先计算出各元件的阻抗、容抗和感抗。

（2）确定分析方法，并按分析方法的要求，列出相应的以相量形式来表示的方程。

（3）对所列方程求解，得出电压和电流的相量。应当注意的是，在计算过程中，j 和-j 要一起参加运算。因为 j 和-j 不仅是虚数单位，还是旋转因子。

（4）根据要求，将电压和电流的相量，变换成它们的瞬时值表达式。

6. 正弦稳态电路的双口网络

1）双口网络的 Z 参数模型

在线性不含独立源双口网络中，将端口电流 $\dot{I}_1$、$\dot{I}_2$ 当作外施激励，端口电压 $\dot{U}_1$、$\dot{U}_2$ 作为响应，就得到双口网络的 Z 参数模型，Z 参数又称为开路阻抗参数。

2）双口网络的 Y 参数模型

在线性不含独立源双口网络中，将端口电压 $\dot{U}_1$、$\dot{U}_2$ 当作外施激励，端口电流 $\dot{I}_1$、$\dot{I}_2$ 作为响应，就得到双口网络的 Y 参数模型，Y 参数又称为短路导纳参数。

3）双口网络的 T 参数模型

在线性不含独立源双口网络中，将输出端口的 $\dot{U}_2$、$-\dot{I}_2$ 作为自变量，输入端口的 $\dot{U}_1$、$\dot{I}_1$ 作为因变量，就得到双口网络的 T 参数模型，T 参数又称为传输参数。

10.9.2 典型题解

【例 10.9.1】 将下列复数表示为极坐标型或指数型。

（1）4+3j； （2）4-3j； （3）3+4j； （4）-3-4j。

解：（1）4+3j=5×(0.8+0.6j)=5∠36.87°

（2）4-3j=5×(0.8-0.6j)=5∠-36.87°

（3）3+4j=5×(0.6+0.8j)=5∠53.13°

（4）-3-4j=5×(-0.6-0.8j)=5∠-126.87°

【例10.9.2】 将下列复数表示成代数形式。

(1) $60\angle 45°$；(2) $60\angle -45°$；(3) $60\angle 135°$；(4) $60\angle -135°$。

解：(1) $60\angle 45° = 60(\cos 45° + j\sin 45°) = 30\sqrt{2} + 30j\sqrt{2}$

(2) $60\angle -45° = 60[\cos(-45°) + j\sin(-45°)] = 30\sqrt{2} - 30j\sqrt{2}$

(3) $60\angle 135° = 60(\cos 135° + j\sin 135°) = -30\sqrt{2} + 30j\sqrt{2}$

(4) $60\angle -135° = 60[\cos(-135°) + j\sin(-135°)] = -30\sqrt{2} - 30j\sqrt{2}$

【例10.9.3】 已知 $u = 220\sqrt{2}\sin(100\pi t + 150°)$V，$i = 14.1\cos(100\pi t + 135°)$A，试写出各正弦量的振幅相量和有效值相量，并作出相量图。

解：$u = 220\sqrt{2}\sin(100\pi t + 150°)\text{V} = 220\sqrt{2}\cos(100\pi t + 60°)\text{V}$

则振幅相量 $\dot{U}_m = 220\sqrt{2}\angle 60°$V，有效值相量为 $\dot{U} = 220\angle 60°$V，$i = 14.1\cos(100\pi t + 135°)$A。

因此振幅相量 $\dot{I}_m = 14.1\angle 135°$A，有效值相量 $\dot{I} = 10\angle 135°$A。相量图如图 10.9.1 所示。

【例10.9.4】 电路如图 10.9.2 所示，已知 $\dot{U}_S = 120\angle 0°$V，$\dot{U}_C = 100\angle -35°$V，$\dot{I}_S = 10\angle 60°$A，$\dot{U}_L = 10\angle -70°$V。试求电流 $\dot{I}_1$、$\dot{I}_2$、$\dot{I}_3$。

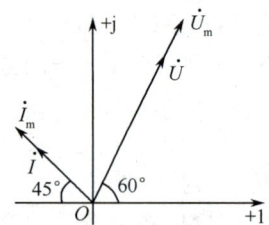

图 10.9.1　例 10.9.3 相量图

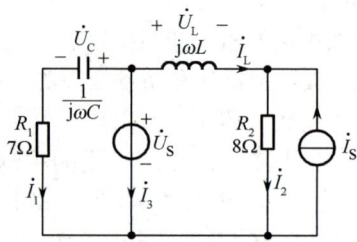

图 10.9.2　例 10.9.4 图

解：$\dot{I}_1 = \dfrac{\dot{U}_{R_1}}{7} = \dfrac{\dot{U}_S - \dot{U}_C}{7}$

$= \dfrac{120\angle 0° - 100\angle -35°}{7} = \dfrac{120 - 100\times(0.82 - j0.57)}{7}$

$= \dfrac{38 + j57}{7} = 9.79\angle 56.3°$ A

$\dot{I}_2 = \dfrac{\dot{U}_{R_2}}{8} = \dfrac{\dot{U}_S - \dot{U}_L}{8} = \dfrac{120\angle 0° - 10\angle -70°}{8}$

$= \dfrac{120 - 10\times(0.34 - j0.94)}{8} = \dfrac{116.6 + j9.4}{8} = 14.6\angle 4.61°$ A

$\dot{I}_3 = -\dot{I}_1 - \dot{I}_L = -\dot{I}_1 - (\dot{I}_2 - \dot{I}_S)$

$= 10\angle 60° - 9.79\angle 56.3° - 14.6\angle 4.61°$

$= 5 + j8.66 - 5.43 - j8.14 - 14.58 - j1.18$

$= -15.01 - j0.66 = 15.02\angle -177.48°$ A

【例10.9.5】 求图 10.9.3 所示电路的端口等效阻抗 Z_{ab}。

解：在图 10.9.3（a）中，设 a、b 端外施电流源 $1\angle 0°$，电流方向由 a 到 b，则

$Z_{ab} = \dfrac{\dot{U}_{ab}}{1\angle 0°} = \dot{U}_{ab} = 10j + 1 + (-0.1j)(1 + 0.1\dot{U}_1)$

又 $\dot{U}_1 = 10j$，则 $Z_{ab} = 1.1 + 9.9j\ \Omega$

用同样的方法可求出图 10.9.3（b）中 $Z_{ab}=\dfrac{-j4\dot{I}_1+(4+5j)\dot{I}_1}{\dot{I}_1+\dfrac{4+5j}{4}\dot{I}_1}=\dfrac{592-192j}{89}\Omega$

图 10.9.3（c）中 $Z_{ab}=\dfrac{\dot{I}_C\times 1+(1-\alpha)\dot{I}_C\times 1/(1+10+\dfrac{1}{j\omega L})}{\dot{I}_C}$

$=1+(1-\alpha)/(11-10j/\omega)\Omega$

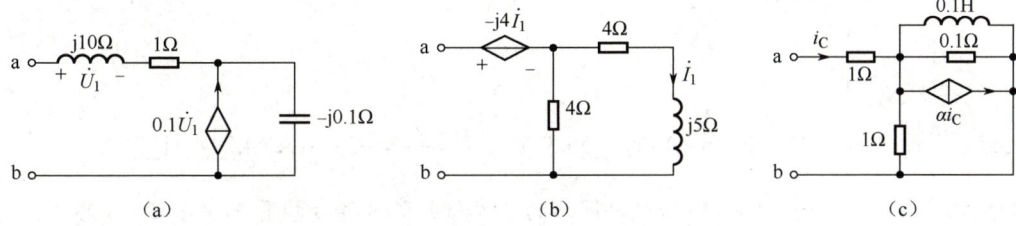

图 10.9.3　例 10.9.5 图

【例 10.9.6】 电路如图 10.9.4 所示，已知图 10.9.4（a）中 $\dot{U}_S=4\underline{/0°}$ V，$\dot{I}_S=8\underline{/0°}$ A；图 10.9.4（b）中 $\dot{U}_S=6\underline{/0°}$ V，$\dot{I}_S=3\underline{/0°}$ A。求节点电位 $\dot{V}_1$ 和 $\dot{V}_2$。

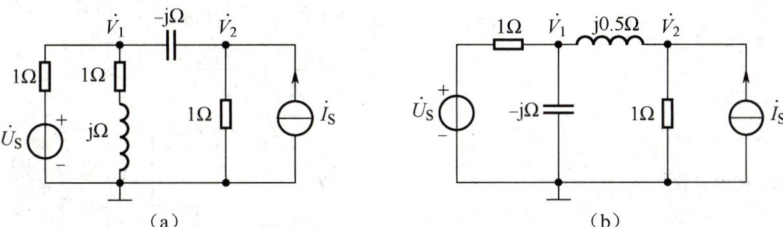

图 10.9.4　例 10.9.6 图

解： 根据节点法，对于图 10.9.4（a）有

$\begin{cases}(1+\dfrac{1}{1+j}+\dfrac{1}{-j})\dot{V}_1+\dfrac{1}{j}\dot{V}_2=\dot{U}_S/1\\ \dfrac{1}{j}\dot{V}_1+(1+\dfrac{1}{-j})\dot{V}_2=\dot{I}_S\end{cases}\Rightarrow\begin{cases}\dot{V}_1=4+2j\text{V}=4.47\underline{/26.6°}\text{V}\\ \dot{V}_2=5-j\text{V}=5.1\underline{/-11.3°}\text{V}\end{cases}$

对于图 10.9.4（b）有

$\begin{cases}(1+\dfrac{1}{-j}+\dfrac{1}{0.5j})\dot{V}_1-\dot{U}_S-\dfrac{1}{0.5j}\dot{V}_2=0\\ \dfrac{1}{0.5j}\dot{V}_1+(1+\dfrac{1}{0.5j})\dot{V}_2=\dot{I}_S\end{cases}\Rightarrow\begin{cases}\dot{V}_1=4-2j\text{ V}=4.47\underline{/-26.6°}\text{V}\\ \dot{V}_2=3-2j\text{ V}=3.61\underline{/-33.7°}\text{V}\end{cases}$

【例 10.9.7】 电路如图 10.9.5 所示，已知 $\dot{I}_S=6\underline{/0°}$ A。求电压 $\dot{U}_{ab}$ 和 $\dot{I}$。

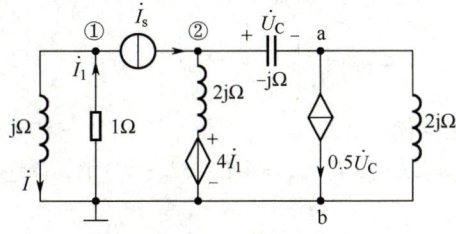

图 10.9.5　例 10.9.7 图

解： 由节点法可得

$$\begin{cases} (\frac{1}{j}+1)\dot{U}_1 = -\dot{I}_S \\ (\frac{1}{2j}+\frac{1}{-j})\dot{U}_2 - \frac{1}{-j}\dot{U}_a - \frac{1}{2j}4\dot{I}_1 = \dot{I}_S \\ -\frac{1}{-j}\dot{U}_2 + (\frac{1}{-j}+\frac{1}{2j})\dot{U}_a = -0.5\dot{U}_C \\ \dot{U}_2 - \dot{U}_a = \dot{U}_C \\ -\dot{I}_1 = \frac{\dot{U}_1}{1} \end{cases} \Rightarrow \begin{cases} \dot{U}_1 = -3-3j = 4.24\underline{/-135°} \text{ V} \\ \dot{U}_a = 21.6-31.2j = 37.9\underline{/-55.3°} \text{ V} \end{cases}$$

又有 $\dot{U}_{ab} = \dot{U}_a = 21.6 - 31.2j = 37.9\underline{/-55.3°}$ V， $\dot{I} = \frac{\dot{U}_1}{j} = -3+3j$ A $= 4.24\underline{/-135°}$ A

【例 10.9.8】 求图 10.9.6 所示双口网络的 Z 参数矩阵并等效换算出 Y 参数、T 参数。

解： 由图 10.9.6 可得，$\dot{U}_1 = 8\dot{I}_2 + 10\dot{I}_1, \dot{U}_2 = 10\dot{I}_2 + 5\dot{I}_1$，则

$$\mathbf{Z} = \begin{bmatrix} 10 & 8 \\ 5 & 10 \end{bmatrix}$$

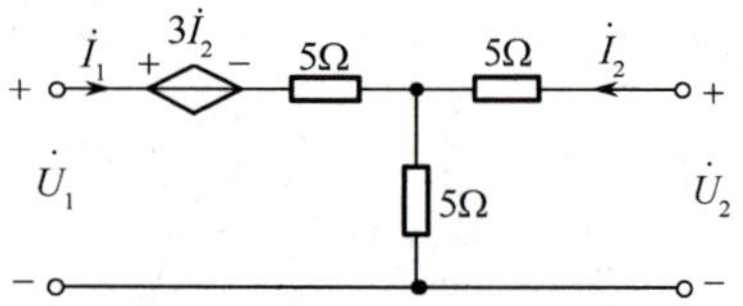

又有 $\mathbf{Y} = \begin{bmatrix} \dfrac{z_{22}}{\det \mathbf{Z}} & -\dfrac{z_{12}}{\det \mathbf{Z}} \\ -\dfrac{z_{21}}{\det \mathbf{Z}} & \dfrac{z_{11}}{\det \mathbf{Z}} \end{bmatrix} = \begin{bmatrix} 1/6 & -2/15 \\ -1/12 & 1/6 \end{bmatrix}$

$$\mathbf{T} = \begin{bmatrix} \dfrac{z_{11}}{z_{21}} & \dfrac{\det \mathbf{Z}}{z_{21}} \\ \dfrac{1}{z_{21}} & \dfrac{z_{22}}{z_{21}} \end{bmatrix} = \begin{bmatrix} 2 & 12 \\ -1/5 & 2 \end{bmatrix}$$

图 10.9.6 例 10.9.8 图

【例 10.9.9】 试判断图 10.9.7 所示双口网络是否为互易双口网络和对称的双口网络。

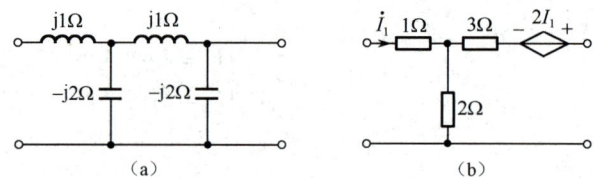

图 10.9.7 例 10.9.9 图

解： 由于图 10.9.7（a）所示的双口网络只含线性非时变二端元件，因此是互易双口网络。又因为

$$z_{11} = \left.\frac{\dot{U}_1}{\dot{I}_1}\right|_{\dot{I}_2=0} = j + (-2j)//(-j) = \frac{1}{3}j \ \Omega$$

而

$$z_{22} = \left.\frac{\dot{U}_2}{\dot{I}_2}\right|_{\dot{I}_1=0} = (-2j)//(-j) = -\frac{2}{3}j \ \Omega$$

即 $z_{11} \neq z_{22}$，所以不是对称的双口网络。

由图 10.9.7（b）可得，$\dot{U}_1 = 3\dot{I}_1 + 2\dot{I}_2, \dot{U}_2 = 4\dot{I}_1 + 5\dot{I}_2$；由于 $z_{11} \neq z_{22}$，且 $z_{12} \neq z_{21}$，因此此网络既不是互易网络也不是对称网络。

第 10 章 正弦稳态电路的相量分析法

【例 10.9.10】 求图 10.9.8 所示双口网络的 Z 参数，已知 N 的 Z 参数矩阵为 $\mathbf{Z}_N=\begin{bmatrix} 4 & 1 \\ 1 & 2 \end{bmatrix}$。

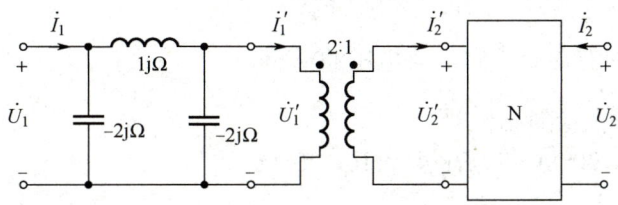

图 10.9.8 例 10.9.10 图

解：对于理想变压器，有

$$\dot{U}'_1 = 2\dot{U}'_2, \dot{I}'_1 = \frac{1}{2}\dot{I}'_2 \qquad (10.9.1)$$

由 N 网络的 Z 参数矩阵 $\mathbf{Z}_N=\begin{bmatrix} 4 & 1 \\ 1 & 2 \end{bmatrix}$ 可得

$$\dot{U}'_2 = 4\dot{I}'_2 + \dot{I}_2, \dot{U}_2 = \dot{I}'_2 + 2\dot{I}_2 \qquad (10.9.2)$$

因为 $\dot{U}_1 = \dot{U}'_1 + \mathrm{j}(\dot{I}'_1 + \dfrac{\dot{U}'_1}{-2\mathrm{j}})$，将式（10.9.1）和式（10.9.2）代入可得

$$\dot{U}_1 = (8+\mathrm{j})\dot{I}'_1 + \dot{I}_2 \qquad (10.9.3)$$

又因为

$$\dot{I}_1 = \frac{\dot{U}_1}{-2\mathrm{j}} + (\dot{I}'_1 + \frac{\dot{U}'_1}{-2\mathrm{j}}) = \frac{\mathrm{j}}{2}\dot{U}_1 + (1+8\mathrm{j})\dot{I}'_1 + \mathrm{j}\dot{I}_2 \qquad (10.9.4)$$

联立式（10.9.3）和式（10.9.4）可得 $\dot{U}_1 = \dfrac{16+2\mathrm{j}}{24\mathrm{j}+1}\dot{I}_1 + \dfrac{4}{24\mathrm{j}+1}\dot{I}_2$

$$\dot{U}_2 = \dot{I}'_2 + 2\dot{I}_2 = 2\dot{I}'_1 + 2\dot{I}_2 = \frac{4+32\mathrm{j}}{(1+8\mathrm{j})(24\mathrm{j}+1)}\dot{I}_1 + \frac{-334+34\mathrm{j}}{(1+8\mathrm{j})(24\mathrm{j}+1)}\dot{I}_2$$

所以

$$\mathbf{Z} = \begin{bmatrix} \dfrac{16+2\mathrm{j}}{24\mathrm{j}+1} & \dfrac{4}{24\mathrm{j}+1} \\ \dfrac{4+32\mathrm{j}}{(1+8\mathrm{j})(24\mathrm{j}+1)} & \dfrac{-334+34\mathrm{j}}{(1+8\mathrm{j})(24\mathrm{j}+1)} \end{bmatrix}$$

习 题 10

10.1 试求下列正弦量的振幅、角频率和初相位角，并画出其波形。
（1） $i(t)=10\sqrt{2}\cos(314t+30°)$ A；
（2） $i(t)=9\sin(2t-45°)$ A；
（3） $u(t)=-4\sin(4t-120°)$ V；
（4） $u(t)=5\sqrt{2}\cos(100t+45°)$ V。

10.2 写出下列正弦电流或电压的瞬时值表达式。
（1） $I_m=10$ A，$\omega=10^4$ rad/s，$\varphi_i=45°$；
（2） $I=10$ A，$f=10^4$ Hz，$\varphi_i=-45°$；
（3） $U_m=220\sqrt{2}$ V，$\omega=2\pi\times50$ rad/s，$\varphi_u=0°$；
（4） $U=380$ V，$f=50$ Hz，$\varphi_u=120°$。

10.3 已知电压为 $2\sin\left(\dfrac{\pi}{4}t+\dfrac{\pi}{6}\right)$V，分别画出以 t 和 ωt 为横坐标轴变量时的电压波形，并求：

（1）当纵坐标轴向左移动 1s 时，该电压的初相；

（2）当纵坐标轴向右移动 $\dfrac{\pi}{6}$ 时，该电压的初相。

10.4 计算下列正弦量的相位差。

（1）$i_1(t)=8\cos(10t+20°)$A 和 $i_2(t)=4\sin(10t+20°)$A；

（2）$u_1(t)=220\sqrt{2}\sin(100\pi t+\dfrac{\pi}{4})$V 和 $u_2(t)=380\sqrt{2}\cos(100\pi t-\dfrac{\pi}{4})$V。

10.5 将下列复数表示为极坐标型或指数型。

（1）$-4+j3$； （2）$-4-j3$； （3）$-3+j4$； （4）$-3-j4$。

10.6 将下列复数表示为代数型。

（1）$60\underline{/60°}$； （2）$60\underline{/-60°}$； （3）$60\underline{/120°}$； （4）$60\underline{/-120°}$。

10.7 已知 $u=220\sqrt{2}\cos(100\pi t+30°)$V，$i=14.1\cos(100\pi t-45°)$A，试写出各正弦量的振幅相量和有效值相量，并作出相量图。

10.8 写出下列相量所表示的正弦信号的瞬时值表达式（假设角频率为 ω）。

（1）$\dot{I}_{1m}=4+j3$A；

（2）$\dot{I}_2=11.18\underline{/-30°}$A；

（3）$\dot{U}_{1m}=-6-4j$V；

（4）$\dot{U}_2=12\underline{/-45°}$V。

10.9 RC 并联电路如图 T10.1 所示。已知 $R=20\text{k}\Omega$，$C=0.1\mu\text{F}$，$i_C=\sqrt{2}\cos(10^3t+30°)$A。试求电流源 $i_S(t)$，并画出电流相量图。

10.10 电路如图 T10.2 所示，已知 $R=10\Omega$，$L=1\text{mH}$，电阻上的电压 $u_R(t)=\sqrt{2}\sin 10^5 t$ V。试求电源电压 $u_S(t)$，并画出电压相量图。

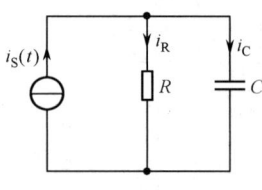

图 T10.1 习题 10.9 图

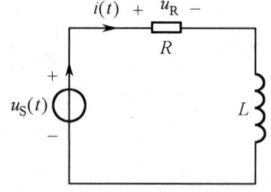

图 T10.2 习题 10.10 图

10.11 一个有损耗的电容器，$C=10\mu\text{F}$，当施以频率 $f=50\text{Hz}$ 的正弦电压 $U=220$V 时，消耗功率 $P=5$W。先用并联等效电路表示该电容器，求出等效参数；再变换为串联等效电路，并求出此等效参数。

10.12 如图 T10.3 所示，设伏特计内阻为无穷大，安培计内阻为零。图中已标明伏特计和安培计的读数，试求正弦电压 u_C 和电流 i 的有效值。

10.13 电路如图 T10.4 所示。已知电压相量 $\dot{U}=20+j100$V，电流相量 $\dot{I}=1\underline{/0°}$A，频率 $f=159.2$Hz，求电容 C。

10.14 图 T10.5 所示电路为正弦电路，试判断下列表达式的对错，对者标"√"，错者标"×"。

（1）$u_R=Ri$，$U_R=RI$，$\dot{U}_R=R\dot{I}$；

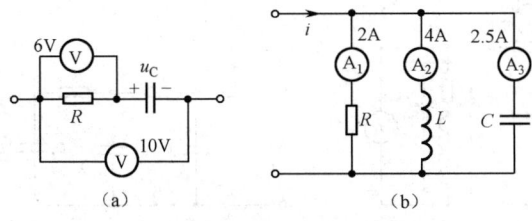
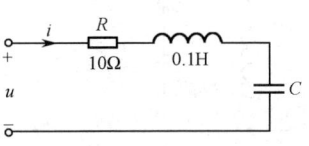

图 T10.3　习题 10.12 图　　　　　图 T10.4　习题 10.13 图

（2）$u_L=\omega Li$，$U_L=\omega LI$，$\dot{U}_L=j\omega L\dot{I}$；

（3）$u_C=\dfrac{1}{\omega C}i$，$U_C=\dfrac{1}{\omega C}$，$\dot{U}_C=\dfrac{\dot{I}}{j\omega C}$；

（4）$u=u_R+u_L+u_C$，$U=U_R+U_L+U_C$，$\dot{U}=\dot{U}_R+\dot{U}_L-\dot{U}_C$。

10.15　电路如图 T10.6 所示。已知 $\dot{U}_L=2\underline{/0°}$ V，$\omega=2$rad/s，$L=0.5$H，求 $\dot{U}_C$ 与 $\dot{U}_L$ 的相位差角 θ。

10.16　正弦稳态电路如图 T10.7 所示。已知 $\dot{U}_S=120\underline{/0°}$ V，$\dot{U}_C=100\underline{/-35°}$ V，$\dot{I}_S=10\underline{/60°}$ A，$\dot{U}_L=10\underline{/-70°}$ V。试求电流 $\dot{I}_1$、$\dot{I}_2$ 和 $\dot{I}_3$。

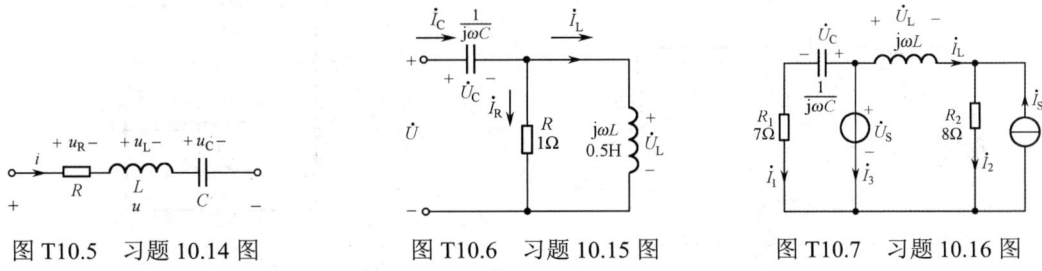

图 T10.5　习题 10.14 图　　图 T10.6　习题 10.15 图　　图 T10.7　习题 10.16 图

10.17　求图 T10.8 中 ab 端口的等效阻抗和导纳。

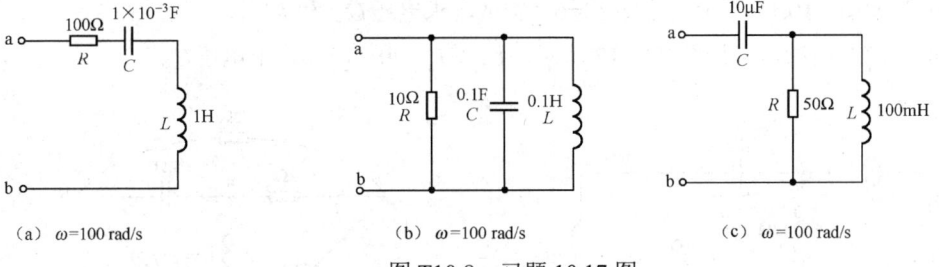

图 T10.8　习题 10.17 图

10.18　单口电路时域模型如图 T10.9 所示，已知 $f=50$Hz。试求电阻和电抗串联形式、电导与电纳并联形式的等效相量模型，并计算模型中各元件的参数。

10.19　实验室常用图 T10.10 所示电路测量电感线圈参数 L、r。已知电源频率 $f=50$Hz，电阻 $R=25\Omega$，伏特计 V_1、V_2 和 V_3 的读数分别为 40V、120V 和 110V。求 L 和 r。

10.20　阻容相移电路如图 T10.11 所示。

（1）为使输出电压 $\dot{U}_o$ 与输入电压 $\dot{U}_i$ 反相 180°，R、C 应满足什么条件？

（2）如果 R、C 位置互换，R、C 又应满足什么条件？

10.21　在图 T10.12 所示的电路中，$R=20$kΩ，$C=5000$pF。求当频率 f 为多少时，电压 $\dot{U}_2$ 与 $\dot{U}_1$ 同相。

10.22　电路如图 T10.13 所示，已知 $\dot{I}_S=100\underline{/0°}$ A。求各支路电流相量。

10.23　电路如图 T10.14 所示，已知 $\dot{U}_S=100\underline{/0°}$ V。求电压相量 $\dot{U}_{ab}$。

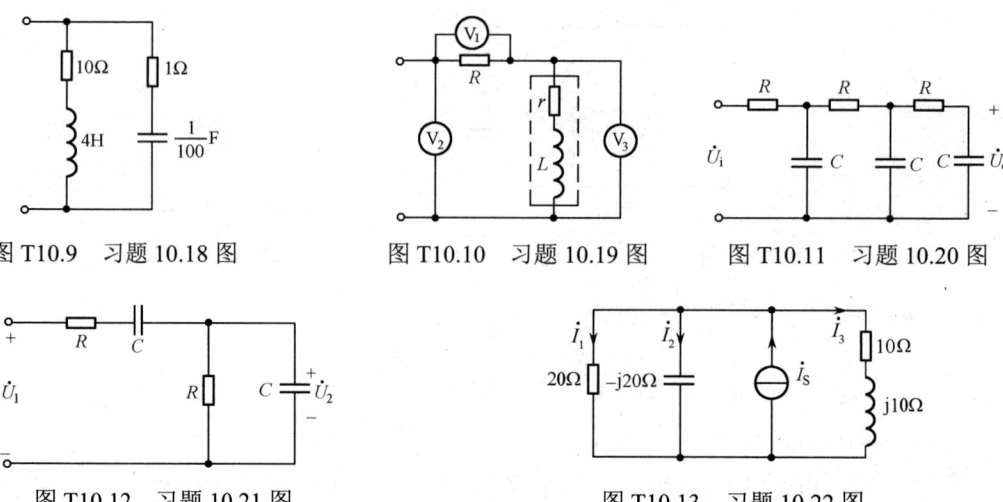

图 T10.9 习题 10.18 图   图 T10.10 习题 10.19 图   图 T10.11 习题 10.20 图

图 T10.12 习题 10.21 图   图 T10.13 习题 10.22 图

10.24 采用电源变换法求图 T10.15 所示电路中 $R=3\Omega$ 时的 $\dot{I}_{ab}$、$\dot{U}_{ab}$ 及其消耗的功率 P。

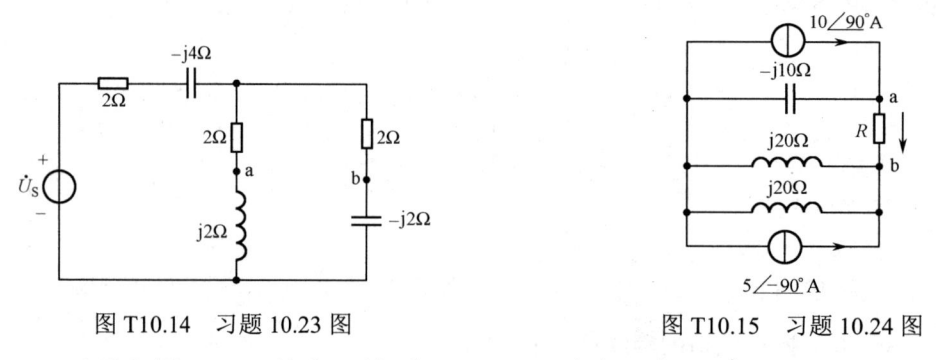

图 T10.14 习题 10.23 图   图 T10.15 习题 10.24 图

10.25 电路如图 T10.16 所示，已知 $\dot{I}_S = 6\angle 0° $ A，求电压 $\dot{U}_{ab}$ 和 $\dot{I}$。

10.26 正弦稳态相量模型如图 T10.17 所示，已知 $\dot{I}_S = 20\angle 0°$ A，求电压 $\dot{U}_{ab}$。

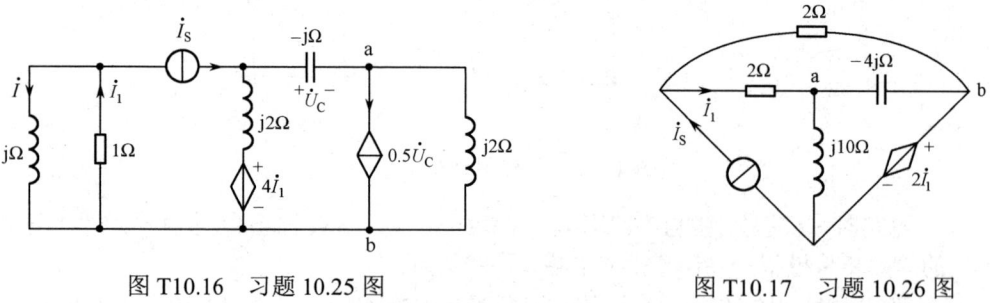

图 T10.16 习题 10.25 图   图 T10.17 习题 10.26 图

10.27 求图 T10.18 所示双口网络的 Z 参数。

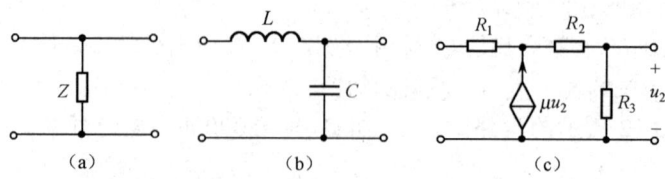

图 T10.18 习题 10.27 图

10.28 求图 T10.19 所示双口网络的 Y 参数。

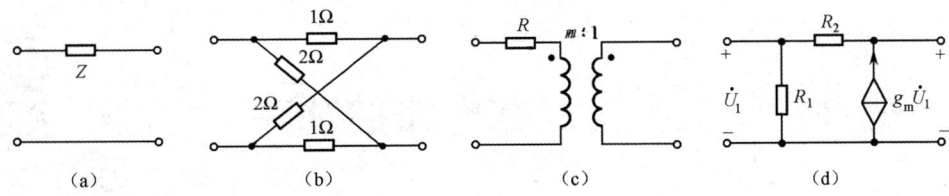

图 T10.19　习题 10.28 图

10.29 求图 T10.20 所示网络的 T 参数。

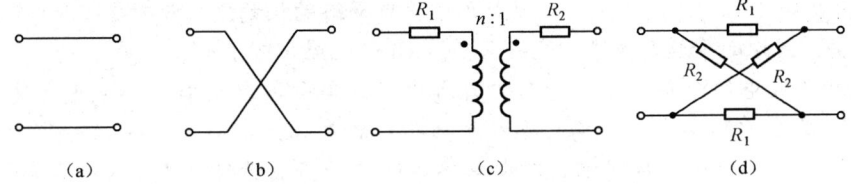

图 T10.20　习题 10.29 图

10.30 求图 T10.21 所示双口网络的 Z 参数和 Y 参数。

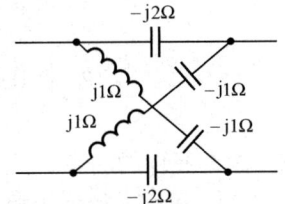

图 T10.21　习题 10.30 图

10.31 求图 T10.22 所示复合双口网络的输入阻抗和输出阻抗。已知 $\boldsymbol{T}_a = \boldsymbol{T}_b = \begin{bmatrix} 1 & 4\Omega \\ 2S & 1 \end{bmatrix}$，$R_S = 10\Omega$，$R_L = 5\Omega$。

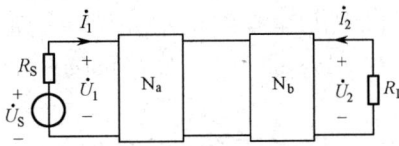

图 T10.22　习题 10.31 图

第 11 章　正弦稳态电路的功率

[内容提要]

在引入阻抗和导纳这两个重要参数后，正弦稳态电路中不含源单口网络的端口特征就被定义了，有很多分析纯电阻网络的方法可以直接用于单口网络的相量模型分析电压和电流响应，如节点法、网孔法、戴维南等效定理等，这一点在第 10 章已经介绍了。

但是，相比纯电阻单口网络，含有电容和电感的单口网络的能量问题更为复杂，为分析这一问题，本章在瞬时功率、平均功率和无功功率的基础上，引入了视在功率、功率因数和复功率等基本概念，用于分析正弦稳态电路单口网络的能量特性。通过本章的学习，在了解功率定义的基础上，可以将其用于正弦稳态电路的分析与计算，以提高实际电路的功率因数，并将最大功率传输定理拓展应用到相量模型中。

11.1　功率的基本概念

在 10.4 节中，讨论了电阻、电感、电容元件的功率。在交流电路中，由于储能元件参与作用，因此除了能量的消耗，还存在能量的相互转换，这样交流电路的功率问题便复杂得多。本章将从分析正弦稳态电路的瞬时功率出发讨论有功功率、无功功率、功率因数、复功率及它们的相互关系。

11.1.1　瞬时功率

图 11.1.1 所示为单口网络。在端口电压和电流采用关联参考方向的条件下，它吸收的功率为 $p=ui$。当单口网络工作于正弦稳态时，端口电压和电流是同频率的正弦量。假设

$$i=\sqrt{2}\,I\sin\omega t,\quad u=\sqrt{2}\,U\sin(\omega t+\varphi)$$

则单口网络吸收的瞬时功率为

$$p=ui=2UI\sin\omega t\sin(\omega t+\varphi)$$
$$=UI[\cos\varphi-\cos(2\omega t+\varphi)] \tag{11.1.1}$$

由式（11.1.1）可知，瞬时功率由一个恒定分量和一个频率为 2ω 的正弦量两部分组成，它随时间周期性变化。

图 11.1.2 所示为该二端网络的瞬时功率波形。由图 11.2 可知，瞬时功率有正有负，当 $p>0$ 时，二端网络吸收功率，从外部获得能量；当 $p<0$ 时，二端网络发出功率，向外部输出能量。

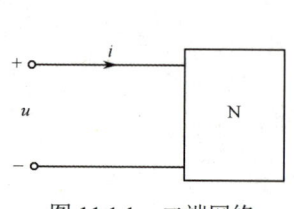

图 11.1.1　二端网络

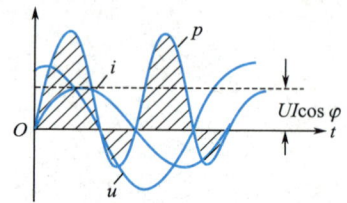

图 11.1.2　二端网络的瞬时功率波形

11.1.2 平均功率

瞬时功率在一个周期内的平均值称为平均功率，用大写字母 P 表示。平均功率也称为有功功率，即

$$P = \frac{1}{T}\int_0^T p\,\mathrm{d}t = \frac{1}{T}\int_0^T [UI\cos\varphi - UI\cos(2\omega t + \varphi)]\,\mathrm{d}t$$
$$= UI\cos\varphi \qquad (11.1.2)$$

可见，二端网络的平均功率不仅与电压、电流有效值乘积有关，还与电压、电流相位差的余弦有关。有功功率的单位为瓦（W）。式（11.1.2）中的因子 $\cos\varphi$ 为功率因数，φ 为功率因数角。平均功率是一个重要概念，得到广泛应用，通常所说的某个家用电器消耗多少瓦的功率，就是指它的平均功率，简称功率。

若 N 为内部不含独立电源的二端网络，此二端网络可等效为阻抗 Z 或导纳 Y，其中 $Y=\dfrac{1}{Z}$，则

$$\varphi = \varphi_u - \varphi_i = \varphi_Z = -\varphi_Y$$

故
$$P = UI\cos\varphi = UI\cos\varphi_Z = UI\cos\varphi_Y$$

式中，φ_Z 为阻抗角；φ_Y 为导纳角。

当二端网络仅为单个电阻、电感或电容元件时，其功率情况已在 10.4 节详细论述了，这里不再赘述。当二端网络由电阻、电感和电容元件构成时，其相量模型等效为一个电阻与电抗的串联，或者一个电导与电纳的并联，其端口电压与电流的相位差为 $-90°\sim+90°$，功率因数 $\cos\varphi$ 在 $0\sim1$ 范围内变化。此时，瞬时功率 p 随时间做周期性变化，其函数式如式（11.1.1）所示。当 $p<0$ 时，二端网络发出功率，向外部输出能量。当 $p>0$ 时，二端网络吸收功率，从外部获得能量。总体来说，二端网络获得能量，在一个周期内，从外部获得的能量比输出的能量多。所吸收的平均功率为

$$P = UI\cos\varphi = I^2\mathrm{Re}[Z] = U^2\mathrm{Re}[Y] \qquad (11.1.3)$$

式中，$\mathrm{Re}[Z]$ 为二端网络等效阻抗的电阻分量。因为二端网络相量模型等效一个电阻与电抗的串联，而电抗元件吸收的平均功率为零，所以电阻分量消耗的平均功率就是二端网络吸收的平均功率；$\mathrm{Re}[Y]$ 为二端网络等效导纳的电导分量，电导分量消耗的平均功率就是二端网络吸收的平均功率。

当二端网络含独立源和受控源时，计算平均功率的式（11.1.2）仍然适用。但此时的电压与电流的相位差 φ 可能在 $-180°\sim180°$ 范围内变化，功率因数 $\cos\varphi$ 在 $-1\sim1$ 范围内变化，当平均功率为负值时，就意味着二端网络向外部提供能量。

在用 $UI\cos\varphi$ 计算二端网络吸收的平均功率时，一定要采用电压、电流的关联参考方向；否则会影响相位差 φ 的值，进而影响功率因数 $\cos\varphi$ 及平均功率的正负。

11.1.3 无功功率

由 10.6 节可知，内部不含独立源单口网络的等效阻抗为 $Z=R+\mathrm{j}X$，各等效基本元件上的电压相量 $\dot{U}$、$\dot{U}_R$、$\dot{U}_X$ 构成一个直角三角形，称为电压三角形。

由电压三角形可得
$$\dot{U} = \dot{U}_R + \dot{U}_X$$

将上式转换成瞬时值表达式为

$$u = u_R + u_X = \sqrt{2}\,U_R\cos\omega t + \sqrt{2}\,U_X\cos(\omega t + \frac{\pi}{2})$$

式中，$U_R = U\cos\varphi$，$U_X = U\sin\varphi$，$i = \sqrt{2}\,I\cos\omega t$.

$$\begin{aligned}p &= ui = (u_R + u_X)i = p_R + p_X \\ &= 2UI\cos\varphi\cos^2(\omega t) + 2UI\sin\varphi\cos(\omega t + \frac{\pi}{2})\cos\omega t \\ &= UI\cos\varphi[1+\cos(2\omega t)] - UI\sin\varphi\sin(2\omega t)^{①}\end{aligned} \qquad (11.1.4)$$

---

① 利用三角函数可以证明，式（11.1.1）与式（11.1.4）是恒等的。

式（11.1.4）表明，瞬时功率 p 可分为 p_R 和 p_X 两项。其中 p_R 是电流 i 与电压 u 的有功分量 u_R 之积；在一个周期内 p_R 的平均值为 $UI\cos\varphi$，这一平均值等于二端网络的有功功率。p_X 是电流 i 与电压 u 的另一个分量 u_X 之积，p_X 以 2ω 角频率随时间做正弦变化，在一个周期内的平均值为零，它代表外电路与二端网络内储能元件能量往返交换的速率，其最大值定义为二端网络吸收的无功功率，用符号 Q 表示，即

$$Q = UI\sin\varphi \tag{11.1.5}$$

无功功率的单位是乏（var）。

若二端网络是 RLC 串联电路，则 $Z = R + j(X_L - X_C)$，故

$$\sin\varphi = \sin\varphi_Z = \frac{X_L - X_C}{\sqrt{R^2 + (X_L - X_C)^2}} = \frac{X_L - X_C}{|Z|}$$

将上式代入式（11.1.5）得

$$Q = UI\frac{X_L - X_C}{|Z|} = I^2 X_L - I^2 X_C = Q_L + Q_C$$

上式表明，二端网络内电感无功功率与电容无功功率相互补偿。当 $X_L = X_C$ 时，$Q=0$，此时能量的往返交换只在电感和电容之间进行，二端网络与外部电路不再有能量的来回转换。

虽然无功功率并非二端网络真正吸收的功率，只是与外部电路进行能量交换的最大速率，但无功功率并非无用。在工程实际中，无功功率是电动机、变压器等电气设备正常工作所必需的。

11.1.4 视在功率

许多电气设备的容量是由它们的额定电压和额定电流的乘积决定的，为此引入了视在功率的概念。将二端网络电压有效值和电流有效值的乘积，称为视在功率，用 S 表示。

$$S = UI \tag{11.1.6}$$

视在功率的量纲和有功功率相同，为了和有功功率相区别，视在功率的单位用伏安（VA）或千伏安（kVA）表示。

在通常情况下，当使用电气设备时，电压和电流都不能超过其额定值，因此视在功率表征了电气设备"容量"的大小。

以上各功率的概念，虽然均以一个二端网络来阐述，但是它们都适用于正弦稳态电路。

比较 P、Q、S 的计算式，可以发现有功功率、无功功率、视在功率构成一个直角三角形，称为功率三角形。由于

$$P = U_R I = I^2 R, \qquad Q = U_X I = I^2 X, \qquad S = UI = I^2 |Z|$$

因此功率三角形、电压三角形和阻抗三角形是一组相似三角形，它们之间的关系如图 11.1.3 所示。

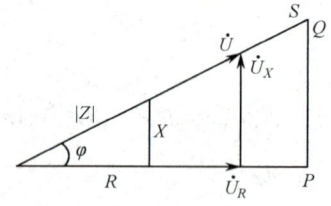

图 11.1.3　功率三角形、电压三角形和阻抗三角形之间的关系

【例 11.1.1】　电路如图 11.1.4（a）所示。已知 $i_S = 10\sqrt{2}\cos(100t)$ A，$R_1 = R_2 = 1\Omega$，$C_1 = C_2 = 0.01$F，$L = 0.02$H，求电源提供的有功功率、无功功率；各电阻元件吸收的有功功率及各储能元件吸收的无功功率。

解： 作出电路的相量模型，如图 11.1.4（b）所示，$\dot{I}_S = 10\underline{/0°}$ A。

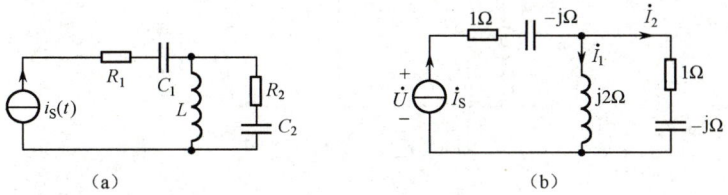

图 11.1.4 例 11.1.1 图

计算容抗、感抗和阻抗，即

$$X_{C1} = X_{C2} = \frac{1}{\omega C_1} = \frac{1}{100 \times 0.01} = 1\Omega$$

$$X_L = \omega L = 100 \times 0.02 = 2\Omega$$

$$Z = 1 - j + \frac{(1-j)j2}{1-j+j2} = 3 - j\Omega$$

故

$$P = UI_S\cos\varphi = I_S^2 R = 10^2 \times 3 = 300W$$

$$Q = UI_S\sin\varphi = I_S^2 X = 10^2 \times (-1) = -100\text{var}$$

为了计算各电阻元件吸收的有功功率和各储能元件吸收的无功功率，先计算各支路电流，由分流公式得

$$\dot{I}_1 = \frac{1-j}{j2+1-j}\dot{I}_S = -j10 = 10\underline{/-90°} \text{ A}$$

$$\dot{I}_2 = \frac{j2}{j2+1-j}\dot{I}_S = (1+j) \times 10 = 10\sqrt{2}\underline{/45°} \text{ A}$$

R_1、R_2 吸收的有功功率分别为

$$P_1 = I_S^2 R_1 = 10 \times 1 = 100W$$

$$P_2 = I_2^2 R_2 = (10\sqrt{2})^2 \times 1 = 200W$$

而 L、C_1、C_2 吸收的无功功率分别为

$$Q_1 = I_1^2 X_L = 10^2 \times 2 = 200\text{var}$$

$$Q_2 = -I_S^2 X_{C1} = -10^2 \times 1 = -100\text{var}$$

$$Q_3 = -I_2^2 X_{C2} = -(10\sqrt{2})^2 \times 1 = -200\text{var}$$

由上面的计算结果可知

$$P_1 + P_2 = 100 + 200 = 300W = P$$

即电源提供的有功功率等于 R_1 和 R_2 吸收的有功功率之和。

$$Q_1 + Q_2 + Q_3 = 200 + (-100) + (-200) = -100\text{var} = Q$$

即电源提供的无功功率等于电路内储能元件 L、C_1、C_2 吸收的无功功率之和。

由此可得出以下结论，电路中有功功率 P 等于各电阻的有功功率之和；而无功功率 Q 等于各储能元件的无功功率之和。

$$P = \sum_{k=1}^{n} P_k, Q = \sum_{k=1}^{n} Q_k \tag{11.1.7}$$

以上结论适用于任何正弦稳态电路。

【例 11.1.2】 图 11.1.5 是测定电感线圈参数 R、L 的实验电路。设电源电压频率为 50Hz，电压表、电流表和功率表的读数为 220V、0.55A 和 80W，试求 R、L 的值。

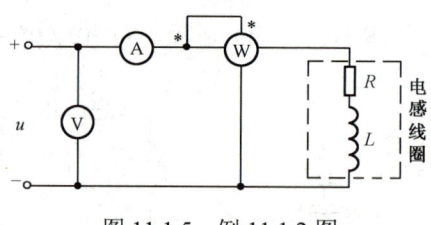

图 11.1.5 例 11.1.2 图

解：由电压表、电流表及功率表的读数可求得线圈的阻抗和阻抗角，即

$$|Z|=\frac{U}{I}=\frac{220}{0.55}=400\Omega$$

$$\cos\varphi=\frac{P}{UI}=\frac{80}{220\times0.55}\approx 0.661（感性）$$

$$\varphi=48.6°$$

假设线圈的阻抗为

$$Z=R+\mathrm{j}X=|Z|\underline{/\varphi}$$

则

$$R=|Z|\cos\varphi=400\times0.661=264.4\Omega$$

$$X=|Z|\sin\varphi=400\times0.75=300\Omega$$

$$X=\omega L=2\pi fL=300\Omega，\quad L=955\mathrm{mH}$$

11.2 功率因数及功率因数的提高

前述有功功率的表达式为

$$P=UI\cos\varphi$$

功率因数的提高

它代表电路中实际消耗的功率。故由该表达式可知，在一定大小的电压、电流下，负载获得的有功功率大小取决于 $\cos\varphi$，故称 $\cos\varphi$ 为功率因数，并用 λ 表示，即 $\lambda=\cos\varphi$，其中 φ 为功率因数角。由于功率因数角在 $\pm90°$ 之间，若阻抗为电感性时，$\varphi>0$；若阻抗为电容性时，$\varphi<0$；但是不论 φ 是正还是负，$\cos\varphi$ 总是正值，因此单给出 λ 不能体现电路的性质，习惯上在给出功率因数时常同时加上"感性""容性"或"滞后""超前"字样。所谓滞后，是指电流滞后电压，即 φ 为正值的情况；所谓超前，是指电流超前电压，即 φ 为负值的情况。由于 $\cos\varphi\leqslant1$，$P=S\cos\varphi$，因此 $P\leqslant S$。

在电力系统中，电源（如发电机、变压器等电气设备）的容量是一定的，它输出的有功功率就与负载的功率因数相关。负载的功率因数越高，则输出的有功功率便越多，因此要充分利用电气设备的容量，就必须提高功率因数。

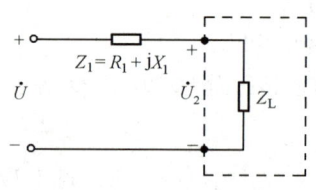

图 11.2.1 供电线路模型

另外，提高负载的功率因数，还可以减少线路上的电能损耗，提高供电效率和质量。在图 11.2.1 所示的供电线路模型中，Z_L 和 Z_1 分别代表负载和线路阻抗。若 P_2 和 P 分别为负载吸收的有功功率和电源提供的有功功率。在负载两端电压 U_2 和 P_2 一定的条件下，若提高负载的功率因数，则会使：①线路电流 $I=P_2/U_2\cos\varphi$ 减小，从而减少线路的电能损耗，电源提供的有功功率 P 减少，$\eta=P_2/P$ 将增大，即提高了供电效率；②线路上的电压降 $I|Z_1|$ 随着 I 的减少而减少，易于维持负载的额定电压，从而提高供电质量。

通常，供电线路中的负载多为感性负载（如三相异步电动机、变压器、日光灯等），所以往往采用在负载两端并联电容的方法来提高这类电路的功率因数。并联电容的电容值计算如下。

第 11 章 正弦稳态电路的功率

设图 11.2.2（a）所示为感性负载，其端电压为 $\dot{U}$，有功功率为 P，若要将功率因数由 $\cos\varphi_1$ 提高到 $\cos\varphi$ 所需并联的电容值可如下确定。

画出并联电容后的相量图如图 11.2.2（b）所示，根据 KCL 有 $\dot{I}_2=\dot{I}_1+\dot{I}_C$。由于并联电容以后 P 和 U 均不变，因此

$$I_2=\frac{P}{U\cos\varphi},\quad I_1=\frac{P}{U\cos\varphi_1}$$

而

$$I_C=I_1\sin\varphi_1-I_2\sin\varphi=\omega CU$$

故

$$\omega CU=\frac{P}{U\cos\varphi_1}\sin\varphi_1-\frac{P}{U\cos\varphi}\sin\varphi=\frac{P}{U}(\tan\varphi_1-\tan\varphi)$$

得

$$C=\frac{P}{\omega U^2}(\tan\varphi_1-\tan\varphi) \tag{11.2.1}$$

式（11.2.1）就是提高功率因数所需并联电容值的计算公式。

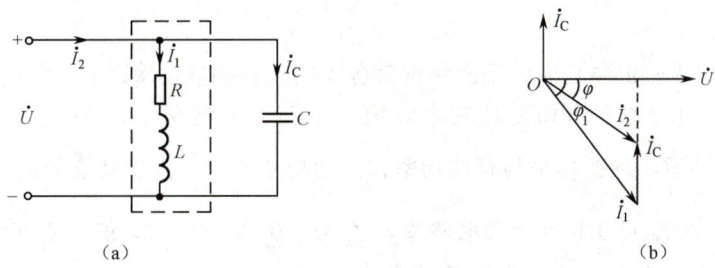

图 11.2.2 功率因数的提高

【例 11.2.1】 有一感性负载，有功功率为 20kW，外接 50Hz、380V 的正弦电压，其功率因数为 0.6。若要将功率因数提高到 0.9，应在负载两端并联多大的电容？

解：对应于 $\cos\varphi_1=0.6$、$\cos\varphi=0.9$ 的功率因数角分别为 $\varphi_1=53.1°$、$\varphi=25.8°$，则

$$C=\frac{P}{2\pi f U^2}(\tan\varphi_1-\tan\varphi)$$

$$=\frac{20\times 10^3}{2\times 3.14\times 50\times 380^2}(\tan 53.1°-\tan 25.8°)=37.5\mu F$$

注意：并联电容后功率因数的提高是对整个负载（包括并联电容）而言的，而原感性负载的功率因数并没有改变。

从功率角度来看，并联电容前，负载的有功功率 P 和无功功率 Q 都由电源提供；并联电容后，有功功率仍由电源提供，而无功功率由电源提供一部分，由电容提供一部分。

11.3 复功率

由前面所述可知，正弦交流电路的瞬时功率等于两个同频率的正弦量的乘积，在一般情况下，其结果是一个非正弦量，同时它的变化频率不同于电压或电流的频率，因此不能用相量法来讨论；但是有功功率、无功功率、视在功率和功率因数角之间的关系是可以用一个复数来统一表述的。这个复数便是复功率。

假设二端网络端口电压、电流相量分别为 $\dot{U}=U\underline{/\varphi_u}$、$\dot{I}=I\underline{/\varphi_i}$，引入电流相量 $\dot{I}$ 的共轭复数 $\dot{I}^*$，即 $\dot{I}^*=I\underline{/-\varphi_i}$，则

$$\tilde{S} = \dot{U}\dot{I}^* = UI\underline{/\varphi_u - \varphi_i} = UI\underline{/\varphi}$$
$$= UI\cos\varphi + jUI\sin\varphi = P + jQ$$

可见，由二端网络端口电压相量乘以端口电流相量的共轭复数 $\dot{I}^*$，所得复数的模等于视在功率，辐角等于功率因数角；在用代数形式表示时，其实部为有功功率，虚部为无功功率。称这个复数为复数功率，简称复功率，用 $\tilde{S}$ 表示，即

$$\tilde{S} = \dot{U}\dot{I}^* = S\underline{/\varphi} = P + jQ \tag{11.3.1}$$

复功率的单位为伏安（VA）。

由式（11.1.7）有

$$\tilde{S} = P + jQ = \sum_{k=1}^{n} P_k + j\sum_{k=1}^{n} Q_k = \sum_{k=1}^{n}(P_k + jQ_k) \tag{11.3.2}$$

令 $\tilde{S}_k = P_k + jQ_k$ 为第 k 条支路的复功率，则

$$\tilde{S} = \sum_{k=1}^{n} \tilde{S}_k$$

这说明二端网络吸收的复功率等于网络内部各支路吸收的复功率之和，称为复功率守恒。显然，复功率守恒包括有功功率守恒和无功功率守恒，但在一般情况下，不存在视在功率守恒，即 $S \neq \sum_{k=1}^{n} S_k$。同时应注意，视在功率与有功功率和无功功率之间不存在复数关系，即 $S \neq P + jQ$。

【例 11.3.1】 在图 11.3.1 所示的电路中，$\dot{I}_S = 5\underline{/0°}$ A，$Z_1 = (2-j)\Omega$，$Z_2 = (1+j)\Omega$，$Z_3 = 2\Omega$。求 Z_1、Z_2、Z_3 吸收的复功率和电源提供的复功率 $\tilde{S}$。

解：
$$Z_{ab} = Z_3 + \frac{Z_1 Z_2}{Z_1 + Z_2} = 2 + \frac{(1+j)(2-j)}{(1+j)+(2-j)} = 3 + j\frac{1}{3} \Omega$$

$$\dot{U}_{ab} = \dot{I}_S Z_{ab} = 5\underline{/0°} \times (3 + j\frac{1}{3}) = 15 + j\frac{5}{3} \text{ V}$$

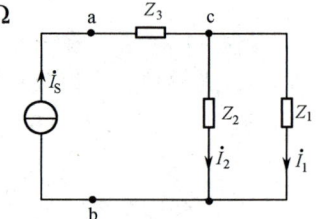

图 11.3.1　例 11.3.1 图

故电源提供的复功率为

$$\tilde{S} = \dot{U}_{ab}\dot{I}_S^* = (15 + j\frac{5}{3}) \times 5 = 75 + j\frac{25}{3} \text{ VA}$$

为求得各支路的复功率，先求得各支路的电压、电流。

$$\dot{I}_1 = \frac{Z_2}{Z_1 + Z_2}\dot{I}_S = \frac{1+j}{(1+j)+(2-j)} \times 5\underline{/0°} = \frac{5}{3} \times (1+j) \text{ A}$$

$$\dot{I}_2 = \dot{I}_S - \dot{I}_1 = 5 - \frac{5}{3} \times (1+j) = \frac{5}{3} \times (2-j) \text{ A}$$

$$\dot{U}_{cb} = \dot{I}_S \frac{Z_1 \times Z_2}{Z_1 + Z_2} = 5 \times (\frac{3+j}{3}) = \frac{5}{3} \times (3+j) \text{ V}$$

$$\dot{U}_{ac} = \dot{I}_S Z_3 = 5 \times 2 = 10 \text{ V}$$

则

$$\tilde{S}_1 = \dot{U}_{cb}\dot{I}_1^* = \frac{5}{3} \times (3+j) \times \frac{5}{3} \times (1-j) = \frac{100}{9} - j\frac{50}{9} \text{ VA}$$

$$\tilde{S}_2 = \dot{U}_{cb}\dot{I}_2^* = \frac{5}{3} \times (3+j) \times \frac{5}{3} \times (2+j) = \frac{125}{9} + j\frac{125}{9} \text{ VA}$$

$$\tilde{S}_3 = \dot{U}_{ac}\dot{I}_S^* = 10 \times 5 = 50 \text{ VA}$$

由上面的计算结果可得

$$\tilde{S}_1 + \tilde{S}_2 + \tilde{S}_3 = (\frac{100}{9} - j\frac{50}{9}) + (\frac{125}{9} + j\frac{125}{9}) + 50 = 75 + j\frac{25}{3} = \tilde{S}$$

$$P_1 + P_2 + P_3 = \frac{100}{9} + \frac{125}{9} + 50 = 75 = P$$

$$Q_1 + Q_2 + Q_3 = -\frac{50}{9} + \frac{125}{9} + 0 = \frac{25}{3} = Q$$

从以上分析中可以看出，均满足有功功率守恒、无功功率守恒和复功率守恒的规律。

11.4 最大功率传输定理

在通信系统等电子电路中由于传输的功率较小，往往不必计较传输效率，但要求在信号源一定的情况下，负载能获得最大功率，因此下面讨论正弦稳态电路获得最大功率的条件。

在图 11.4.1 所示电路中，$\dot{U}_S$ 和 $Z_o(Z_o=R_o+jX_o)$ 分别为信号源电压相量和内阻抗；$Z_L=R+jX$ 为负载阻抗。在 $\dot{U}_S$ 和 Z_o 不变的情况下，负载吸收的有功功率为

$$P = \frac{U_S^2 R}{(R_o + R)^2 + (X_o + X)^2}$$

式中，R、X 均是可变的。

显然，对任意 R 来说，当 $X=-X_o$ 时，分母最小，负载能得到的功率最大，其值为

$$P = \frac{U_S^2 R}{(R_o + R)^2}$$

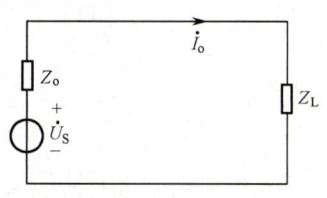

图 11.4.1 最大功率传输电路

因为 U_S 和 R_o 是不变的，所以可求出极值点时 R 的值。令

$$\frac{dP}{dR} = \frac{d}{dR}\left[\frac{U_S^2 R}{(R_o + R)^2}\right] = 0$$

解得 $R=R_o$。因此，负载吸收最大功率的条件为

$$\left. \begin{array}{l} X = -X_o \\ R = R_o \end{array} \right\}$$

或

$$Z_L = R_o - jX_o = Z_o^* \tag{11.4.1}$$

此时负载阻抗和信号源内阻抗是一对共轭复数，负载所获得的最大功率为

$$P_{max} = \frac{U_S^2}{4R_o} \tag{11.4.2}$$

上述获得最大功率的条件称为最佳匹配，也称为共轭匹配。

【例 11.4.1】 在图 11.4.2 中，若负载 R_L 和 C_L 都可变，为使其获得最大功率，求 R_L 和 C_L 的值。设 $\dot{U}=100\underline{/0°}$ V，$R=100\Omega$，$L=0.3$H，$\omega=10^3$rad/s。

解：将并联形式的电容和电阻转换为串联形式得

$$Z_L = \frac{R_L \frac{1}{j\omega C_L}}{R_L + \frac{1}{j\omega C_L}} = \frac{1}{\frac{1}{R_L} + j\omega C_L}$$

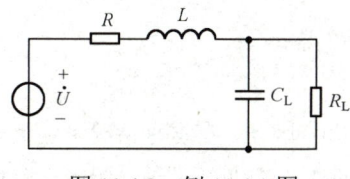

图 11.4.2 例 11.4.1 图

$$= \frac{\dfrac{1}{R_L}}{\dfrac{1}{R_L^2}+(\omega C_L)^2} - j\frac{\omega C_L}{\dfrac{1}{R_L^2}+(\omega C_L)^2}$$

而 R 与 L 串联的阻抗为

$$Z_o = R + j\omega L$$

根据最大功率传输定理，由实部相等可得

$$R = \frac{\dfrac{1}{R_L}}{\dfrac{1}{R_L^2}+(\omega C_L)^2}$$

化简得

$$\omega C_L = \frac{1}{R_L}\sqrt{\frac{R_L}{R}-1} \tag{11.4.3}$$

由虚部值相等可得

$$\omega L = \frac{\omega C_L}{\dfrac{1}{R_L^2}+(\omega C_L)^2}$$

将式（11.4.3）平方后代入上式得

$$\omega L = \omega C_L R_L R \tag{11.4.4}$$

则

$$C_L = \frac{L}{R_L R}$$

将式（11.4.3）代入式（11.4.4）得

$$R_L = \frac{(\omega L)^2 + R^2}{R} = \frac{(0.3 \times 10^3)^2 + 100^2}{100} = 1000\ \Omega$$

代入具体数据得

$$C_L = \frac{L}{R_L R} = \frac{0.3}{100 \times 1000} = 3\ \mu F$$

共轭匹配时要求负载的电阻部分和电抗部分都能独立地变化，以满足式（11.4.1），但是如果负载无法满足随意变化的条件，那么可能存在下一种情况，假设负载的阻抗为

$$Z_L = |Z|\underline{/\varphi} = |Z|\cos\varphi + j|Z|\sin\varphi$$

其中，负载阻抗模可变，负载的阻抗角不可调节，则

$$\dot I = \frac{\dot U_S}{(R_o + |Z|\cos\varphi) + j(X_o + |Z|\sin\varphi)}$$

$$P = \frac{U_S^2 |Z|\cos\varphi}{(R_o + |Z|\cos\varphi)^2 + (X_o + |Z|\sin\varphi)^2}$$

上式中的可变量为 $|Z|$，对变量 $|Z|$ 求导数，并令

$$\frac{dP}{d|Z|} = 0$$

可得

$$|Z| = \sqrt{R_o^2 + X_o^2} \tag{11.4.5}$$

因此，在这种情况下，负载获得最大功率的条件是负载阻抗的模等于电源内阻抗的模，称为模匹配。当负载是纯电阻时，获得最大功率的条件是 $R_L = \sqrt{R_o^2 + X_o^2}$，而不是 $R_L = R_o$，这是应当特别注意的。

11.5 本章小结及典型题解

11.5.1 本章小结

1. 功率的基本概念

1)瞬时功率

采用关联参考方向,假设端口电压和电流分别为
$$i=\sqrt{2}I\sin\omega t, \quad u=\sqrt{2}U\sin(\omega t+\varphi)$$
则
$$p=ui=UI[\cos\varphi-\cos(2\omega t+\varphi)]$$

它表示瞬时功率由一个恒定分量和一个频率为 2ω 的正弦分量两部分组成,它随时间做周期性变化。

2)平均功率

平均功率也称为有功功率,是瞬时功率在一个周期内的平均值,即 $P=UI\cos\varphi$;其值不仅与电压、电流有效值的乘积有关,还与电压、电流相位差的余弦有关,它的单位为瓦(W)。

在电路中,有功功率 P 等于各电阻的有功功率之和,即 $P=\sum\limits_{k=1}^{n}P_k$。

3)无功功率

$$Q=UI\sin\varphi$$

称为无功功率。它表示外部电路与电路中储能元件之间能量往返交换的最大速率。它的单位为乏(var)。

若仍以电流为参考相量,对于电感元件,则 $\varphi=90°$,故 $Q_L=UI$;而对于电容元件,$\varphi=-90°$,故 $Q_C=-UI$,于是 $Q=Q_L+Q_C$。其表示在电路中,电感的无功功率与电容的无功功率是相互补偿的。

在电路中,总的无功功率 Q 等于各储能元件的无功功率之和,即

$$Q=\sum_{k=1}^{n}Q_k$$

4)视在功率

$$S=UI$$

式中,S 为视在功率,其单位为伏安(VA)。

通常在使用电气设备时,电压和电流都不能超过其额定值,所以视在功率便表征了电气设备"容量"的大小。

5)阻抗三角形、电压三角形和功率三角形

阻抗三角形:电阻、电抗、阻抗组成的直角三角形称为阻抗三角形。

电压三角形:电阻、电抗、阻抗上的电压组成的直角三角形称为电压三角形。

功率三角形:有功功率、无功功率、视在功率组成的直角三角形称为功率三角形。

以上 3 个直角三角形为相似三角形。

6)复功率

$$\tilde{S}=\dot{U}\dot{I}^*=S\underline{/\varphi}=P+jQ$$

式中,$\tilde{S}$ 为复功率,其单位为伏安(VA)。

在电路中,复功率满足功率守恒定律,即

$$\tilde{S}=\sum_{k=1}^{n}\tilde{S}_k$$

2. 功率因数及功率因数的提高

1）功率因数

$\cos\varphi$ 为功率因数，φ 为功率因数角。但是不论 φ 是正还是负，$\cos\varphi$ 总为正值，因此习惯在给出功率因数时常同时加上"感性""容性"或"滞后""超前"字样。所谓滞后，是指电流滞后电压，即 φ 为正值的情况（或"感性"）；所谓超前，是指电流超前电压，即 φ 为负值的情况（或"容性"）。无源单口网络的 φ 角只与电路中的阻抗有关，它便是阻抗角。

2）功率因数的提高

在电力系统中，电源的容量是一定的。要输出越多的有功功率，就要求功率因数越高。同时，提高负载的功率因数，还可以减少线路上的能量损耗，提高供电效率和供电质量。

提高感性负载的功率因数是采用在感性负载两端并联电容的方法来实现的。应当注意的是，采用此方法提高功率因数时，提高的是整个电路的功率因数，而原负载的功率因数并不会改变。

将感性负载的功率因数从 $\cos\varphi_1$ 提高到 $\cos\varphi$ 所需并联的电容为

$$C = \frac{P}{\omega U^2}(\tan\varphi_1 - \tan\varphi)$$

3. 最大功率传输定理

当正弦稳态电路的负载阻抗和信号源内阻抗是一对共轭复数时，负载所获得的功率最大，即

$$P_{\max} = \frac{U_\mathrm{S}^2}{4R_\mathrm{o}}$$

获得最大功率的条件称为共轭匹配。

如果负载阻抗模可变，但阻抗角不可调节，那么当负载阻抗的模等于电源内阻抗的模时负载获得最大概率，称为模匹配。当负载是纯电阻时，获得最大功率的条件是 $R_\mathrm{L} = \sqrt{R_\mathrm{o}^2 + X_\mathrm{o}^2}$。

11.5.2 典型题解

【例 11.5.1】 在图 11.5.1 所示的正弦电路中，$\dot{I}_\mathrm{S}=10\mathrm{e}^{\mathrm{j}30°}\mathrm{A}$，$\dot{U}=100\mathrm{e}^{-\mathrm{j}60°}\mathrm{V}$，$\omega L=\dfrac{1}{\omega C}=20\Omega$，$R=4\Omega$。试求出各电源供给电路的有功功率和无功功率。

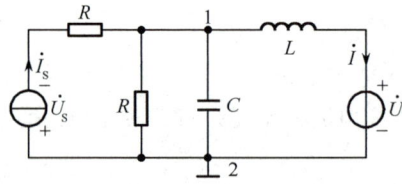

图 11.5.1　例 11.5.1 图

解： 由于电流源串联电阻等效于电流源，因此可以得到等效电路，则由节点法可得

$$(\frac{1}{R}+\frac{1}{\mathrm{j}\omega L}+\mathrm{j}\omega C)\dot{U}_1 - \frac{1}{\mathrm{j}\omega L}\dot{U} = \dot{I}_\mathrm{S}$$

解得

$$\dot{U}_1 = 20\mathrm{e}^{\mathrm{j}30°}\mathrm{V}$$

又因为

$$\dot{I} = \frac{\dot{U}_1 - \dot{U}}{\mathrm{j}\omega L} = 5.1\mathrm{e}^{\mathrm{j}18.7°}\mathrm{A}$$

所以电压源的有功功率为

$$P = UI\cos\varphi = 100\times 5.1\cos(-60°-18.7°) \approx 100\mathrm{W}$$

无功功率为

$$Q = UI\sin\varphi = 100\times 5.1\sin(-60°-18.7°) = -500\mathrm{var}$$

电流源两端电压为
$$\dot{U}_S = -(\dot{U}_1 + \dot{I}_S R) = -60e^{j30°} V$$
则电流源的有功功率为
$$P = U_S I_S \cos\varphi = -60 \times 10 \cos(30° - 30°) = -600W$$
无功功率为
$$Q = U_S I_S \sin\varphi = 0 var$$

【例 11.5.2】 正弦稳态相量模型如图 11.5.2 所示，已知 $\dot{U}_C = 10\underline{/0°}$ V，$R = 3\Omega$，$\omega L = \dfrac{1}{\omega C} = 4\Omega$。求电路的平均功率、无功功率、视在功率和功率因数。

解：此为无源二端网络，则平均功率为电阻所消耗的功率，
$$P = I_R^2 R = I_C^2 R = (\omega C U_C)^2 R = \left(\dfrac{1}{4} \times 10\right)^2 \times 3 = 18.75W。$$

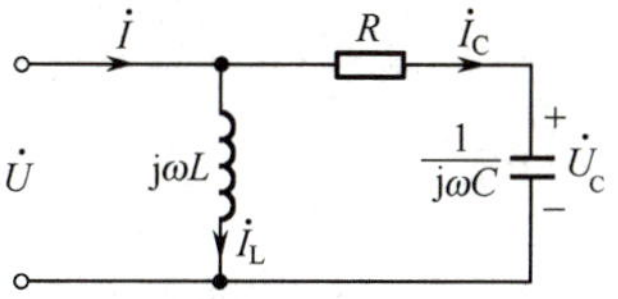

无功功率为电感和电容上所消耗的功率，即
$$Q = Q_L + Q_C = \omega L I_L^2 - \omega C U_C^2$$

又因为
$$\dot{I}_L = \dfrac{\dot{U}_C + \dot{U}_R}{j\omega L} = \dfrac{\dot{U}_C + R \times \dot{I}_C}{j\omega L} = \dfrac{\dot{U}_C + R \times j\omega C \dot{U}_C}{j\omega L} \Rightarrow I_L = 3.125A$$

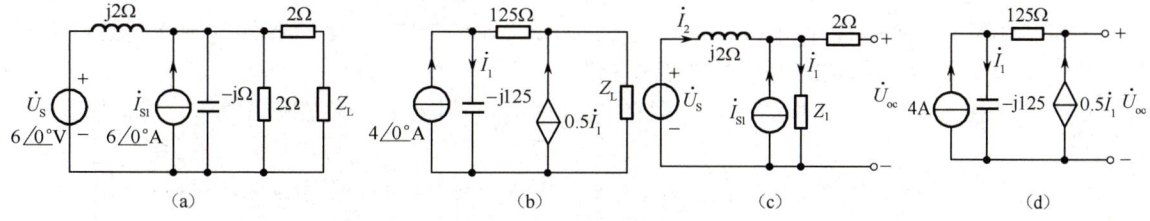

图 11.5.2　例 11.5.2 图

所以
$$Q = 4 \times 3.125^2 - 100/4 = 14.0625 var$$

视在功率为
$$S = \sqrt{P^2 + Q^2} = 23.4375 VA$$

功率因数为
$$\lambda = \cos\varphi = \dfrac{P}{S} = 0.8（滞后）$$

【例 11.5.3】 正弦稳态相量模型电路如图 11.5.3（a）、（b）所示，求负载 Z_L 获得最大功率时的阻抗值及负载吸收的最大功率。

（a）　（b）　（c）　（d）

图 11.5.3　例 11.5.3 图

解：由图 11.5.3（a）求从 Z_L 往左看过去的戴维南等效电路，电路如图 11.5.3（c）所示。
$$Z_1 = 2//-j = 2/5 - 4j/5$$
$$\dot{U}_{oc} = \dfrac{\dot{U}_S}{2j + Z_1} \times Z_1 + \dot{I}_{S1} \times (2j//Z_1) = 3 - 9j = 9.48\underline{/-71.6°} V$$
$$Z_o = 2 + (2j//Z_1) = 3 - j\Omega$$

因此
$$Z_L = (3+j)\Omega, \quad P_{max} = \dfrac{U_{oc}^2}{4R_o} \approx 7.5W$$

由图 11.5.3（b）求从 Z_L 往左看过去的戴维南等效电路，电路如图 11.5.3（d）所示。
$$\dot{U}_{oc} = -125j\dot{I}_1 + 0.5\dot{I}_1 \times 125 \text{，又} \dot{I}_1 = 4\underline{/0°} + 0.5\dot{I}_1$$

解得
$$\dot{U}_{oc} = 500 - 1000j \approx 1118\underline{/-63.4°} V$$

将独立电流源置 0，外加电压源，可得

$$Z_o = \frac{\dot{U}}{\dot{I}} = \frac{(125-125j)\dot{I}_1}{\dot{I}_1 - 0.5\dot{I}_1} = 250-250j\,\Omega$$

当 $Z_L = Z_o^* = 250+250j\,\Omega$ 时，负载 Z_L 获得最大功率，且最大功率为

$$P_{max} = \frac{U_{oc}^2}{4R_o} = 1250\text{W}$$

习 题 11

11.1 求图 T11.1 所示电路在正弦稳态下电压源 $\dot{U}_S$、电流源 $\dot{I}_S$ 所发出的功率（有功功率）。已知 $\dot{U}_S = 10\underline{/0°}$ V，$\dot{I}_S = 5\underline{/0°}$ A，$X_{L1}=2\Omega$，$R=1\Omega$，$X_C=1\Omega$，$R_L=2\Omega$，$X_L=3\Omega$。

11.2 在图 T11.2 所示的正弦电路中，$\dot{I}_S = 10e^{j30°}$A，$\dot{U}_S = 100e^{-j60°}$V，$\omega L=20\Omega$，$R=4\Omega$，$\frac{1}{\omega C}=4\Omega$。试求出各电源供给电路的有功功率和无功功率。

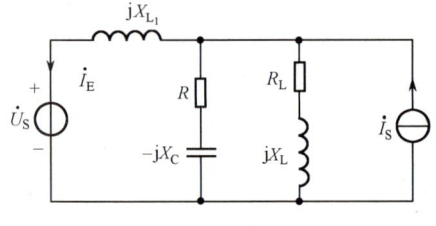

图 T11.1 习题 11.1 图

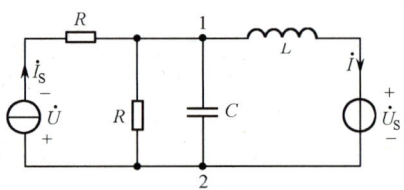

图 T11.2 习题 11.2 图

11.3 正弦稳态相量模型电路如图 T11.3 所示。已知 $\dot{U}_C = 40\underline{/0°}$ V，$R=6\Omega$，$\omega L=\frac{1}{\omega C}=8\Omega$，求电路吸收的平均功率 P、无功功率 Q、视在功率 S 和功率因数 λ。

11.4 有源单口网络 N 如图 T11.4 所示，已知 $u_S=4\cos(0.5t+30°)$V，受控源的转移电阻 $r=1\Omega$。
（1）求单口网络 N 的戴维南和诺顿等效电路。
（2）若在端口 ab 处接可变负载 Z_L，则 Z_L 为何值时可从网络 N 获得最大功率？求该最大功率的值。
（3）若在端口 ab 处接可变电阻性负载 $Z_L=R_L$，则 R_L 为何值时可从网络 N 获得最大功率？求该最大功率的值。

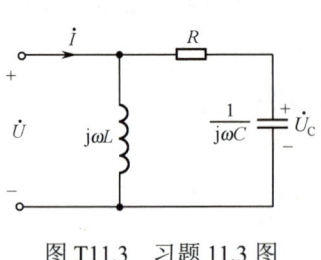

图 T11.3 习题 11.3 图

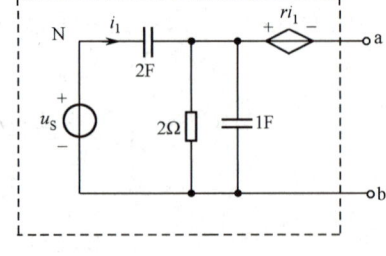

图 T11.4 习题 11.4 图

第 12 章 非正弦周期性稳态电路的分析

[内容提要]

前两章讨论了单一频率正弦激励下电路的稳态响应、能量和功率关系,借助傅里叶级数,可以把非正弦周期性信号分解为一系列不同频率的正弦波信号,所以正弦稳态电路分析又是非正弦稳态电路分析的基础。本章在前两章的基础上主要介绍非正弦周期性稳态电路的分析方法——谐波分析法。也就是说,将非正弦周期激励信号利用傅里叶级数分解为一系列不同频率的谐波分量,根据叠加原理,线性电路对非正弦周期性激励的响应等于各谐波分量分别作用于电路时所产生的响应的叠加,而各谐波分量的响应可采用正弦稳态电路分析的相量法求得。

12.1 非正弦周期性电压、电流

当线性电路被一个正弦电源或多个同频电源同时作用时,电路的稳态响应是同频的正弦量。但在工程技术中,非正弦激励的情况也是经常遇到的。例如,实际的交流发电机发出的电压波形严格来讲是接近正弦函数的非正弦周期函数,而并不可能完全准确地按照正弦规律变化。在无线电工程和其他电子工程中,通过电路传输的各种信号,如由语言、音乐、图像等转换过来的电信号,一般都是非正弦信号。图 12.1.1 所示的非正弦周期波形就是工程中常见的例子。

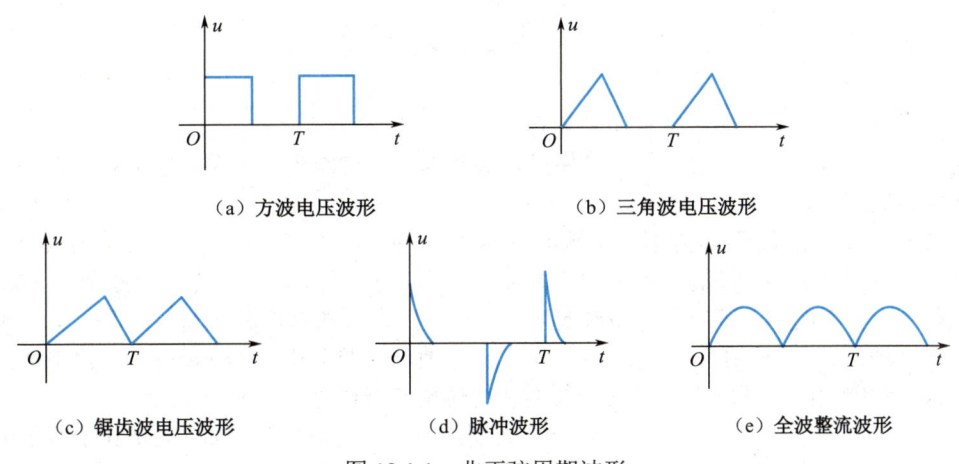

图 12.1.1 非正弦周期波形

当电路中的非正弦电压、电流随时间做周期性变化时,称为非正弦周期稳态电路。

本章讨论激励为非正弦周期性函数,电路元件为线性时不变元件的非正弦电路的稳态分析。

非正弦电路的稳态分析可采用谐波分析法。其方法是首先应用数学中的傅里叶级数,将电路中的非正弦周期性激励电压、电流分解为一系列不同频率的正弦量之和;再根据线性电路的叠加原理,将非正弦电路转化为一系列不同频率的正弦电路的叠加。实质上,谐波分析法是把非正弦周期性稳态电路的计算转化为一系列不同频率正弦稳态电路的计算。

12.2 周期函数的傅里叶级数展开式及频谱

12.2.1 周期函数的傅里叶级数展开式

周期电流、电压信号都可以用一个周期函数表示，即

$$f(t)=f(t+kT)$$

式中，T 为周期函数 $f(t)$ 的周期，$k=0,1,2,\cdots$。

一个周期函数 $f(t)$，只要满足狄里赫利条件，即在一个周期内连续或仅有有限个第一类间断点在一个周期内只有有限个极值点，便可展开为傅里叶级数，其展开式为

$$f(t) = a_0 + \sum_{k=1}^{\infty}(a_k \cos k\omega_1 t + b_k \sin k\omega_1 t) \qquad (12.2.1)$$

或

$$f(t) = A_0 + \sum_{k=1}^{\infty} A_{km} \cos(k\omega_1 t - \psi_k) \qquad (12.2.2)$$

式中，$\omega_1 = \dfrac{2\pi}{T}$，$k$ 为正整数，a_0、a_k、b_k、A_0、A_{km} 均为傅里叶系数。

式（12.2.1）和式（12.2.2）为傅里叶级数的两种形式。其系数间的关系为

$$\left. \begin{aligned} A_0 &= a_0 \\ A_{km} &= \sqrt{a_k^2 + b_k^2} \\ \psi_k &= \arctan \frac{b_k}{a_k} \end{aligned} \right\} \qquad (12.2.3)$$

或

$$\left. \begin{aligned} a_k &= A_{km} \cos \psi_k \\ b_k &= A_{km} \sin \psi_k \end{aligned} \right\} \qquad (12.2.4)$$

上述关系可用图 12.2.1 所示的直角三角形表示。

由式（12.2.1）和式（12.2.2）可知，傅里叶级数为一无穷级数，它由常数项和一系列频率不同的正弦函数叠加而成。

式（12.2.2）中的常数项 A_0 为周期函数 $f(t)$ 的恒定分量（或直流分量）；与函数 $f(t)$ 的周期相同的正弦分量 $A_{1m}\cos(\omega_1 t - \psi_1)$ 为 $f(t)$ 的一次谐波或基波；而频率是一次谐波频率 k 倍的分量为 $f(t)$ 的 k 次谐波。二次和二次以上的谐波可统称为高次谐波，且将 k 为奇数的谐波称为奇次谐波；k 为偶数的谐波称为偶次谐波。式（12.2.1）中 $a_k \cos\omega_1 t$ 为 k 次谐波的余弦分量，$b_k \sin\omega_1 t$ 为 k 次谐波的正弦分量。这种将一个周期函数分解为一系列谐波之和的傅里叶级数称为谐波分析。

将一个周期函数展开为傅里叶级数，关键在于级数中各项系数的计算，式（12.2.1）中的系数可按下列公式求出：

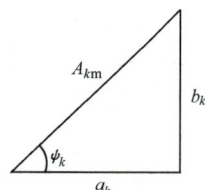

图 12.2.1 傅里叶级数间的关系

$$\left. \begin{aligned} a_0 &= \frac{1}{T}\int_0^T f(t)\mathrm{d}t = \frac{1}{T}\int_{-\frac{T}{2}}^{\frac{T}{2}} f(t)\mathrm{d}t \\ a_k &= \frac{2}{T}\int_0^T f(t)\cos k\omega_1 t\,\mathrm{d}t = \frac{2}{T}\int_{-\frac{T}{2}}^{\frac{T}{2}} f(t)\cos k\omega_1 t\,\mathrm{d}t \\ b_k &= \frac{2}{T}\int_0^T f(t)\sin k\omega_1 t\,\mathrm{d}t = \frac{2}{T}\int_{-\frac{T}{2}}^{\frac{T}{2}} f(t)\sin k\omega_1 t\,\mathrm{d}t \end{aligned} \right\} \qquad (12.2.5)$$

将式（12.2.5）代入式（12.2.3）即可求得式（12.2.2）中各系数 A_0、A_{km} 和 ψ_k。

【例 12.2.1】 求图 12.2.2 所示矩形波电压 $u(t)$ 的傅里叶级数展开式。

解：假设电压波形在一个周期$[0，T]$内的表达式为

$$\begin{cases} u(t) = E_m, & 0 \leqslant t \leqslant \dfrac{T}{2} \\ u(t) = -E_m, & \dfrac{T}{2} \leqslant t < T \end{cases}$$

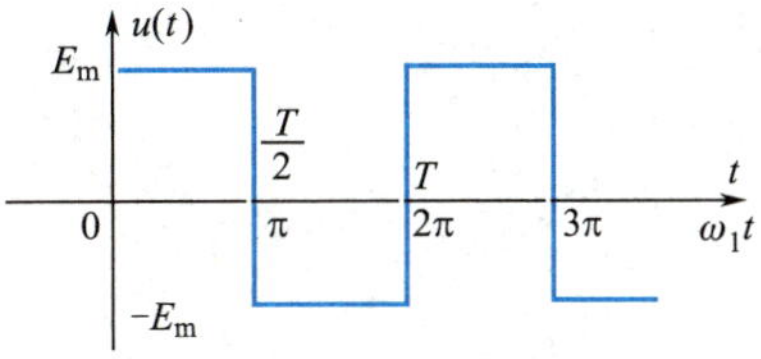

则 $u(t)$ 的周期 $T=2\pi/\omega_1$。

由式（12.2.5）求得傅里叶级数中的各系数为

图 12.2.2　例 12.2.1 图

$$a_0 = \frac{1}{T}\int_0^T u(t)\mathrm{d}t = 0$$

$$a_k = \frac{2}{T}\int_0^T u(t)\cos(k\omega_1 t)\mathrm{d}t = \frac{1}{\pi}\int_0^{2\pi} u(t)\cos(k\omega_1 t)\mathrm{d}(\omega_1 t)$$

$$= \frac{1}{\pi}\left[\int_0^{\pi} E_m \cos(k\omega_1 t)\mathrm{d}(\omega_1 t) - \int_{\pi}^{2\pi} E_m \cos(k\omega_1 t)\mathrm{d}(\omega_1 t)\right]$$

$$= \frac{2E_m}{\pi}\int_0^{\pi}\cos(k\omega_1 t)\mathrm{d}(\omega_1 t) = 0$$

$$b_k = \frac{2}{T}\int_0^T u(t)\sin(k\omega_1 t)\mathrm{d}t = \frac{1}{\pi}\int_0^{2\pi} u(t)\sin(k\omega_1 t)\mathrm{d}(\omega_1 t)$$

$$= \frac{1}{\pi}\int_0^{\pi} E_m \sin(k\omega_1 t)\mathrm{d}(\omega_1 t) - \int_{\pi}^{2\pi} E_m \sin(k\omega_1 t)\mathrm{d}(\omega_1 t)$$

$$= \frac{2E_m}{\pi}\int_0^{\pi}\sin(k\omega_1 t)\mathrm{d}(\omega_1 t) = \frac{2E_m}{\pi}\left[-\frac{1}{k}\cos(k\omega_1 t)\right]_0^{\pi}$$

$$= \frac{2E_m}{k\pi}[1-\cos(k\pi)]$$

易知，当 k 为偶数时，$b_k=0$；当 k 为奇数时，$b_k = \dfrac{4E_m}{k\pi}$。

由此求得所给电压波形的傅里叶级数为

$$u(t) = \frac{4E_m}{\pi}\left(\sin\omega_1 t + \frac{1}{3}\sin 3\omega_1 t + \frac{1}{5}\sin 5\omega_1 t + \cdots\right)$$

由于傅里叶级数是无穷级数，因此从理论上讲，仅当取无限多项时，它才能准确地等于原有的周期函数。在实际的分析工作中，只需根据所允许误差的大小截取有限项。

级数收敛得越快，则截取的项数越少。通常，函数的波形越光滑越接近正弦波，其展开级数就收敛得越快。

表 12.2.1 给出了几个典型的周期函数的傅里叶级数展开式。

表 12.2.1　几个典型的周期函数的傅里叶级数展开式

波　形	傅里叶级数	A（有效值）	A_{av}（平均值）
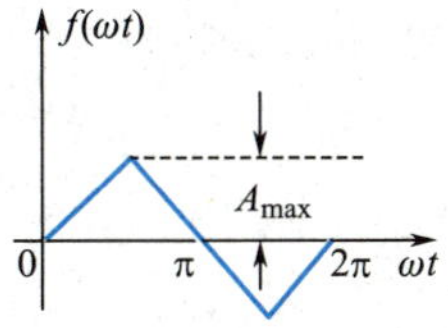 三角波	$f(\omega t) = \dfrac{8A_{max}}{\pi^2}\left[\sin\omega t - \dfrac{1}{9}\sin 3\omega t + \dfrac{1}{25}\sin 5\omega t - \cdots + \dfrac{(-1)^{\frac{k-1}{2}}}{k^2}\sin k\omega t + \cdots\right]$ $(k=1,3,5,\cdots)$	$\dfrac{A_{max}}{\sqrt{3}}$	$\dfrac{A_{max}}{2}$

续表

波　形	傅里叶级数	A（有效值）	A_{av}（平均值）
梯形波	$f(\omega t) = \dfrac{4A_{\max}}{\alpha\pi}(\sin\alpha\sin\omega t + \dfrac{1}{9}\sin 3\alpha\sin 3\omega t + \dfrac{1}{25}\sin 5\alpha\sin 5\omega t + \cdots + \dfrac{1}{k^2}\sin k\alpha\sin k\omega t + \cdots)$ $(k=1,3,5,\cdots)$	$A_{\max}\sqrt{1-\dfrac{4\alpha}{3\pi}}$	$A_{\max}\left(1-\dfrac{\alpha}{\pi}\right)$
锯齿波	$f(\omega t) = A_{\max}\left[\dfrac{1}{2} - \dfrac{1}{\pi}(\sin\omega t + \dfrac{1}{2}\sin 2\omega t + \dfrac{1}{3}\sin 3\omega t + \cdots + \dfrac{1}{k}\sin k\omega t + \cdots)\right]$ $(k=1,2,3\cdots)$	$\dfrac{A_{\max}}{\sqrt{3}}$	$\dfrac{A_{\max}}{2}$
方波	$f(\omega t) = \dfrac{4A_{\max}}{\pi}\left(\sin\omega t + \dfrac{1}{3}\sin 3\omega t + \dfrac{1}{5}\sin 5\omega t + \cdots + \dfrac{1}{k}\sin k\omega t + \cdots\right)$ $(k=1,3,5,\cdots)$	$A_{\max}$	$A_{\max}$
矩形脉冲	$f(\omega t) = A_{\max}\left[\alpha + \dfrac{2}{\pi}\left(\sin\alpha\pi\cos\omega t + \dfrac{1}{2}\sin 2\alpha\pi\cos 2\omega t + \cdots + \dfrac{1}{k}\sin k\alpha\pi\cos k\omega t + \cdots\right)\right]$ $(k=1,2,3,\cdots)$	$\sqrt{\alpha}A_{\max}$	$\alpha A_{\max}$
半波整流	$f(\omega t) = \dfrac{2A_m}{\pi}\left(\dfrac{1}{2} + \dfrac{1}{3}\cos 2\omega t - \dfrac{1}{15}\cos 4\omega t + \cdots - \dfrac{\cos\frac{k\pi}{2}}{k^2-1}\cos k\omega t + \cdots\right)$ $(k=2,4,6,\cdots)$	$\dfrac{A_m}{2\sqrt{2}}$	$\dfrac{A_m}{\pi}$
全波整流	$f(\omega t) = \dfrac{4A_m}{\pi}\left(\dfrac{1}{2} + \dfrac{1}{3}\cos 2\omega t - \dfrac{1}{15}\cos 4\omega t + \cdots - \dfrac{\cos\frac{k\pi}{2}}{k^2-1}\cos k\omega t + \cdots\right)$ $(k=2,4,6,\cdots)$	$\dfrac{A_m}{\sqrt{2}}$	$\dfrac{2A_m}{\pi}$

电路分析中遇到的周期函数常具有对称性，利用函数的对称性可简化傅里叶级数的计算。下面分别讨论 4 种具有对称性的周期函数的傅里叶级数展开式的特点。

1. 奇函数

奇函数 $f(t)$ 满足下列条件。

$$f(t) = -f(-t) \tag{12.2.6}$$

奇函数的波形对称于坐标系的原点。图 12.2.3 所示为奇函数的波形示例。

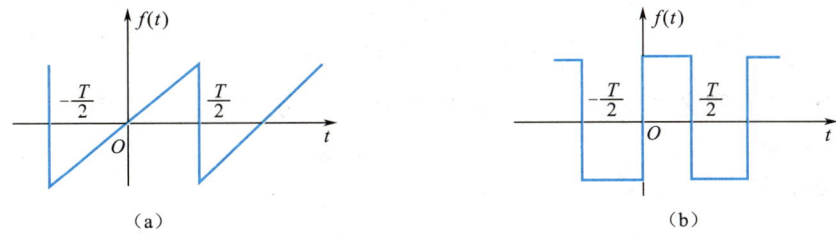

图 12.2.3 奇函数的波形示例

奇函数的傅里叶级数为

$$f(t) = \sum_{k=1}^{\infty} b_k \sin k\omega_1 t \qquad (12.2.7)$$

即级数中不含有常数项和余弦项，只包含属于奇函数类型的谐波分量——$\sin k\omega_1 t$ 项。因此，在求奇函数的傅里叶级数时，只需计算系数 b_k。

2. 偶函数

偶函数 $f(t)$ 满足下列条件。

$$f(t) = f(-t) \qquad (12.2.8)$$

偶函数的波形对称于坐标系的纵轴。图 12.2.4 给出了偶函数的波形示例。

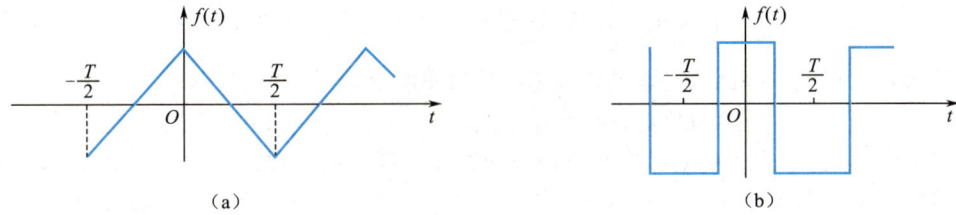

图 12.2.4 偶函数的波形示例

偶函数的傅里叶级数为

$$f(t) = a_0 + \sum_{k=1}^{\infty} a_k \cos k\omega_1 t \qquad (12.2.9)$$

即级数中不含正弦分量，只含有恒定分量和属于偶函数类型的谐波分量——$\cos k\omega_1 t$ 项。因此，在求偶函数的傅里叶级数时，只需计算系数 a_0 和 a_k，而 $b_k=0$。

3. 奇谐波函数

奇谐波函数 $f(t)$ 满足下列条件。

$$f(t) = -f(t \pm \frac{T}{2}) \qquad (12.2.10)$$

奇谐波函数的波形特征是将波形移动半周期后与横轴对称，即具有镜对称性质，如图 12.2.5 中虚线所示。

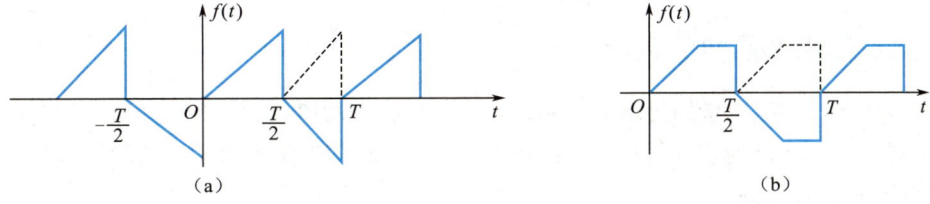

图 12.2.5 奇谐波函数的波形示例

奇谐波函数的傅里叶级数为

$$f(t)=\sum_{k=1}^{\infty}A_{km}\sin(k\omega_1 t+\psi_k), \quad k=1,3,5,\cdots \qquad (12.2.11)$$

即级数中不含有常数项和偶次谐波，因此在求奇谐波函数的傅里叶级数时，有 $a_{2k}=b_{2k}=0$。

4. 偶谐波函数

偶谐波函数 $f(t)$ 满足下列关系。

$$f(t)=f(t\pm\frac{T}{2}) \qquad (12.2.12)$$

偶谐波函数的波形特征是其在一周期内前、后半周的形状完全一样，即将波形移动半个周期后波形重合。图 12.2.6 所示为偶谐波函数的波形示例。

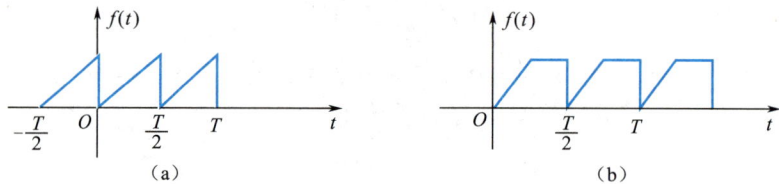

图 12.2.6　偶谐波函数的波形示例

偶谐波函数的傅里叶级数为

$$f(t)=A_0+\sum_{k=2}^{\infty}A_{km}\sin(k\omega_1 t+\psi_k), \quad k=2,4,6,\cdots \qquad (12.2.13)$$

即级数中不含奇次谐波。因此，在求偶谐波函数的傅里叶级数时，只需计算 a_0、a_{2k}、b_{2k}。

应当注意的是，一个周期函数是奇函数还是偶函数，既取决于波形的形状，也取决于坐标原点的位置（计时起点）；而一个周期函数是奇谐波函数还是偶谐波函数，仅决定于函数的波形，与坐标原点的选择无关，即一个波形含有哪些次谐波（A_{km} 的确定）与坐标原点的选择无关，坐标原点的位置只影响谐波的初相位（ψ_k）。因此，可适当选择坐标原点以简化分析计算工作。

【**例 12.2.2**】　试定性指出图 12.2.7 所示波形含有的谐波成分。

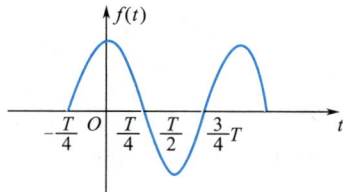

图 12.2.7　例 12.2.2 图

解：从波形特征可以看出，$f(t)$ 既是偶函数，也是奇谐波函数。于是，傅里叶级数中不含直流分量（$a_0=0$）和正弦分量（$b_k=0$），也不含偶次谐波（$a_{2k}=b_{2k}=0$）。故 $f(t)$ 的傅里叶级数的形式为

$$f(t)=\sum_{k=1}^{\infty}a_k\cos k\omega_1 t, \quad k=1,3,5,\cdots$$

12.2.2　非正弦周期函数的频谱

周期函数中各次谐波分量的振幅和初相位可用一种长度与振幅和初相位的大小相对应的线段，按频率的高低顺序依次排列起来所构成的图形来表示，这种图形称为周期函数的频谱图。频谱图分为幅值频谱和相位频谱。

以谐波角频率 $k\omega_1$ 为横坐标轴，在横坐标轴的各谐波角频率所对应的点上，作出一条条的垂直线，称为谱线，这一系列不连续的垂直线即谱线构成频谱图。如果每条谱线的高度表示该频率谐波

的幅值，那么该频谱图称为幅值频谱；如果每一谱线的高度表示该频率谐波的初相位角，那么该频谱图称为相位频谱。

【例 12.2.3】 设周期电流函数 $i(t)$ 的傅里叶级数为

$$i(t) = \frac{\pi}{4} + \cos\left(\omega_1 t + \frac{\pi}{2}\right) + \frac{1}{3}\cos\left(3\omega_1 t - \frac{\pi}{2}\right) + $$
$$\frac{1}{5}\cos\left(5\omega_1 t + \frac{\pi}{2}\right) + \frac{1}{7}\cos\left(7\omega_1 t - \frac{\pi}{2}\right) + \cdots$$

试画出其频谱图。

解：根据 $i(t)$ 的傅里叶级数展开式，画出 $i(t)$ 的幅值频谱和相位频谱如图 12.2.8 所示。

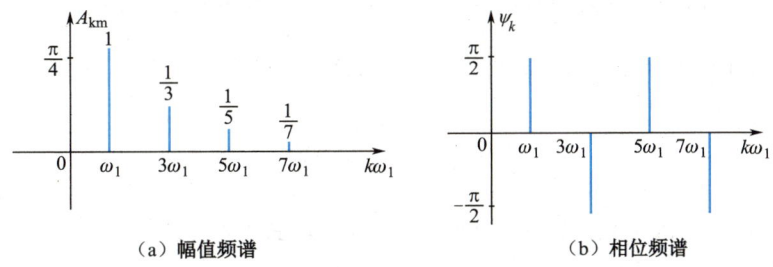

（a）幅值频谱　　　　　　（b）相位频谱

图 12.2.8　周期信号的频谱

由于各次谐波的振幅恒为正，因此幅值频谱图中的谱线总是位于横坐标轴的上方。因为周期信号的傅里叶级数是收敛的，所以幅值频谱中谱线高度变化的总趋势是随 ω 的增加而降低的。

由于初相位的取值范围为 $-180° \sim +180°$，因此相位频谱的谱线可位于横坐标轴的上方，也可位于横坐标轴的下方。

频谱图直观而清晰地表示出一个信号含有哪些谐波分量、各谐波分量所占的比重及其间的相位关系，便于分析周期信号通过电路后其谐波分量的幅值和初相位发生的变化。

12.3　非正弦周期性电压和电流的有效值与平均功率

12.3.1　有效值

10.1 节已指出，周期电流和电压的有效值就是它们的均方根值，如任一周期电流 i 的有效值 I 定义为

$$I = \sqrt{\frac{1}{T}\int_0^T i^2 \mathrm{d}t} \tag{12.3.1}$$

现以周期电流 i 为例，导出周期电压、电流有效值的公式。

设一非正弦周期电流 i 可展开为傅里叶级数

$$i = I_0 + \sum_{k=1}^{\infty} I_{km}\cos(k\omega_1 t + \psi_k)$$

将上式代入式（12.3.1）得

$$I = \sqrt{\frac{1}{T}\int_0^T \left[I_0 + \sum_{k=1}^{\infty} I_{km}\cos(k\omega_1 t + \psi_k)\right]^2 \mathrm{d}t}$$

将上式的被积函数展开，再分别求各项在一周期内的平均值，结果为 4 种类型项。

（1）$\dfrac{1}{T}\int_0^T I_0^2 \mathrm{d}t = I_0^2$

（2）$\dfrac{1}{T}\displaystyle\int_0^T I_{km}^2 \cos^2(k\omega_1 t + \psi_k)\mathrm{d}t = \dfrac{I_{km}^2}{2} = I_k^2$

（3）$\dfrac{1}{T}\displaystyle\int_0^T 2I_0 I_{km}\cos(k\omega_1 t + \psi_k)\mathrm{d}t = 0$

（4）$\dfrac{1}{T}\displaystyle\int_0^T 2I_{km}\cos(k\omega_1 t + \psi_k)I_{pm}\cos(p\omega_1 t + \psi_p)\mathrm{d}t = 0 \ (k \neq p)$

因此可求得周期电流 i 的有效值计算公式为

$$I = \sqrt{I_0^2 + I_1^2 + I_2^2 + \cdots} = \sqrt{I_0^2 + \sum_{k=1}^{\infty} I_k^2} \qquad (12.3.2)$$

式中，$I_k = \dfrac{I_{km}}{\sqrt{2}}$，为 k 次谐波分量的有效值。式（12.3.2）说明非正弦周期电流的有效值等于恒定分量（直流分量）及各谐波分量有效值的平方之和的平方根，此结论可推广用于其他非正弦周期量，如周期电压 u 的有效值计算公式为

$$U = \sqrt{U_0^2 + \sum_{k=1}^{\infty} U_k^2} \qquad (12.3.3)$$

【例 12.3.1】 试计算例 12.2.3 周期性电流 $i(t)$ 的有效值（高次谐波考虑到 7 次谐波为止）。

解： 依题意有

$$i(t) = \left[\dfrac{\pi}{4} + \cos\left(\omega_1 t + \dfrac{\pi}{2}\right) + \dfrac{1}{3}\cos\left(3\omega_1 t - \dfrac{\pi}{2}\right) + \right.$$
$$\left. \dfrac{1}{5}\cos\left(5\omega_1 t + \dfrac{\pi}{2}\right) + \dfrac{1}{7}\cos\left(7\omega_1 t - \dfrac{\pi}{2}\right)\right] \mathrm{A}$$

由式（12.3.2），有 $i(t)$ 的有效值为

$$I = \sqrt{I_0^2 + \sum_{k=1}^{\infty} I_k^2} = \sqrt{I_0^2 + \dfrac{1}{2}\sum_{k=1}^{\infty} I_{km}^2}$$
$$= \sqrt{\left(\dfrac{\pi}{4}\right)^2 + \dfrac{1}{2} \times \left[1^2 + \left(\dfrac{1}{3}\right)^2 + \left(\dfrac{1}{5}\right)^2 + \left(\dfrac{1}{7}\right)^2\right]}$$
$$= 1.097\mathrm{A}$$

12.3.2 平均功率

非正弦二端网络如图 12.3.1 所示。假设二端网络 N 输入端口的周期电压和周期电流分别为 u 和 i，二者取关联参考方向，设 u 和 i 可展开为傅里叶级数，即

$$u = U_0 + \sum_{k=1}^{\infty} U_{km}\cos(k\omega_1 t + \psi_{ku})$$
$$i = I_0 + \sum_{k=1}^{\infty} I_{km}\cos(k\omega_1 t + \psi_{ki})$$

则 N 吸收的瞬时功率为

$$p = ui = \left[U_0 + \sum_{k=1}^{\infty} U_{km}\cos(k\omega_1 t + \psi_{ku})\right]\left[I_0 + \sum_{k=1}^{\infty} I_{km}\cos(k\omega_1 t + \psi_{ki})\right] \qquad (12.3.4)$$

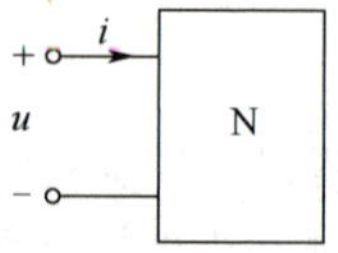

图 12.3.1 非正弦二端网络

N 吸收的平均功率定义为

$$P = \dfrac{1}{T}\int_0^T p\mathrm{d}t$$

将式（12.3.4）代入上式，则非正弦网络的平均功率为

$$P = U_0 I_0 + U_1 I_1 \cos\varphi_1 + U_2 I_2 \cos\varphi_2 + \cdots$$
$$= U_0 I_0 + \sum_{k=1}^{\infty} U_k I_k \cos\varphi_k \quad (12.3.5)$$
$$= P_0 + \sum_{k=1}^{\infty} P_k = \sum_{k=0}^{\infty} P_k$$

式中，$\varphi_k = \psi_{ku} - \psi_{ki}$，为 k 次谐波电压、电流的相位差，即平均功率等于恒定分量的功率与各次谐波的有功功率代数和。由于 φ_k 取值可能大于 90°或小于-90°，因此 P_k 可能为负值。

式（12.3.5）说明只有同频率的电压谐波与电流谐波才能构成平均功率，不同频率的电压谐波和电流谐波只能构成瞬时功率，不产生平均功率。

非正弦电路中的视在功率也定义为

$$S = UI = \sqrt{\sum_{k=0}^{\infty} U_k^2 \sum_{k=0}^{\infty} I_k^2} \quad (12.3.6)$$

等效功率因数定义为

$$\cos\varphi = \frac{P}{S} = \frac{\sum_{k=0}^{\infty} P_k}{\sqrt{\sum_{k=0}^{\infty} U_k^2 \sum_{k=0}^{\infty} I_k^2}} \quad (12.3.7)$$

可以证明，在电路中出现高次谐波电流后，电路的等效功率因数会下降。因此，在电力系统中，应避免出现高次谐波电流。

12.4 非正弦周期性稳态电路的计算

如前所述，本节所讨论的非正弦电路是指非正弦周期激励作用下的线性电路，其计算步骤如下。

（1）将非正弦周期激励分解为傅里叶级数，根据所允许误差的大小，取级数的前几项。

（2）分别求出电源的恒定分量及各次谐波分量单独作用时的响应。恒定分量作用的电路即直流电路，求解时将电容开路、电感短路处理。对各次谐波分量作用的电路，可以用相量法求解，注意将计算结果转换为时域形式。

（3）应用叠加定理将步骤（2）的结果进行叠加，从而求得所需响应。注意，叠加是在时域进行的，即对瞬时值叠加，不能直接用相量叠加。

下面举例说明。

【例 12.4.1】 电路如图 12.4.1（a）所示，已知 $R=100\Omega$，$C=10\mu F$，$\omega_1=500 rad/s$，外加电压是例 12.2.1 所给矩形波电压 u，$E_m=10V$。试求输出电压 u_R，并计算 u_R 的有效值 U_R 及电阻吸收的平均功率 P。

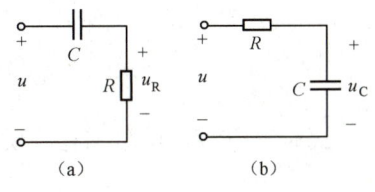

图 12.4.1 例 12.4.1 图

解：（1）由例 12.2.1 可知，u 的傅里叶级数展开式为

$$u = \frac{4E_m}{\pi}\left(\sin\omega_1 t + \frac{1}{3}\sin 3\omega_1 t + \frac{1}{5}\sin 5\omega_1 t + \frac{1}{7}\sin 7\omega_1 t + \cdots\right) V$$

若取前 4 项进行计算并将 $E_m=10V$ 及 $\omega_1=500 rad/s$ 代入，则上式可写为

$$u = [12.73\sin 500t + 4.24\sin(3\times 500t) + 2.55\sin(5\times 500t) + 1.82\sin(7\times 500t)]V$$

（2）对各次谐波采用相量法求解。

$$\frac{1}{\omega_1 C} = \frac{1}{500\times 10\times 10^{-6}} = 200\Omega$$

电路对 k 次谐波的输出电压 u_R 的相量表达式为

$$\dot{U}_{\text{Rm}(k)} = \frac{R\dot{U}_{\text{m}(k)}}{R - j\dfrac{1}{k\omega_1 C}} = \frac{100\dot{U}_{\text{m}(k)}}{100 - j\dfrac{200}{k}}$$

基波（$k=1$）作用时

$$\dot{U}_{\text{m}(1)} = 12.73\underline{/-90°}\text{V}$$

$$\dot{U}_{\text{Rm}(1)} = \frac{100 \times 12.73\underline{/-90°}}{100 - j200} = 5.69\underline{/-26.57°}\text{V}$$

$$P_{(1)} = \frac{1}{2}U_{\text{Rm}(1)}^2 / R = \frac{1}{200}U_{\text{Rm}(1)}^2 = 0.162\text{W}$$

三次谐波（$k=3$）作用时

$$\dot{U}_{\text{m}(3)} = 4.24\underline{/-90°}\text{V}$$

$$\dot{U}_{\text{Rm}(3)} = \frac{100 \times 4.24\underline{/-90°}}{100 - j\dfrac{200}{3}} = 3.53\underline{/-56.3°}\text{V}$$

$$P_{(3)} = \frac{1}{200}U_{\text{Rm}(3)}^2 = 0.062\text{W}$$

同理求得

$$\dot{U}_{\text{Rm}(5)} = 2.37\underline{/-68.2°}$$

$$P_{(5)} = 0.028\text{W}$$

$$\dot{U}_{\text{Rm}(7)} = 1.75\underline{/-74.05°}\text{V}$$

$$P_{(7)} = 0.015\text{W}$$

各次谐波作用的响应的时域表达式为

$$u_{\text{R}(1)} = 5.69\cos(500t - 26.57°)\text{V}$$
$$u_{\text{R}(3)} = 3.53\cos(3 \times 500t - 56.3°)\text{V}$$
$$u_{\text{R}(5)} = 2.37\cos(5 \times 500t - 68.2°)\text{V}$$
$$u_{\text{R}(7)} = 1.75\cos(7 \times 500t - 74.05°)\text{V}$$

（3）按时域形式叠加为

$$\begin{aligned}u_{\text{R}} &= u_{\text{R}(1)} + u_{\text{R}(3)} + u_{\text{R}(5)} + u_{\text{R}(7)} \\&= 5.69\cos(500t - 26.57°) + 3.53\cos(3 \times 500t - 56.3°) + \\&\quad 2.37\cos(5 \times 500t - 68.2°) + 1.75\cos(7 \times 500t - 74.05°)\text{V}\end{aligned}$$

$$P = P_{(1)} + P_{(3)} + P_{(5)} + P_{(7)} = 0.267\text{W}$$

$$U_{\text{R}} = \sqrt{U_{\text{R}(1)}^2 + U_{\text{R}(3)}^2 + U_{\text{R}(5)}^2 + U_{\text{R}(7)}^2} = 5.17\text{V}$$

从本例可以看出，随着谐波频率升高（k 增加），容抗 $X_{\text{C}(k)} = \dfrac{1}{k\omega_1 C} = \dfrac{1}{k}X_{(1)}$ 减小，该次谐波输出电压分量和输入电压分量之比增大。例如，对于基波，有 $\dfrac{U_{\text{R}(1)}}{U_1} = \dfrac{5.69}{12.73} \approx 0.45$，而对于 5 次谐波有 $\dfrac{U_{\text{R}(5)}}{U_5} = \dfrac{2.37}{2.55} \approx 0.93$，即输入电压中的 5 次谐波在电容 C 上的压降很小，大部分传送到输出端，所以高次谐波很容易通过这个电路。利用感抗和容抗对各次谐波的反应不同，将电感和电容组成各种不同电路，让某些所需频率分量顺利通过而抑制某些不需要的分量，这种电路称为滤波器。本例让高次谐波顺利通过，故称为高通滤波器。

若本例如图 12.4.1（b）所示，从电容 C 输出，通过分析可知电路的特性正好与图 12.4.1（a）相反，只有低频信号才能顺利通过，称为低通滤波器，读者可自行分析。

【例 12.4.2】 在图 12.4.2 所示的电路中，已知

$$i_S = \left[\frac{I_m}{2} + \frac{2I_m}{\pi}(\cos\omega_1 t + \frac{1}{3}\cos 3\omega_1 t + \frac{1}{5}\cos 5\omega_1 t + \cdots)\right] A$$

且 $R=20\Omega$，$L=1\text{mH}$，$C=1000\text{pF}$，$I_m=157\mu A$，$\omega_1=10^6 \text{rad/s}$，求电路的端电压 u（计算到 3 次谐波）。

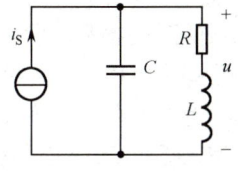

图 12.4.2　例 12.4.2 图

解：（1）依题意 i_S 的傅里叶级数为

$$i_S = \left[78.5 + 100\times(\cos\omega_1 t + \frac{1}{3}\cos 3\omega_1 t) + \cdots\right]\mu A$$

（2）求恒定（直流）分量及各次谐波分量作用。

当直流分量单独作用时，电容相当于开路，电感相当于短路，易知，直流分量电压为

$$U_0 = RI_0 = 20 \times 78.5 \times 10^{-6} = 0.00157\text{V}$$

当一次谐波单独作用时，有

$$X_{L(1)} = \omega_1 L = 10^6 \times 10^{-3} = 1000\Omega$$

$$X_{C(1)} = \frac{1}{\omega_1 C} = \frac{1}{10^6 \times 1000 \times 10^{-12}} = 1000\Omega$$

$$Z_{(1)} = \frac{-jX_{C(1)}(R+jX_{L(1)})}{-jX_{C(1)}+(R+jX_{L(1)})} = \frac{-j1000\times(20+j1000)}{-j1000+20+j1000}$$

$$= 50\times 10^3 \underline{/-0.11°}\Omega \approx 50\times 10^3 \Omega$$

$$\dot{U}_{m(1)} = Z_{(1)}\dot{I}_{m(1)} = 50\times 10^3 \times 100\times 10^{-6} = 5\text{V}$$

同理，对于 3 次谐波作用有

$$X_{L(3)} = 3\omega_1 L = 3000\Omega$$

$$X_{C(3)} = \frac{1}{3\omega_1 C} = 333\Omega$$

$$Z_{(3)} = 374.5\underline{/-89.95°}\Omega$$

$$\dot{U}_{m(3)} = Z_{(3)}\dot{I}_{m(3)} = 0.0125\underline{/-89.95°}\text{V}$$

（3）在时域叠加，得端电压 u 为

$$u = [0.00157 + 5\cos\omega_1 t + 0.0125\cos(3\omega_1 t - 89.95°) + \cdots]\text{V}$$

由本例可知，当基波作用时，由于 $Z_{(1)}$ 的阻抗角非常小，因此可认为此时整个电路呈电阻性，电压 $\dot{U}_1$ 与电流 $\dot{I}_1$ 同相，电路发生谐振。从 u 表达式中可以看出，基波很大而直流分量和其他谐波非常小，即 u 中的一次谐波远远大于其他次谐波。这种能将输入激励转换为某个特定频率的正弦输出电压的电路称为选频电路。

12.5　谐振电路

当所讨论的电压和电流都是时间的函数时，在时间域内对电路的响应进行分析，常称为时域分析。当所讨论的电路中包含不可忽略的电容和电感时，电路的响应还与激励的频率有关，本节是在频率域内对两种典型谐振电路的分析，属于频域分析。

12.5.1　正弦交流电路的频率特性

在交流电路中，电容元件的容抗和电感元件的感抗均与频率有关，在电源频率一定时，它们有一

确定值；当电源电压或电流的频率改变，即使电源电压或电流的幅值不变时，容抗和感抗的值也会随之变化，从而使电路各部分产生的电流和电压（响应）的大小与相位也随着改变。这种响应与频率的关系就称为频率特性，也称为频率响应。

前面已述及，含有电阻、电感和电容元件而不含独立源的二端网络的性质，可分为电容性、电感性和电阻性3种。像这样的二端网络，一般情况下不会是电阻性的；但是当频率变化时，由于容抗和感抗均会发生变化，尽管该二端网络仍含有电感和电容元件，但会使其表现为电阻性的现象，称为谐振现象。此时的频率称为谐振频率，又称为电路的固有频率，它是由网络的结构和电容、电感的参数决定的。产生谐振的由电阻、电容、电感元件组成的电路称为谐振电路。R、L、C 串联及并联谐振电路是两种典型的谐振电路。

研究谐振现象是很有实际意义的。一方面，谐振现象得到了广泛应用，特别是在电子技术中；另一方面，在某些情况下，电路发生谐振会破坏正常的工作，甚至造成事故，如在电力电路中就是如此。

12.5.2 串联谐振电路

串联谐振

在图 12.5.1 所示串联谐振电路中，正弦激励下其阻抗为

$$Z(j\omega) = R + j\left(\omega L - \frac{1}{\omega C}\right) = R + j(X_L - X_C) = R + jX$$

式中，感抗 $\omega L(X_L)$、容抗 $\frac{1}{\omega C}(X_C)$ 及电抗 X，随频率而变化，它们的频率特性如图 12.5.2 所示。

由图 12.5.2 可知，当 $\omega < \omega_0$ 时，$X < 0$，电路呈电容性；当 $\omega > \omega_0$ 时，$X > 0$，电路呈电感性；当 $\omega = \omega_0$ 时，$X = 0$，电路呈电阻性。因此产生谐振的条件为

$$X(\omega_0) = \omega_0 L - \frac{1}{\omega_0 C} = X_L - X_C = 0$$

这种在 RLC 串联谐振电路中发生的谐振现象称为串联谐振，发生谐振的角频率称为谐振角频率，且推得谐振频率为

$$\omega_0 = \frac{1}{\sqrt{LC}}, f_0 = \frac{1}{2\pi\sqrt{LC}} \tag{12.5.1}$$

图 12.5.1　串联谐振电路　　　　图 12.5.2　电抗 X 的频率特性

可见，串联谐振频率只有一个，是由串联谐振电路中的 L、C 参数决定的，与 R 无关。因此，为了实现谐振或消去谐振，可以固定电路参数 L 和 C，改变激励频率；也可以固定激励频率，改变电路参数 L 或 C。例如，调谐收音机在接收广播信号时，就是靠调节电容量的大小使电路达到谐振而实现接收所属广播信号的目的的。

现在再来分析串联谐振时的电路特征。

由阻抗的频率特性可知，在达到谐振时，电路的阻抗为

$$Z(\omega_0) = R + jX(\omega_0) = R$$

即谐振时，阻抗为实数，阻抗角为零，阻抗模 $|Z| = R$ 为最小。

谐振时电路中的电流为

$$\dot{I}_0 = \frac{\dot{U}}{Z(\omega_0)} = \frac{\dot{U}}{R} \quad (12.5.2)$$

即谐振时，电流与电压同相位，在外加电压一定时，电流最大，这是串联谐振电路的一个重要特征。根据这一特征可判断电路是否发生了谐振。

在谐振时，电路中各元件上的电压为

$$\dot{U}_R = R\dot{I}_0 = R\frac{\dot{U}}{R} = \dot{U}$$

$$\dot{U}_L = j\omega_0 L \dot{I}_0 = j\omega_0 L \frac{\dot{U}}{R}$$

$$\dot{U}_C = -j\frac{1}{\omega_0 C}\dot{I}_0 = -j\frac{1}{\omega_0 C}\frac{\dot{U}}{R}$$

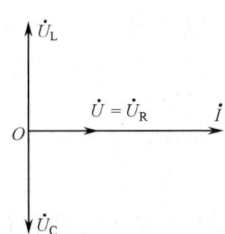

图 12.5.3 串联谐振电路的相量图

由于谐振时，$X_L = X_C$，即 $1/\omega_0 C = \omega_0 L$，因此 $\dot{U}_L = -\dot{U}_C$，即电感电压和电容电压大小相等、相位相反，相互抵消。这种状态是串联谐振电路所特有的，因此串联谐振又称为电压谐振。串联谐振电路的相量图如图 12.5.3 所示。

注意：当 $\omega_0 L$（或 $1/\omega_0 C$）远大于 R 时，电感（或电容）电压就会远大于电源电压。正因为如此，在无线电工程中往往用串联谐振，在电容或电感上获得高于微弱信号电压许多倍的响应电压。但在电力系统中，由于电源电压本身较高，串联谐振可能产生危及设备的过电压，因此应尽量避免。

$\dot{U}_C$ 或 $\dot{U}_L$ 的值与电源电压的比值称为电路的品质因数，用 Q 表示，即

$$Q = \frac{U_C}{U} = \frac{U_L}{U} = \frac{1}{\omega_0 CR} = \frac{\omega_0 L}{R} = \frac{1}{R}\sqrt{\frac{L}{C}} \quad (12.5.3)$$

品质因数表示在谐振时，电容或电感元件上的电压是电源电压的 Q 倍。

下面对串联谐振电路中的功率进行分析。

在谐振时，电压与电流同相，功率因数 $\lambda = \cos\varphi = 1$，电路的无功功率为零，电路吸收的有功功率为

$$P = UI\cos\varphi = UI = I^2 R = \frac{U^2}{R} \quad (12.5.4)$$

虽然整个电路的无功功率为零，但是电容和电感吸收的无功功率并不为零，而分别为

$$Q_L = \omega_0 L I^2, \quad Q_C = -\frac{1}{\omega_0 C} I^2$$

这说明谐振时，外部电路不提供无功功率，但电路内部的电感和电容之间在周期性地进行磁场能量与电场能量的交换，这一能量的总和为

$$w = \frac{1}{2}Li^2 + \frac{1}{2}Cu_C^2 \quad (12.5.5)$$

假设谐振时激励电压 $u = U_m \sin(\omega_0 t)$，则电流和电容电压分别为

$$i = \frac{U_m}{R}\sin(\omega_0 t) = I_m \sin(\omega_0 t)$$

$$u_C = \frac{I_m}{\omega_0 C}\sin\left(\omega_0 t - \frac{\pi}{2}\right) = -U_{Cm}\cos(\omega_0 t)$$

将上式代入式（12.5.5），可得 L 和 C 中能量的总和为

$$w(t) = \frac{1}{2}LI_m^2 \sin^2(\omega_0 t) + \frac{1}{2}CU_{Cm}^2 \cos^2(\omega_0 t)$$

由于 $U_{Cm} = \frac{1}{\omega_0 C} I_m = \sqrt{\frac{L}{C}} I_m$ 和 $U_{Cm} = QU_m$，因此总电磁能量为

$$w = \frac{1}{2} L I_m^2 = \frac{1}{2} C U_{Cm}^2 = \frac{1}{2} CQ^2 U_{Cm}^2 = CQ^2 U^2 = 常数 \qquad (12.5.6)$$

由以上分析可知，在 RLC 串联电路发生谐振时，外部电路只提供有功功率，而与谐振回路的储能元件不再有能量的相互交换。电感和电容中的磁场能量与电场能量随时间做周期性变化，此增彼减，相互转化，总的电磁能量是个常数。

串联电阻的大小虽然不影响串联谐振电路的固有频率，但有控制和调节谐振时电压与电流幅值的作用。

【例 12.5.1】 在图 12.5.4 所示的电路中，电源电压 $U=10\text{mV}$，$\omega=10^4\text{rad/s}$，调节电容 C 以使电路中电流达到最大值 100μA，这时电容上的电压为 600mV。

（1）求 R、L、C 的值及电路的品质因数。

（2）若电源角频率下降 10%，R、L、C 参数不变，求电路中的电流和电容电压。

解：（1）因为电路电流达到最大值，所以电路处于串联谐振状态。而谐振时

$$\dot{I} = \frac{\dot{U}}{R}$$

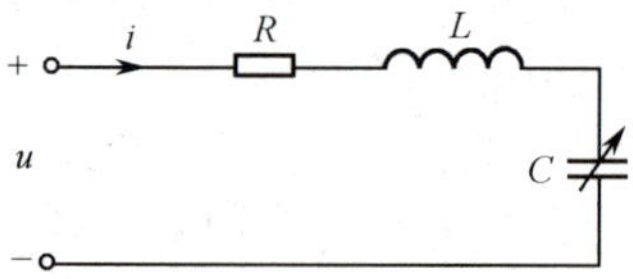

故

$$R = \frac{U}{I} = \frac{10 \times 10^{-3}}{100 \times 10^{-6}} = 100\,\Omega$$

因为

$$U_C = \frac{I}{\omega_0 C}$$

所以

$$C = \frac{I}{\omega_0 U_C} = \frac{100 \times 10^{-6}}{10^4 \times 600 \times 10^{-3}} = 0.017\,\mu\text{F}$$

又因为

$$U_C = U_L = \omega_0 L I$$

所以

$$L = \frac{U_C}{\omega_0 I} = \frac{600 \times 10^{-3}}{10^4 \times 100 \times 10^{-6}} = 0.6\,\text{H}$$

$$Q = \frac{\omega_0 L}{R} = \frac{U_C}{U} = \frac{600 \times 10^{-3}}{10 \times 10^{-3}} = 60$$

图 12.5.4　例 12.5.1 图

（2）当电源角频率下降 10%，即 $\omega = (1-10\%)\omega_0 = 0.9 \times 10^4 = 9 \times 10^3$ 时，有

$$\omega L = 9 \times 10^3 \times 0.6 = 5.4 \times 10^3\,\Omega$$

$$\frac{1}{\omega C} = \frac{1}{9 \times 10^3 \times 0.017 \times 10^{-6}} = 6.54 \times 10^3\,\Omega$$

$$Z = 100 + j(5.4 - 6.54) \times 10^3 = 100 - j1.14 \times 10^3\,\Omega$$

$$|Z| = \sqrt{100^2 + (1.14 \times 10^3)^2} \approx 1.14 \times 10^3\,\Omega$$

由此得电路电流为

$$I = \frac{U}{|Z|} = \frac{10 \times 10^{-3}}{1.14 \times 10^3} \approx 8.77\,\mu\text{A}$$

电容电压

$$U_C = I \frac{1}{\omega C} = 8.77 \times 10^{-6} \times 6.54 \times 10^3 = 57.36\,\text{mV}$$

由上述结果可知，当电源频率偏离谐振频率时，电路电流和电容电压都显著下降。收音机中的调谐电路就是利用这一特点来选择要收听的电台信号的。

由上例可知，在 RLC 串联电路中，电压、电流的有效值和阻抗等均随频率而变化，它们随频率而变化的曲线称为谐振曲线。为作出该曲线，将有关特性做如下变换。

电路阻抗的频率特性可变换成下述形式。

$$Z(j\omega) = R + j(\omega L - \frac{1}{\omega C}) = R + jQ(\frac{\omega L}{Q} - \frac{1}{\omega C Q})$$

$$= R\left[1 + jQ(\eta - \frac{1}{\eta})\right]$$

式中，$\eta = \omega/\omega_0$；$Q = \dfrac{\omega_0 L}{R} = \dfrac{1}{\omega_0 CR}$，为品质因数。于是，电阻电压的有效值与频率的关系可表示为

$$U_R(\eta) = IR = \frac{UR}{R\sqrt{1+Q^2(\eta-\frac{1}{\eta})^2}} = \frac{U}{\sqrt{1+Q^2(\eta-\frac{1}{\eta})^2}}$$

使得

$$\frac{U_R(\eta)}{U} = \frac{1}{\sqrt{1+Q^2(\eta-\frac{1}{\eta})^2}} \tag{12.5.7}$$

式（12.5.7）中所用的变量都是相对值，所以对具有不同参数的 RLC 串联电路都适用，因而这种曲线也称为 RLC 串联电路的通用曲线。图 12.5.5 给出了 3 个不同 Q 值（$Q_3 > Q_2 > Q_1$）的谐振曲线。很显然，谐振曲线的形状与 Q 值有关，Q 值越大，曲线在谐振点附近的形状就越尖锐；当稍微偏离谐振频率时，输出就急剧下降，说明对非谐振频率的输入具有较强的抑制能力，选择性能越好；反之，Q 值越小，曲线越平坦，选择性也越差。

用同样的方法可以得出 U_C 和 U_L 的频率特性如下。

$$U_C = \frac{1}{\omega C}I = \frac{U}{\frac{\omega}{\omega_0}\omega_0 CR\sqrt{1+Q^2(\eta-\frac{1}{\eta})^2}} = \frac{QU}{\sqrt{\eta^2 + Q^2(\eta^2-1)}} \tag{12.5.8}$$

$$U_L = \omega L I = \frac{\omega}{\omega_0}\omega_0 L \frac{U}{R\sqrt{1+Q^2(\eta-\frac{1}{\eta})^2}}$$

$$= \eta\frac{QU}{\sqrt{1+Q^2(\eta-\frac{1}{\eta})^2}} = \frac{QU}{\sqrt{\frac{1}{\eta^2}+Q^2(\frac{1}{\eta^2}-1)^2}} \tag{12.5.9}$$

串联谐振电路 U_C、U_L 的谐振曲线如图 12.5.6 所示。

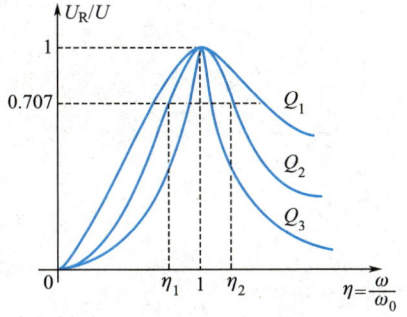

图 12.5.5 3 个不同 Q 值的谐振曲线

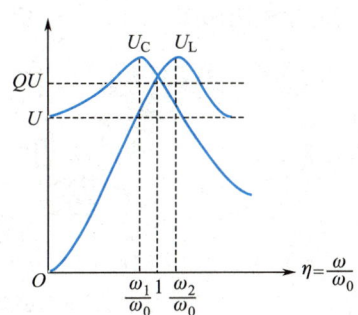

图 12.5.6 串联谐振电路 U_C、U_L 的谐振曲线

当 $\eta=0(\omega=0)$ 时，L 相当于短路，C 相当于开路，$U_L=0$，$U_C=U$；当 $\eta=\infty(\omega=\infty)$ 时，L 相当于开路，C 相当于短路，$U_L=U$，$U_C=0$；谐振时，$\eta=1(\omega=\omega_0)$，$U_L=U_C=QU$，但此时 U_L 和 U_C 并不是最大值。

可以证明，当 $Q > \dfrac{1}{\sqrt{2}} = 0.707$ 时，U_C 和 U_L 才可能出现最大值。它们分别出现在谐振点的左侧和右侧，且两个峰值电压总是相等的，即有

$$U_{C\max} = U_{L\max} = \dfrac{QU}{\sqrt{1-\dfrac{1}{4Q^2}}} > QU$$

当 Q 值增大时，两个峰值向谐振频率靠近，同时峰值增大。当 Q 值很大时，U_C 和 U_L 出现峰值的频率都接近于谐振频率。U_C 和 U_L 的最大值都趋于电源电压的 Q 倍，即

$$U_{C\max} = U_{L\max} \approx QU$$

12.5.3 并联谐振电路

图 12.5.7（a）所示为一 RLC 并联谐振电路，是另一种典型的谐振电路。RLC 并联电路的导纳为

$$Y = G + j(\omega C - \dfrac{1}{\omega L}) = G + jB$$

并联谐振

在 $\omega = \omega_0 = \dfrac{1}{\sqrt{LC}}$ 时，$B(\omega_0) = \omega_0 C - \dfrac{1}{\omega_0 L} = 0$。

因此电路呈电阻性，电压与电流同相位，电路发生谐振。由于谐振发生在并联电路中，因此称为并联谐振。并联谐振时的角频率和频率分别为

$$\omega_0 = \dfrac{1}{\sqrt{LC}}, f_0 = \dfrac{1}{2\pi\sqrt{LC}} \qquad (12.5.10)$$

该频率也称为固有频率。

并联谐振时有

$$Y(j\omega) = G + j(\omega_0 C - \dfrac{1}{\omega_0 L}) = G$$

$$\dot{I} = Y\dot{U} = G\dot{U} = \dot{I}_G$$

$$\dot{I}_L + \dot{I}_C = 0 \qquad (12.5.11)$$

由此可知，当并联谐振时，电路导纳最小或阻抗最大，流过电感和电容的电流大小相等、相位相反，所以并联谐振也称为电流谐振。若保持电压大小一定，则在并联谐振时，电流 I 最小。并联谐振电路的相量图如图 12.5.7（b）所示。

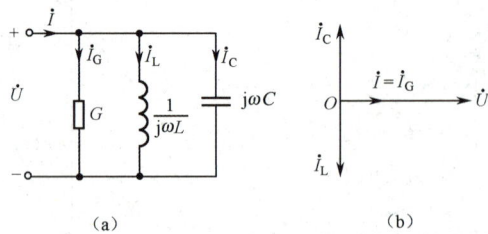

图 12.5.7 RLC 并联谐振电路及其相量图

在并联谐振时，流过电感和电容的电流为

$$\dot{I}_L = -j\dfrac{1}{\omega_0 L}\dot{U} = -jQ\dot{I}, \quad \dot{I}_C = j\omega_0 C\dot{U} = jQ\dot{I}$$

式中，$Q = \dfrac{\omega_0 C}{G} = \dfrac{1}{\omega_0 LG}$，为并联谐振电路的品质因数。若 $Q \gg 1$，则谐振时在电感和电容中会出现

过电流；但从 L、C 两端看进去的等效电纳等于零，即阻抗为无限大，相当于开路。

与串联谐振一样，在并联谐振时，电源也仅提供有功功率，不提供无功功率；电感的磁场能量与电容的电场能量彼此相互交换，两种能量的总和也是一个常数。

并联谐振的谐振曲线可利用对偶关系，参照串联谐振曲线获得。

工程上，常采用电感线圈和电容器并联组成谐振电路。由于实际电感线圈的电阻不能忽略，因此用 R 与 L 的串联组合表示，与电容器并联时的电路如图 12.5.8（a）所示。上述电路的导纳为

$$Y = \frac{1}{R + j\omega L} + j\omega C = \frac{R}{R^2 + \omega^2 L^2} + j(\omega C - \frac{\omega L}{R^2 + \omega^2 L^2})$$

在谐振时，电纳为零，即

$$\omega_0 C - \frac{\omega_0 L}{R^2 + \omega_0^2 L^2} = 0$$

解得

$$\omega_0 = \sqrt{\frac{1}{LC} - \frac{R^2}{L^2}} = \frac{1}{\sqrt{LC}}\sqrt{1 - \frac{CR^2}{L}} \qquad (12.5.12)$$

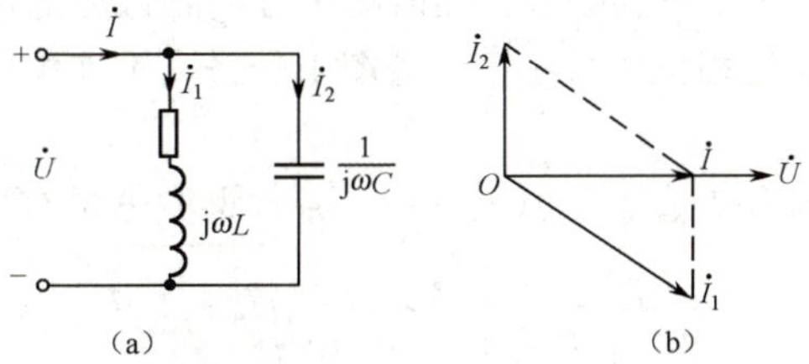

图 12.5.8 电感线圈与电容器并联谐振电路及其相量图

显然，只有当 $1 - \frac{CR^2}{L} > 0$，即 $R < \sqrt{\frac{L}{C}}$ 时，ω_0 才是实数，电路才能发生谐振，谐振频率为 $f_0 = \frac{1}{2\pi\sqrt{LC}}\sqrt{1 - \frac{CR^2}{L}}$；在 $\omega_0 L \gg R$ 的条件下，$f_0 = \frac{1}{2\pi\sqrt{LC}}$，与 RLC 并联电路的谐振频率一样；而在 $R > \sqrt{\frac{L}{C}}$ 时，电路是不会发生谐振的，因为频率不可能为虚数。谐振时的相量图如图 12.5.8（b）所示。

同时，在图 12.5.8 所示的电路中，通常电感线圈的电阻 R 是很小的，谐振时满足 $\omega_0 L \gg R$ 的条件，此时电路阻抗的计算公式可简化如下

$$Z_0 = |Z_0| = \frac{1}{|Y_0|} = \frac{R^2 + \omega_0^2 L^2}{R} \approx \frac{\omega_0^2 L^2}{R} = \frac{L}{RC} \qquad (12.5.13)$$

【例 12.5.2】 在图 12.5.8（a）中，若 L=2mH，C=500pF，R=10Ω，试求谐振频率 f_0 和谐振时电路的阻抗。

解：谐振频率为

$$f_0 = \frac{1}{2\pi\sqrt{LC}}\sqrt{1 - \frac{CR^2}{L}}$$

$$= \frac{1}{2 \times 3.14\sqrt{2 \times 10^{-3} \times 500 \times 10^{-12}}}\sqrt{1 - \frac{500 \times 10^{-12} \times 10^2}{(2 \times 10^{-3})}}$$

$$= 0.1572 \text{MHz}$$

若按简化近似公式计算，则

$$f_0 = \frac{1}{2\pi\sqrt{LC}} = 0.1592 \text{ MHz}$$

两者所得结果相差甚少，故计算谐振频率时，常用 $f_0 = \dfrac{1}{2\pi\sqrt{LC}}$ 的公式计算。

阻抗为
$$Z_0 = |Z_0| = \frac{L}{RC} = \frac{2\times 10^{-3}}{10\times 500\times 10^{-12}} = 0.4\ \text{M}\Omega$$

12.6 本章小结及典型题解

12.6.1 本章小结

1. 非正弦周期性稳态电路的分析

（1）非正弦电路的稳态分析可采用谐波分析法，即首先应用数学中的傅里叶级数，将电路中的非正弦周期性激励信号分解为一系列不同频率的正弦分量之和，再根据线性电路的叠加原理，将非正弦电路转化为一系列不同频率的正弦电路的叠加。

（2）频谱图是谐波分析的一个重要手段。频谱图可方便而直观地表示出一个非正弦周期信号含有哪些谐波以及各谐波振幅和初相位的大小。频谱图由一系列不连续的直线构成，每条直线表示一个谐波的振幅或初相位。

（3）非正弦周期性电量的有效值等于恒定分量及各次谐波分量有效值平方和的平方根。

$$I = \sqrt{I_0^2 + I_1^2 + I_2^2 + \cdots} = \sqrt{I_0^2 + \sum_{k=1}^{\infty} I_k^2}$$

（4）非正弦周期性稳态电路的有功功率即平均功率等于恒定分量和各次谐波有功功率的代数和，各次谐波的有功功率可能为负值，只有同频率的电压、电流才产生有功功率，不同频率的电压和电流不产生平均功率，只能构成瞬时功率。

（5）非正弦电路的计算中各次谐波的电压、电流叠加时，只能是对瞬时值叠加，不能直接用相量叠加。

2. 谐振电路

（1）典型谐振电路包括串联谐振电路和并联谐振电路，在谐振时，外部电路不提供无功功率，但电路内部的电感和电容之间在周期性地进行磁场能量与电场能量的交换。谐振电路的谐振角频率和频率取决于电容与电感值，与电阻值无关，即

$$\omega_0 = \frac{1}{\sqrt{LC}},\ f_0 = \frac{1}{2\pi\sqrt{LC}}$$

（2）串联谐振电路的品质因数为

$$Q = \frac{\omega_0 L}{R} = \frac{1}{\omega_0 CR}$$

Q 值越大，串联谐振电路的选频特性越好。

（3）并联谐振电路的品质因数为

$$Q = \frac{\omega_0 C}{G} = \frac{1}{\omega_0 LG}$$

Q 值越大，并联谐振电路的选频特性越好。串联谐振电路与并联谐振电路具有对偶性。

12.6.2 典型题解

【例 12.6.1】 已知某信号半周期的波形如图 12.6.1（a）所示，试在下列不同条件下画出整个周期的波形。

(1) $a_0=0$；
(2) 对所有 k，$b_k=0$；
(3) 对所有 k，$a_k=0$；
(4) 当 k 为偶数时，a_k 和 b_k 为零。

【解】（1）$a_0=0$，则信号是对称于坐标原点的奇函数，其波形如图 12.6.1（b）所示。
（2）对所有 k，$b_k=0$，则信号是对称于纵坐标轴的偶函数，其波形如图 12.6.1（c）所示。
（3）对所有 k，$a_k=0$，则信号是对称于坐标原点的奇函数，其波形如图 12.6.1（b）所示。
（4）当 k 为偶数时，$a_k=b_k=0$，则信号是镜对称的奇谐波函数，其波形如图 12.6.1（d）所示。

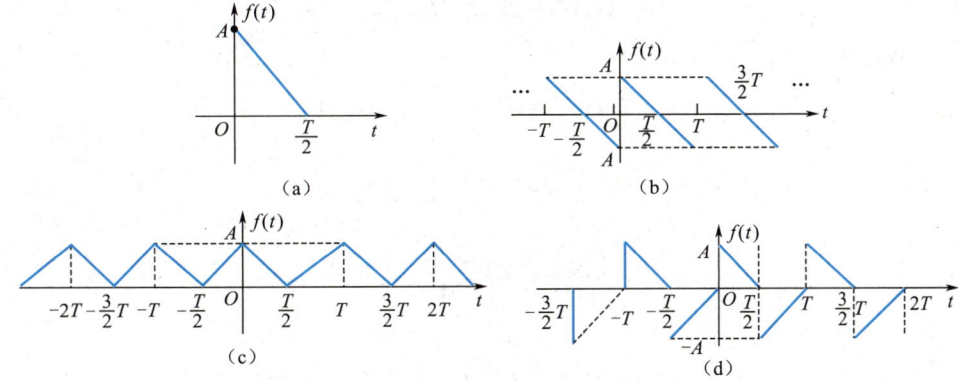

图 12.6.1　例 12.6.1 图

【例 12.6.2】在图 12.6.2 所示的电路中，$i_S=[10+5\sqrt{2}\sin t-4\sqrt{2}\cos(3t-30°)]$A，求 i_1、i_2 和电流源发出的功率及电源电压、电流的有效值。

解：利用叠加定理，当直流源 $i_S=10$A 单独作用时，电感短路，电容开路，可得

$$i_1=0\text{A}，i_2=10\text{A}$$

当电流源 $i_S=5\sqrt{2}\sin t$A 单独作用时，电感电容支路短路，电阻支路开路，则

$$i_1=5\sqrt{2}\sin t\text{A}，i_2=0\text{A}$$

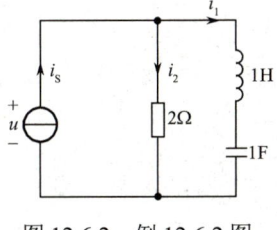

图 12.6.2　例 12.6.2 图

当电流源 $i_S=4\sqrt{2}\cos(3t-30°)$A 单独作用时，可得

$$\dot{I}_1=\frac{4\angle-30°}{2+3\text{j}-\dfrac{\text{j}}{3}}\times 2=\frac{24\angle-30°}{6+8\text{j}}=2.4\angle-83.1°\text{A}$$

$$\dot{I}_2=\frac{4\angle-30°}{2+3\text{j}-\dfrac{\text{j}}{3}}\times(3\text{j}-\dfrac{\text{j}}{3})=3.2\angle 6.9°\text{A}$$

则　　　　　$i_1=5\sqrt{2}\sin t-2.4\sqrt{2}\cos(3t-81.3°)$A，$i_2=10-3.2\sqrt{2}\cos(3t+6.9°)$A

电流源两端电压为　　　　$u=20-6.4\sqrt{2}\cos(3t+6.9°)$V

电流源电压有效值为　　　$U=\sqrt{20^2+6.4^2}=21$V

电流源电流有效值为　　　$I=\sqrt{10^2+5^2+4^2}=\sqrt{141}\approx 11.8$A

电流源发出的功率为　　　$P=200+6.4\times 4\cos(6.9°+30°+180°)=179.5$W

【例 12.6.3】电路如图 12.6.3（a）所示，已知 $u_S(t)=[10\cos t+20\cos 2t]$V，$L_1=3$H，$L_2=\dfrac{1}{3}$H，$C=\dfrac{3}{4}$F，$M=1$H，试求各电流表读数。

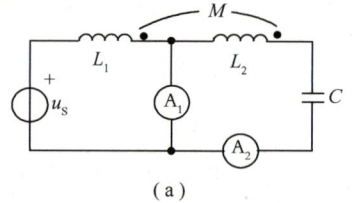 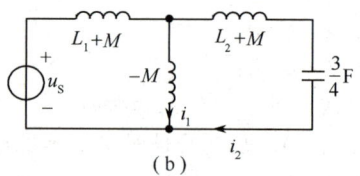

图 12.6.3 例 12.6.3 图

解：去耦等效电路图如图 12.6.3（b）所示。因为
$$u_S=10\cos t + 20\cos 2t, \omega_1=1, \omega_2=2$$
当 $\omega_1=1$ 时，有
$$Z = 4j+(-j)//(\frac{4}{3}j-\frac{4}{3}j)=4j\Omega$$
$$\dot{I} = \frac{10}{\sqrt{2}}/4j = \frac{5\sqrt{2}}{4}\angle -90°A$$
$$\dot{I}_1=0A, \dot{I}_2=\dot{I}=\frac{5\sqrt{2}}{4}\angle -90°A$$

当 $\omega_2=2$ 时，有
$$Z = 8j+(-2j)//(\frac{8}{3}j-\frac{2j}{3})=8j+(-2j)//2j\Omega$$

产生并联谐振，有
$$\dot{I}_1'=\frac{20/\sqrt{2}}{-2j}=5\sqrt{2}j=5\sqrt{2}\angle 90°A, \dot{I}_2'=\frac{20/\sqrt{2}}{2j}=-5\sqrt{2}\angle -90°A$$
$$i_{A2}=i_2+i_2'=\frac{5\sqrt{2}}{4}\times\sqrt{2}\cos(\omega t-90°)+(-5\sqrt{2}\times\sqrt{2}\cos(2\omega t+90°))A$$

所以 A_1 表读数为 $5\sqrt{2}\approx 7.07A$；A_2 表读数为 $\sqrt{(\frac{5\sqrt{2}}{4})^2+(5\sqrt{2})^2}=7.29A$。

【例 12.6.4】电路如图 12.6.4（a）所示，已知 $L=2H, C=\frac{2}{3}F, R=1\Omega, u_{S1}=[1.5+5\sqrt{2}\cos(2t+90°)]V$，电流源电流 $i_{S2}=2\cos(1.5t)A$，求 u_R 及电压源 u_{S1} 发出的功率。

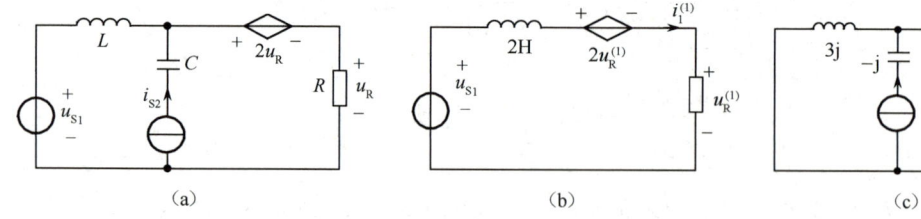

图 12.6.4 例 12.6.4 图

解：当电压源单独作用时，电路如图 12.6.4（b）所示，直流分量为
$$1.5 = 2u_R'+u_R'$$
$$u_R' = i_R'$$
$$i_1'=0.5A, u_R'=0.5V, P_{S1}'=1.5\times 0.5=0.75W$$

交流分量为 $\dot{I}_1''=\frac{1}{5}(4+3j)A$，则 $\dot{U}_R''=\frac{1}{5}(4+3j)V$，$P_{S1}''=5\times 1\times\cos 53°=3W$；

故 $u_R'' = \sqrt{2}\cos(2t+37°)\text{V}$。所以 $u_R^{(1)} = u_R' + u_R'' = 0.5 + \sqrt{2}\cos(2t+37°)\text{V}$。

因此求得 u_{S1} 发出的功率为

$$P_{S1} = P_{S1}' + P_{S1}'' = 3.75\text{W}$$

当电流源单独作用时，电路如图 12.6.4（c）所示。此时，$\dot{U}_R^{(2)} = \dfrac{\sqrt{2}}{2}(1+\text{j})\text{V}$，则 $u_R^{(2)} = \sqrt{2}\cos(1.5t+45°)\text{V}$，故

$$u_R = u_R^{(1)} + u_R^{(2)} = 0.5 + \sqrt{2}\cos(2t+37°) + \sqrt{2}\cos(1.5t+45°)\text{V}$$

习　题　12

12.1　试求图 T12.1 所示波形的傅里叶级数。

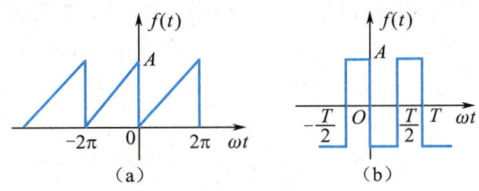

图 T12.1　习题 12.1 图

12.2　试求图 T12.2 所示全波整流波形的傅里叶级数，并画出频谱图。

12.3　电路如图 T12.3 所示，已知 $R=100\Omega$，$\omega L = \dfrac{1}{\omega C} = 200\Omega$，$u(t) = [10+100\cos\omega t + 60\cos(2\omega t + 30°)]\text{V}$，试求 u_{ab}。

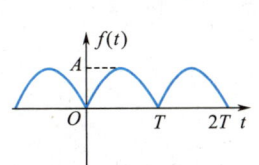

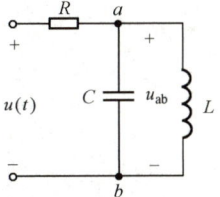

图 T12.2　习题 12.2 图　　　　　　　图 T12.3　习题 12.3 图

12.4　图 T12.4 所示低通滤波电路的输入电压为 $u_1(t) = [400+100\cos(3\times314t)-20\cos(6\times314t)]\text{V}$，试求负载电压 $u_2(t)$。

12.5　在图 T12.5 所示的电路中，已知 $u_{S1}=2\text{V}$，$u_{S2}=(2+4\sqrt{2}\cos 2t)\text{V}$，求 u_0。

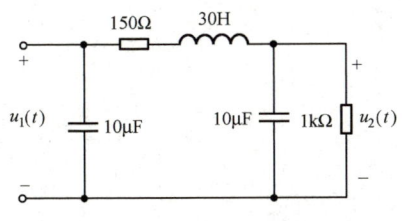

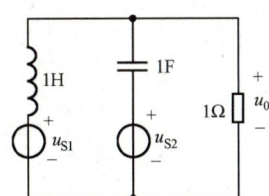

图 T12.4　习题 12.4 图　　　　　　　图 T12.5　习题 12.5 图

12.6　在图 T12.6 所示的电路中，u_S 为非正弦周期电压，其中含有 $3\omega_1$ 及 $7\omega_1$ 的谐波分量。如果要求在输出电压 u 中不含这两个谐波分量，L、C 应为多少？

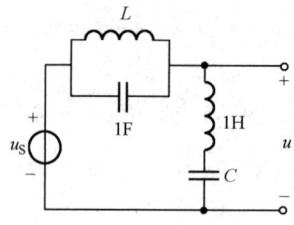

图 T12.6 习题 12.6 图

12.7 已知某二端网络的端口电压和电流分别为

$$u(t) = (50 + 50\cos 500t + 30\cos 1000t + 20\cos 1500t)\text{V}$$

$$i(t) = [1.667\cos(500t + 86.19°) + 15\cos 1000t + 1.191\cos(1500t - 83.16°)]\text{A}$$

（1）求此二端网络吸收的功率。

（2）若用一个 RLC 串联电路来模拟这个二端网络，R、L、C 应取何值？

第 13 章 耦合电感和理想变压器

[内容提要]

本章主要介绍耦合电感元件中的磁耦合现象。互感、同名端和耦合系数的概念、含耦合电感电路的电压、电流关系及相应计算，同时对空心变压器和理想变压器进行分析，并得出它们的伏安关系及阻抗变换性质。

13.1 耦合电感元件

通电线圈之间通过彼此的磁场相互联系的现象称为磁耦合。存在磁耦合的线圈称为耦合线圈或互感线圈。其电路模型由耦合电感元件组成。

13.1.1 耦合电感的电压、电流关系

图 13.1.1（a）所示为两个相互有磁耦合关系的线圈，线圈的匝数分别为 N_1 和 N_2。当线圈 1 通以电流 i_1 时，产生的磁通除穿过线圈 1 之外，有一部分还穿过线圈 2；在线圈 1 全部匝数 N_1 中形成的磁链称为自感磁链，用 ψ_{11} 表示；在线圈 2 全部匝数 N_2 中形成的磁链称为互感磁链，用 ψ_{21} 表示。同样，当线圈 2 通以电流 i_2 时，在线圈 2 中会形成自感磁链 ψ_{22}，在线圈 1 中会形成互感磁链 ψ_{12}。为讨论方便，规定：每个线圈的电压、电流方向取关联参考方向，且每个线圈电流的方向和该电流所产生的磁通的方向，符合右手螺旋定则，如图 13.1.1（a）所示。各磁链与各电流的关系为

$$\psi_{11}=L_1 i_1, \qquad \psi_{21}=M_{21} i_1, \qquad \psi_{22}=L_2 i_2, \qquad \psi_{12}=M_{12} i_2$$

式中，L_1 和 L_2 分别为线圈 1 和线圈 2 的自感系数，简称自感；M_{21} 和 M_{12} 均为两线圈间的互感系数，简称互感。它们的单位为亨利，用 H 表示。在上述参考方向下，互感总为正值。可以证明，磁场的媒质是静止的，有 $M_{21}=M_{12}$，以后统一用 M 表示。

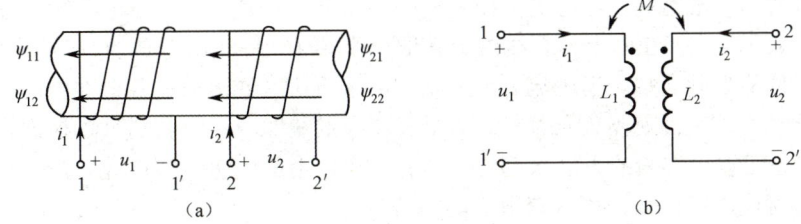

图 13.1.1 两个线圈的互感

工程上，常用耦合系数 k 表示两个线圈磁耦合的紧密程度，定义为

$$k \stackrel{\text{def}}{=} \frac{M}{\sqrt{L_1 L_2}} \tag{13.1.1}$$

由自感与互感的定义，有

$$k^2 = \frac{M_{12}M_{21}}{L_1 L_2} = \frac{\psi_{12}\psi_{21}}{\psi_{11}\psi_{22}} = \frac{N_1 \Phi_{12} N_2 \Phi_{21}}{N_1 \Phi_{11} N_2 \Phi_{22}} = \frac{\Phi_{12}\Phi_{21}}{\Phi_{11}\Phi_{22}}$$

式中，Φ_{11} 和 Φ_{22} 分别为线圈 1 和线圈 2 的自感磁通；Φ_{12} 为线圈 2 对线圈 1 的互感磁通；Φ_{21} 为线圈 1 对线圈 2 的互感磁通。

因为 $\Phi_{12} \leq \Phi_{22}$、$\Phi_{21} \leq \Phi_{11}$，所以 $k \leq 1$，互感磁通越接近自感磁通，k 值就越大，表示两个线圈之间耦合越紧密。当 $k=1$ 时，称为全耦合。显然，此时 k 为最大值 1，$M=\sqrt{L_1 L_2}$，而 k 的最小值为零，即 $M=0$，表示无互感的情况。

若两个线圈中同时有电流 i_1 和 i_2 存在，则每个线圈中总磁链为本身的磁链和由另一个线圈中电流形成的互感磁链的代数和。对于图 13.1.1（a）所示的情况，与线圈 1 和线圈 2 交链的磁链 ψ_1 与 ψ_2 分别为

$$\begin{cases} \psi_1 = \psi_{11} + \psi_{12} = L_1 i_1 + M i_2 \\ \psi_2 = \psi_{22} + \psi_{21} = L_2 i_2 + M i_1 \end{cases} \tag{13.1.2}$$

由于图 13.1.1（a）中，两个线圈的自感磁链和互感磁链参考方向相同，它们相互加强，因此式（13.1.2）中，ψ_{12}、ψ_{21}、$M i_1$、$M i_2$ 各项前均为正号"+"。

当电流 i_1 和 i_2 随时间变化时，线圈中磁场及其磁链也随时间变化，根据电磁感应定律，将在线圈中产生感应电动势，便得

$$\begin{cases} u_1 = \dfrac{\mathrm{d}\psi_1}{\mathrm{d}t} = \dfrac{\mathrm{d}\psi_{11}}{\mathrm{d}t} + \dfrac{\mathrm{d}\psi_{12}}{\mathrm{d}t} = L_1 \dfrac{\mathrm{d}i_1}{\mathrm{d}t} + M \dfrac{\mathrm{d}i_2}{\mathrm{d}t} \\ u_2 = \dfrac{\mathrm{d}\psi_2}{\mathrm{d}t} = \dfrac{\mathrm{d}\psi_{21}}{\mathrm{d}t} + \dfrac{\mathrm{d}\psi_{22}}{\mathrm{d}t} = M \dfrac{\mathrm{d}i_1}{\mathrm{d}t} + L_2 \dfrac{\mathrm{d}i_2}{\mathrm{d}t} \end{cases} \tag{13.1.3}$$

在正弦稳态下，式（13.1.3）可用相量形式来表示。

$$\left. \begin{array}{l} \dot{U}_1 = \mathrm{j}\omega L_1 \dot{I}_1 + \mathrm{j}\omega M \dot{I}_2 = \mathrm{j}X_{L_1} \dot{I}_1 + \mathrm{j}X_M \dot{I}_2 \\ \dot{U}_2 = \mathrm{j}\omega M \dot{I}_1 + \mathrm{j}\omega L_2 \dot{I}_2 = \mathrm{j}X_M \dot{I}_1 + \mathrm{j}X_{L_2} \dot{I}_2 \end{array} \right\} \tag{13.1.4}$$

由此可知，每个线圈的电压均由自感磁链产生的自感电压和互感磁链产生的互感电压两部分组成，是这两部分叠加的结果。

13.1.2　同名端

式（13.1.2）～式（13.1.4）是按关联参考方向及两个线圈如图 13.1.1（a）中的相对位置推导出来的。在磁耦合时，互感磁链对自感磁链有两种作用：一是增强自感磁链，此时互感磁链与自感磁链的方向一致；二是削弱自感磁链，此时互感磁链与自感磁链方向相反。到底是哪种作用，这与两个线圈的相对位置和绕法有关，也与电压和电流的参考方向有关。为了便于反映"增强"或"削弱"作用和简化图形表示，人们在两个耦合线圈上各取一个端子，标注出特殊的符号，如小圆点或"*"，这样的一对端子便称为同名端。当电流 i_1 和 i_2 从同名端流进（或流出）各自线圈时，互感起增强作用，M 前面取正号"+"，否则取负号"-"。两个有耦合的线圈，其同名端可以根据它们的绕向和相对位置来判别，也可以用实验的方法来确定。当有两个以上的电感线圈彼此之间存在磁耦合时，同名端应当一对一对地加以标记，每对应用不同的符号。

图 13.1.1（b）是从图 13.1.1（a）中抽象出来的理想化电路模型，是一种线性时不变双口元件，称为耦合电感元件，它由 L_1、L_2 和 M 三个参数来表征。

由此电路模型便可直接得出电压和电流之间的关系，即

$$u_1 = L_1 \dfrac{\mathrm{d}i_1}{\mathrm{d}t} + M \dfrac{\mathrm{d}i_2}{\mathrm{d}t}, \quad u_2 = M \dfrac{\mathrm{d}i_1}{\mathrm{d}t} + L_2 \dfrac{\mathrm{d}i_2}{\mathrm{d}t} \tag{13.1.5}$$

若耦合电感的电路模型如图 13.1.2 所示，则磁链电压与电流之间的关系如下。

$$\left. \begin{array}{l} \psi_1 = \psi_{11} - \psi_{12} = L_1 i_1 - M i_2 \\ \psi_2 = -\psi_{21} + \psi_{22} = -M i_1 + L_2 i_2 \end{array} \right\} \tag{13.1.6}$$

$$u_1 = L_1\frac{di_1}{dt} - M\frac{di_2}{dt}, u_2 = -M\frac{di_1}{dt} + L_2\frac{di_2}{dt} \quad (13.1.7)$$

当耦合线圈中的电阻不能忽略时，其电路模型可用两个电阻与一个耦合电感组成，如图 13.1.3 所示。在耦合线圈含有铁芯时，磁链与电流不再存在线性关系，参数 L_1、L_2 和 M 将随电流而变化，其电路模型也将改变。但是在线圈电流很小或在小信号工作的条件下，仍可用线性电感来构成由铁心耦合的线圈的电路模型。

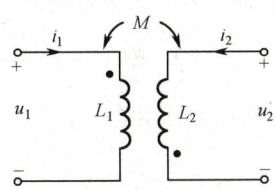

图 13.1.2 耦合电感的电路模型

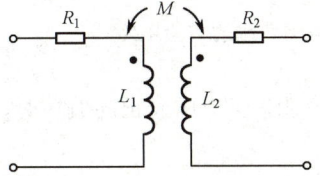

图 13.1.3 耦合线圈的电路模型

耦合电感除上述电路模型之外，还可用电感元件和受控电压源来模拟。例如，若用电流控制的电压源（CCVS）表示互感电压的作用，则图 13.1.1（b）所示的电路可用图 13.1.4 所示的电路来代替。

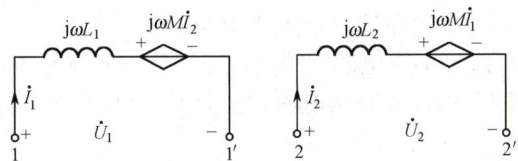

图 13.1.4 用 CCVS 表示的耦合电感电路

不难看出，受控源电压（互感电压）的极性与产生它的变化电流的参考方向相对，同名端的方向是一致的。若一线圈中的电流参考方向由同名端指向异名端，则由此电流引起的在另一线圈上的互感电压极性由"+"到"-"的方向也是从同名端到异名端的方向。

【例 13.1.1】 在图 13.1.4 中，$i_1=10\sqrt{2}\sin(100t)$A，$i_2=5\sqrt{2}\sin(100t)$A，$L_1=2$H，$L_2=3$H，$M=1$H。求两个耦合线圈中的磁链和端电压 u_1、u_2。

解： 由于电流 i_1、i_2 都是从同名端流进线圈的，因此互感磁链与自感磁链的方向一致。各磁链的计算为

$$\psi_{11}=L_1i_1=20\sqrt{2}\sin(100t)\text{Wb}$$
$$\psi_{22}=L_2i_2=15\sqrt{2}\sin(100t)\text{Wb}$$
$$\psi_{12}=Mi_2=5\sqrt{2}\sin(100t)\text{Wb}$$
$$\psi_{21}=Mi_1=10\sqrt{2}\sin(100t)\text{Wb}$$

两个线圈的磁链分别为

$$\psi_1=\psi_{11}+\psi_{12}=25\sqrt{2}\sin(100t)\text{Wb}$$
$$\psi_2=\psi_{22}+\psi_{21}=25\sqrt{2}\sin(100t)\text{Wb}$$

同理，互感电压与自感电压的方向也是一致的。

$$u_1 = L_1\frac{di_1}{dt} + M\frac{di_2}{dt} = \frac{d\psi_1}{dt} = 2500\sqrt{2}\cos(100t) = 2500\sqrt{2}\sin(100t+\frac{\pi}{2})\text{ V}$$

$$u_2 = M\frac{di_1}{dt} + L_2\frac{di_2}{dt} = \frac{d\psi_2}{dt} = 2500\sqrt{2}\sin(100t+\frac{\pi}{2})\text{ V}$$

在耦合线圈的相对位置和绕向不能识别时，可用实验的方法来确定同名端。图 13.1.5 便是这一方法的一种实验电路，图中 U_S 是直流电源，R 为限流电阻，Ⓥ 是高电阻直流电压表。

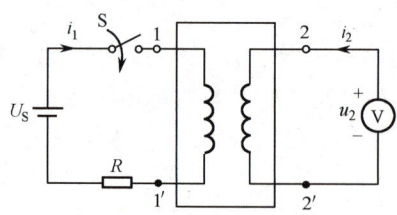

图 13.1.5　确定同名端的实验电路

在图 13.1.5 中，当开关 S 闭合时，电流 i_1 由零增加到某一量值，电流 i_1 对时间的变化率大于零，即 $\dfrac{di_1}{dt} > 0$，由于电压表内阻非常大，线圈 2 中的电流为零，即 $i_2=0$，线圈 2 便只有互感电压。此时，若发现电压表指针正向偏转，说明 $u_2=M\dfrac{di_1}{dt}>0$，则可断定 1 和 2 是同名端；若开关闭合瞬间，发现电压表指针反向偏转，说明 $u_2=-M\dfrac{di_1}{dt}<0$，则 1 和 2′ 是同名端。

上述分析说明，当电压表正向偏转时，与电压表正极相联的端子和与直流电压源正极相联的端子是同名端。

13.2　含有耦合电感电路的分析

含有耦合电感的电路与一般电路的区别仅在于耦合电感中除有自感电压之外，还有互感电压。因此，在分析含有耦合电感的电路时，只要处理好互感电压及其作用，其余的就与一般电路的分析方法相同。在正弦稳态分析时，仍可采用相量法。只是应注意在列 KVL 方程时，由于耦合电感支路的电压不仅与本支路电流有关，还与其他某些支路电流有关，因此要正确利用同名端计入互感电压，必要时可引用 CCVS 来表示互感电压的作用。

13.2.1　耦合电感的串联

耦合电感的串联有两种方式：顺接和反接。顺接是将两个线圈的异名端接在一起，如图 13.2.1（a）所示，电流均从同名端流入，互感磁场与自感磁场方向相同，起增强作用；反接是将两个线圈的同名端相连，如图 13.2.1（b）所示，电流从两个线圈的异名端流入，互感磁场与自感磁场方向相反，起削弱作用。

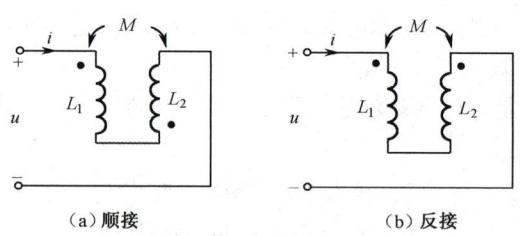

（a）顺接　　　　　　　　　（b）反接

图 13.2.1　耦合电感的串接电路

在耦合电感串联时，无论是哪种连接，都可用一个不含互感的电路来等效替代。在图 13.2.2（a）所示的顺接电路中，假设两个线圈的电阻分别为 R_1 和 R_2，自感分别为 L_1 和 L_2，它们之间的互感为 M，则可得顺接串联线圈两端的电压和电流的关系式为

$$u = R_1 i + L_1 \dfrac{di}{dt} + M \dfrac{di}{dt} + R_2 i + L_2 \dfrac{di}{dt} + M \dfrac{di}{dt}$$

$$= (R_1+R_2)i + (L_1+L_2+2M)\dfrac{di}{dt} = Ri + L'\dfrac{di}{dt}$$

式中，$L'=L_1+L_2+2M$；$R=R_1+R_2$。

由上式可知，含耦合电感的顺接串联电路，可用 R 和 L 串联的电路来等效，成为无耦合的电感电路，这样的电路称为去耦等效电路。图 13.2.2（a）所示电路的去耦等效电路如图 13.2.2（b）所示。

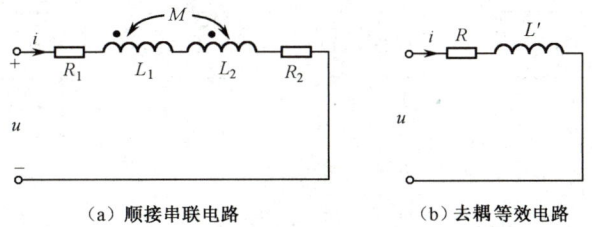

(a) 顺接串联电路　　　　　(b) 去耦等效电路

图 13.2.2　耦合电感顺接串联电路及其去耦等效电路

如果两个线圈为反接串联，由于互感磁场是削弱自感磁场的，因此 M 前应取负号"−"，可得反接串联线圈两端的电压和电流的关系为

$$u = R_1 i + L_1 \frac{di}{dt} - M\frac{di}{dt} + R_2 i + L_2 \frac{di}{dt} - M\frac{di}{dt}$$

$$= (R_1+R_2)i + (L_1+L_2-2M)\frac{di}{dt} = Ri + L''\frac{di}{dt}$$

式中，$L''=L_1+L_2-2M$。

综合以上讨论，得到耦合电感串联时的等效电感为

$$L = L_1 + L_2 \pm 2M \tag{13.2.1}$$

由上述可知，耦合电感在顺接串联时的等效电感比反接串联时的等效电感大 $4M$。由此，可用实验方法测量出互感的量值，即测出顺接串联时的电感 L' 和反接串联时的电感 L''，就可确定互感值为

$$M = \frac{L' - L''}{4} \tag{13.2.2}$$

同时，可根据电感值较大（或较小）时线圈的连接情况来判断其同名端。

对于正弦稳态电路，上述电压和电流的关系，可用相量形式表示。

顺接串联时　　　$\dot U = [R_1+R_2+j\omega(L_1+L_2+2M)]\dot I$ 　　　(13.2.3)

反接串联时　　　$\dot U = [R_1+R_2+j\omega(L_1+L_2-2M)]\dot I$ 　　　(13.2.4)

【例 13.2.1】在图 13.2.2（a）所示的电路中，$R_1=2\Omega$，$\omega L_1=16\Omega$，$R_2=4\Omega$，$\omega L_2=27\Omega$，$\omega M=18\Omega$，$\dot U = 20$V。试求电路中的电流 $\dot I$、电路吸收的复功率和耦合电感的耦合系数。

解：
$$Z_1 = R_1 + j(\omega L_1 + \omega M) = 2 + j34\,\Omega$$
$$Z_2 = R_2 + j(\omega L_2 + \omega M) = 4 + j45\,\Omega$$
$$Z = Z_1 + Z_2 = 2+j34+4+j45 = 6+j79 = 79.2\underline{/85.7°}\,\Omega$$

假设　　　$\dot U = U\underline{/0°} = 20\underline{/0°}$ V

则　　　$\dot I = \dfrac{\dot U}{Z} = \dfrac{20\underline{/0°}}{79.2\underline{/85.7°}} = 0.25\underline{/-85.7°}$ A

而　　　$\dot I^* = 0.25\underline{/85.7°}$ A

故　　　$\tilde S = \dot U \dot I^* = 20\underline{/0°} \times 0.25\underline{/85.7°} = 5\underline{/85.7°}$
$$= 0.37 + j11.99\,\text{VA}$$

耦合系数为　　　$k = \dfrac{M}{\sqrt{L_1 L_2}} = \dfrac{\omega M}{\sqrt{(\omega L_1)(\omega L_2)}} = \dfrac{18}{\sqrt{16\times 27}} = 0.886$

【例 13.2.2】图 13.2.3 所示为确定互感线圈同名端及 M 值的交流实验电路。电源电压为 $U=220$V，$f=50$Hz。按图 13.2.3（a）所示连接时，端口电流 $I=2.5$A，$P=62.5$W；按图 13.2.3（b）所示连接时（线圈位置不变），$I=5$A。试根据实验结果确定两个线圈同名端及互感值 M。

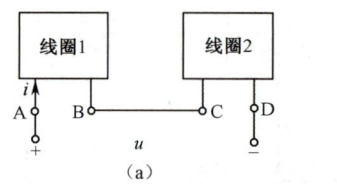
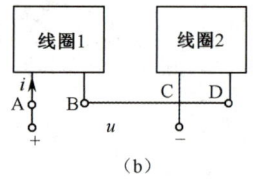

图 13.2.3 例 13.2.2 图

解：由式（13.2.1）可知，当两个线圈顺接时，等效阻抗必是大于反接时的等效阻抗，因此端电压相同时，顺接时的端口电流必定小于反接时的端口电流。而图 13.2.3（a）中的端口电流 2.5A 小于图 13.2.3（b）中的端口电流，故图 13.2.3（a）为顺接，图 13.2.3（b）为反接。因此，A 和 C 是同名端。

设线圈 1、2 的电阻和自感分别为 R_1、R_2 和 L_1、L_2，互感为 M。对于图 13.2.3（a）所示的接法，则有

$$I = \frac{220}{\sqrt{(R_1+R_2)^2 + \omega^2(L_1+L_2+2M)^2}} = 2.5\,\text{A} \tag{13.2.5}$$

因为
$$P = I^2(R_1+R_2) = (R_1+R_2)\times 2.5^2 = 62.5\,\text{W}$$

所以
$$R_1+R_2 = \frac{P}{I^2} = \frac{62.5}{2.5^2} = 10\,\Omega$$

对于图 13.2.3（b）所示的接法，有

$$I = \frac{220}{\sqrt{(R_1+R_2)^2 + \omega^2(L_1+L_2-2M)^2}} = 5\,\text{A} \tag{13.2.6}$$

将 $R_1+R_2=10\Omega$ 及 $\omega=2\pi f=314\,\text{rad/s}$ 代入式（13.2.5）和式（13.2.6），得

$$\begin{cases} \dfrac{220^2}{10^2+314^2(L_1+L_2+2M)^2} = 2.5^2 \\ \dfrac{220^2}{10^2+314^2(L_1+L_2-2M)^2} = 5^2 \end{cases}$$

解上述方程组，得

$$M = 35.5\,\text{mH}$$

13.2.2 耦合电感的并联

耦合电感也可以并联连接，连接的方式也有两种：一种是线圈的同名端连接在同一点上，称为同侧并联，如图 13.2.4（a）所示；另一种是线圈的异名端连接在一点上，称为异侧并联，如图 13.2.4（b）所示。

对于同侧并联电路，按图中标出的参考方向，有

$$\left.\begin{aligned} u &= L_1\frac{\mathrm{d}i_1}{\mathrm{d}t} + M\frac{\mathrm{d}i_2}{\mathrm{d}t} \\ u &= L_2\frac{\mathrm{d}i_2}{\mathrm{d}t} + M\frac{\mathrm{d}i_1}{\mathrm{d}t} \\ i &= i_1 + i_2 \end{aligned}\right\}$$

在正弦稳态下，上述方程用相量形式表示为

$$\left.\begin{aligned} \dot{U} &= \mathrm{j}\omega L_1\dot{I}_1 + \mathrm{j}\omega M\dot{I}_2 \\ \dot{U} &= \mathrm{j}\omega L_2\dot{I}_2 + \mathrm{j}\omega M\dot{I}_1 \\ \dot{I} &= \dot{I}_1 + \dot{I}_2 \end{aligned}\right\}$$

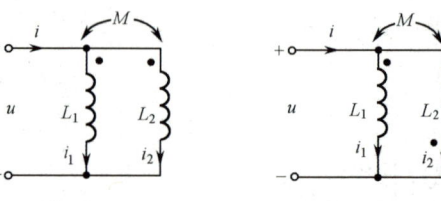

（a）同侧并联电路　　（b）异侧并联电路

图 13.2.4 耦合电感的并联电路

联立求解上面的方程,可得输入阻抗为

$$Z = \frac{\dot{U}}{\dot{I}} = j\omega \frac{L_1 L_2 - M^2}{L_1 + L_2 - 2M}$$

即并联等效电感为

$$L = \frac{L_1 L_2 - M^2}{L_1 + L_2 - 2M}$$

同理,可推出异侧并联时的等效电感为

$$L = \frac{L_1 L_2 - M^2}{L_1 + L_2 + 2M}$$

综合以上讨论,耦合电感并联时的等效电感为

$$L = \frac{L_1 L_2 - M^2}{L_1 + L_2 \mp 2M} \tag{13.2.7}$$

其中,$2M$ 前的符号的确定原则是:同侧并联时取"–",异侧并联时取"+"。

13.2.3 去耦等效电路

在对含有耦合电感的电路进行分析时,如上所述,关键是如何处理互感和互感电压。解决这一问题后,耦合电感电路的分析就与一般电路完全相同了。无互感的等效电路,称为去耦等效电路。耦合电感电路的去耦方法不同,所得的去耦等效电路也不相同。

1. 采用等效电感的去耦电路

当耦合电感串联时,前面已经讨论,它的等效电感如式(13.2.1)所示。在电路中,将这一等效电感去替代耦合电感所得的电路,便是耦合电感串联时的去耦电路。这时只要注意顺接时 $2M$ 前取"+",反接时 $2M$ 前取"–"。顺接串联电路的去耦等效电路如图 13.2.2(b)所示。

同样,当耦合电感并联时,它的等效电感如式(13.2.7)所示。将该电感替代电路中的耦合电感,就得耦合电感并联时的去耦电路。

若耦合电感只有一个公共端,则可用 3 个电感连接成星形网络来等效,它们的等效条件推导如下。

图 13.2.5(a)所示为有一个公共端的耦合电感电路,其电压、电流方程为

$$u_1 = L_1 \frac{di_1}{dt} + M \frac{di_2}{dt}, \quad u_2 = M \frac{di_1}{dt} + L_2 \frac{di_2}{dt} \tag{13.2.8}$$

图 13.2.5(b)所示为它的去耦等效电路,则网孔电压方程为

$$u_1 = (L_a + L_b) \frac{di_1}{dt} + L_b \frac{di_2}{dt}, \quad u_2 = L_b \frac{di_1}{dt} + (L_b + L_c) \frac{di_2}{dt} \tag{13.2.9}$$

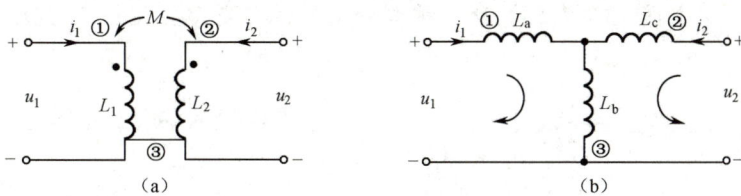

图 13.2.5 耦合电感电路及其去耦等效电路

令式(13.2.8)与式(13.2.9)各系数分别相等,则得

$$\left. \begin{array}{l} L_1 = L_a + L_b \\ L_2 = L_b + L_c \\ M = L_b \end{array} \right\}$$

由此解得
$$\left.\begin{array}{l} L_a = L_1 - M \\ L_b = M \\ L_c = L_2 - M \end{array}\right\} \qquad (13.2.10)$$

这便是耦合电感与其去耦等效电路的等效条件，若图 13.2.5（a）中的同名端改变位置，则 M 前的符号也要改变。在含有耦合电感的电路中，将耦合电感用没有耦合关系的等效电感的星形连接替代后，也常常可以简化电路的分析。

耦合电感并联时的等效电感也可按上述等效电路得出。

图 13.2.6（a）和图 13.2.6（b）所示分别为耦合电感的同侧并联和异侧并联。而图 13.2.6（c）和图 13.2.6（d）所示分别为它们的去耦等效电路。

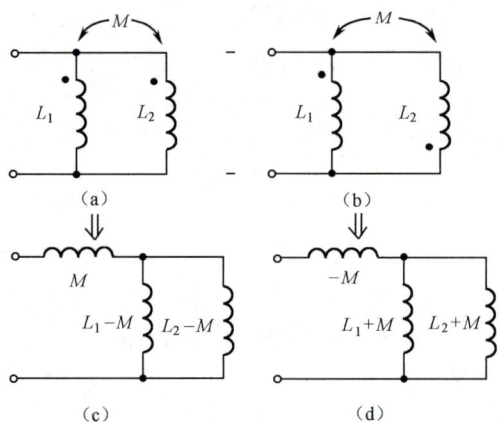

图 13.2.6　耦合电感的并联及其去耦等效电路

在图 13.2.6（c）中等值电感为
$$L = M + \frac{(L_1 - M)(L_2 - M)}{(L_1 - M) + (L_2 - M)}$$
$$= \frac{L_1 L_2 - M^2}{L_1 + L_2 - 2M}$$

在图 13.2.6（d）中等值电感为
$$L = -M + \frac{(L_1 + M)(L_2 + M)}{(L_1 + M) + (L_2 + M)} = \frac{L_1 L_2 - M^2}{L_1 + L_2 + 2M}$$

很显然，所得的结果与前面推出的式（13.2.7）完全一致。由此，耦合电感并联时的去耦等效电路，也可用图 13.2.6（c）和图 13.2.6（d）分别表示。

【例 13.2.3】　试求图 13.2.7（a）所示单口网络的等效电路。图中 $R=5\Omega$，$L_1=6H$，$L_2=4H$，$L_3=5H$，$M=2H$。

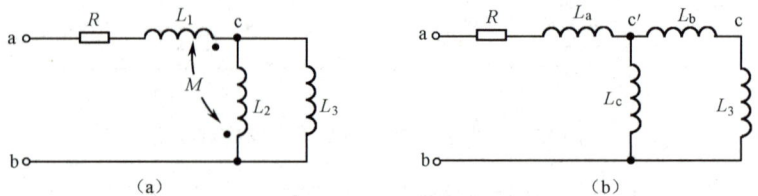

图 13.2.7　例 13.2.3 图

解：L_1 和 L_2 是有互感的两个线圈，将它们用星形网络的 3 个电感代替，得图 13.2.7（b）所示的去耦等效电路。由于有互感的两个线圈是异名端相连的，因此式（13.2.10）中 M 前的符号要改变。

由此得出的3个电感的电感值为
$$L_a = L_1 + M = 6 + 2 = 8\text{ H}$$
$$L_b = -M = -2\text{H}$$
$$L_c = L_2 + M = 4 + 2 = 6\text{H}$$

由图 13.2.7（b）可得总电感为（注意利用电感串并联公式）
$$L = 8 + \frac{6 \times (5-2)}{6 + (5-2)} = 8 + 2 = 10\text{H}$$

于是，图 13.2.7（a）所示单口网络的等效电路为 5Ω 电阻与 10H 电感的串联电路。

2. 采用受控源的去耦等效电路

对具有互感耦合的电路，还可以将互感电压的作用看作是电流控制的电压源（CCVS），就能得到含受控源的去耦等效电路。

只是应注意受控源的电压方向，它应与产生它的变化电流的参考方向对同名端是一致的。

图 13.2.8（a）所示为耦合电感同侧并联电路的相量模型，图 13.2.8（b）则是它的用受控源表示的去耦等效电路。图中受控源电压的方向均与产生它的电流对同名端的方向是一致的。

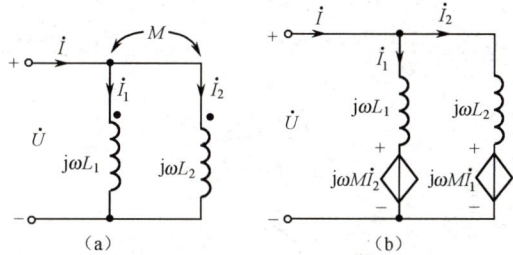

图 13.2.8　同侧并联及其去耦等效电路

【例 13.2.4】 电路如图 13.2.9（a）所示，设 $\dot{U}_{S1} = 9\underline{/0°}$ V，$\dot{U}_{S2} = 6\underline{/90°}$ V，$X_{L1} = 4Ω$，$X_{L2} = 3Ω$，$X_C = 1Ω$，$X_M = 1Ω$。求电压 $\dot{U}_{AB}$。

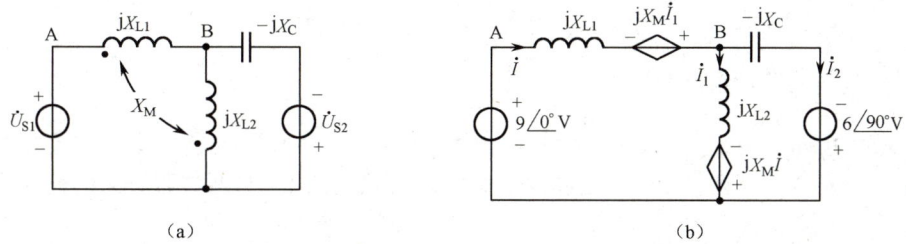

图 13.2.9　例 13.2.4 图

解：将互感电压用 CCVS 代替，可得图 13.2.9（b）所示的采用受控源的等效电路模型。按此图列出的方程为

$$j4\dot{I} - j\dot{I}_1 + j3\dot{I}_1 = 9 + j\dot{I} \tag{13.2.11}$$

$$-j\dot{I}_2 + j\dot{I} - j3\dot{I}_1 = j6 \quad （注意，\dot{U}_{S2} = 6\underline{/90°} = j6） \tag{13.2.12}$$

$$\dot{I} = \dot{I}_1 + \dot{I}_2 \tag{13.2.13}$$

将式（13.2.13）代入式（13.2.12），得
$$-j\dot{I}_2 + j\dot{I}_1 + j\dot{I}_2 - j3\dot{I}_1 = j6$$

解得
$$\dot{I}_1 = -3\text{ A}, \quad \dot{I} = \dot{I}_2 - 3\text{ A}$$

将上两式代入式（13.2.11），得 $\dot{I}_2 = 5 - j3$，所以

由此可得
$$\dot{I} = 2 - j3 \text{ A}$$
$$\dot{U}_{AB} = jX_{L1}\dot{I} - jX_M\dot{I}_1 = j4 \times (2-j3) + j3$$
$$= 12 + j11 = 16.28 \angle 42.5° \text{ V}$$

13.3 空心变压器

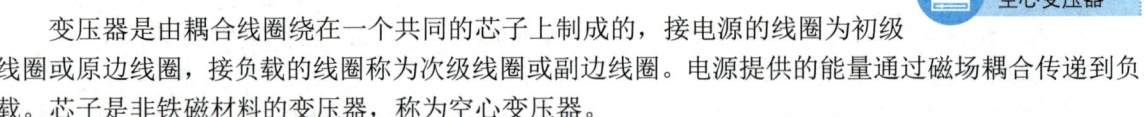

变压器是由耦合线圈绕在一个共同的芯子上制成的,接电源的线圈为初级线圈或原边线圈,接负载的线圈称为次级线圈或副边线圈。电源提供的能量通过磁场耦合传递到负载。芯子是非铁磁材料的变压器,称为空心变压器。

空心变压器电路的相量模型如图 13.3.1 所示。图中 R_1、R_2 分别为初、次级线圈的电阻,L_1、L_2 分别是它们的自感,M 为它们的互感,Z_L 为负载阻抗。按图中的参考方向,原、副边回路的电压方程为

$$\left.\begin{array}{l}(R_1 + j\omega L_1)\dot{I}_1 + j\omega M\dot{I}_2 = \dot{U}_1 \\ j\omega M\dot{I}_1 + (R_2 + j\omega L_2 + Z_L)\dot{I}_2 = 0\end{array}\right\} \quad (13.3.1)$$

令 $Z_{11}=R_1+j\omega L_1$,称为原边回路阻抗;令 $Z_{22}=R_2+j\omega L_2+Z_L$,称为副边回路阻抗,令 $Z_{12}=Z_{21}=j\omega M$,为原、副边回路互阻抗。式(13.3.1)可写成

$$\begin{cases} Z_{11}\dot{I}_1 + Z_{12}\dot{I}_2 = \dot{U}_1 \\ Z_{21}\dot{I}_1 + Z_{22}\dot{I}_2 = 0 \end{cases} \quad (13.3.2)$$

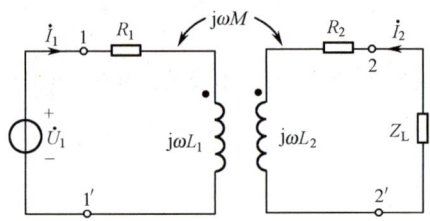

图 13.3.1 空心变压器电路的相量模型

13.3.1 原边等效电路

由图 13.3.1 可知,从电源端 1—1' 看进去,空心变压器和负载阻抗 Z_L 一起可以看成是电源的负载。既然是一个负载,则可以用一个阻抗来等效它,这就是从 1—1' 两端看进去的输入阻抗。

解方程组(13.3.2),可得

$$\dot{U}_1 = Z_{11}\dot{I}_1 - \frac{Z_{12}Z_{21}}{Z_{22}}\dot{I}_1 = \left[Z_{11} + \frac{(\omega M)^2}{Z_{22}}\right]\dot{I}_1$$

于是,该输入阻抗为

$$Z_i = \frac{\dot{U}_1}{\dot{I}_1} = Z_{11} + \frac{(\omega M)^2}{Z_{22}} = Z_{11} + Z_{r12} \quad (13.3.3)$$

式中,$Z_{11}=R_1+j\omega L_1$,为原边回路阻抗;$Z_{r12} = \frac{(\omega M)^2}{Z_{22}} = \frac{(\omega M)^2}{R_2 + j\omega L_2 + Z_L}$,为反映阻抗,即副边回路阻抗通过互感反映到原边回路的等效阻抗。若负载开路,$Z_{22} \to \infty$,$Z_{r12}=0$,则 $Z_i=Z_{11}=R_1+j\omega L_1$,不受副边回路的影响。若接入负载 Z_L,$\dot{I}_2 \neq 0$,则输入阻抗 $Z_i=Z_{11}+Z_{r12}$,其中 Z_{r12} 反映出副边回路的影响,实部反映副边回路中电阻的能量损耗,虚部反映副边回路中储能元件与原边回路的能量交换。

也就是说，负载的存在给原边回路增加了"负担"，这一"负担"相当于在原边回路中增加了一个阻抗 Z_{r12}。

由式（13.3.3）可给出空心变压器原边回路的等效电路，如图 13.3.2 所示。

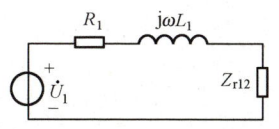

图 13.3.2 原边回路的等效电路

在进行空心变压器电路分析计算时，先由原边等效电路求得原边回路电流 $\dot{I}_1$，即

$$\dot{I}_1 = \frac{\dot{U}_1}{Z_{11} + \frac{(\omega M)^2}{Z_{22}}} \tag{13.3.4}$$

再利用式（13.3.1）求出副边回路电流 $\dot{I}_2$，即

$$\dot{I}_2 = \frac{-j\omega M \dot{I}_1}{R_2 + j\omega L_2 + Z_L} = \frac{-j\omega M \dot{I}_1}{Z_{22}} \tag{13.3.5}$$

若只改变图 13.3.1 所示电路中的同名端，则式（13.3.1）和式（13.3.5）中 M 前的符号应改变，但不会影响输入阻抗、反映阻抗和等效电路。

【例 13.3.1】 电路如图 13.3.3 所示，已知 $\dot{U}_S = 10\angle 0°$ V，$R_1 = 1\Omega$，$R_2 = 0.4\Omega$，$R_L = 1.6\Omega$，$X_{L1} = 3\Omega$，$X_{L2} = 2\Omega$，$X_M = 2\Omega$，求 $\dot{I}_1$ 和 $\dot{I}_2$。

解： 先求反映阻抗，即

$$Z_{r12} = \frac{\omega^2 M^2}{Z_{22}} = \frac{4}{0.4 + j2 + 1.6} = \frac{4}{2 + j2} = (1 - j)\,\Omega$$

结果表明，反映阻抗的性质与 Z_{22} 相反，即感性阻抗变为容性阻抗了。

再求输入阻抗为

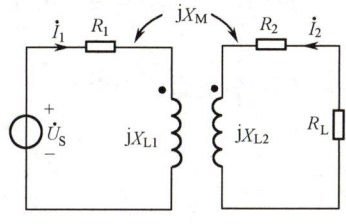

图 13.3.3 例 13.3.1 图

$$Z_i = Z_{11} + Z_{r12} = (1 + j3) + (1 - j) = 2 + j2\,\Omega$$

故原边电流和副边电流为

$$\dot{I}_1 = \frac{\dot{U}_S}{Z_i} = \frac{10\angle 0°}{2 + j2} = 2.5\sqrt{2}\angle -45°\,A$$

$$\dot{I}_2 = \frac{-j\omega M \dot{I}_1}{Z_{22}} = \frac{-j2 \times 2.5\sqrt{2}\angle -45°}{2 + j2} = -2.5\,A$$

13.3.2 副边等效电路

从图 13.3.1 的 2-2' 两端向左看进去，这是一个含源二端网络，利用戴维南定理，可得到副边戴维南等效电路，如图 13.3.4 所示。2-2' 端的开路电压为

$$\dot{U}_{oc} = j\omega M \dot{I}_1 = \frac{j\omega M \dot{U}_1}{R_1 + j\omega L_1} = \frac{j\omega M}{Z_{11}} \dot{U}_1 \tag{13.3.6}$$

注意：$\dot{U}_{oc}$ 的极性与同名端是有关的。

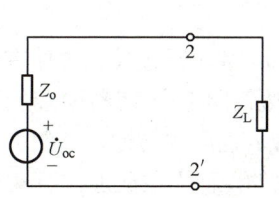

图 13.3.4 副边戴维南等效电路

戴维南等效阻抗为

$$Z_o = R_2 + j\omega L_2 + \frac{(\omega M)^2}{Z_{11}} = R_2 + j\omega L_2 + Z_{r21} \tag{13.3.7}$$

式中，$Z_{r21} = \frac{(\omega M)^2}{Z_{11}}$，为原边回路在副边回路的反映阻抗。它是副边戴维南等效阻抗 Z_o 的一部分，也应注意，反映阻抗 Z_{r21} 与 Z_{r12} 一样与同名端无关。

得到副边等效电路之后，便可直接求得副边电流及负载的电压和功率。根据最大功率传输定理，

当负载 Z_L 与 Z_o 共轭匹配时，即 $Z_L=Z_o^*$，可获得最大功率为

$$P_{max}=U_{oc}^2/4R_o$$

【例 13.3.2】 在图 13.3.3 中，若参数不变，试求负载电阻 R_L 所吸收的功率。若负载为阻抗 Z_L，且阻抗可调整，试求获得最大功率时的负载值及获得的最大功率。

解：由例 13.3.1 可知，当电路各参数不变时，有

$$\dot{I}_2 = -2.5\text{A}$$

负载电阻 R_L 吸收的平均功率为

$$P = R_L I_2^2 = 1.6 \times 2.5^2 = 10\text{W}$$

为求得获取最大功率时的负载值，先将 R_L 断开，求出含源二端网络的戴维南等效电路。由式（13.3.6）求得开路电压为

$$\dot{U}_{oc} = \frac{j\omega M \dot{U}_1}{R_1 + j\omega L_1} = \frac{j2 \times 10}{1+j3} = 6.325\underline{/18.44°}\text{ V}$$

由式（13.3.7）求出戴维南等效阻抗为

$$Z_o = R_2 + j\omega L_2 + \frac{\omega^2 M^2}{R_1 + j\omega L_1} = 0.4 + j2 + \frac{4}{1+j3} = 0.8 + j0.8\ \Omega$$

再根据最大功率传输定理，当 $Z_L = Z_o^*$ 时，才能获得最大功率，所以此时的负载值为

$$Z_L = Z_o^* = 0.8 - j0.8\Omega$$

所获得的最大功率为

$$P_{max} = \frac{U_{oc}^2}{4R_o} = \frac{6.325^2}{4 \times 0.8} \approx 12.5\text{ W}$$

13.4 理想变压器

理想变压器

13.4.1 理想变压器的特性方程

空心变压器的芯子是非铁磁材料，若芯子是铁磁材料的变压器，则称为铁芯变压器，如图 13.4.1 所示。

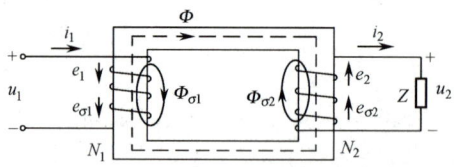

图 13.4.1 铁芯变压器

设一次、二次绕组的匝数分别为 N_1、N_2，当原边线圈接上交流电压 u_1 时，原边线圈中便有电流 i_1 通过，其磁动势 $N_1 i_1$ 产生的磁通绝大部分通过铁芯而闭合，从而在副边线圈上产生感应电动势。若副边线圈接有负载，则副边线圈中有电流 i_2 通过。副边线圈的磁动势 $N_2 i_2$ 也产生磁通，其绝大部分也通过铁芯闭合。故铁芯中的磁通是由原、副边线圈的磁动势共同产生的，称为主磁通，用 Φ 表示，主磁通穿过原、副边线圈而在其中感应出的电动势分别为 e_1 和 e_2。此外，一次、二次绕组的磁动势产生的磁通有一小部分通过空气而闭合，称为漏磁通，它仅与本绕组相交链，从而在各自的绕组中分别产生漏磁电动势 $e_{\sigma 1}$ 和 $e_{\sigma 2}$。

仍采用关联参考方向，可列出原、副边线圈电路的电压方程，原边回路电压方程为

第 13 章 耦合电感和理想变压器

$$u_1+e_1+e_{\sigma1}=R_1i_1 \quad (13.4.1)$$

副边回路电压方程为

$$e_2+e_{\sigma2}=R_2i_2+u_2 \quad (13.4.2)$$

式中，R_1 和 R_2 分别为原边线圈和副边线圈的等效电阻。

另外，由安培环路定理可得，铁芯变压器磁动势和磁通的关系为

$$i_1N_1+i_2N_2=Hl=\frac{B}{\mu}l=\frac{\Phi}{\mu S}l \quad (13.4.3)$$

式中，B、H 分别为铁芯中的磁感应强度、磁场强度；S 为铁芯截面积；l 为铁芯中平均磁路长度；μ 为铁芯的磁导率。

将铁芯变压器理想化，便是理想变压器。所谓理想变压器，是指耦合系数为 1 且不消耗能量的变压器。铁芯磁导率极高，远大于空气的磁导率，这样便可略去漏磁通不计；磁通 Φ 就全部集中于铁芯，与原、副边线圈全部匝数交链。此时，线圈的互感磁通必等于自感磁通，耦合系数为1。略去漏磁通，则由此产生的感应电动势 $e_{\sigma1}$ 和 $e_{\sigma2}$ 也会略去。此外，铁芯变压器的线圈由铜（或铝）导线绕制而成，电阻较小，所消耗的能量与磁通的磁场能相比也可忽略不计，即变压器不消耗能量。这样理想化后，铁芯变压器便成为理想变压器。理想变压器的电路符号如图 13.4.2 所示。其中 $n=N_1/N_2$ 称为变压器的变比，N_1 和 N_2 分别为一次、二次绕组的匝数，该参数也是理想变压器的唯一参数。

在进行理想化、略去线圈的电阻和漏磁通后，由电磁感应定律得

$$u_1=\frac{d\psi_1}{dt}=N_1\frac{d\Phi}{dt}, \quad u_2=\frac{d\psi_2}{dt}=N_2\frac{d\Phi}{dt}$$

即

$$u_1=\frac{N_1}{N_2}u_2=nu_2 \quad (13.4.4)$$

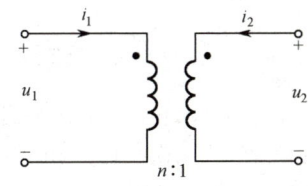

图 13.4.2 理想变压器

式（13.4.4）表示了理想变压器变换电压的作用。在式（13.4.3）中，μ 为铁磁材料的磁导率，它是非常大的，若理想化，则 $\mu=\infty$，而磁通 Φ 又为有限值，因此式（13.4.3）便成为

$$i_1N_1+i_2N_2=0$$

即

$$i_1=-\frac{1}{n}i_2 \quad (13.4.5)$$

式（13.4.5）表示了理想变压器变换电流的作用。

式（13.4.4）和式（13.4.5）是理想变压器的特性方程。在正弦稳态电路中，u_1、u_2、i_1、i_2 可用相应相量表示；方程中的 "$\pm$"，必须根据 u_1、u_2 和 i_1、i_2 的参考方向与同名端的关系确定。如果 u_1 和 u_2 与同名端极性相同，那么 u_1、u_2 关系式中取 "$+$"；反之取 "$-$"。如果 i_1、i_2 均从同名端流入（或流出），那么 i_1、i_2 关系式中取 "$-$"；否则取 "$+$"。特性方程表明了变压器有变换电压和变换电流的作用。

将式（13.4.4）与式（13.4.5）两边相乘，得

$$u_1i_1=nu_2(-\frac{1}{n})i_2=-u_2i_2$$

即

$$p=u_1i_1+u_2i_2=0$$

也就是说，理想变压器吸收的瞬时功率恒等于零，它不是耗能元件。

【例 13.4.1】 图 13.4.3 所示变压器为理想变压器，变比 $n=\frac{1}{2}$，$\dot{I}_S=10\underline{/0°}$ A，$R=1\Omega$，$X_L=2\Omega$，$X_C=1\Omega$，$R_L=1\Omega$，求流过电阻 R_L 中的电流 $\dot{I}$。

解：设理想变压器原副边电压、电流分别为 $\dot{U}_1$、$\dot{I}_1$ 和 $\dot{U}_2$、$\dot{I}_2$。原副边电路的 KCL 方程为

$$\frac{\dot{U}_1}{1}+\dot{I}_1=10\underline{/0°}, \quad \frac{\dot{U}_2}{1+\text{j}2}+\frac{\dot{U}_2}{-\text{j}}=\dot{I}_2$$

对于所设定的 $\dot{U}_1$、$\dot{I}_1$、$\dot{U}_2$、$\dot{I}_2$ 的参考方向，理想变压器的特性方程为

$$\dot{U}_1=\frac{1}{2}\dot{U}_2 \quad \text{（两个电压的参考方向在同名端极性相同时，取"+"）}$$

$$\dot{I}_1=2\dot{I}_2 \quad \text{（两个电流不同时从同名端流入，取"+"）}$$

联立求解上述 4 个方程，得

$$\dot{U}_2=\frac{5}{\frac{1}{4}+\frac{1}{1+\text{j}2}+\frac{1}{-\text{j}}}=\frac{100}{9+\text{j}12}\text{V}$$

所以

$$\dot{I}=\frac{\dot{U}_2}{1+\text{j}2}=\frac{100}{(9+\text{j}12)(1+\text{j}2)}=2.98\underline{/-116.6°}\text{ A}$$

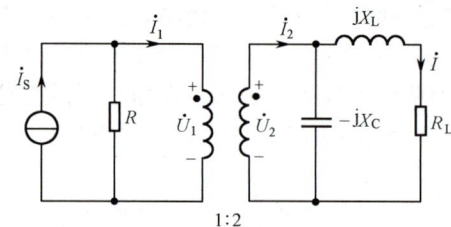

图 13.4.3　例 13.4.1 图

13.4.2　理想变压器变换阻抗的性质

前面已阐述，理想变压器有变换电压和电流的作用，这种按变比变换的作用，还可以反映在阻抗的变换上。在图 13.4.4 所示的电路中，当理想变压器副边终端 2-2′ 有负载阻抗 Z_L 时，则从 1—1′ 端口看进去的等效阻抗为

$$Z'_{11}=\frac{\dot{U}_1}{\dot{I}_1}=\frac{n\dot{U}_2}{-\frac{1}{n}\dot{I}_2}=n^2\left(-\frac{\dot{U}_2}{\dot{I}_2}\right)=n^2Z_L \qquad (13.4.6)$$

式（13.4.6）表明，当副边接阻抗 Z_L 时，对原边来说相当于在原边接了一个值为 n^2Z_L 的阻抗，即副边折合至原边的等效阻抗。这就是理想变压器变换阻抗的性质。折合阻抗的计算与同名端无关。

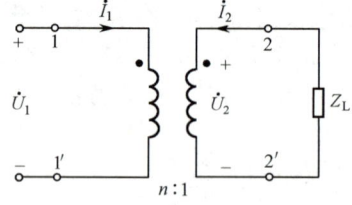

图 13.4.4　理想变压器变换阻抗的作用

在分析含理想变压器的电路时，由于原、副边回路没有直接的电路联系，是磁场将它们联系在一起的，因此分析计算起来较为复杂。利用变换阻抗的性质，将副边阻抗折合到原边回路中去后，则与一般电路的分析计算一样，就简化了这种电路的分析计算。

在电子技术中，常利用理想变压器阻抗的变换作用来实现阻抗匹配。

【例 13.4.2】在图 13.4.5（a）所示的电路中，变压器为理想变压器，变比 $n=2$，$\dot{U}_1=100\underline{/0°}$ V，$R=4\Omega$，$X_C=4\Omega$，$Z_L=(1+\text{j})\Omega$。求理想变压器副边电流 $\dot{I}_2$ 和负载吸收的功率。

解法 1：先计算出 $\dot{I}_1$，再计算 $\dot{I}_2$ 和负载功率。

将副边回路的负载 Z_L 折合到原边回路，得

$$Z_i = n^2 Z_L = 2^2 \times (1+j) = 4+j4 \, \Omega$$

得出原边的等效电路如图 13.4.5（b）所示。由此解得原边电流为

$$\dot{I}_1 = \frac{\dot{U}_1}{R_1 - jX_C + Z_i} = \frac{100\underline{/0°}}{4-j4+4+j4} = 12.5\underline{/0°} \text{ A}$$

依据特性方程，可得副边电流为

$$\dot{I}_2 = -n\dot{I}_1 = -2 \times 12.5\underline{/0°} = 25\underline{/180°} \text{ A}$$

负载吸收的功率为

$$P = I_2^2 \text{Re}[Z_L] = 25^2 \times 1 = 625 \text{ W}$$

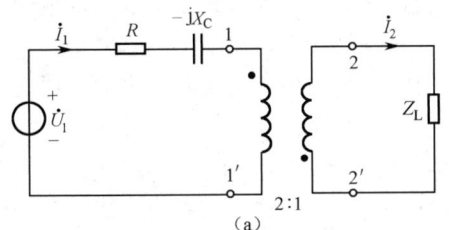 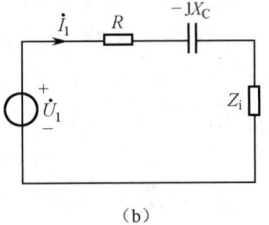

图 13.4.5　例 13.4.2 图

解法 2：用戴维南定理求副边电流 $\dot{I}_2$ 及负载功率。

将图 13.4.5（a）的副边 2-2' 端断开，求出其左边的戴维南等效电路。$\dot{U}_{oc}$ 和 Z_o 可分别从图 13.4.6（b）和图 13.4.6（c）中求得。

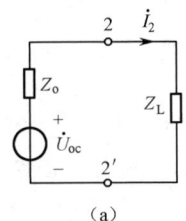 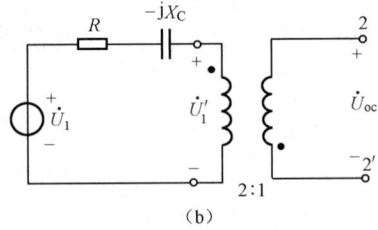 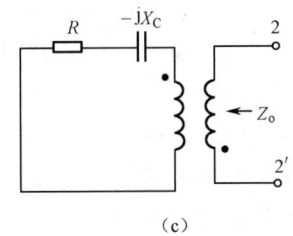

图 13.4.6　戴维南等效电路

副边开路，$\dot{I}_2=0$；由理想变压器的特性以及 $\dot{I}_1=0$，可得

$$\dot{U}_1' = 100\underline{/0°} \text{ V}$$

则

$$\dot{U}_{oc} = \frac{-1}{n}\dot{U}_1' = -\frac{1}{2} \times 100 = 50\underline{/180°} \text{ V}$$

在图 13.4.6（c）中，由变换阻抗的性质有

$$Z_o = \frac{1}{n^2}(R-jX_C) = \frac{1}{4} \times (4-j4) = (1-j) \, \Omega$$

式中，Z_o 为原边阻抗折合到副边的等效值。

由此得出戴维南等效电路如图 13.4.6（a）所示。

则

$$\dot{I}_2 = \frac{\dot{U}_{oc}}{Z_o + Z_L} = \frac{50\underline{/180°}}{(1-j)+(1+j)} = 25\underline{/180°} \text{ A}$$

$$P = I_2^2 \text{Re}[Z_L] = 25^2 \times 1 = 625 \text{ W}$$

13.5 本章小结及典型题解

13.5.1 本章小结

1. 耦合电感元件

1) 耦合线圈

存在磁耦合的线圈称为耦合线圈,也称为互感线圈,而磁耦合是指通电线圈之间通过彼此的磁场相互联系的现象。

2) 自感与互感

两个相互有磁耦合关系的线圈通以电流时,会产生磁通,该磁通在本线圈形成的磁链称为自感磁链,用 ψ_{11}、ψ_{22} 表示;在另一线圈形成的磁链称为互感磁链,用 ψ_{21}、ψ_{12} 表示。若规定每个线圈的电压、电流方向取关联参考方向,且每个线圈的电流方向和该电流所产生的磁通的方向符合右手螺旋定则,则各磁链与各电流的关系为

$$\psi_{11}=L_1 i_1 \quad \psi_{21}=M_{21} i_1, \quad \psi_{22}=L_2 i_2, \quad \psi_{12}=M_{12} i_2$$

式中,L_1、L_2 分别为线圈 1、2 的自感系数,简称自感;M_{12} 和 M_{21} 均为两个线圈之间的互感系数,简称互感。它们的单位为亨利,用 H 表示。在上述参考方向下,互感总为正值,只要磁场的媒质是静止的,则有 $M_{21}=M_{12}$,一般互感统一用 M 表示。

3) 耦合系数

耦合系数表示了两个线圈磁耦合的紧密程度,用 k 表示,即

$$k = \frac{M}{\sqrt{L_1 L_2}}$$

当 $k=1$ 时,$M=\sqrt{L_1 L_2}$,称为全耦合;当 $k=0$ 时,表示无互感的情况。

4) 同名端

在两个耦合线圈中,有这样一对端子,即当电流从该对端子流进各自线圈时,互感起增强作用,这对端子就称为同名端,用符号小圆点或"*"表示。两个有耦合的线圈的同名端可以根据它们的绕向和相对位置来判别,也可以用实验的方法来确定。

2. 耦合电感的电压、电流关系

1) 耦合电感的电路模型

(1) 用 L_1、L_2 和 M 三个参数表示的电路模型,该电路模型如图 13.5.1 所示。如果线圈中的电阻不能忽略,那么在电路中加入各自的电阻即可。应当注意的是,若耦合线圈中含有铁芯,参数 L_1、L_2 和 M 将随电流变化而变化,其电路模型也将改变。

(2) 用电感元件和受控电压源表示的电路模型。该电路模型如图 13.5.2 所示。

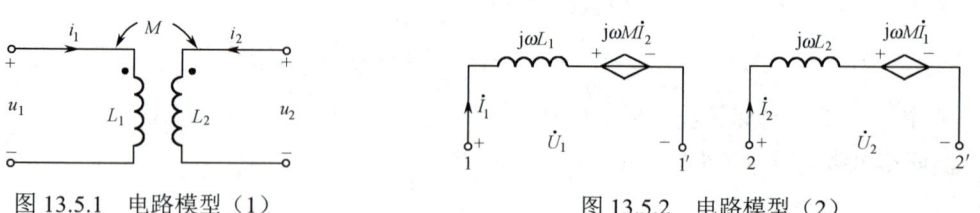

图 13.5.1 电路模型(1)　　　　　图 13.5.2 电路模型(2)

由图 13.5.2 可知,受控电压源的极性与产生它的变化电流的参考方向是一致的,若一线圈中的电流参考方向由同名端指向异名端,则由此电流引起的在另一线圈上的互感电压极性也是由同名端指向异名端的。

（3）用无耦合的电感支路替代耦合电感电路称为去耦等效电路，采用去耦等效电路后，耦合电感电路的分析就与一般电路一样了。

2）两个耦合电感的电压、电流关系

若 u_1、i_1 和 u_2、i_2 分别为 L_1 和 L_2 的电压与电流，互感为 M，且电压和电流均取关联参考方向，则两个耦合电感的电压、电流关系为

$$u_1 = L_1 \frac{di_1}{dt} \pm M \frac{di_2}{dt}, \quad u_2 = L_2 \frac{di_2}{dt} \pm M \frac{di_1}{dt}$$

各电压前的符号按如下方向确定：在 u、i 关联参考方向下，自感电压 $\left(L_1 \frac{di_1}{dt}, L_2 \frac{di_2}{dt}\right)$ 前均为正号 "+"；若互感磁链与自感磁链相互加强时，互感电压 $\left(M \frac{di_2}{dt}, M \frac{di_1}{dt}\right)$ 前面取正号 "+"；当互感磁链与自感磁链相互削弱时，则互感电压 $\left(M \frac{di_2}{dt}, M \frac{di_1}{dt}\right)$ 前为负号 "–"。

3. 含耦合电感电路的分析方法

1）分析方法

在分析含耦合电感电路时，只要处理好互感电压及其作用，其余的就与一般电路的分析方法相同，即先用去耦等效电路替代含耦合电感的电路，再用一般的电路分析方法去分析。

2）耦合电感串联的电路分析

当耦合电感串联时，等效电感为 $L=L_1+L_2\pm 2M$，M 前面符号的确定原则是：顺接串联（两个线圈的异名端连在一起）时，取 "+"；反接串联（两个线圈的同名端连在一起）时，取 "–"，用去耦等效电感替代耦合电感之后，按以前的电路分析方法去分析即可。

3）耦合电感并联时的电路分析

当两个有互感的线圈并联时，也可用一个等效电感来代替，其值为

$$L = \frac{L_1 L_2 - M^2}{L_1 + L_2 \mp 2M}$$

式中，$2M$ 前面符号的确定原则是：同侧并联（两个线圈的同名端连接在同一点上）时，取 "–"；异侧并联（两个线圈的异名端连接在同一点上）时，取 "+"。用等效电感替代耦合电感后，耦合电感电路的分析就与一般电路完全相同了。此外，若耦合电感只有一个公共端时，则可用 3 个电感连接成星形网络来等效，其值分别为 $L_c=\mp M$，M 前面符号的确定原则是：同侧取 "+"，异侧取 "–"，L_c 为公共端所在支路的电感。$L_a=L_1\mp M$，$L_b=L_2\mp M$，M 前所取符号与 L_c 中的相反，L_a、L_b 均为非公共端所在支路的等效电感。同样，用这一去耦电感代替原电路后其分析方法就与一般电路完全相同了。

4）采用受控源的去耦等效电路的分析方法

此方法是将互感电压的作用看成电流控制的电压源，得到含有受控源的去耦等效电路。应当注意的是，受控源的电压方向与产生它的变化电流的参考方向相对同名端的方向是一致的，得到含有受控源的去耦等效电路后，就可用一般的电路分析方法去分析了。

4. 空心变压器

1）空心变压器概述

空心变压器是由两个耦合线圈绕在一个共同的芯子上制成的电气设备，接电源的线圈称为初级线圈或原边线圈，接负载的线圈称为次级线圈或副边线圈，而芯子是由非铁磁材料制成的。变压器通过耦合作用，将原边的输入传递到副边的输出。

2）空心变压器的原、副边电压方程

图 13.5.3 所示为空心变压器原理图。其原、副边电压方程为

$$\begin{cases} Z_{11}\dot{I}_1 + Z_{12}\dot{I}_2 = \dot{U}_S \\ Z_{21}\dot{I}_1 + Z_{22}\dot{I}_2 = 0 \end{cases}$$

式中，Z_{11} 为原边回路自阻抗，$Z_{11}=R_1+j\omega L_1$；Z_{22} 为副边回路自阻抗，$Z_{22}=R_2+j\omega L_2+Z_L$；$Z_{12}$、$Z_{21}$ 分别为原、副边回路间的互阻抗，$Z_{12}=Z_{21}=j\omega M$。

3）原、副边回路的反映阻抗

（1）原边回路的输入阻抗为

$$Z_i = \frac{\dot{U}_S}{\dot{I}_1} = Z_{11} + \frac{(\omega M)^2}{Z_{22}} = Z_{11} + Z_{r12}$$

它是从图 13.5.3 中电源端 1-1' 看进去的阻抗，由两部分组成：一部分为原边回路自阻抗 Z_{11}；另一部分是副边回路在原边回路中的反映阻抗，即

$$Z_{r12} = \frac{(\omega M)^2}{Z_{22}} = \frac{(\omega M)^2}{R_2 + j\omega L_2 + Z_L}$$

该反映阻抗相当于副边回路在原边回路中增加了一个阻抗——Z_{r12}。

（2）副边回路中的反映阻抗为

$$Z_{r21} = \frac{(\omega M)^2}{Z_{11}}$$

它是从负载端 2-2' 向左看进去的戴维南等效电路中阻抗中的一部分，是原边回路在副边回路中的反映，引入该反映阻抗后，便可得到副边的等效电路，进而直接求得副边电流及负载的电压和功率。

注意：反映阻抗 Z_{r12}、Z_{r21} 与同名端是无关的。

5．理想变压器

1）理想变压器的条件

（1）耦合系数为 1，即 $k = \dfrac{M}{\sqrt{L_1 L_2}} = 1$。

（2）变压器本身无损耗，即任一时刻，理想变压器吸收的瞬时功率恒等于零。

（3）理想变压器变比 n 与一次、二次绕组的匝比的关系为 $n = \dfrac{N_1}{N_2}$，且不变。

由上述条件可知，理想变压器与电感及耦合电感不同，它不是储能元件，也不是记忆元件；与电阻也不同，它不是耗能元件。因此，描述理想变压特性的参数只有一个，即变比 n。

2）理想变压器的特性方程

理想变压器的电路符号如图 13.5.4 所示。

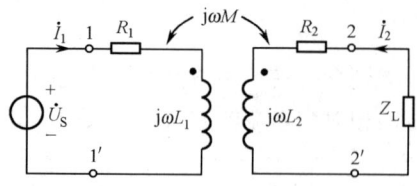

图 13.5.3 空心变压器原理图

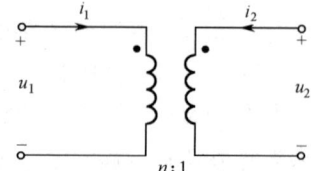

图 13.5.4 理想变压器的电路符号

由此得出的特性方程为

$$u_2 = \pm \frac{1}{n} u_1, \quad i_2 = \pm n i_1$$

以上方程中的"±"必须根据 u_1、u_2 和 i_1、i_2 的参考方向与同名端的关系确定。如果 u_1 和 u_2 与同名端极性相同时，那么在 u_1、u_2 关系式中取"+"；反之，取"-"。如果 i_1、i_2 均从同名端流入（或

流出），那么在 i_1、i_2 关系式中取"−"；否则，取"+"。该特性方程表明了理想变压器有变换电压和电流的作用。

3）理想变压器变换阻抗的性质

理想变压器有变换电压和电流的作用。这种按变比变换的作用还可以反映在阻抗的变换上。当副边终端接有负载阻抗 Z_L 时，对原边终端来说相当于在原边接了一个阻抗，其阻抗的值为 n^2Z_L，即 $Z'_L=n^2Z_L$。折合阻抗的计算与同名端无关。这就是理想变压器变换阻抗的性质。在电子技术中，常利用理想变压器变换阻抗的作用来实现阻抗匹配。

13.5.2 典型题解

【**例 13.5.1**】 如图 13.5.5（a）所示。已知 $u_S(t)=10\sqrt{2}\cos(10^3t+90°)$V。

（1）画出去耦等效电路。
（2）求电流 $i_1(t)$ 和 $i_2(t)$。
（3）当负载 Z_L 为何值时可获得最大功率？并求负载可获得的最大功率。

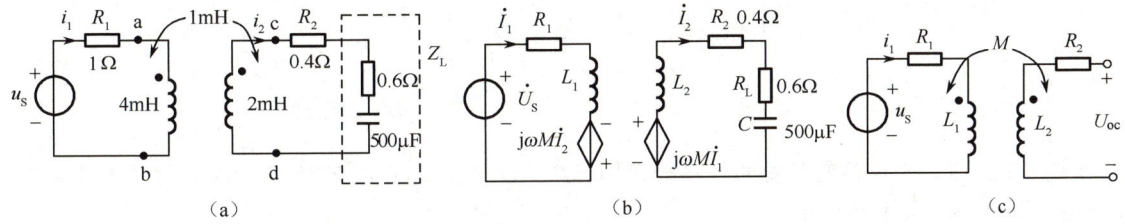

图 13.5.5　例 13.5.1 图

解：（1）画出去耦等效电路，如图 13.5.5（b）所示。
（2）求电流 $i_1(t)$ 和 $i_2(t)$。列回路方程组为

$$\begin{cases} (R_1+j\omega L_1)\dot{I}_1 - j\omega M\dot{I}_2 = \dot{U}_S \\ -j\omega M\dot{I}_1 + (R_2+j\omega L_2+R_L+\dfrac{1}{j\omega c})\dot{I}_2 = 0 \end{cases}$$

将数值代入方程组并化简得

$$\begin{cases} (1+j4)\dot{I}_1 - j\dot{I}_2 = 10\underline{/90°} \\ -j\dot{I}_1 + \dot{I}_2 = 0 \end{cases}$$

解上述方程组得

$$\dot{I}_1 = 2.5\text{ A}, \quad \dot{I}_2 = 2.5\text{j A}$$

于是

$$i_1(t)=2.5\sqrt{2}\cos(10^3t)\text{A}$$
$$i_2(t)=2.5\sqrt{2}\cos(10^3t+90°)\text{A}$$

（3）当负载 Z_L 为何值时可获得最大功率输出，并求负载可获得的最大功率。
这类问题可利用戴维南定理，先求出图 13.5.5（c）所示电路的开路电压 $\dot{U}_{oc}$ 及阻抗 Z_o。

$$\dot{U}_{oc} = \dfrac{\dot{U}_S}{R_1+j\omega L_1}j\omega M = \dfrac{10j}{1+j4}j = -\dfrac{10}{17}\times(1-4j) = \dfrac{10\sqrt{20}\underline{/90°}}{0.8+j4}j$$

$$=\dfrac{10\sqrt{20}\underline{/90°}\times 1\underline{/90°}}{4.08\underline{/78.70°}} = 3.46\underline{/101.3°}\text{V}$$

$$Z_o = R_2+j\omega L_2+\dfrac{(\omega M)^2}{Z_{11}} = 0.4+2j+\dfrac{1}{1+4j} = \dfrac{39}{85}+\dfrac{30}{17}j\ \Omega$$

当 $Z_L = Z_o^* = \dfrac{39}{85} - \dfrac{30}{17}j\,\Omega$ 时，负载可获得最大功率为

$$P_{\max} = \dfrac{U_{oc}^2}{4R_o}$$

【例 13.5.2】 列出图 13.5.6 所示电路的回路方程（设角频率为 ω）。

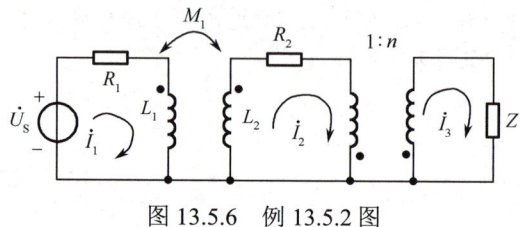

图 13.5.6 例 13.5.2 图

解：列回路方程为

$$\begin{cases} (R_1 + j\omega L_1)\dot{I}_1 - jM_1\dot{I}_2 = \dot{U}_S \\ -j\omega M_1\dot{I}_1 + (R_2 + j\omega L_2)\dot{I}_2 + \dfrac{1}{n}\dot{I}_3 Z = 0 \\ \dot{I}_2 \dfrac{1}{n} = \dot{I}_3 \end{cases}$$

【例 13.5.3】 含理想变压器的电路如图 13.5.7（a）所示，负载 Z_L 可调。Z_L 为何值时可获得最大功率？并求出该最大功率值。

解：将负载 Z_L 开路，计算开路电压的等效电路如图 13.5.7（b）所示。因此

$$\dot{U}_2 = 2\dot{U}_S = 8\underline{/0°}\text{ V}$$

$$\dot{U}_{oc} = \dot{U}_{ab} = \dfrac{-j5}{1+j2-j5} \times \dot{U}_2 = 4 \times (3-j) = 4\sqrt{10}\underline{/-18.4°}\text{ V}$$

$$Z_o = 1+(-j5)//(1+j2) = 1+2.5+j2.5 = 3.5+j2.5\,\Omega$$

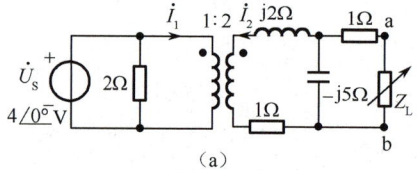 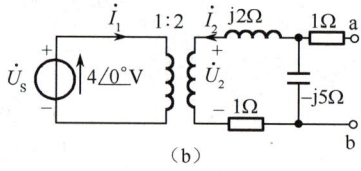

(a) (b)

图 13.5.7 例 13.5.3 图

当 $Z_L = Z_o^* = 3.5-j2.5\,\Omega$ 时，可获得最大输出功率，且

$$P_{\max} = \dfrac{U_{oc}^2}{4R_o} = \dfrac{(4\sqrt{10})^2}{4 \times 3.5} = \dfrac{80}{7}\text{ W}$$

习 题 13

13.1 如图 T13.1 所示，已知 $i_S = (10t+e^{-2t})\text{A}$，$L_1$=5H，$L_2$=4H，$M$=3H。求 $u_{ac}(t)$、$u_{ab}(t)$ 和 $u_{bc}(t)$。

13.2 如图 T13.2 所示，已知 $\dot{U}_S = 2\underline{/0°}\text{ V}$，电源角频率 ω=2rad/s。求 ab 端开路电压 $\dot{U}_{ab}$ 和短路电流 $\dot{I}_{ab}$。

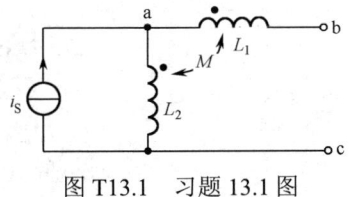

图 T13.1　习题 13.1 图

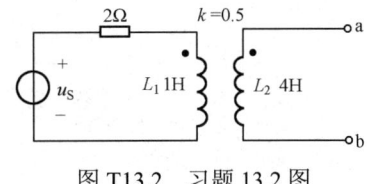

图 T13.2　习题 13.2 图

13.3　如图 T13.3 所示，已知 U_S=1.5V，当开关 S 闭合时，电压表指针呈现反向偏转，判断耦合电感的同名端。

13.4　如图 T13.4 所示，已知 $u_S(t)=10\sqrt{2}\cos 10t$ V。

（1）求 $i_1(t)$、$i_2(t)$；

（2）求 1.5Ω 负载电阻吸收的功率；

（3）R_L 为何值时，获得的功率最大？

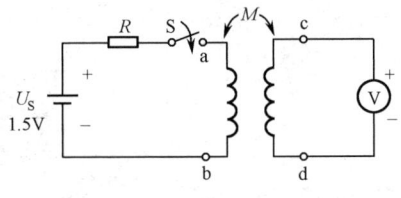

图 T13.3　习题 13.3 图

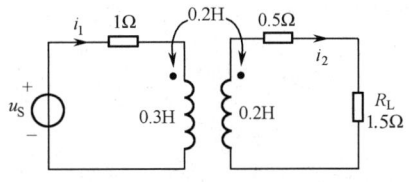

图 T13.4　习题 13.4 图

13.5　如图 T13.5 所示，已知 $u_S(t)=10\sqrt{2}\cos(10^3 t)$V。画出去耦等效电路，求电流 $i_1(t)$、$i_2(t)$，若负载 R_L 可变，求其可获得的最大功率。

13.6　含耦合电感的正弦稳态电路如图 T13.6 所示，负载 Z_L 可变。Z_L 为何值时可获得最大功率？并计算该最大功率值。

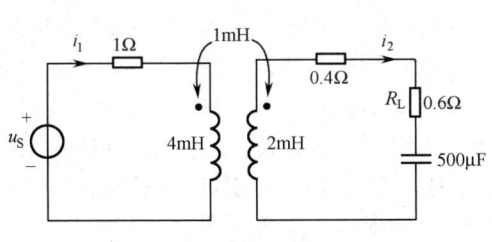

图 T13.5　习题 13.5 图

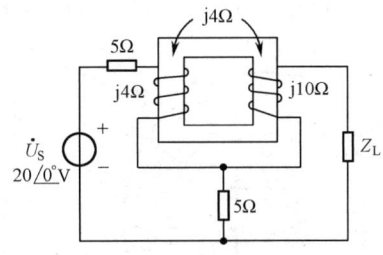

图 T13.6　习题 13.6 图

13.7　在图 T13.7 所示的电路中，已知 u_{S1}=20cos3t V，u_{S2}=5V，求电压表和功率表的读数。

13.8　电路如图 T13.8 所示，已知 i_S=[5+10cos(10t-20°)-5sin(30t+60°)]A，$L_1=L_2=$2H，$M=$0.5H，求图中电流表和电压表的读数。

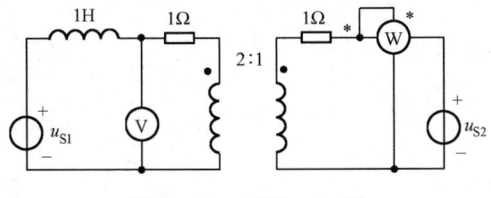

图 T13.7　习题 13.7 图

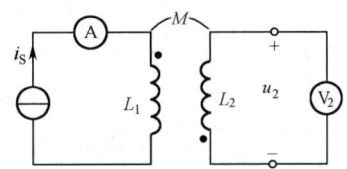

图 T13.8　习题 13.8 图

第 14 章 三相电路

第14章

[内容提要]

本章主要内容有三相电路的组成及连接方式、对称三相电路的分析与计算、不对称三相电路的分析与计算、三相电路功率的计算和测量。

从电路理论的角度来说，三相电路属于复杂的正弦稳态电路，因此可用第 10 章所述的方法进行分析计算。但三相电路有它自身的特点，特别是对称三相电路，所以在分析三相电路时也应注意充分利用这些特点。

14.1 三相电压

对称三相电源和对称三相负载

由 3 个频率相同，但初相位不同的正弦电源与 3 组负载按特定方式连接组成的电路称为三相电路。当今各国的电力系统大多采用三相电路来产生和传输大量的电能。三相供电系统由三相电源、三相输电线路和三相负载组成。与单相供电系统相比，它具有许多优点，如相同尺寸的发电机，三相发电机比单相发电机的功率大；三相变压器比单相变压器经济；三相系统的传输线也比单相系统节省；当三相电流流经三相电动机的定子绕组时，会产生旋转磁场，使三相电动机平稳转动等，所以三相电路才得到广泛的应用。

图 14.1.1 是三相交流发电机的原理图，由定子与转子两部分组成。

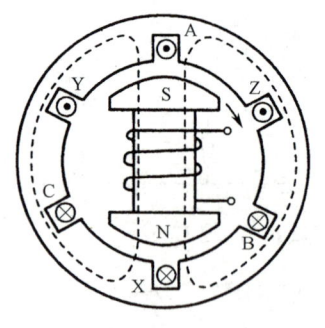

图 14.1.1 三相交流发电机的原理图

转子是一个磁极，它以角速度 ω 旋转。定子是不动的，在定子的槽中嵌有 3 组同样的绕阻（线圈），即 AX、BY 和 CZ，每组称为一相，分别称为 A 相、B 相和 C 相。它们的始端标以 A、B、C，末端标以 X、Y、Z，要求绕组的始端之间或末端之间彼此相隔 120°。同时，工艺上保证定子与转子之间磁感应强度沿定子内表面按正弦规律分布。最大值在转子磁极的北极 N 和南极 S 处。这样，当转子以角速度 ω 顺时针旋转时，将在各相绕组的始端和末端之间产生随时间按正弦规律变化的感应电压。这些电压的频率、幅值均相同，彼此间的相位相差 120°，相当于 3 个独立的正弦电源。三相电源的各相电压分别为

$$\begin{cases} u_A = \sqrt{2}U\cos\omega t \\ u_B = \sqrt{2}U\cos(\omega t - 120°) \\ u_C = \sqrt{2}U\cos(\omega t + 120°) \end{cases} \quad (14.1.1)$$

以 A 相电压 u_A 作为参考相量，它们的相量分别为

$$\left. \begin{array}{l} \dot{U}_A = U\underline{/0°} \\ \dot{U}_B = U\underline{/-120°} \\ \dot{U}_C = U\underline{/120°} \end{array} \right\} \quad (14.1.2)$$

3 个频率、幅值相同，彼此间相位相差 120°的电压，称为对称三相电压。对称三相电压的相量图及波形如图 14.1.2 和图 14.1.3 所示。

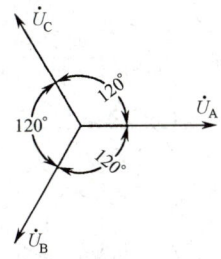

图 14.1.2　对称三相电压的相量图

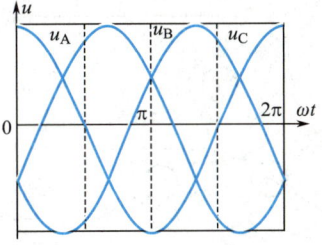

图 14.1.3　对称三相电压的波形

上述三相电压到达正幅值（或相应零值）的先后次序称为相序。图 14.1.2 所示三相电压的相序为 A→B→C，称为正序或顺序。与此相反，如果 B 相超前 A 相 120°，C 相超前 B 相 120°，这种相序称为负序或逆序。后面如果无特殊声明，均按正序处理。

对称三相电压的一个特点是

或

$$u_A + u_B + u_C = 0$$
$$\dot{U}_A + \dot{U}_B + \dot{U}_C = 0$$

(14.1.3)

虽然三相发电机的三相电源相当于 3 个独立的正弦电源，但在实践应用中，三相发电机的三相绕组一般都要按某种方式连接成一个整体后再对外供电。三相绕组有星形连接（简称 Y 连接）与三角形连接（简称△连接）两种连接方式。

如果把发电机的 3 个定子绕组的末端连接在一起，对外形成 A、B、C 和 N 共 4 个端，称为星形连接。中点 N 引出的导线称为中线或零线。A、B 和 C 分别向外引出 3 根导线，这 3 根导线称为端线或相线，俗称火线，如图 14.1.4 所示。

星形连接的三相电源（简称星形电源）的每相电压（火线与零线之间的电压）称为相电压，其有效值用 U_A、U_B 和 U_C 表示，一般通用 U_p 表示。相电压的定义如式（14.1.1）所示，相量图如图 14.1.2 所示。端线 A、B 和 C 之间的电压（火线与火线之间的电压）称为线电压，其有效值用 U_{AB}、U_{BC} 和 U_{CA} 表示，一般通用 U_l 表示。

根据基尔霍夫电压定律的相量形式，有

$$\left. \begin{array}{l} \dot{U}_{AB} = \dot{U}_A - \dot{U}_B \\ \dot{U}_{BC} = \dot{U}_B - \dot{U}_C \\ \dot{U}_{CA} = \dot{U}_C - \dot{U}_A \end{array} \right\}$$

(14.1.4)

由式（14.1.4），可作出星形连接三相电源的相量图，如图 14.1.5 所示（MATLAB 仿真分析图，图中假定相电压有效值为 220V）。由相量图可得，$\dfrac{U_{AB}}{2} = U_A \cos 30° = \dfrac{\sqrt{3}}{2} U_A$，又因 $\dot{U}_{AB}$ 超前 $\dot{U}_A$ 30°，由此可得

$$\left. \begin{array}{l} \dot{U}_{AB} = \sqrt{3}\dot{U}_A \underline{/30°} \\ \dot{U}_{BC} = \sqrt{3}\dot{U}_B \underline{/30°} \\ \dot{U}_{CA} = \sqrt{3}\dot{U}_C \underline{/30°} \end{array} \right\}$$

(14.1.5)

由上可见，星形连接的三相线电压也是一组对称正弦量，线电压超前相应相电压 30°，线电压的有效值为相电压的有效值的 $\sqrt{3}$ 倍，即

$$U_l = \sqrt{3} U_p$$

(14.1.6)

式中，U_l、U_p 分别为线电压、相电压的有效值。

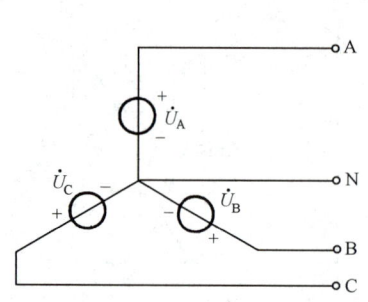

图 14.1.4　三相电源的星形连接

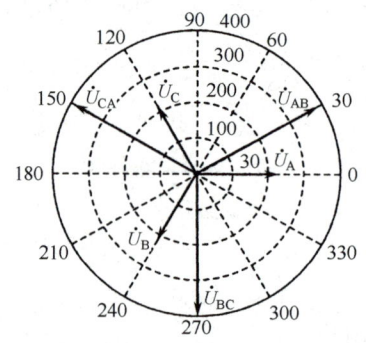

图 14.1.5　星形连接三相电源的相量图

星形电源向外引出了 4 根导线，可给负载提供线电压、相电压两种电压。通常低压配电系统中的相电压为 220V，线电压为 380V。

如果将发电机的 3 个定子绕组的始端、末端顺次相接，再从各连接点向外引出 3 根导线，称为三角形连接。三角形连接没有中点，对外只有 3 个端子，如图 14.1.6 所示。

在一般情况下，三角形连接的三相电源电压是对称的，所以回路电压相量之和为零，即

$$\dot{U}_{AB} + \dot{U}_{BC} + \dot{U}_{CA} = 0 \qquad (14.1.7)$$

其电压相量图如图 14.1.7 所示。在不接负载的状态下，电源回路中无电流通过。

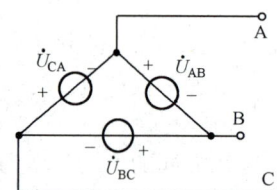

图 14.1.6　三相电源的三角形连接

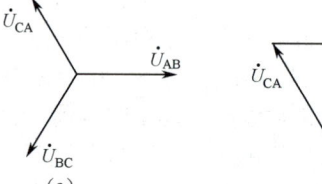

图 14.1.7　三角形连接的三相电源的相量图

由图可见，三角形连接的三相电源的线电压有效值等于相电压的有效值，而且相位相同，即

$$\dot{U}_l = \dot{U}_p \qquad (14.1.8)$$

必须指出的是，三相电源各绕组做三角形连接时，每相始端、末端应连接正确，否则 3 个相电压之和不为零，在回路内将形成很大的电流，从而烧坏绕组。

14.2　对称三相电路的分析

三相电源一般都要按某种方式连成一个整体后再对外供电。三相电源的连接方式有两种：一种是星形连接；另一种是三角形连接。三相负载也有星形和三角形两种接法。若每相负载都相同，则称为对称负载。对称三相电源和对称三相负载相连接，称为对称三相电路（在一般情况下，电源总是对称的）。三相电源与负载之间的连接方式有 Y-Y、△-△、Y-△、△-Y 连接方式。Y-Y 连接方式即星形电源与星形负载连接，又分为三相四线制（有中线）与三相三线制（无中线）。其余连接方式均属于三相三线制。

下面分析对称 Y-Y 连接的三相四线制电路。

对称 Y-Y 连接的三相电路如图 14.2.1 所示。设每相负载阻抗都为 $Z = |Z| \angle \varphi$，电源中点 N 与负

载中点 N'的连接线称为中线，图中电源中点与负载中点之间接入中线阻抗 Z_N。各相负载的电流称为相电流，端线中的电流称为线电流。显然，对称 Y-Y 连接的三相电路中，每根端线的线电流就是该线所连接的电源或负载的相电流，即

$$\dot{I}_l = \dot{I}_p \tag{14.2.1}$$

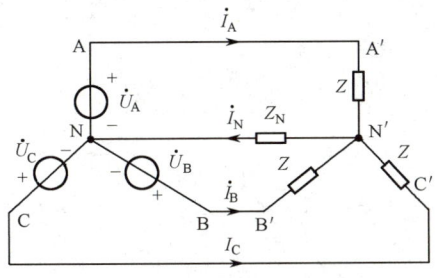

图 14.2.1 对称 Y-Y 连接的三相电路

三相电路实际上是正弦交流电路的一种特殊类型。因此，前面对正弦电路的分析方法完全适用于三相电路。也就是先画出相量模型，然后应用电路的基本定律和分析方法求出电压与电流，最后确定三相功率。对于对称三相电路来说，还可使分析计算得以简化。

先用节点电压法求出负载中点 N' 与电源中点 N 之间的电压 $\dot{U}_{N'N}$，根据节点电压法公式，可列出节点电压方程为

$$\dot{U}_{N'N} = \frac{1}{Z}(\dot{U}_A + \dot{U}_B + \dot{U}_C)/(\frac{1}{Z_N} + \frac{3}{Z})$$

由于 $\dot{U}_A + \dot{U}_B + \dot{U}_C = 0$，因此 $\dot{U}_{N'N} = 0$，即负载中点与电源中点是等电位点，所以每相电源及负载与其他各相电源及负载是相互独立的。各相电源和负载中的相电流等于线电流，即

$$\dot{I}_A = \frac{\dot{U}_A}{Z}$$

$$\dot{I}_B = \frac{\dot{U}_B}{Z} = \frac{\dot{U}_A \angle -120°}{Z} = \dot{I}_A \angle -120°$$

$$\dot{I}_C = \frac{\dot{U}_C}{Z} = \frac{\dot{U}_A \angle +120°}{Z} = \dot{I}_A \angle 120°$$

中线的电流为

$$\dot{I}_N = \dot{I}_A + \dot{I}_B + \dot{I}_C = 0 \tag{14.2.2}$$

所以，在对称 Y-Y 连接三相电路中，中线如同开路。

从以上分析可看出，由于 $\dot{U}_{N'N} = 0$，各相电路相互独立，又由于三相电源与负载都对称，因此三相电流也对称。所以，对称 Y-Y 连接三相电路可归结为单相（通常为 A 相）计算的方法。算出 $\dot{I}_A$ 后，根据对称性，可由电源的相序推知其他两相电流 $\dot{I}_B$ 和 $\dot{I}_C$。注意，在单相计算电路中，$\dot{U}_{N'N} = 0$，且与中线阻抗无关。

由于 $\dot{U}_{N'N} = 0$，因此负载的线电压和相电压的关系与电源的线电压和相电压的关系相同。

综上所述，在对称 Y-Y 连接三相电路中，负载中点与电源中点是等电位点，流过中线的电流为零，每相电路相互独立，对称 Y-Y 连接三相电路可归结为单相的计算。线电流、相电流、线电压和相电压都分别是一组对称量。线电流等于相电流；线电压超前相电压 30°，有效值为相电压的 $\sqrt{3}$ 倍。

中线中既然没有电流通过，那么中线在许多场合下可以不要。三相三线制电路如图 14.2.2 所示。从图 14.2.2 中可以看出，对称的三相发电机与对称的三相负载之间只有 3 根线相连，这就是三相三线制电路。

三相三线制电路在生产上应用极为广泛，因为生产上的三相负载（通常所见的是三相电动机）一般都是对称的。

对于对称△-Y 连接三相电路，只要把三角形电源等效为星形电源；对称 Y-△连接三相电路，只要把三角形负载等效为星形负载，简化为对称 Y-Y 连接三相电路，然后归结为单相的计算方法计算。

对称△-△连接三相电路如图 14.2.3 所示。每相负载阻抗为 $Z=|Z|\underline{/\varphi}$。由于每相负载直接连接在每相电源的两端线之间，因此三角形连接的线电压等于相电压，即

$$\dot{U}_l = \dot{U}_p$$

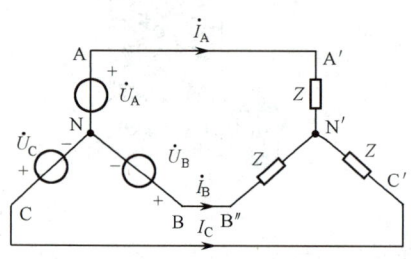

图 14.2.2　三相三线制电路

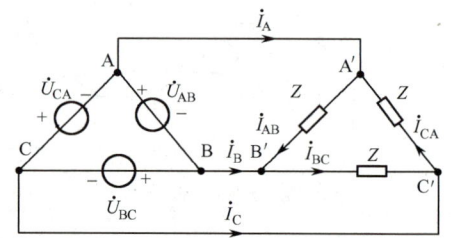

图 14.2.3　对称△-△连接三相电路

但线电流并不等于相电流。根据基尔霍夫电流定律的相量形式可以写出

$$\left.\begin{aligned}\dot{I}_A &= \dot{I}_{AB} - \dot{I}_{CA}\\ \dot{I}_B &= \dot{I}_{BC} - \dot{I}_{AB}\\ \dot{I}_C &= \dot{I}_{CA} - \dot{I}_{BC}\end{aligned}\right\} \quad (14.2.3)$$

相电流相量可由相电压相量求出，由式（14.2.3）可作出相量图，如图 14.2.4 所示。

由相量图可得出 $\dfrac{I_A}{2} = I_{AB}\cos 30° = \dfrac{\sqrt{3}}{2}I_{AB}$，又因 $\dot{I}_A$ 滞后 $\dot{I}_{AB}$ 30°，故可得

$$\left.\begin{aligned}\dot{I}_A &= \sqrt{3}\dot{I}_{AB}\underline{/-30°}\\ \dot{I}_B &= \sqrt{3}\dot{I}_{BC}\underline{/-30°}\\ \dot{I}_C &= \sqrt{3}\dot{I}_{CA}\underline{/-30°}\end{aligned}\right\} \quad (14.2.4)$$

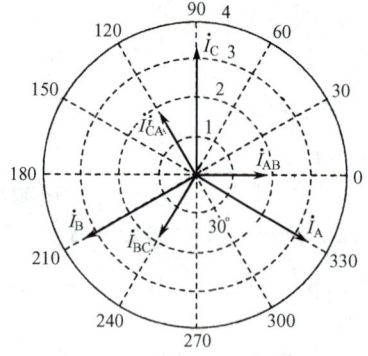

图 14.2.4　三角形连接电流的相量图

Y-△连接对称三相电路的计算

从上述分析可以看出，3 个线电流也是一组对称正弦量。线电流滞后相应相电流 30°，线电流的有效值为相电流有效值的 $\sqrt{3}$ 倍，即

$$I_l = \sqrt{3}I_p \quad (14.2.5)$$

式中，I_l 和 I_p 分别为线电流和相电流的有效值。

综上所述，在对称△-△连接三相电路中，线电压等于相电压，线电流滞后对应相电流 30°，线

电流的有效值等于相电流有效值的 $\sqrt{3}$ 倍。线电压、相电压、线电流和相电流都是一组对称正弦量。

应当注意的是，在三相电路中，三相负载的连接方式决定于负载每相的额定电压和电源的线电压。例如，三相电动机的额定相电压等于三相电源的线电压，应接成三角形。如果二者不相等，额定相电压为 220V 的三相电动机与线电压为 380V 的三相电源连接，应接成星形。

现在讨论对称三相电路的瞬时功率。

无论何种连接方式的对称三相电路，其负载相电压对称，相电流也对称。设负载 A 相的相电压 $u_A = \sqrt{2}U_p \cos\omega t$，A 相的相电流 $i_A = \sqrt{2}I_p \cos(\omega t - \varphi)$。根据对称性，则 A、B、C 各相瞬时功率分别为

$$\begin{cases} p_A = u_A i_A = U_p I_p [\cos\varphi + \cos(2\omega t - \varphi)] \\ p_B = u_B i_B = U_p I_p [\cos\varphi + \cos(2\omega t + 120° - \varphi)] \\ p_C = u_C i_C = U_p I_p [\cos\varphi + \cos(2\omega t - 120° - \varphi)] \end{cases} \quad (14.2.6)$$

其中，p_A、p_B、p_C 都含有一个交变分量，它们的振幅相等，相位上互差 120°。由式（14.2.6）可知，这 3 个交变分量相加得零。

三相电路的瞬时功率等于各相瞬时功率之和。三相瞬时功率为

$$p = p_A + p_B + p_C = 3U_p I_p \cos\varphi，为定值 \quad (14.2.7)$$

如果三相负载是电动机，由于三相总瞬时功率是定值，因此电动机的转矩是恒定的。电动机转矩的瞬时值是和总瞬时功率成正比的。这样，虽然每相的电流是随时间变化的，但转矩并不是时大时小，这是三相电路胜于单相电路的一个优点。

现在讨论对称三相电路的平均功率。正弦交流电路中功率的守恒性也适用于三相交流电路，即一个三相负载吸收的有功功率应等于其各相所吸收的有功功率之和，一个三相电源发出的有功功率等于其各相所发出的有功功率之和，即

$$P = P_A + P_B + P_C$$

由于对称三相电路中每组响应都是与激励同相序的对称量，因此每相不但相电压有效值相等，相电流有效值相等，而且每相电压与电流的相位差也相等，从而每相的有功功率相等，三相总有功功率就是一相有功功率的 3 倍，则三相总有功功率为

$$P = 3P_p = 3U_p I_p \cos\varphi \quad (14.2.8)$$

在实际应用中，式（14.2.8）通常用线电压 U_l 和线电流 I_l 的乘积形式来表示。

对于对称星形接法，有

$$U_p = U_l / \sqrt{3}，\quad I_p = I_l$$

对于对称三角形接法，有

$$U_p = U_l，\quad I_p = I_l / \sqrt{3}$$

因此，无论对称星形接法或对称三角形接法，三相电路总有功功率为

$$P = \sqrt{3}\, U_l I_l \cos\varphi \quad (14.2.9)$$

式中，φ 为某相电压与相电流间的相位差。

无功功率、视在功率也适用于三相电路。无功功率可表示为

$$Q = 3U_p I_p \sin\varphi = \sqrt{3}\, U_l I_l \sin\varphi \quad (14.2.10)$$

视在功率可表示为

$$S = 3U_p I_p = \sqrt{3}\, U_l I_l \quad (14.2.11)$$

一相分析法

对称三相电路的功率

14.3 不对称三相电路的分析

在三相电路中，电源、负载和线路阻抗，只要有一部分不对称，则该电路就称为不对称三相电路。一般来说，三相电源是对称的，三相负载不对称是常见的事情。所以，本节只讨论三相电源对称、三相负载不对称的三相电路。

不对称三相电路

在低压配电系统中，广泛采用的是三相四线制。如前所述，这一供电制可同时提供两种电压，大大方便了用户，而且由于有中线，各相相对而言是独立的，不受其他相的影响。如果中线断了，情况又会怎样呢？为此，不对称三相电路的分析，分为如下两种情况来讨论。

14.3.1 有中线时不对称三相电路的分析

在图 14.3.1 所示有中线的不对称三相电路中，电源和负载均为星形连接，Z_A、Z_B、Z_C 是不对称三相负载，电源中点 N 与负载中点 N′间接有中线，在不考虑中线阻抗，即 $Z_N=0$ 时，负载相电压就是相应电源的相电压，也是对称的，各相互不影响。于是，各相负载通过的电流为

$$\left.\begin{aligned} \dot{I}_A &= \frac{\dot{U}_A}{Z_A} \\ \dot{I}_B &= \frac{\dot{U}_B}{Z_B} \\ \dot{I}_C &= \frac{\dot{U}_C}{Z_C} \end{aligned}\right\} \quad (14.3.1)$$

中线电流为

$$\dot{I}_N = \dot{I}_A + \dot{I}_B + \dot{I}_C \quad (14.3.2)$$

不对称三相电路的相量图如图 14.3.2 所示。由图 14.3.2 可知，在三相四线制电路中，负载若不对称，当中线阻抗 $Z_N=0$ 时，仍能保证负载各相电压对称而正常工作，但相电流不再对称，中线电流也不为零。实际上，导线总是存在阻抗的，这样电源中性点和负载中性点就不会重合，会产生位移，所以在电气设计时应尽量调整各相负载使之趋于对称。

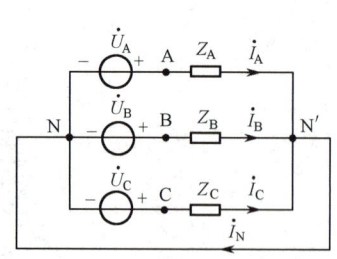

图 14.3.1 有中线的不对称三相电路

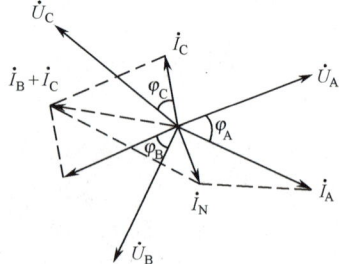

图 14.3.2 不对称三相电路的相量图

【例 14.3.1】 在图 14.3.3 所示的电路中，$U_A=U_B=U_C=220\text{V}$，$R=10\Omega$，$X_L=10\Omega$，$X_C=10\Omega$，试求各相负载的相电流，并画出相量图。

解： 由于有中线，因此负载各相电压就是该相电源电压。

令 $\dot{U}_A = 220\underline{/0°}\text{ V}$，则

$$\dot{U}_B = 220\underline{/-120°}\text{V}, \dot{U}_C = 220\underline{/120°}\text{V}$$

由此求得各相负载通过的电流为

$$\dot{I}_A = \frac{\dot{U}_A}{R} = \frac{220\underline{/0°}}{10} = 22\underline{/0°}\text{A}$$

$$\dot{I}_B = \frac{\dot{U}_B}{jX_L} = \frac{220\underline{/-120°}}{10\underline{/90°}} = 22\underline{/150°}\text{A}$$

$$\dot{I}_C = \frac{\dot{U}_C}{-jX_C} = \frac{220\underline{/120°}}{10\underline{/-90°}} = 22\underline{/-150°}\text{A}$$

中线电流为

$$\dot{I}_N = \dot{I}_A + \dot{I}_B + \dot{I}_C$$
$$= 22\underline{/0°} + 22\underline{/150°} + 22\underline{/-150°}$$
$$= 16\underline{/180°}\text{A}$$

电流相量图如图 14.3.4 所示。

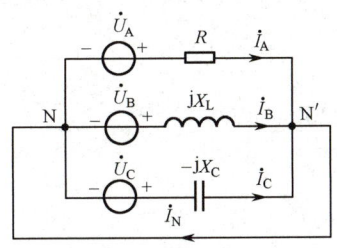

图 14.3.3 例 14.3.1 图

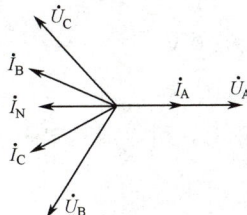

图 14.3.4 电流相量图

显然，此时中线电流并不等于零，中线在负载不对称时，是有电流通过的，这在实际工程中是要特别注意的。

14.3.2 无中线时不对称三相电路的分析

将图 14.3.1 所示电路的中线 NN′断开。由于负载不对称，因此该电路是无中线的不对称三相电路。两个中性点间的电压可由节点电压法求出，即

$$\dot{U}_{N'N} = \left(\frac{\dot{U}_A}{Z_A} + \frac{\dot{U}_B}{Z_B} + \frac{\dot{U}_C}{Z_C}\right) \bigg/ \left(\frac{1}{Z_A} + \frac{1}{Z_B} + \frac{1}{Z_C}\right) \quad (14.3.3)$$

因为负载不对称，电压 $\dot{U}_{NN'}$ 一般不为零，各相电压也不等于相应的电源相电压。无中线不对称三相电路电压相量图如图 14.3.5 所示。

由图 14.3.5 可知，两个中性点 N 和 N′不再重合，这种负载中性点 N′和电源中性点 N 在相量图上不重合的现象称为中性点位移。

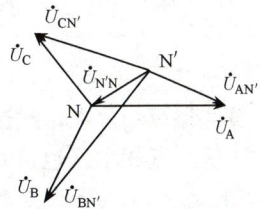

图 14.3.5 无中线不对称三相电路电压相量

从图 14.3.5 中还可以看出，由于中性点发生了位移，因此负载各相电压不再与相应的电源相电压相等。有的电压较高，如图中 A 相；有的电压较高，如图中的 B、C 相。当中性点位移较大时，会造成负载端的电压严重不对称，使负载不能正常工作，甚至烧坏用电设备。除此之外，由于无中线，因此各相不再相对独立，各相的工作将相互关联，彼此都互有影响，这也是在低压配电系统中采用三相四线制的原因之一。

从以上的分析中可知，在不对称三相电路中，中线的存在是很重要的，因此在中线上是不允许接开关和保险丝的。

【例 14.3.2】 某大楼的照明系统如图 14.3.6（a）所示，每相均接入 30 只 220V、100W 的白炽灯，对称三相电源的相电压为 220V，若 A 相断开，中线在 M 处断开，C 相 30 只白炽灯全闭合，B 相只闭合 10 只白炽灯，试求此时各相负载的相电压和相电流。

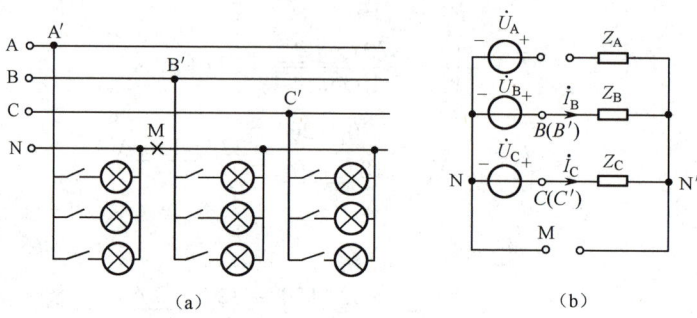

图 14.3.6　例 14.3.2 图

解： 根据给定条件，可将图 14.3.6（a）用图 14.3.6（b）所示的中线断开的不对称三相电路表示。

令 $\dot{U}_A = 220\angle 0°$ V，则

$$\dot{U}_B = 220\angle -120° \text{V}, \quad \dot{U}_C = 220\angle 120° \text{V}$$

由于是白炽灯，可看成是电阻，因此每只白炽灯的电阻为

$$R = \frac{U^2}{P} = \frac{220^2}{100} = 484\Omega$$

按给定条件，此时 B 相和 C 相的负载分别为

$$Z_B = \frac{484}{10} = 48.4\Omega, \quad Z_C = \frac{484}{30} \approx 16.1\Omega$$

因为 A 相断开，所以 $\dot{I}_A = 0$，$\dot{U}_{A'N'} = 0$。

中线此时在 M 处也断开，这样 B 相和 C 相便成为一个回路，线电压 $\dot{U}_{BC}$ 加在负载 Z_B 和 Z_C 上，且 $\dot{I}_B = -\dot{I}_C$，故

$$\dot{I}_B = -\dot{I}_C = \frac{\dot{U}_{BC}}{Z_B + Z_C} \approx \frac{380\angle -90°}{48.4 + 16.1} = 5.9\angle -90° \text{A}$$

B、C 相负载上的电压分别为

$$\dot{U}_{B'N'} = 5.9\angle -90° \times 48.4 = 284.6\angle -90° \text{V}$$
$$\dot{U}_{C'N'} = -5.9\angle -90° \times 16.1 = -94.7\angle -90° \text{V}$$

由计算结果可知，在中线断开后，各相负载的相电压已不对称，由于 B 相负载电阻是 C 相负载电阻的 3 倍，其相电压也是 C 相相电压的 3 倍。因此，很可能将 B 相已经打开的白炽灯烧毁。

【例 14.3.3】 图 14.3.7 所示电路为相序指示器，其中 A 相接入电容器，B、C 相接入规格相同的灯泡，灯泡的电阻为 R。若使 $1/\omega C = R$，试分析电源相序与两个灯泡亮度的关系。

解： 假设 $\dot{U}_A = U\angle 0°$ V，则中性点之间的位移电压为

$$\dot{U}_{N'N} = \frac{\dot{U}_A j\omega C + \dot{U}_B / R + \dot{U}_C / R}{j\omega C + \frac{1}{R} + \frac{1}{R}}$$

$$= \frac{j\dot{U}_A + \dot{U}_B + \dot{U}_C}{j + 2}$$

$$= 0.632 U \angle 108.4° \text{V}$$

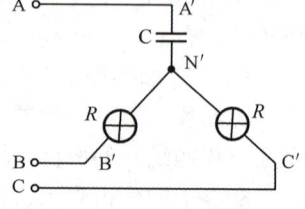

图 14.3.7　相序指示器

B 相灯泡上的电压为

$$\dot{U}_{BN'} = \dot{U}_B - \dot{U}_{N'N} = U\underline{/-120°} - 0.632U\underline{/108.4°} = 1.5U\underline{/-101.5°}\text{V}$$

C 相灯泡上的电压为

$$\dot{U}_{CN'} = \dot{U}_C - \dot{U}_{N'N} = 0.4U\underline{/138.4°}\text{V}$$

由所得结果可知，B 相灯比 C 相灯亮。若接电容相为 A 相，则灯亮的一相为 B 相，灯暗的一相便是 C 相，这就实现了相序的测定。

14.4　三相电路功率的测量

在三相电路中，负载所吸收的有功功率可用功率表进行测量，其测量方法随三相电路的连接方式和负载是否对称而不同。

三相电路若为三相四线制，由于有中线，因此可用 3 个功率表进行测量，这种测量方法称为三表法。三表法的接线方式如图 14.4.1 所示。

将每只功率表的读数相加，就是三相负载吸收的功率，即

$$P = P_A + P_B + P_C \tag{14.4.1}$$

在三相三线制电路中，由于没有中线，因此直接测量各相负载的功率不方便。此时，不管负载对称与否，均可用两表法来测量三相电路的功率。两表法的连接方式如图 14.4.2 所示。两只电流表的电流线圈可分别串接在任意两端线上，如图中的 A、B 线。但电压线圈的非同名端必须共同接到第三条端线上，如图中 C 线。这种测量方法与电源和负载的连接方式无关。在两表法中，三相负载的有功功率等于两只功率表读数之和。

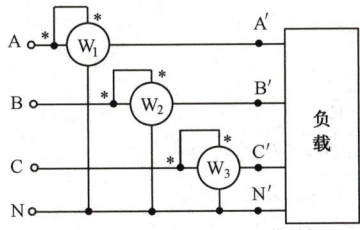

图 14.4.1　三表法的接线方式

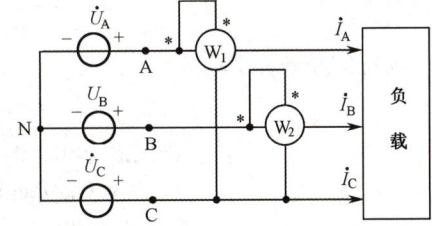

图 14.4.2　两表法的接线方式

其原理如下。

假设三相电路为图中星形连接的对称三相电路，则三相瞬时功率为

$$p = u_A i_A + u_B i_B + u_C i_C \tag{14.4.2}$$

在三相三线制电路中，$i_A + i_B + i_C = 0$，则有 $i_C = -i_A - i_B$。代入式（14.4.2）得

$$\begin{aligned} p &= u_A i_A + u_B i_B + u_C(-i_A - i_B) \\ &= (u_A - u_C)i_A + (u_B - u_C)i_B = u_{AC}i_A + u_{BC}i_B \end{aligned} \tag{14.4.3}$$

故有功功率为

$$\begin{aligned} P &= \frac{1}{T}\int_0^T p\,\mathrm{d}t = \frac{1}{T}\int_0^T u_{AC}i_A\,\mathrm{d}t + \frac{1}{T}\int_0^T u_{BC}i_B\,\mathrm{d}t \\ &= U_{AC}I_A\cos\varphi_1 + U_{BC}I_B\cos\varphi_2 = P_1 + P_2 \end{aligned} \tag{14.4.4}$$

式中，φ_1 为 u_{AC} 与 i_A 之间的相位差；φ_2 为 u_{BC} 与 i_B 的相位差；P_1 为表 W_1 的读数；P_2 为表 W_2 的读数。

必须注意的是，在用两表法测量三相负载功率时，每只功率表指示的功率值是没有确定意义的，

而两只功率表指示的功率值之和恰好是三相负载吸收的功率。在实际测量中，按上述规定接线时，在一定条件下，两只功率表之一的读数可能为负值，即指针出现反向偏转现象，此时求代数和时，读数应取负值。

【例 14.4.1】 图 14.4.3 所示电路为对称三相电路，三相负载为电感（三角形连接），线电压为 380V，相电流为 $I_{A'B'} = 2A$，求图中功率表的读数。

解：假设 $\dot{U}_{AB} = 380\angle 0° \text{ V}$

则 $\dot{U}_{BC} = 380\angle -120° \text{ V}$，$\dot{U}_{CA} = 380\angle 120° \text{ V}$

故 $\dot{U}_{AC} = 380\angle -60° \text{ V}$

根据题意，作出线电压与线电流的相量图，如图 14.4.4 所示。

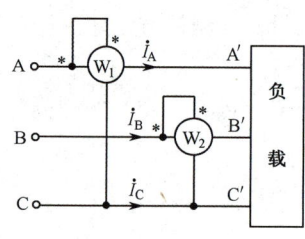
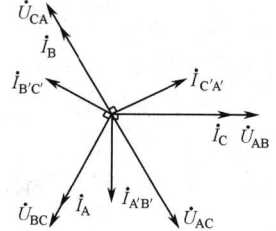

图 14.4.3 例 14.4.1 图　　　　　图 14.4.4 线电压与线电流的相量图

由图 14.4.4 可知

$$\dot{I}_A = \dot{I}_{A'B'} - \dot{I}_{C'A'} = 2\sqrt{3}\angle -120° \text{A}$$
$$\dot{I}_B = \dot{I}_{B'C'} - \dot{I}_{A'B'} = 2\sqrt{3}\angle 120° \text{A}$$

$\dot{U}_{AC}$ 与 $\dot{I}_A$ 的相位差为

$$\varphi_1 = -60° + 120° = 60°$$

$\dot{U}_{BC}$ 与 $\dot{I}_B$ 的相位差为

$$\varphi_2 = -120° - 120° = -240°$$

故得
$$P_1 = U_{AC}I_A\cos\varphi_1 = 380 \times 2\sqrt{3} \times \cos 60° = 658.2 \text{W}$$
$$P_2 = U_{BC}I_B\cos\varphi_2 = 380 \times 2\sqrt{3} \times \cos(-240°)$$
$$= 380 \times 2\sqrt{3} \times \cos 120° = -658.2 \text{W}$$

14.5 本章小结及典型题解

14.5.1 本章小结

1. 三相电压

1）三相电压的概念

3 个频率幅值相同，彼此间相位相差 120°的电压称为三相电压，也称为对称三相电压。在三相电路中，只考虑对称三相电压。

（1）三相电压的表达式。

三相电压的瞬时值表达式为

$$u_A = U_m\cos\omega t \text{ V}$$
$$u_B = U_m\cos(\omega t - 120°) \text{ V}$$
$$u_C = U_m\cos(\omega t + 120°) \text{ V}$$

三相电压的相量表达式为

$$\dot{U}_A = U\underline{/0°}\text{V}$$
$$\dot{U}_B = U\underline{/-120°}\text{V}$$
$$\dot{U}_C = U\underline{/120°}\text{V}$$

(2) 对称三相电压的特点。
$$u_A + u_B + u_C = 0, \quad \dot{U}_A + \dot{U}_B + \dot{U}_C = 0$$

(3) 相序。

在三相电压中，每相电压依次达到同一值的先后次序称为相序，有正相序和负相序两种。

(4) 三相电路

由三相电源与 3 组负载按特定方式连接组成的电路称为三相电路。

2) 三相电路的连接方式

(1) 星形连接。

将 3 个电源线圈的首端或末端连接在一起的连接方式，称为星形连接（也称为 Y 连接）。3 个负载有一个公共点的连接方式，为负载的星形连接。

(2) 三角形连接。

将 3 个电源线圈的首、末端相连或 3 个负载依次相连的连接方式，称为三角形连接（也称为△连接）。

(3) 三相电路的连接方式。

三相电源与负载之间的连接方式理论上有 4 种，即 Y-Y 连接、Y-△连接、△-△连接和△-Y 连接。其中，Y-Y 连接又可分为两种：有中线的连接称为三相四线制、无中线的连接称为三相三线制。Y-△连接、△-△连接和△-Y 连接这 3 种方式均属于三相三线制。

2. 对称三相电路的分析

1) 对称三相电路

电源对称、负载也对称的三相电路称为对称三相电路。

2) 对称三相电路中线量与相量的关系

在对称 Y-Y 连接的三相电路中，线电压有效值是相电压有效值的 $\sqrt{3}$ 倍，即 $U_l=\sqrt{3}\,U_p$，而在相位上线电压则分别超前相应相电压 30°。线电流和相电流则分别对应相等。在对称△-△连接的对称三相电路中，线电压等于相应的相电压。线电流有效值等于相电流有效值的 $\sqrt{3}$ 倍，即 $I_l=\sqrt{3}\,I_p$，而线电流分别滞后相应相电流 30°。

3) 对称 Y-Y 连接三相电路的分析计算

其分析方法是：①先取一相，如 A 相，若有中线阻抗，由于中线电流为零，因此该阻抗两端压降为零，可以看作理想导线；②用正弦稳态电路的分析方法计算该单相电路；③利用对称关系及 A 相的计算结果，直接写出其他两相的电压或电流。

4) 对称△-△连接三相电路的分析计算

由于三相电源总是对称的，因此对△连接的电源总可以在保证线电压不变的条件下用一个 Y 连接的电源代替。对于△连接的负载，利用△/Y 转换的公式也可转化成等效的 Y 连接负载。于是，对称△-△连接三相电路便可转换成对称 Y-Y 连接三相电路，这样就可用对称 Y-Y 连接三相电路的分析方法进行分析计算了。

5) 复杂对称三相电路的分析计算

对于这类电路，一般的处理方法是将△连接电源和负载全部转化为 Y 连接，然后短接电源与负载的中性点，取出一相计算，再按对称关系，直接推出其他两相的电压或电流。

6) 三相电路的功率

(1) 瞬时功率。

三相电路的瞬时功率等于各相瞬时功率之和。在对称三相电路中，其瞬时功率是一个与时间无关的常量，即

$$p=p_A+p_B+p_C=3U_p I_p \cos\varphi$$

（2）三相电路的有功功率。

三相电路的有功功率是各相有功功率之和，即

$$P=P_A+P_B+P_C$$

若是对称三相电路，则其有功功率为

$$P=3P_A=3U_p I_p \cos\varphi=\sqrt{3}\,U_l I_l \cos\varphi$$

3. 不对称三相电路的分析

一般来说，三相电源是对称的，因此只要掌握三相电源对称、三相负载不对称的不对称三相电路的分析计算即可。

1）有中线时不对称三相电路的分析

在不考虑中线阻抗时，负载相电压就是相应电源的相电压，因而也是对称的，各相互不影响。于是，各相可以独立地进行分析计算，只是相电流已不再对称，中线电流也不为零了。

各相电流分别为

$$\dot{I}_A=\frac{\dot{U}_A}{Z_A},\dot{I}_B=\frac{\dot{U}_B}{Z_B},\dot{I}_C=\frac{\dot{U}_C}{Z_C}$$

中线电流为

$$\dot{I}_N=\dot{I}_A+\dot{I}_B+\dot{I}_C$$

2）无中线时不对称三相电路的分析

由于没有中线，三相负载又不对称，因此电源中性点和负载中性点就不再重合，即会发生中性点位移，两个中性点间的电压可由节点电压法求出。由于中性点发生了位移，负载各相电压不再与相应的电源相电压相等了，有的电压较低，有的电压较高，各相也不再相对独立，各相的工作将相互关联，彼此都互有影响。当中性点位移较大时，会造成负载端的电压严重不对称，使负载不能正常工作，甚至烧坏用电设备。

4. 三相电路功率的测量

三相功率的测量方法随三相电路的连接方式和负载是否对称而有所不同，一般有三表法和两表法。

（1）三表法：适用于三相四线制，用3只单相功率表分别测出各相的功率，再相加便得该三相电路的功率，即 $P=P_A+P_B+P_C$。

（2）两表法：适用于三相三线制，两只功率表的电流线圈分别串接在任意两端线上，电压线圈的非同名端共同接到第三条端线上。两表读数的代数和便是被测三相负载的有功功率。

14.5.2 典型题解

【例 14.5.1】 对称三相电路如图 14.5.1 所示。已知 $u_A(t)=220\sqrt{2}\cos(314t)$V（电源为正序），$Z_i=(0.1+j1)\Omega$，$Z_l=(2+j1)\Omega$，$Z=(100+j100)\Omega$。试求负载各相的电流。

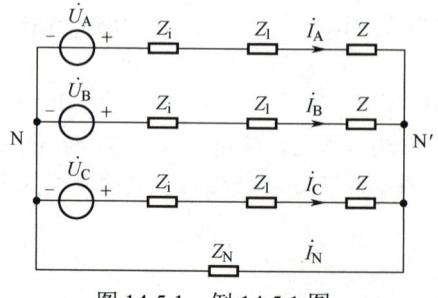

图 14.5.1　例 14.5.1 图

解：由题意可知

$$\dot{U}_A = 220\underline{/0°}\text{V}, \dot{U}_B = 220\underline{/-120°}\text{V}, \dot{U}_C = 220\underline{/120°}\text{V}$$

各相负载均相等，$Z_T = Z_i + Z_l + Z = 102.1 + 102\text{j} = 144.32\underline{/45°}\Omega$

$$\dot{I}_A = \frac{\dot{U}_A}{Z_T} = \frac{220\underline{/0°}}{144.32\underline{/45°}} = 1.52\underline{/-45°}\text{A}$$

$$\dot{I}_B = \frac{\dot{U}_B}{Z_T} = \frac{220\underline{/-120°}}{144.32\underline{/45°}} = 1.52\underline{/-165°}\text{A}$$

$$\dot{I}_C = \frac{\dot{U}_C}{Z_T} = \frac{220\underline{/120°}}{144.32\underline{/45°}} = 1.52\underline{/75°}\text{A}$$

【例 14.5.2】 如图 14.5.2（a）所示，ABC 为对称三相电源，已知 $u_A(t)=220\sqrt{2}\cos(314t)$V（电源为正序），当开关 S_1、S_2 闭合时，3 只电流表的读数为 10A。求：

（1）当开关 S_1 闭合、S_2 断开时，各电流表的读数；

（2）当开关 S_1 断开、S_2 闭合时，各电流表的读数。

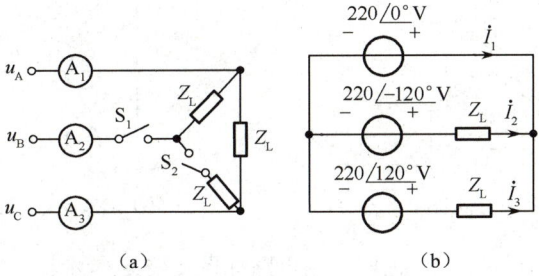

图 14.5.2　例 14.5.2 图

解：由题意可知，$I_l=10$A，负载为△形连接，$I_l=\sqrt{3}I_p$，则

$$|Z_L| = \frac{U_{AB}}{I_p} = \frac{\sqrt{3}U_A}{I_p} = \frac{220\times\sqrt{3}}{10/\sqrt{3}} = 66\Omega$$

（1）当开关 S_1 闭合、S_2 断开时，电路如图 14.5.2（b）所示。列网孔方程为

$$\begin{cases} Z_L\dot{I}_1 + Z_L\dot{I}_3 = 220\underline{/0°} - 220\underline{/-120°} \\ -Z_L\dot{I}_1 - 2Z_L\dot{I}_3 = 220\underline{/-120°} - 220\underline{/120°} \\ \dot{I}_2 = -\dot{I}_1 - \dot{I}_3 \end{cases}$$

联合解得

$$\dot{I}_3 = \frac{330-110\sqrt{3}\text{j}}{-Z_L}, \dot{I}_1 = \frac{660}{Z_L}, \dot{I}_2 = \frac{110\sqrt{3}\text{j}-330}{Z_L}$$

$$I_3 = \frac{10}{3}\sqrt{3} = 5.8\text{A}, I_1 = 10\text{A}, I_2 = 5.8\text{A}$$

则电流表 A_1 的读数为 10A，电流表 A_2 和 A_3 的读数为 5.8A。

（2）当 S_1 断开、S_2 闭合时，显然

$$I_2 = 0\text{A}, I_1 = I_3 = \frac{U_{AC}}{2|Z_L|/3} = \frac{\sqrt{3}\times 220}{2\times 66/3} = 8.7\text{A}$$

则电流表 A_1 和 A_3 的读数为 8.7A，电流表 A_2 的读数为 0A。

【例 14.5.3】 对称三相负载星形连接，已知每相阻抗为 $Z=31+\text{j}22\Omega$，电源线电压为 380V，

求三相交流电路的有功功率、无功功率、视在功率和功率因数。

解： 假设 $\dot{U}_A=220\underline{/0°}$，$Z=38\underline{/35.4°}$，则

$$\dot{I}_A = \frac{\dot{U}_A}{Z} = \frac{220\underline{/0°}}{38\underline{/35.4°}} = 5.8\underline{/-35.4°}\text{A}$$

故在三相交流电路中：

功率因数为 $\lambda=\cos\varphi=\cos35.4°=0.8151$（滞后）

有功功率为 $P=3U_p I_p \cos\varphi=3\times220\times5.8\times0.8151\approx3120\text{W}$

无功功率为 $Q=3U_p I_p \sin\varphi=3\times220\times5.8\times0.5792\approx2217\text{var}$

视在功率为 $S=3U_p I_p=3\times220\times5.8=3828\text{VA}$

【例 14.5.4】 如图 14.5.3 所示，已知对称三相电源线电压为 380V，$Z=6.4+j4.8\Omega$，$Z_l=3+j4\Omega$。求负载各相的相电压、线电压和线电流。

解： 由题意可知，对称 Y-Y 连接三相电路如图 14.5.4 所示。

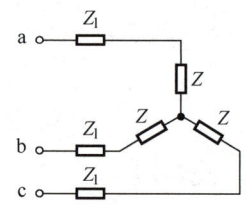

图 14.5.3 例 14.5.4 图

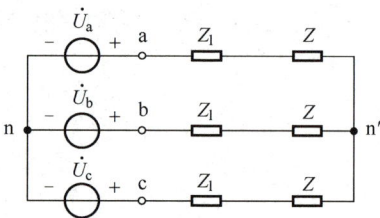

图 14.5.4 对称 Y-Y 连接三相电路

抽取 a 相电路如图 14.5.5 所示。

负载 a 相电流为 $\dot{I}_a = \dfrac{\dot{U}_a}{Z+Z_l} = \dfrac{220\underline{/-30°}}{9.4+j8.8} = 17.1\underline{/-73.1°}\text{A}$

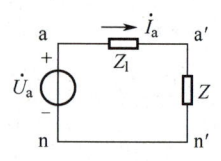

图 14.5.5 抽取 A 相电路

相电流即线电流。

负载 a 相相电压为 $\dot{U}_{a'n'} = \dot{I}_a \cdot Z = 136.8\underline{/-36.2°}\text{V}$

负载 a 相线电压为 $\dot{U}_{a'b'} = \sqrt{3}\dot{U}_{a'n'}\underline{/30°} = 236.9\underline{/-6.2°}\text{V}$

根据对称性，可得其余两相。

习 题 14

14.1 在对称三相 Y 形连接电路中，已知相电压 $\dot{U}_C=500\underline{/30°}$V，相序是 ABC。求 3 个线电压 $\dot{U}_{AB}$、$\dot{U}_{BC}$、$\dot{U}_{CA}$，并画出相电压和线电压的相量图。

14.2 在对称三相 Y 形连接电路中，已知线电压 $\dot{U}_{BA}=500\underline{/-30°}$V，相序是 ABC。求 3 个相电压 $\dot{U}_A$、$\dot{U}_B$、$\dot{U}_C$。

14.3 在对称三相电路中，已知线电压 $\dot{U}_{AB}=380\underline{/45°}$V，相序是 ABC，Y 形连接的负载阻抗 $Z=10\underline{/30°}\Omega$。求负载端的相电压、相电流和线电流及三相负载吸收的功率。

14.4 如图 T14.1 所示，ABC 为对称三相电源，线电压 $U_l=380$V。图中方框内是线性无源感性对称三相负载，它吸收三相总功率 $P=5$kW，功率因数 $\lambda=0.759$，在图中三角形连接部分中，$Z=(16+j12)\Omega$，求三角形连接部分所吸收的总平均功率以及线电流 $\dot{I}_A$、$\dot{I}_B$、$\dot{I}_C$。

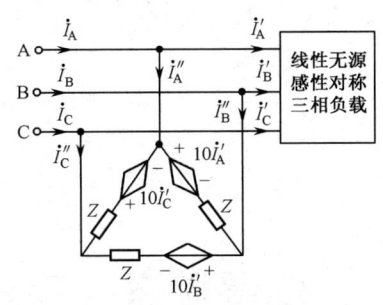

图 T14.1 习题 14.4 图

14.5 图 T14.2 所示的对称三相电路的三相功率为 45kW。欲使功率因数提高到 0.9，需并联多大的 C？

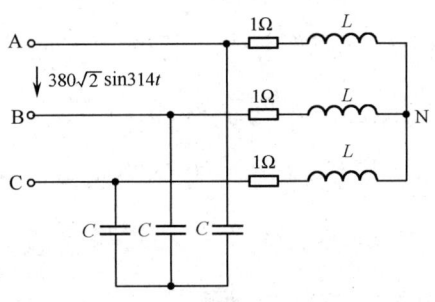

图 T14.2 习题 14.5 图

14.6 线电压为 380V 的对称三相电源向两组对称负载供电。其中，一组是星形连接的电阻性负载，每相电阻为 10Ω；另一组是感性负载，功率因数为 0.866，消耗功率为 14.69kW，求电源的有功功率、视在功率、无功功率及输出电流。

14.7 对称三相电源，线电压 U_l=380V，对称三相感性负载做三角形连接，若测得线电流 I_l=17.3A，三相功率 P=9.12kW，求每相负载的电阻和感抗。

反侵权盗版声明

电子工业出版社依法对本作品享有专有出版权。任何未经权利人书面许可，复制、销售或通过信息网络传播本作品的行为；歪曲、篡改、剽窃本作品的行为，均违反《中华人民共和国著作权法》，其行为人应承担相应的民事责任和行政责任，构成犯罪的，将被依法追究刑事责任。

为了维护市场秩序，保护权利人的合法权益，我社将依法查处和打击侵权盗版的单位和个人。欢迎社会各界人士积极举报侵权盗版行为，本社将奖励举报有功人员，并保证举报人的信息不被泄露。

举报电话：（010）88254396；（010）88258888

传　　真：（010）88254397

E-mail：　dbqq@phei.com.cn

通信地址：北京市万寿路173信箱
　　　　　电子工业出版社总编办公室

邮　　编：100036